水利部公益性行业科研专项经费项目（200901016）资助出版

黄河吴龙区间洪水泥沙预报技术研究

霍世青　郑红星　傅旭东　梁忠民　许珂艳
刘龙庆　范国庆　狄艳艳　颜亦琪　王秀兰　编著

黄河水利出版社

·郑州·

内 容 提 要

本书通过分析黄河中游吴龙区间典型支流清涧河流域产水产沙特性,研究径流、泥沙形成机制,找出致洪致沙关键因子;利用传统水文模型和分布式水文模型,研发清涧河流域降雨径流预报模型;采用有物理基础的分布式水文模型,研发清涧河流域产沙输沙预报模型,并对模型的不确定性进行了分析。书中还给出了利用统计模型和不平衡输沙模型对龙门、潼关等主要控制站含沙量过程预报技术的研究成果。

本书可供从事防汛、水文水资源预报工作的工程技术人员以及有关大专院校师生和科研工作者阅读参考。

图书在版编目(CIP)数据

黄河吴龙区间洪水泥沙预报技术研究/霍世青等编著. —郑州:黄河水利出版社,2013.2

水利部公益性行业科研专项经费项目(200901016)资助出版

ISBN 978 - 7 - 5509 - 0417 - 0

Ⅰ.①黄… Ⅱ.①霍… Ⅲ.①黄河 – 洪水 – 水文预报 – 研究②黄河 – 河流泥沙 – 水文预报 – 研究 Ⅳ.①P331.1②TV152

中国版本图书馆 CIP 数据核字(2013)第 012362 号

组稿编辑:王志宽 电话:0371 – 66024331 E-mail:wangzhikuan83@126.com

出 版 社:黄河水利出版社
   地址:河南省郑州市顺河路黄委会综合楼 14 层 邮政编码:450003
发行单位:黄河水利出版社
   发行部电话:0371-66026940、66020550、66028024、66022620(传真)
   E-mail:hhslcbs@126.com
承印单位:河南省瑞光印务股份有限公司
开本:787 mm×1 092 mm 1/16
印张:22.75
字数:530 千字   印数:1—1 000
版次:2014 年 8 月第 1 版   印次:2014 年 8 月第 1 次印刷

定价:65.00 元

"黄河吴龙区间主要站洪水含沙量过程预报技术研究"项目承担单位及人员

项目承担单位：黄河水利委员会水文局
项目协作单位：中国科学院地理科学与资源研究所
　　　　　　　　清华大学　河海大学
项目负责人：霍世青
主要完成人员：

黄河水利委员会水文局

霍世青	陶　新	刘龙庆	许珂艳	颜亦琪	狄艳艳
范国庆	史玉品	马　骏	王秀兰	郭卫宁	何劲草
杨　健	许卓首	虞　航	张献志	李根峰	邱淑会
徐小华	高国甫	魏祥贵	张　勇	焦敏辉	周建伟
陈志洁	郑树明	卜全喜	张亚伟	罗　勍	侯　博
谢　莉	杜　军	刘九玉	宋　烁	任　俨	王　帅
袁　华	杨国伟				

中国科学院地理科学与资源研究所

刘昌明	郑红星	朱芮芮	胡姗姗	刘　静	韩静艳

清华大学

傅旭东	魏加华	介玉新	李铁键	王　皓	高　洁
王远见	史海匀	刘荣华	张　昂	郭大卫	张利国
郭碧云	张　丽	王大宇	冯晴枫	刘德天	安晨歌
杨　飞	高　然				

河海大学

梁忠民	刘　俊	程　莉	王　军	毛倩倩	刘华振
曹炎煦	黄清烜	孙美云			

前　言

　　黄河从内蒙古自治区托克托县的河口镇附近流经山西、陕西两省境内的黄土高原地区。黄土高原地区属温带大陆性季风气候,由于黄土高原特殊的自然地理条件,水土流失非常严重,汛期遇强降雨常发生高含沙洪水,使得黄河成为世界上输沙量最大、含沙量最高的多沙河流。高含沙洪水极其复杂的产水产沙规律,以及在运移过程中造成的剧烈河道冲淤,给洪水预报、防洪调度,乃至水资源开发利用带来了众多困难。

　　2002年以来,黄河水利委员会开展了黄河调水调沙、小北干流放淤试验等重大治黄实践。这些治黄实践,以及正在开展的构建全河水沙调控体系工作,对洪水预报提出了新的更高的要求。具体表现在,不仅要预报洪峰和洪量,同时还要预报沙峰和沙量。目前,虽然国内外研制的水沙模型较多,但受模型计算精度和输入资料的限制,难以满足生产实际的要求。

　　黄河中游吴堡—龙门区间是黄河洪水泥沙的主要来源区之一。该区复杂的水文气象特点,特殊的河道条件,多变的产汇流、产汇沙规律,以及大面积的未控制区和较落后的泥沙信息采集手段,使得洪水预报和泥沙预报存在着不少难点和空白。

　　2003年以来,根据治黄工作需要,黄河水利委员会水文局相继开展了黄河中下游主要水文站洪水含沙量预报研究工作,取得了一些初步成果。2003~2006年,徐建华等在"黄河中下游干流主要水文站洪水最大含沙量预报方法研究"中,利用水文学经验相关法,建立了龙门、潼关、花园口、夹河滩、高村、孙口、艾山、泺口和利津等站最大含沙量预报模型。2004~2009年,黄河水利委员会水文局在"黄河下游智能洪水预报模型研究"项目中,与北京师范大学环境学院进行合作,采用人工智能神经网络模型进行了花园口—利津河段含沙量过程预报研究,建立了下游各站含沙量过程预报模型。2007~2009年,为了满足黄河小北干流放淤的需要,黄河水利委员会水文局采用经验统计方法,分别建立了龙门、潼关站中小洪水最大含沙量及出现时间、次洪沙量预报方案。

　　目前,小浪底水库已基本进入拦沙运用后期,及时准确的洪水泥沙预报对优化水库防洪调度,减少水库淤积至关重要。虽然黄河水利委员会水文局在泥沙预报方面取得了一些初步成果,但作为小浪底水库防洪调度运用主要依据的龙门、潼关站洪水泥沙预报方案还不完善,预见期和精度还不能完全满足水库防洪调度的需要。

　　为了进一步认识黄河中游产水产沙规律,建立适用的洪水泥沙预报模型,提高洪水泥沙预报的精度和时效性,为小浪底水库和下游防洪调度提供科学依据,同时为构建全河水沙调控体系提供基础理论研究,2009年4月,黄河水利委员会国际合作与科技局组织申报了水利部公益性行业科研专项"黄河吴龙区间主要站洪水含沙量过程预报技术研究"。经过多次专家咨询与审查,项目于2009年11月获水利部批复。2010年1月6日,水利部在郑州召开项目启动会,该项目正式开始实施。黄河水利委员会水文局作为项目的承担单位,与中国科学院地理科学与资源研究所、清华大学、河海大学等合作单位一起,经过3

年的联合攻关,于 2012 年底顺利完成该项目的研究工作。本书是在该项目研究成果的基础上整理而成的。

本书通过分析黄河中游吴堡—龙门区间典型支流清涧河流域产水产沙特性,研究径流、泥沙形成机制,找出致洪致沙的关键因子;利用传统水文模型及分布式水文模型,在水循环综合模拟系统(HIMS)的支持下,研发清涧河流域降雨径流预报模型;采用数字流域技术,进行清涧河流域的产沙输沙模型应用研究;利用水文学及基于系统理论的智能方法和含沙量过程预报系统,进行主要控制站吴堡、龙门、潼关含沙量过程预报技术研究。

本书共分 6 章:第 1 章介绍项目研究背景,简述前期相关研究成果,简要介绍本次研究的主要成果,总结其主要技术创新点,指出存在问题和今后的努力方向;第 2 章介绍清涧河流域、吴堡—龙门区间和龙门—潼关区间地形、地貌等自然地理特征和气候、水文、泥沙等特性;第 3 章选取清涧河流域作为典型流域,分析吴堡—龙门区间产水产沙特性和降雨强度、时空分布、持续历时和土壤水分,地形地貌,土壤特性和土地利用,地表植被覆盖,以及水利水保工程等因子对产水产沙的影响,研究径流、洪水、泥沙形成机制,找出致洪致沙的关键因子;第 4 章在致洪致沙关键因子研究的基础上,结合历史洪水资料及地理信息,应用 GIS/RS 技术,在国家重点基础研究发展规划项目(G19990436)研发的大型水循环综合模拟系统(HIMS)的基础上,利用 HIMS 的模型定制功能构建业务化运行的降雨—径流模拟系统;第 5 章利用清华大学研发的黄河数字流域模型,借助数字流域信息化表现手段与模拟方法的优势,根据清涧河流域地形地貌与水沙运动特点,综合处理流域的空间、地理、气象、水文和历史水情等信息,开展清涧河流域的产沙输沙模型应用研究;第 6 章研究吴堡—龙门区间泥沙输移规律,探讨龙门—潼关、华县—潼关河段洪水含沙量演进规律,寻求龙门、潼关站含沙量过程与入流站水沙过程相关因子的关系,建立龙门、潼关站含沙量过程预报模型,研究龙门、潼关站泥沙预报技术。

此外,附录中还收录了清涧河流域降雨径流模拟系统、以 GIS 为平台的清涧河流域水沙模拟系统和黄河中游龙门、潼关含沙量过程预报系统 3 个应用软件的使用说明,以供读者参考。

书中引用了众多相关参考文献,在此谨向这些文献的作者表示衷心的感谢。

鉴于黄土高原地区降雨径流关系的复杂性和泥沙预报技术的难度,书中有些研究内容仍有待在今后的研究中进一步补充、完善。同时,由于时间较短,加之作者学识水平和文笔能力有限,难免有谬误之处,敬请读者批评指正。

作 者
2012 年 12 月于郑州

目 录

第1章 概 述

1.1 研究背景

黄河之所以成为世界上公认最为复杂难治的河流,正是因为其"水少沙多、水沙不平衡"的特性。20世纪80年代后期,黄河连续多年未发生较大洪水,并由此带来了黄河下游、宁蒙河段、渭河等河段的河槽萎缩、排洪能力降低、悬河加剧等一系列严重问题。

针对黄河问题的症结所在,黄河水利委员会(简称黄委)提出了增水、减沙、调水调沙的治理思路,并由此三种途径构建了科学的水沙调控体系。其中,利用干支流水库调水调沙,充分利用水库群的科学调控,变天然不利的水沙关系为有利于泄洪输沙的协调水沙过程。另外,利用小北干流滩区和小浪底以下滩区实施大规模放淤也是减缓高含沙洪水在水库和下游河道淤积的有效措施。

无论是调水调沙还是滩区放淤,都对黄河水文预报提出了更新、更高的要求:不仅要准确预报洪峰流量及出现时间,也要预报最大含沙量及出现时间,还要预报洪水过程、含沙量过程的持续时间。

黄河中游吴堡至龙门区间(简称"吴龙区间")是黄河洪水泥沙主要来源区之一。该区因特殊的暴雨洪水特点、黄土高原下垫面特征和河道形态,产汇流规律极为复杂,加之雨量站网密度小、大面积区域没有水文站控制,使得水文预报还存在着不少难点和盲点。诸多因素对产汇流规律的影响加大了该区水文预报的不确定性。目前吴龙区间洪水预报只有流量预报项目,手段较为单一,主要以河道洪水演进方法为主,尚未开展降雨径流预报,依赖于洪水预报的泥沙预报更是空白。

因此,迫切需要开展黄河吴龙区间主要站水沙过程预报技术的研究,进一步认识黄河流域产水产沙规律,扩展预报区域和预报内容,提高预报精度和时效性,为开展满足全河水沙调控要求的黄河水沙预报奠定基础,为黄河防洪、实施洪水泥沙管理的重点转向塑造协调的水沙关系等治黄重大举措提供重要技术支撑。

2009年11月,水利部批复了"黄河吴龙区间主要站洪水含沙量过程预报技术研究"公益性行业科研专项,由黄河水利委员会水文局负责实施,中国科学院地理科学与资源研究所陆地水循环与地表过程重点实验室、清华大学水沙科学与水利水电工程国家重点实验室、河海大学水文水资源学院等科研机构和大专院校作为协作单位联合开展了该专项的研究工作。

1.2 前期研究成果

国内外专家、学者在泥沙预报方面做了大量工作,已有大量研究成果,但大都局限于理论研究或事后"仿真"模拟,精度也很有限,无法应用于生产实践。2003年以来,根据治黄工作需要,在前人研究成果的基础上,黄委水文局开展了黄河中下游主要水文站洪水含沙量预报研究工作,取得了一些初步成果。

2003~2006年,黄委水文局在"黄河中下游干流主要水文站洪水最大含沙量预报方法研究"项目中,利用水文学经验相关法,建立了龙门、潼关、花园口、夹河滩、高村、孙口、艾山、泺口和利津等站最大含沙量预报模型,在近几年汛期进行了试预报。

2004~2009年,黄委水文局在"黄河下游智能洪水预报模型研究"项目中,与北京师范大学环境学院进行合作,采用人工智能神经网络模型进行了花园口—利津河段含沙量过程预报研究,建立了下游各站含沙量过程预报模型。

2007~2009年,为了满足小北干流放淤的需要,黄委水文局采用经验统计方法,分别建立了龙门、潼关站中小洪水最大含沙量及出现时间、次洪沙量预报方案,在近年汛期中进行了试预报。

1.3　本次主要研究内容及成果

以清涧河为典型流域,通过分析黄河吴龙区间典型支流产水产沙特性,研究径流、泥沙形成机制,找出致洪致沙的关键因子;利用传统水文模型及分布式水文模型,在水循环综合模拟系统(HIMS)的支持下,研发清涧河流域降雨径流预报模型;采用数字流域技术,进行清涧河流域的产沙输沙模型应用研究;同时,利用水文学及基于系统理论的智能方法进行主要控制站龙门、潼关含沙量过程预报技术研究,开发相应的含沙量过程预报系统。

1.3.1　致洪致沙关键因子研究

1.3.1.1　研究内容

在整理分析清涧河流域自然地理、水文气象、土壤植被、水利水保工程等资料的基础上,分析流域的下垫面特性和产水产沙特点,研究降雨、地形、土壤、水利水保工程等对产水产沙的影响。

1.3.1.2　研究成果

(1)清涧河流域属黄土高原丘陵沟壑区,为典型的超渗产流区,年径流量、输沙量用降雨量表述的程度仅为39%、25%,且存在明显的年代变化,1990~1999年径流量、输沙量用降雨量表述的程度最高,分别达到90%、84%。经初步分析,一方面是受年降雨量时空分布不同的影响,另一方面是受水利水保工程等下垫面条件变化的影响。

(2)降雨量是次洪产水产沙的主要驱动力因子,对产水产沙的作用分别为72%、67%左右,且随年代变化。用降雨量与降雨强度(简称雨强)的乘积 PI 作指标, PI 与产水产沙的相关系数分别为0.88、0.86,比仅用降雨量作变量分别提高了16%、19%。60 min雨强对产水的影响最为明显,其与次洪洪峰的相关系数为0.79。但不论洪水大小,次洪洪峰一般在600~1000 kg/m³左右。

(3)初始土壤含水量的大小是影响径流形成过程的一个重要因素,随着初始土壤含水量的加大,次洪径流深和洪峰流量相应增加。对于本研究流域,当初始土壤含水量达到

$25 \sim 30$ mm 时,次洪过程趋于平稳,即再加大初始土壤含水量,对次洪降雨径流过程的影响也不大。

（4）自然状态下集水区体积是地形因子中影响产水、产沙的主要因素,但是就水沙变化而言,由于集水区体积短时间内难以发生大的变化,因此造成来水来沙变化的因素中集水区体积就不再是主要因素。目前大量修建公路、铁路,进行矿产开发,水利工程建设,开展淤地坝建设及其他各类水土保持措施等,人类活动影响巨大。在这种非自然情况下,最容易发生变化的就是坡度坡长和沟壑密度等地形因子,因此影响流域产水、产沙变化的主要地形因子是坡度坡长变化、沟壑密度和地形起伏度。

（5）清涧河流域 70% 以上为黄土覆盖,且大部分为黄绵土,土壤侵蚀方式主要是面蚀、沟蚀等水力侵蚀和滑坡、崩塌等重力侵蚀,这是引起流域土壤侵蚀的最主要内在因素。土壤下渗方程无法直接获得,而往往是通过降雨、蒸发、径流等实测资料反推得到,这种量化的下渗规律其实已经包含了土壤、地形、植被,乃至人类活动影响等众多因子的综合作用。

（6）水利水保措施能有效地削洪滞沙,减轻土壤侵蚀。分析认为在降雨量保持基本不变的情况下,水保工程能降低年际间径流量的波动范围,对大雨洪水的拦蓄作用大于对暴雨洪水的拦蓄作用,能降低洪峰流量,减小洪水径流系数。但是水利水保工程都有一定的防御标准,若遇大暴雨有可能出现溃坝、决口现象,反而会加大径流量。

（7）坡面林草措施可改善土壤结构,增大土壤下渗能力和蓄水容量,同时也可在一定程度上增大对降雨的截留能力。对产流的影响表现在减少地表径流量,同时增大地下径流成分。

1.3.2 典型支流降雨径流模型研究

1.3.2.1 研究内容与方法

在深入认识清涧河流域的产汇流规律的基础上,充分利用 GIS、RS 以及水文模拟技术研究的最新成果,建立流域降雨径流预报模型,开发相应的预报系统,为黄河防洪以及洪水资源化等治黄重大实践提供技术支撑。主要研究内容包括以下几个方面:①集总式降雨径流模型;②分布式降雨径流模型;③水文模型参数分析;④水文模拟系统集成。

研究方法:根据清涧河流域水文气象及地理信息资料,建立降雨径流模型库及模型参数优化方法库,从而研发清涧河流域水文模拟系统,构建清涧河流域降雨径流模拟方案。在此基础上,针对不同的研究目标或应用目的,选用不同的模拟方案,分别进行清涧河流域日降雨径流过程模拟（或预测）、次洪模拟（或预报）研究。

1.3.2.2 研究成果

1. 清涧河流域降水径流集总模型的建立与应用

分别采用 3 种不同的产流模式,模拟研究了清涧河流域 2000 ~ 2007 年的日水文过程。在产流计算中,采用既考虑超渗产流机制又考虑蓄满产流机制的混合模式,其模拟效果最好。模型参数在时间上和空间上均呈现出一定的差异。模型条件率定（Conditional Calibration）的结果表明,汛期土壤最大含水量较其他季节小,而壤中流出流系数、蒸发系数以及地下径流系数则较其他季节大,说明了清涧河水文系统的非稳态性,要求变化参数以提高模拟精度;在空间上,上游与下游的水文参数在 10 月至次年 1 月相似,其他季节区别较明显,反映了不同下垫面特征对径流过程的影响。

2. 分布式降水径流模型的构建与应用

根据流域 DEM 和遥感信息,借助 GIS 平台,基于清涧河数字流域分析,获取了分布式流域水文模型参数和重要输入信息,例如水系、水流方向、地形、坡度、地形指数、土地利用、植被覆盖及植被指数($NDVI$)和叶面积指数(LAI)等。基于两种不同的流域离散方式:网格和子流域,对流域进行空间离散,在此基础上实现了清涧河流域分布式水文模拟。两种计算模式都较好地再现了清涧河流域的降雨径流过程,以及水循环要素的时空演变过程。分布式水文模型的模拟结果受地面气象观测站点密度的影响较大,这在一定程度上降低了分布式水文模型的效率。增加降水观测站点(或采用雷达测雨技术),有助于提高分布式水文模型的模拟效果。

3. 场次暴雨—洪水过程模拟

应用定制的水文模型,对 1980~2007 年洪峰流量超过 50 m³/s 的 59 场洪水进行了数值模拟,并分析了模型对输入和参数的敏感性。研究结果表明,68% 的洪水过程模型效率系数均在 0.5 以上,其中 19% 超过了 0.8,有 3 场洪水模型效率系数超过 0.9;78% 的洪水过程模型确定性系数(R^2)超过 0.5,平均为 0.66。敏感性分析结果表明,洪峰流量对降水观测误差的响应十分敏感,降水输入量的微小变化,可以引起洪峰流量较大幅度的变化,这一响应特征在小洪水过程上表现得更为突出。基于 59 场历史洪水的模拟,获取了流域水文模型参数库,并深入分析了模型参数的概率分布,提出了洪水过程的集合预报方案。

1.3.3 典型支流的产沙输沙模型应用研究

1.3.3.1 研究内容与方法

根据泥沙运动力学以及建模理论,采用数字化技术、存储与计算技术、软件开发和网络技术等,以现有“黄河数字流域模型”为基础,研发完善并集成各子模型,建立了黄河中游降雨产流产沙预报模型系统。利用实测资料,对模型进行率定与验证,并对集成后的模型系统作必要的检验和试运行。选取清涧河流域作为模型检验和应用的流域。为了使模型系统应用于现状下垫面条件,采用的验证资料为研究区域 2000 年以后的典型场次洪水资料,包括洪水过程、输沙过程。

考虑到吴龙区间各支流入黄把口站离黄河干流都有一定距离,形成吴龙区间 11 333 km² 的未控区间。作为清涧河流域产沙输沙模拟技术专题研究的拓展,亦将模型应用到吴龙区间未控区。其中,干流河道水沙演进的侧向边界入流条件为数字流域模型的计算结果,结合河道地形和下边界条件,完成未控区产沙输沙过程的计算。

1.3.3.2 研究成果

(1)数字流域模型定位于大范围、高分辨率的水沙过程模拟预报。在通过 DEM 数据和遥感影像获取地形与下垫面参数的基础上,将数字流域模型在清涧河流域进行了应用。计算结果较好地重现了典型场次洪水的降雨—径流—产沙—输沙过程,各测站的计算与实测径流和输沙过程均具有较好的一致性。但是,降雨数据的时空精度和一些其他没有考虑水沙产输过程的影响因素（例如淤地坝、小水库等调蓄作用），对计算结果具有重要影响。

（2）与卫星降雨、雷达测雨以及其他手段的天气预报融合是流域水沙预报的发展方向。在应用地面雨量站实测降雨数据的同时，分析对比了国际上公开的 3 h 分辨率 TMPA 卫星降雨数据的可用性，作为雨量站信息的有效补充，参与清涧河流域子长站 2002 年 7 月洪水的计算，重新计算对原结果修正并不显著。卫星降雨数据尽管具有数据连贯整齐、时间分辨率较高的优点，但空间分辨率较低（经纬度 0.25° ×0.25°，数据栅格控制面积约 25 km×25 km）的特点，使其无法有效辨识流域内短历时、局部、高强度降雨信息，限制了卫星数据在清涧河等中小尺度流域的应用。

（3）在降雨信息空间密度较小的条件下，水文模拟对降雨输入条件和模型参数的不确定性响应十分敏感，较小的降雨输入变化将导致径流模拟结果出现较大的变化。如果暴雨中心数据没能被捕捉输入到水文模型中，输入的降雨量小于实际雨量，将造成模拟径流量显著偏小，使分布式水文模型的实际应用和参数识别受到了一定程度的限制。同时，参数对模型模拟结果的影响并非呈现单调或单个峰值的形式，运用数字流域模型进行水沙模拟，在参数调试时需要关注参数影响的全局分布规律。

（4）采用集成了坡面侵蚀、沟坡区重力侵蚀和沟道不平衡输沙三个子模型的黄河数字流域模型模拟典型流域的暴雨引起的产流输沙过程，重现了水沙过程的尺度现象。黄土高原丘陵沟壑区产沙过程的尺度现象是由不同子过程叠加引起的。重力侵蚀能够在特定的流域尺度下显著提高水流含沙量，是引起黄土沟壑区产输沙过程中尺度现象的最主要因素。

1.3.4　龙门、潼关站含沙量过程预报技术研究

1.3.4.1　研究内容与方法

泥沙预报主要包括产沙输沙预报、最大含沙量预报、含沙量过程预报等。目前对于含沙量过程预报的研究相对较少，生产实际中可供借鉴的模型与方法很少。为进一步认识黄河中游多支流区域泥沙变化规律，为小浪底水库的防洪调度和小北干流放淤工作以及构建黄河水沙调控体系提供必要的技术支撑，本次通过研究吴龙区间泥沙输移特性，探讨龙门—潼关、华县—潼关河段洪水含沙量演进规律；通过量化龙门、潼关站含沙量过程与入流站水沙过程、区间降雨等主要影响因子的统计关系，建立龙门、潼关站含沙量过程的预报模型，实现吴堡—潼关区间（简称吴潼区间）主要站洪水含沙量的过程预报。

首先进行泥沙过程预报所需资料的收集和预处理，然后分别采用线性动态系统模型和 BP 神经网络模型，以及不平衡输沙模型进行模拟预报，并针对各模型采用不同的实时校正技术进行校正，最后基于贝叶斯平均理论将各模型预报结果进行多模型综合预报。

1.3.4.2　主要成果

（1）影响河道含沙量的因子众多，如降雨、流量、挟沙力、泥沙粒径、河床形态等，各因子之间及各因子与含沙量之间的关系复杂，本书联合采用物理成因分析与统计分析相结合的途径，确定含沙量过程预报的关键因子。

（2）黄河中游面积较大，水沙异源，根据各支流空间拓扑关系及水沙组成特性，面向

预报建模目的需要,将研究区域划分成若干分区,对各分区进行预报因子抽象与合成,以提高预报的可行性。在此基础上建立了龙门站和潼关站含沙量过程预报模型,包括线性动态系统模型、BP 神经网络预报模型和不平衡输沙模型。

(3)研究含沙量过程实时校正预报技术。采用最小二乘自适应算法递推估计线性动态系统预报模型的参数,应用误差自回归模型与含沙量过程预报模型相结合,对模型预报结果进行实时校正,以提高模型预报的精度。

(4)不同含沙量预报模型都是从不同侧重方面对客观泥沙物理过程的概化和描述,对于同样的输入,不同的模型则给出不同的预报结果。本书采用贝叶斯模型平均(BMA)方法,将不同预报模型结果进行综合,发挥不同模型优势并提高预报精度。

(5)开发了面向实用性的含沙量过程预报应用系统软件,所需资料少,运行方便,简单易用。

1.4 主要技术创新点

(1)基于 GIS 与数字流域技术构建了融合遥感信息的分布式水文过程模拟的业务化运行系统。在 GIS/RS 的支持下,分别对清涧河流域的水文循环过程进行集总式和分布式模拟,揭示了流域产汇流过程和参数的时空差异以及水文系统的非稳定性特征,提出了应用条件率定以及多模型集合模拟提高模拟预报效率,减少模拟预报不确定性的新方法。

(2)在小时尺度的场次洪水降雨径流模拟方面,通过模型比选,提出了较适合研究区洪水过程的场次洪水模拟方法,论证了模型关于输入(降水)和参数的敏感性特征,提出了洪水过程预报的多参数集合预报方案。

(3)以 DEM 数据为依托,流域分级理论为依据,利用现有的先进信息技术手段,开发了一个完整的的黄河数字流域模型(TUD – Basin)。模型依托结构化数字河网和动态并行计算技术,实现了基于动力学机制的大尺度($>10^3$ km^2 级)流域水沙过程模拟。模型在清涧河流域多场次降雨—径流—产沙—输沙过程中得到了验证与应用。

(4)研究分析了降雨输入及模型参数的不确定性对数字流域模型水沙模拟结果的影响;采用高分辨率区分不同地貌部位和产输沙子过程的模拟方法成功重现了流域水沙过程的尺度现象。为以后深入研究模型机制,提高水沙模拟预报尺度奠定了基础。

(5)面向预报需求的研究区域概化和预报因子筛选。黄河中游面积较大,水沙异源,根据各支流空间拓扑关系及水沙组成特性,面向预报建模目的需要,将研究区域划分成若干分区,对各分区进行预报因子抽象与合成,以提高预报的可行性。影响河道含沙量的因子众多,例如降雨、流量、挟沙力、泥沙粒径、河床形态等,各因子之间及各因子与含沙量之间的关系复杂,根据因子与含沙量之间物理成因关系,结合统计分析技术,识别主要预报因子也是本书的一个创新点。

(6)含沙量过程实时校正技术。现有的水文预报模型在建模时都是对客观水文现象的主要规律进行了概化,考虑主要因素,忽略次要因素,这就使得模型存在一定的误差。为了利用当前信息对预报模型参数及预报结果进行修正,引入了最小二乘自适应递推算法和误差自回归模型实时校正技术,建立含沙量过程实时校正模型,预报精度得到提高。

（7）基于 BMA 理论的多模型综合预报技术。不同含沙量预报模型都是从不同侧重方面对客观泥沙物理过程的概化和描述，对于同样的输入，不同的模型给出不同的预报结果。为了综合考虑各模型的预报结果，发挥不同模型优势并提高预报精度，采用基于贝叶斯模型平均（BMA）理论的多模型综合预报技术，将不同预报模型结果进行综合，以提高预报精度及预报的稳定性。而且，通过 BMA 方法，不仅能提供常规意义下的确定性预报值，同时可以给出含沙量的概率预报，预报信息丰富。

1.5　存在问题及努力方向

（1）流域产水产沙是地形、土壤、植被、降雨、土地利用等多因素综合作用的复杂物理过程，单独做某种因子的分析显然得不到最真实的结果。书中对地形、土壤植被、水利水保工程等对致洪致沙的影响只是定性的分析，要将其进行定量化描述，需借助更先进的技术手段加上野外试验等，作更深入的分析研究。

（2）在清涧河流域水沙模拟预报过程中，降雨数据时空精度和淤地坝等局部下垫面条件变化，对计算结果会产生重要影响。为了实现满足实践要求的水沙过程预报，流域-河道集成模拟预报系统需要时空精度较高的降雨和下垫面数据。同时，流域下垫面条件在人类活动影响下近年来发生了显著变化，淤地坝、小水库等对场次暴雨洪水过程具有明显调蓄作用，需要提高流域降雨预报和下垫面刻画精度。在现有地面雨量站网的条件下，通过与卫星或雷达测雨数据的融合，有可能能够提高水沙预报的精度。

（3）服务于黄河防洪及水沙调控的水沙过程预报需要较快的运算速度。为此，数字流域模型采用了并行计算多核运行、数据库存取海量数据等先进技术。尽管如此，清涧河流域（8 万条河段、20 万个坡面）采用 6 min 时间分辨率，20 个 CPU 核心计算需 20 min。可见，进一步提高运算速度（例如结合微软 HPC 集群专用计算系统）也是未来水沙预报研究的一个重要方向。

（4）各支流水文站到干流站的泥沙传播时间问题。泥沙颗粒在流体作用下经历起动、翻滚、跳跃、悬浮、输移和沉降等过程，与洪水传播有本质区别，所以从物理成因角度确定泥沙传播时间有很大难度，且根据历史洪水资料显示，洪峰与沙峰的峰现时差无明显的规律，所以借用洪水传播时间来推求相应泥沙传播时间的做法也存在不足。本书利用各支流站与干流站的沙峰峰现时差来确定泥沙传播时间，并没有考虑在泥沙传播过程中其他未控支流泥沙对其沙峰峰现时间的影响，该处理方法是经验性的，未来需要加强具有物理基础的针对性研究。

第 2 章 研究区域概况

本书涉及的研究区域有黄河中游吴龙区间典型支流清涧河流域、吴龙区间和龙潼区间。

清涧河流域位于吴龙区间右岸中部,属黄河一级支流,处于无定河与延河之间,气候、土壤、植被、地形等自然条件具有由南向北的过渡性特征;治理措施主要为坝库控制与大面积水土保持相结合,具有地区的相似性,在陕北多沙粗沙支流治理中具有一定的代表性,因此选取清涧河流域作为吴龙区间的典型支流。

针对龙门和潼关两站含沙量预报研究,则涉及吴龙区间和龙潼区间。吴龙区间以黄河干流吴堡站及吴龙区间支流把口站为入流边界,以龙门站为出流边界;龙潼区间以黄河干流龙门、渭河华县、北洛河洑头、汾河河津为入流边界,以潼关站为出流边界。研究区域位置见图 2-1。

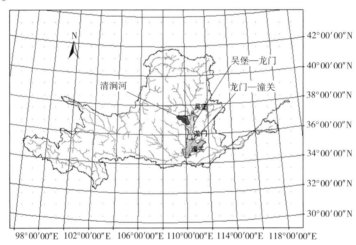

图 2-1　研究区域位置

2.1　清涧河流域

清涧河流域位于东经 109°12′~111°24′,北纬 36°39′~37°19′,东西长约 190 km,南北宽约 56.9 km。清涧河发源于陕西子长县李家岔乡,流经子长、清涧和延川三县,于延川县苏亚河汇入黄河,清涧县以上称秀延河,清涧县以下称清涧河,全长 169.9 km,流域面积 4 078 km²,清涧河流域示意图见图 2-2。

清涧河流域上中游比较宽阔,下游比较狭窄,"干流深切、支沟密布",河流比降变化大,河道平均比降为 4.82‰。集水面积大于 100 km² 的支流共 8 条,主要集中在上中游,其中较大的有李家川、永坪川、文安驿川和拓家川等。下游除拓家川外均为不足 10 km² 的支沟、毛沟。

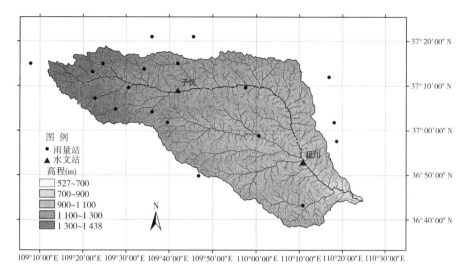

图 2-2 清涧河流域示意图

2.1.1 自然地理

清涧河流域地质基础属鄂尔多斯地质、陕北构造盆地的一部分。震旦纪开始,沉积形成了封面基底的覆盖层,主要是古生代与中生代的沉积岩。250万年以来,在这种地貌基础上覆盖了深厚的风成黄土,并在长期的降雨、水流作用下,逐渐形成了由塬、梁、峁、沟组成的黄土高塬丘陵沟壑地貌。

清涧河流域地势上西北高而东南低,由西北向东南倾斜。该流域山地居多,起伏不平,山大沟深,植被稀少,沟壑密度 1.3 km/km²,切割深度最深达 130 m,属水土流失极为严重区。

流域内土壤类型主要有黄绵土和黑垆土。由于长期耕种和水土流失,黑垆土仅残留于梁峁鞍部,主要以黄土性土为主(占流域的 92%),黄土土层节理发育,通气良好,渗水性强,宜林、宜农、宜牧。但土质疏松,结构不稳定,若遇降雨容易造成水土流失。

流域内原生天然植被以森林草原为主,由于长期的自然侵蚀,加之人类活动影响,天然林草遭到严重破坏,到处是一片荒山秃岭,天然次生林较少,主要植被为人工乔木林和灌木林,荒山荒坡的天然草较为稀疏,林草面积 34.65 hm²,占流域面积的 10%。

2.1.2 水文气象

清涧河流域处于大陆性暖温带季风半干旱气候区,具有明显的大陆性季风气候的特点。冬季多风、漫长、寒冷、雨雪少,夏季高温、短暂、暴雨多,春季多风、升温慢,秋季早晚温差大、降温快。多年平均降雨量为 451 mm,降雨时空分布不均,年际间变率大,年内月降雨量呈明显的单峰型分布,降雨多集中在 7～9 月,占全年降雨量的 65%,降雨量的地域分布规律由西北部向东南部递减。该流域多风,多年平均风速为 1.53 m/s,最大风速为 20 m/s(1975 年 2 月 19 日),冬春多为西北风,夏季多为东南风,多年平均出现 8 级以上大风 5.8 次。河流冻结期在 11 月中旬至次年 3 月中旬,降雪在 11 月上旬至次年 4 月中旬,一般降雪厚度为 7~10 cm,最厚为 12 cm。

清涧河流域实测多年平均径流量 1.38 亿 m³,输沙量 3 243 万 t。其上游子长县境内水土流失面积达 99% 以上,沟壑密度达 5.9 km/km²,年侵蚀模数可达 15 000 t/km²;安定一带年侵蚀模数为 16 000~18 000 t/km²。延川县境内水土流失面积可达 90% 以上,沟壑密度平均为 4.7 km/km²,年侵蚀模数为 7 000~11 000 t/km²。

2.1.3 水文站网

清涧河流域内共布设 2 处水文站、15 处雨量站,见图 2-3 及表 2-1。

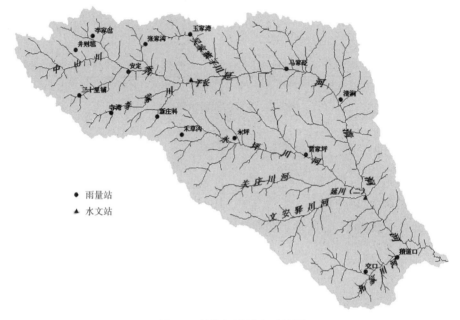

图 2-3 清涧河流域水系站网

表 2-1 清涧河流域雨量站

序号	河名	站名	东经	北纬	站别	设站时间	管理单位
1	清涧河	子长	109°42′	37°09′	水文站	1957 年	黄委
2	清涧河	延川	110°11′	36°53′	水文站	1953 年	黄委
3	清涧河	井则墕	109°22′	37°13′	雨量站	1979 年	黄委
4	清涧河	李家岔	109°25′	37°15′	雨量站	1966 年	黄委
5	清涧河	三十里铺	109°23′	37°07′	雨量站	1979 年	黄委
6	清涧河	安定	109°31′	37°10′	雨量站	1977 年	黄委
7	清涧河	张家沟	109°34′	37°14′	雨量站	1979 年	黄委
8	清涧河	寺湾	109°28′	37°05′	雨量站	1966 年	黄委
9	清涧河	新庄科	109°36′	37°04′	雨量站	1979 年	黄委

序号	河名	站名	东经	北纬	站别	设站时间	管理单位
10	清涧河	玉家湾	109°42′	37°15′	雨量站	1977 年	黄委
11	清涧河	马家砭	109°58′	37°10′	雨量站	1966 年	黄委
12	清涧河	清涧	110°07′	37°06′	雨量站	1988 年	陕西水文局
13	清涧河	交口	110°11′	36°43′	雨量站	1977 年	黄委
14	清涧河	稍道口	110°16′	36°45′	雨量站	1980 年	黄委
15	永坪川	禾草沟	109°40′	37°02′	雨量站	1977 年	黄委
16	永坪川	永坪	109°49′	37°01′	雨量站	1952 年	黄委
17	永坪川	贾家坪	110°01′	36°59′	雨量站	1966 年	黄委

2.1.3.1 水文站

（1）子长水文站。1957 年 7 月 1 日设立子长水文站，该站位于陕西省子长县瓦窑堡镇湫沟台村，东经 109°42′，北纬 37°09′，至河口距离 110 km，控制流域面积 913 km²。

（2）延川水文站。1953 年 7 月设立延川水文站，该站位于陕西省延川县城关镇，东经 110°11′，北纬 36°53′，至河口距离 38 km，控制流域面积 3 468 km²。

2.1.3.2 雨量站

流域内设 15 处雨量站，只有清涧雨量站属于陕西省水文局管辖，其他站均属黄委管辖。其中，交口、稍道口雨量站位于延川水文站以下。

2.1.4 水利工程

截至 1998 年，共建成水库 11 座，其中中型水库 3 座，小型水库 8 座。开挖灌渠 15 条，建成固定抽水站 9 座，流动抽水站 485 座，水电站 2 座。

目前，流域内有不同年份建立的骨干淤地坝 274 座，控制面积 1 053 km²，淤地坝总库容 2.5 亿 m³，淤积库容 1.9 亿 m³。

2.2 吴龙、龙潼区间

龙门站预报依据站为黄河干流吴堡站及吴龙区间主要支流三川河、无定河、清涧河、昕水河、延水、汾川河、仕望川、州川河、鄂河的控制站后大成、白家川、延川、大宁、甘谷驿、新市河、大村、吉县、乡宁站及区间雨量站。潼关站预报依据站为黄河干流龙门站及龙潼区间渭河华县、汾河河津站、北洛河湫头站及区间雨量站。预报区域示意图见图 2-4。

2.2.1 自然地理

吴龙区间河道穿行于山西、陕西峡谷，干流河道长 275 km。两岸支流众多，水系发达，区间总面积 64 038 km²。流域地势总的是西北高、东南低，区内大部分属黄土丘陵和黄土高原区，地形破碎，沟壑纵横，土质疏松，植被稀少，水土流失严重。黄河干流两岸属

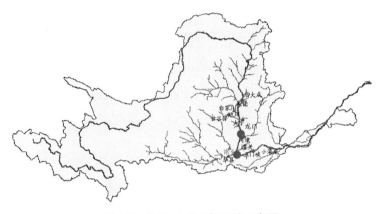

图 2-4 龙门、潼关预报区域示意图

石质山区,以裸露岩石为主,间有少量土质,植被较好,土壤侵蚀和水土流失相对较小。流域面积大于 1 000 km² 的一级支流共有 10 条,自上而下分别是三川河、屈产河、无定河、清涧河、昕水河、延河、汾川河、仕望川、州川河、鄂河。本书研究区面积(即未控区)11 333 km²,约占吴龙区间总面积的 17.7%。

龙潼区间有渭河、汾河、北洛河三大支流加入,各支流均设有水文站,控制面积 170 380 km²,占区间面积的 92.3%(其中渭河华县站 106 498 km²,汾河河津站 38 728 km²,北洛河洑头站 25 154 km²)。研究区域(区间未控)面积 14 209 km²。研究区内,涑水河流域虽然面积为 5 565 km²,占研究区面积的 39.2%,但大部分为平原地区,入黄水量很小;湨河 1 083 km²,占研究区面积的 7.6%,但薛峰水库已将主要产流面积控制;其他支流很小且为塬区,基本上不产流。因此,实际研究区面积约为 7 000 km²。龙门—潼关黄河干流河段也称小北干流,是典型的游荡型河道,河道两岸修有部分防洪工程。

2.2.2 水文气象

上述两个研究区属温带大陆性季风气候,从南到北跨越半湿润、半干旱和干旱三种气候带。总的气候特点是:冬春季干旱少雨,夏秋季高温多雨。平均年降雨量在 300 ~ 550 mm,70% 降雨集中在汛期。降雨量从东南向西北递减,空间分布不均。

吴龙区间多暴雨天气,平均年降雨量为 450 ~ 600 mm。夏季经常发生区域性暴雨,且强度大,历时短,常形成涨落迅猛、峰型尖瘦的高含沙洪水过程,是黄河泥沙的最主要来源区之一。

龙潼区间夏季除常发生短历时暴雨天气外,往往还会发生长历时的阴雨天气。潼关站洪水主要来源于黄河干流龙门以上和泾河、洛河、渭河,其中黄河干流洪水涨落更加剧烈,且历时一般小于 3 d,而相比之下,渭河洪水洪峰量级较小,但持续时间较长。水沙过程一般表现为沙峰滞后于洪峰,洪水前后断面冲淤变化大,水位流量关系散乱。当龙门站以上发生高含沙洪水时,龙门站以下小北干流河段有可能发生"揭河底"现象。当黄河洪水较大、渭河来水较小时,易发生黄河洪水倒灌渭河口的现象。

2.2.3　水文站网

研究区共有16处水文站,除北洛河洑头水文站属陕西省水文局管辖,其他均属黄委管辖。本次研究选取57处雨量站。水文站网情况见图2-5、表2-2。

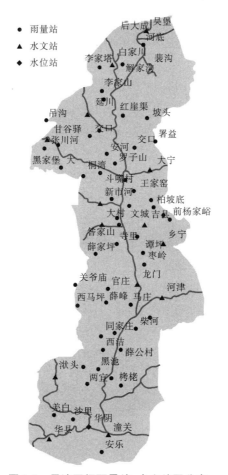

图 2-5　吴潼区间雨量站、水文站网分布

表 2-2　研究区水文站、雨量站网分布情况

序号	河名	站名	站别	东经	北纬	设站时间	管理单位
1	黄河	吴堡	水文站	110°43′	37°27′	1934 年	黄委
2	三川河	后大成	水文站	110°45′	37°25′	1956 年	黄委
3	屈产河	裴沟	水文站	110°45′	37°11′	1962 年	黄委
4	无定河	白家川	水文站	110°25′	37°14′	1975 年	黄委
5	清涧河	延川	水文站	110°11′	36°53′	1932 年	黄委
6	昕水河	大宁	水文站	110°43′	36°28′	1932 年	黄委
7	延河	甘谷驿	水文站	109°48′	36°42′	1952 年	黄委

序号	河名	站名	站别	东经	北纬	设站时间	管理单位
8	汾川河	新市河	水文站	110°16′	36°14′	1966 年	黄委
9	仕望川	大村	水文站	110°17′	36°05′	1958 年	黄委
10	州川河	吉县	水文站	110°40′	36°05′	1958 年	黄委
11	鄂河	乡宁	水文站	110°49′	35°57′	1959 年	黄委
12	黄河	龙门	水文站	110°35′	35°40′	1934 年	黄委
13	汾河	河津	水文站	110°48′	35°34′	1934 年	黄委
14	黄河	潼关	水文站	110°18′	34°36′	1931 年	黄委
15	渭河	华县	水文站	109°46′	34°35′	1931 年	黄委
16	北洛河	洑头	水文站	109°50′	35°02′	1934 年	陕西水文局
17	黄河	河底	雨量站	110°41′	37°21′	1977 年	黄委
18	解家沟	解家沟	雨量站	110°30′	37°13′	1978 年	黄委
19	川口沟	李家塔	雨量站	110°17′	37°12′	1977 年	黄委
20	黄河	李家山	雨量站	110°18′	37°02′	1980 年	黄委
21	黄河	眼岔寺	雨量站	110°19′	36°58′	1977 年	黄委
22	黄河	红崖渠	雨量站	110°29′	36°51′	1977 年	黄委
23	清涧河	交口	雨量站	110°11′	36°43′	1977 年	黄委
24	清涧河	稍道河	雨量站	110°16′	36°45′	1980 年	黄委
25	芝河	坡头	雨量站	110°42′	36°50′	1977 年	黄委
26	芝河	交口	雨量站	110°35′	36°38′	1977 年	黄委
27	芝河	署益	雨量站	110°46′	36°40′	1977 年	黄委
28	安河	安河	雨量站	110°20′	36°35′	1980 年	黄委
29	黄河	罗子山	雨量站	110°24′	36°31′	1981 年	黄委
30	黄河	平渡关	雨量站	110°30′	36°24′	1977 年	黄委
31	延河	吊沟	雨量站	109°47′	36°50′	1977 年	黄委
32	延河	黑家堡	雨量站	109°53′	36°39′	1978 年	黄委
33	延河	张川河	雨量站	109°46′	36°38′	1977 年	黄委
34	延河	大村	雨量站	109°55′	36°30′	1977 年	黄委
35	延河	白家川	雨量站	110°05′	36°33′	1977 年	黄委
36	延河	斗嘴村	雨量站	110°16′	36°27′	1977 年	黄委
37	雷多河	桐湾	雨量站	110°07′	36°26′	1977 年	黄委
38	雷多河	西阁楼	雨量站	110°22′	36°16′	1980 年	黄委
39	南河沟	王家窑	雨量站	110°34′	36°19′	1977 年	黄委
40	文城河	文城	雨量站	110°31′	36°13′	1977 年	黄委

序号	河名	站名	站别	东经	北纬	设站时间	管理单位
41	黄河	壶口	雨量站	110°25′	36°08′	1980 年	黄委
42	仕望川	峇家山	雨量站	110°26′	36°05′	1977 年	黄委
43	清水河	前杨家峪	雨量站	110°53′	36°07′	1980 年	黄委
44	清水河	郭家垛	雨量站	110°49′	36°09′	1981 年	黄委
45	清水河	贾家塬	雨量站	110°45′	36°11′	1980 年	黄委
46	雨院沟	雨院沟	雨量站	110°43′	36°15′	1979 年	黄委
47	州川河	柏坡底	雨量站	110°44′	36°12′	1981 年	黄委
48	黄河	柏山寺	雨量站	110°35′	36°00′	1979 年	黄委
49	白水川	薛家坪	雨量站	110°13′	35°53′	1979 年	黄委
50	白水川	寺里	雨量站	110°24′	35°57′	1979 年	黄委
51	鄂河	谭坪	雨量站	110°38′	35°53′	1979 年	黄委
52	黄河	枣岭	雨量站	110°39′	35°48′	1979 年	黄委
53	盘河	官庄	雨量站	110°19′	35°38′	1959 年	黄委
54	黄河	马庄	雨量站	110°31′	35°31′	1979 年	黄委
55	黄河	东苏冯	雨量站	110°41′	35°25′	1960 年	黄委
56	黄河	荣河	雨量站	110°33′	35°21′	1959 年	黄委
57	涺河	关爷庙	雨量站	110°01′	35°40′	1979 年	黄委
58	涺河	西马坪	雨量站	110°02′	35°31′	1979 年	黄委
59	涺河	薛峰	雨量站	110°18′	35°32′	1979 年	黄委
60	黄河	王家洼	雨量站	110°22′	35°19′	1979 年	黄委
61	徐水河	同家庄	雨量站	110°15′	35°18′	1959 年	黄委
62	黄河	薛公村	雨量站	110°25′	35°12′	1979 年	黄委
63	黄河	西清	雨量站	110°16′	35°12′	1979 年	黄委
64	黄河	尊村	雨量站	110°20′	35°00′	1980 年	黄委
65	金水沟	露井	雨量站	110°05′	35°05′	1978 年	黄委
66	金水沟	黑池	雨量站	110°13′	35°04′	1959 年	黄委
67	黄河	两宜	雨量站	110°07′	34°58′	1978 年	黄委
68	黄河	栲栳	雨量站	110°25′	34°57′	1984 年	黄委
69	黄河	朝邑	雨量站	110°07′	34°47′	1959 年	黄委
70	黄河	上源头	雨量站	110°16′	34°43′	1978 年	黄委
71	黄河	安乐	雨量站	110°14′	34°29′	1982 年	黄委
72	北洛河	羌白	雨量站	109°49′	34°45′	1960 年	黄委
73	渭河	沙里	雨量站	109°59′	34°43′	1978 年	黄委

第3章 致洪致沙关键因子研究

3.1 概　述

3.1.1 研究目的和意义

从吴龙区间典型支流入手,根据研究区域的自然地理、水文气象、土壤植被、水利水保工程等资料,分析该区域产水产沙特性,找出致洪致沙的关键因子,为吴龙区间典型支流降雨径流及产沙输沙预报模型的选取与研制提供依据。

3.1.2 研究区域和内容

3.1.2.1　研究区域

由于黄河吴龙区间面积较大,需要寻找一两个典型支流进行产水产沙特性分析,然后应用到更大的区域。清涧河流域位于黄河中游吴龙区间右岸中部,发源于陕西子长县李家岔乡,流经子长、清涧和延川三县,于延川县苏亚河村汇入黄河,地理位置处于延河与无定河之间,气候、土壤、植被、地形等自然条件具有由南向北的过渡性特征;治理措施主要为坝库控制与大面积水土保持相结合,具有地区的相似性,在陕北多沙粗沙支流治理中具有一定的代表性,因此本研究选取清涧河流域作为吴龙区间的典型支流,见图3-1,清涧河水系站网示意图见附图1。

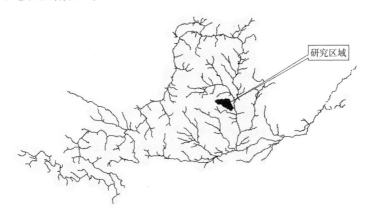

图 3-1　研究区域位置

3.1.2.2　研究内容

影响流域产水产沙的因素很多,主要有降雨强度、时空分布、持续历时和土壤水分、地形地貌、土壤特性及土地利用、地表植被覆盖,以及水利水保工程等。不同的暴雨特性和流域下垫面特性会形成不同的产水产沙过程。本章主要研究清涧河流域降雨、地形、土壤、水利水保工程等对产水产沙的影响。

3.2　降雨对产水产沙的影响

从水文学角度来讲,降雨是流域产水产沙的最主要驱动因子。降雨因子对产水产沙的影响极其复杂,流域产水产沙不仅受降雨量的影响,而且受降雨强度和降雨时空分布的影响。不同的降雨强度、时间空间尺度有不同的水沙响应,即便是同样的降雨强度和时空尺度,由于下垫面条件的变化,其水沙响应也不尽相同。其中,有些规律通过分析研究已被人们所认识和掌握,而有些规律由于客观原因尚未被人们掌握或完全掌握。

清涧河流域的暴雨具有突发性强、强度大、历时短等特点,这种特点与其所处的地理位置和气候背景有直接关系。由暴雨产生的洪水陡涨陡落,含沙量大,除引起严重的水土流失外,还会给社会经济发展带来损失。

本节从清涧河流域的地理和气候背景、降雨特性和降雨量、降雨强度、时空分布及初始土壤含水量与水沙关系等方面,分析降雨,特别是暴雨对径流泥沙的不同影响。

3.2.1　降雨特性

清涧河流域地处大陆腹部,属大陆性气候,受西太平洋水汽影响较小,主要是孟加拉湾水汽在副热带锋区造成的降水,但因水汽到达该流域后,已经大大减弱,陕北黄土高原又无大的地形抬升作用,所以降雨量较为稀少,多年平均降雨量为 451 mm,降雨时空分布不均,年际间变化较大,一年内降雨量呈明显的单峰型分布,降雨多集中在 6～9 月,占全年降雨量的 76%,降雨量的地域分布规律由西北部向东南部递减。

3.2.1.1　降雨量的年际变化

据 1971～2010 年资料统计,清涧河流域(延川水文站以上)多年平均降雨量为 451 mm,最小为 1999 年的 207 mm,最大为 2002 年的 653 mm,两者比值为 1∶3.2,表明降雨年际变化较大。清涧河流域多年平均降雨量图见图 3-2,为了研究降雨年际变化,这里选用

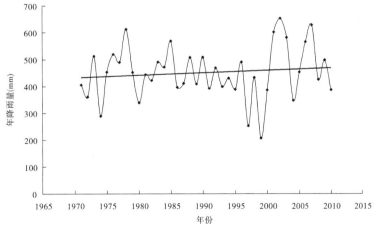

图 3-2　清涧河流域多年平均降雨量

年最大降雨量与最小降雨量的比值系数 α、变差系数 C_v、降雨系列均值与年最大降雨的比值系数 η 三种指标来说明降雨年际变化。比值系数 α 反映了流域历年降雨两个极端值的倍数关系,显示了降雨年际变化的程度,α 越大,表明降雨年际变化越大;变差系数 C_v 可表示不同均值系列的降雨离散程度,C_v 越接近 1,表明降雨年际变化越大,C_v 越接近 0,降雨年际变化越小;系数 η 也是反映降雨年际变化的程度,η 越接近 1,表示降雨年际变化越小。

统计表明,清涧河流域年降雨量 α 为 3.2,C_v 为 0.22,η 为 0.69,表明了降雨年际变化幅度较大。降雨量的年内分配也表现出明显的年际变化,汛期 C_v 为 0.26,非汛期 C_v 为 0.33,汛期降雨量的年际变化比非汛期小。具体变化情况见表 3-1。

表 3-1   清涧河流域降雨年际变化参数统计

参数	全年	汛期	非汛期
C_v	0.22	0.26	0.33
α	3.2	3.3	5.9
η	0.69	0.65	0.58

3.2.1.2   降雨量的年代变化

降雨量年代变化较大,降雨量最多的是 2000~2010 年,平均降雨量 502 mm,比多年平均值偏多 11.36%;最少的是 1990~1999 年,平均降雨量 397 mm,比多年平均值偏小 11.96%;1971~1979 年、1980~1989 年平均降雨量与多年平均值基本上持平,见表 3-2。

表 3-2   清涧河流域降雨量年代变化

项目	1971~1979 年	1980~1989 年	1990~1999 年	2000~2010 年	1971~2010 年
降雨量(mm)	455	446	397	502	451
距平(%)	0.92	-1.13	-11.96	11.36	

3.2.1.3   降雨量的年内分配

清涧河流域属大陆性气候,冬春干寒、雨量稀少,夏季炎热、雨量较多。降雨量年内分配极不均匀,主要集中在汛期且多以暴雨形式出现,6~9 月降雨量占全年降雨量的 75% 左右,而 7~8 月降雨量又占 6~9 月降雨量的 62%。7~8 月的降雨也多集中在几次暴雨过程中。

清涧河降雨量年内分配情况见表 3-3 和图 3-3。

表 3-3   清涧河流域降雨量年内分配

项目	1 月	2 月	3 月	4 月	5 月	6 月	7 月	8 月	9 月	10 月	11 月	12 月	全年	6~9 月
延川以上(mm)	2.9	4.7	10.0	16.4	36.9	59.3	102.9	105.5	69.8	29.4	8.5	2.8	451	337.5
占全年降雨量比例(%)	0.6	1.0	2.2	3.6	8.2	13.1	22.8	23.4	15.5	6.5	1.9	0.6	100.0	74.9

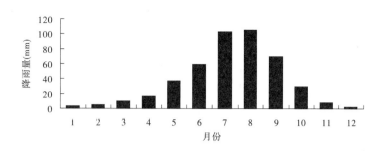

图 3-3　清涧河流域降雨量年内分配

3.2.1.4　暴雨特性及天气形势

清涧河流域暴雨大致可归纳为两种类型:第一类是西风带内,直接由前倾西风槽造成的,具有强烈位势不稳定条件,由局地强对流引起的小范围、短历时、高强度的暴雨;第二类则是盛夏时期至初秋副热带高压北侧锋区上的扰动,形成本流域大面积暴雨,暴雨区范围内降雨主要集中在 1~20 h 内,暴雨中心降雨量一般大于 100 mm。根据暴雨区走向和落区位置,又分为经向类、纬向类和斜向类。

经向类暴雨发生在经向环流下,纬向类和斜向类暴雨则发生在稳定纬向环流或过渡环流形势中,与该流域暴雨联系较紧密的大尺度环流系统主要有以下 3 个:

(1)西风带系统。具体有乌拉尔山阻塞高压、贝加尔湖阻塞高压、乌拉尔山大槽、贝加尔湖低槽和太平洋中部槽。

(2)副热带系统。具体有西太平洋热带高压、南亚高压、青藏高压。

(3)热带系统。具体有西太平洋台风和西太平洋热带辐合区。

在上述系统中,以西太平洋副热带高压的进退、维持和强度变化与暴雨的关系最为密切,它直接影响暴雨带走向、位置、范围和强度等。

通过对致洪暴雨的分析发现,该流域致洪暴雨的特点是:笼罩范围大,移动速度快,降雨历时短。一次降雨过程基本在 2~18 h,极少出现 18 h 以上的降雨过程。

3.2.2　降雨与水沙关系

径流是降雨通过下垫面的汇集而最终于沟、河道中形成的水流,它包括地表径流和地下径流。地表径流是在雨强大于下垫面的入渗率时,来不及入渗的水在地表形成的产流汇集而成的,因而地表径流与降雨量、雨强以及下垫面的产汇流过程有关。地下径流是渗入地下的降雨,经过较长时间的下渗,并通过不透水层的汇集而成的。因此,地下径流除与降雨有关外,还与下渗过程及不透水层的汇集状况有关。泥沙则是通过降雨对下垫面表层的侵蚀并由地表径流的冲刷挟带至沟、河道出口的沙量。所以无论是径流还是泥沙,均与降雨密切相关。

3.2.2.1　年降雨量与水沙关系

清涧河流域有子长、延川两处水文站,分别建立子长、延川以上流域年降雨量与子长、延川水文站径流量、输沙量的相关关系。

1.年降雨量与径流量的关系

1）相关关系

从图3-4、图3-5可以看出,清涧河流域年降雨量与年径流量相关关系并不好,子长、延川水文站年径流量用年降雨量表述的程度仅为49%、35%。

子长水文站年径流量用年降雨量的表述程度比延川水文站高14%,而子长水文站以上流域面积为913 km²,子长—延川区间流域面积为2 555 km²。流域面积越大,径流量受非降雨量因子的影响越大。

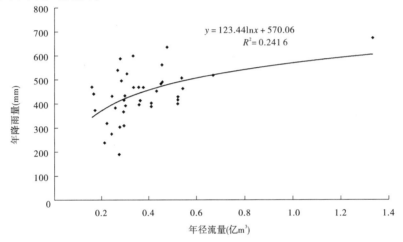

图3-4　子长水文站年降雨量—年径流量相关关系

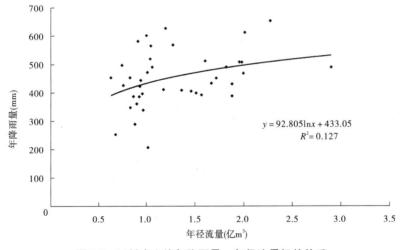

图3-5　延川水文站年降雨量—年径流量相关关系

对子长、延川水文站分年代建立降雨量与径流量的关系,见图3-6、图3-7。分年代以后,各年代的降雨量与径流量的相关程度均有大幅度的提高,以延川水文站为例,4个年代的径流量用降雨量表述的程度比不分年代分别提高了20%、10%、55%、27%。1980～1989年径流量与降雨量相关程度最低,仅为45%,其次是1971～1979年的52%、2000～2010年的62%,1990～1999年最高,年径流量与用降雨量表述的程度达到90%,见表3-4。

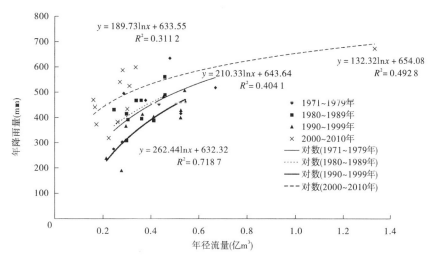

图 3-6　子长水文站年降雨量—年径流量相关关系(分年代)

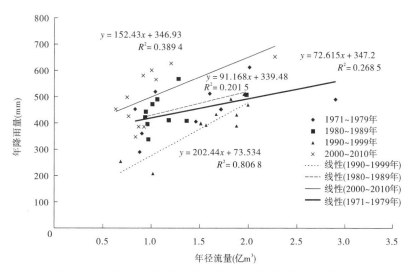

图 3-7　延川水文站年降雨量—年径流量相关关系(分年代)

表 3-4　年降雨量—径流量相关系数

水文站	1971~1979 年	1980~1989 年	1990~1999 年	2000~2010 年	1971~2010 年
子长	0.64	0.56	0.85	0.70	0.49
延川	0.52	0.45	0.90	0.62	0.35

　　清涧河流域年径流量与降雨量相关关系有明显的年代变化,初步分析有两方面的原因:一方面是降雨的时空分布不均,另一方面是水利水保工程的影响。

　　(1)降雨量的时空分布不同,年降雨主要集中在汛期,而汛期降雨往往集中在数场暴雨洪水过程中。

　　例如,永坪川上游禾草沟雨量站 1996 年 6 月 16 日、8 月 1 日日降雨量分别为 137.8

mm、120.3 mm,分别是该站 6 月、8 月降雨量的 57%、69%,2 d 降雨量占该站全年降雨量的 40%;子长水文站 2002 年 7 月 4 日、5 日降雨量分别为 171.8 mm、117.2 mm,2 d 降雨量占该站 7 月降雨量的 89%、全年降雨量的 39%。

统计日降雨量大于 100 mm 的年份,发现日降雨量大于 100 mm 的年份仅有 1977 年、1992 年、1996 年、2002 年、2005 年,其中 1977 年、1992 年、2005 年均为 1 d,1996 年、2002 年均为 2 d。

统计清涧河流域日降雨量大于 50 mm 的日数及暴雨日平均雨量,见表 3-5、表 3-6。

表 3-5　清涧河流域暴雨日数统计(日降雨量 >50 mm)　　　　　　　　(单位:d)

序号	河名	站名	1970~1979 年	1980~1989 年	1990~1999 年	2000~2010 年
1	清涧河	子长	14	5	5	11
2	清涧河	延川(二)	5	5	7	7
3	清涧河	井则塌		3	5	8
4	清涧河	李家岔	7	2	5	6
5	清涧河	三十里铺		3	1	7
6	清涧河	安定		3	2	8
7	清涧河	张家沟		5	5	11
8	清涧河	寺湾	4	4	6	8
9	清涧河	新庄科		5	2	7
10	清涧河	玉家湾		3	5	8
11	清涧河	马家砭	10	4	3	5
12	永坪川	禾草沟		7	3	11
13	永坪川	贾家坪	8	6	4	8
平均			8.00	4.23	4.08	8.08

注:三十里铺、安定 1990~1999 年仅 1992 年有日降雨量 >50 mm 的。

表 3-6　清涧河流域暴雨日平均雨量统计(日降雨量 >50 mm)　　　　　(单位:mm)

序号	河名	站名	1970~1979 年	1980~1989 年	1990~1999 年	2000~2010 年
1	清涧河	子长	64.3	74.4	63.4	73.5
2	清涧河	延川(二)	61.7	64.2	59.0	72.9
3	清涧河	井则塌		54.0	68.0	73.5
4	清涧河	李家岔	55.7	62.8	72.4	72.2
5	清涧河	三十里铺		66.7	151.6	67.1
6	清涧河	安定		60.0	94.1	71.9
7	清涧河	张家沟		64.3	58.5	62.1

序号	河名	站名	1970～1979 年	1980～1989 年	1990～1999 年	2000～2010 年
8	清涧河	寺湾	74.7	61.7	62.5	57.7
9	清涧河	新庄科		71.4	84 6	62.5
10	清涧河	玉家湾		69.7	66.8	62.5
11	清涧河	马家砭	63.1	64.5	57.8	64.8
12	永坪川	禾草沟		72.2	110.0	75.4
13	永坪川	贾家坪	61.9	61.0	66.0	64.0
平均				63.6	65.1	78.1	67.7

注:三十里铺、安定 1990～1999 年仅 1992 年有日降雨量 >50 mm 的。

从表 3-5 中可以看出,1990～1999 年清涧河流域平均暴雨日数为 4.08 d,为各年代最少,与 1980～1989 年接近,而表 3-6 显示 1990～1999 年暴雨日平均降雨量为 78.1 mm,为 4 个年代中最大值,即与其他 3 个年代相比,1990～1999 年虽然年降雨量最小,但降雨更加集中,更利于产水产沙。

(2)1979 年以前流域水利水保措施刚刚起步,流域处于水利水保措施全面发挥作用前的自然状态;1980～1989 年,流域水土保持工作进入成熟阶段,流域处于水利水保措施发挥显著作用的受扰状态;1990～1999 年,经过一段时间的运行,前期修建的水利水保工程作用大为减弱,再加上国家西部大开发的发展,流域处于水利水保措施作用减弱的受扰状态;从 1998 年国家开始实施以大规模退耕还林(草)和天然林禁伐为重点的生态环境建设和从 2002 年开始实施骨干淤地坝的建设,2000～2010 年流域处于水利水保措施作用重新加强的受扰状态。

2)降雨参数综合变量与径流量的关系

由于清涧河流域年降雨主要集中在汛期,而汛期降雨往往集中在数场暴雨洪水过程中,暴雨洪水的产水产沙在该流域的来水来沙中占据重要地位。例如,2002 年 7 月大洪水,子长水文站最大日降雨量 171 mm,占 7 月降雨量的 52%,其形成的洪水水量占全年的 45%,输沙量占全年的 61%。所以,对于清涧河流域用降雨参数综合变量来反映降雨对年径流量的影响。

降雨参数综合变量是年降雨量、汛期雨量、非汛期降雨量及最大 1 d 雨量的综合,其公式为

$$PF = P_{汛}f^m + P_{枯}^n$$

采用张军政的降雨径流回归模型:

$$R_C = K_t(P_{汛}f^m + P_{枯}^n) + C$$

则

$$R_C = K_t \cdot PF + C$$

式中:R_C 为计算年径流量,亿 m^3;K_t 为反映流域产流特性的综合因子;$P_{汛}$ 为汛期降雨量,mm;$P_{枯}$ 为非汛期降雨量,mm;PF 为降雨参数综合变量;f 为汛期降雨集中系数,$f = P_1/P_{汛}$,

其中 P_1 为最大 1 d 降雨量;m、n 为指数,分别反映汛期和非汛期降雨对年径流量的影响程度,取张军政的试算结果,$m=0.25$,$n=0.75$;C 为常数。

利用该模型得到清涧河子长水文站年径流量 R 与降雨参数综合变量 PF 的关系如图 3-8 所示,降雨参数综合变量与年径流量的相关系数为 0.56,较仅用年降雨量作参数提高了 7%。

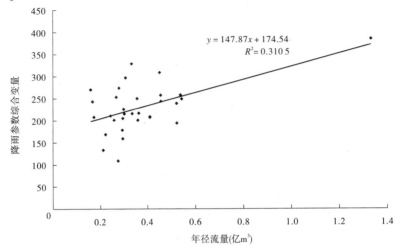

图 3-8　子长水文站年径流量—降雨参数综合变量相关关系

2. 年降雨量与年输沙量的关系

清涧河流域年降雨量—年输沙量相关关系和年降雨量—年径流量相关关系相似,相关程度均较低,见图 3-9、图 3-10。子长、延川年输沙量用年降雨量表述的程度仅为 36%、25%,依然是子长水文站比延川水文站高,即流域面积越大,输沙量受非降雨量因子的影响越大。

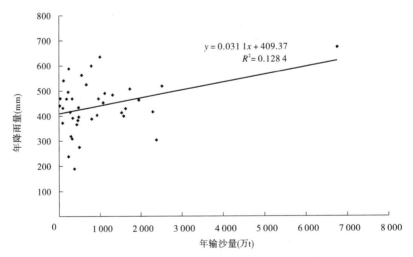

图 3-9　子长水文站年降雨量—年输沙量相关关系

年降雨量与年输沙量分年代相关系数统计的相关性,见表 3-7。

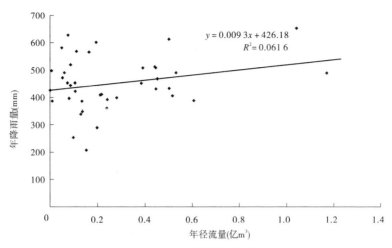

图 3-10　延川水文站年降雨量—年径流量相关关系

表 3-7　年降雨量—年输沙量的相关系数

水文站	1971～1979 年	1980～1989 年	1990～1999 年	2000～2010 年	1971～2010 年
子长	0.11	0.24	0.83	0.60	0.36
延川	0.22	0.10	0.84	0.49	0.25

与年降雨量—年径流量的相关关系不同的是,分年代后 1971～1979 年、1980～1989 年年降雨量—年输沙量相关系数反而比不分年代的低,以延川水文站为例,分别低 3%、15%;1990～1999 年、2000～2010 年年降雨量—年输沙量相关系数比不分年代的有显著提高,分别提高 59%、24%。1990～1999 年相关性最好,相关系数为 0.84,其主要原因是:一是 1990～1999 年虽然年降雨量最小,但降雨更加集中,更利于产水产沙。二是流域前期修建的水利水保工程经过一段时间的运行,拦沙作用大为减弱,导致入黄泥沙量有所回升。以淤地坝为例,绝大部分淤地坝的拦沙寿命仅为 5～10 年,到 20 世纪 80 年代中期以后,大部分淤地坝已经淤满失效,相关资料显示,截至 1999 年,淤地坝库容淤损率达到 90.6%,水利水保工程作用的减弱也使得降雨量对输沙量的影响更为明显。

3.2.2.2　次暴雨与水沙关系

降雨对水、沙的侵蚀主要反映在产生的地表径流和被侵蚀泥沙的多少。一般降雨量越大,汇流的水沙也越多,但对下垫面产流和侵蚀起直接作用的,却还是雨强,尤其是对于以超渗产流为主的黄土高塬丘陵沟壑区,雨量的不同分配,将引起不同的效果。降雨越集中,雨强越大,形成的地表径流越多,对地表的侵蚀作用也越剧烈。

赵芹珍等通过对同样为黄土高塬丘陵沟壑区的王家沟小流域降雨因子与径流量、输沙量、侵蚀模数相关性分析,认为不同降雨因子与水土流失的相关性不同,其中与径流量相关性高的因子是产流降雨量、降雨侵蚀力、最大 30 min 降雨强度,与输沙量相关性高的因子是产流降雨量、降雨侵蚀力、最大 10 min 降雨强度、最大 30 min 降雨强度,与侵蚀模数相关性高的因子是产流降雨量、降雨侵蚀力、最大 30 min 降雨强度。与流域治理前期相比,相关性显著的降雨因子在治理后期明显减少。不过,无论是治理前期还是治理后期,产流降雨量、降雨侵蚀力、最大 30 min 降雨强度均是水土流失过程中最重要的影响因子,也是产水产沙的最重要影响因子。本部分从场次洪水入手,分析次洪降雨量、降雨强度等对产水产沙的影响。

1. 次暴雨洪水特性

本次分析了清涧河子长水文站以上流域的次洪暴雨洪水。由于研究区域 50% 的雨量站是 1979 年设立的,为保证资料的完整性,本次研究选取 1980~2010 年的洪水资料,次洪洪峰流量大于 100 m³/s,共选取洪水 50 场次,洪水场次统计结果见表 3-8。1998 年之前的降雨资料来自年鉴,降雨时段大部分为 2 h 或更长,1998~2010 年的降雨资料取自雨量站固态存储雨量计,降雨时段大部分为 5 min。

表 3-8 清涧河流域子长水文站次洪统计

时段	不同洪峰流量(m³/s)洪水场次				平均洪峰流量 (m³/s)	平均沙峰 (kg/m³)
	100~500	500~1 000	>1 000	合计		
1980~1989 年	9	3	0	12	284	788
1990~1999 年	10	6	4	20	655	793
2000~2010 年	12	2	4	18	770	767
1980~2010 年	31	11	8	50	604	767

清涧河流域洪水流量过程具有明显的陡涨陡落的特点,子长水文站洪水总历时平均为 1~2 d,连续洪水可达 3 d 以上。平均涨洪历时 1.57 h,最大为 1986 年的 5.8 h,最小为 0.10 h。主雨结束到洪峰出现时间很短,通常为 1~2 h,且有很多次洪水主雨未结束洪峰已经出现。图 3-11 表明,对于 2002 年 7 月洪水,洪峰在主雨结束前 1 h 即出现。

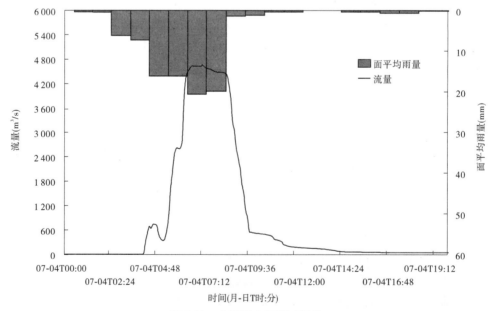

图 3-11 典型洪水雨洪过程线

子长洪水主要是由暴雨形成的,洪水最早出现在6月,最晚出现在9月,主要集中在7、8月。据统计,大于1 000 m³/s的洪水出现在7、8月的比例为75%左右,特大洪水发生在2002年7月4日,洪峰流量4 670 m³/s,为100年一遇洪水。

从洪水形状来看,洪水峰型有两种类型:一类峰型陡涨陡落,另一类峰型陡涨缓落,见图3-12,一般以第一种类型居多。从洪峰数量上来看,78%为单峰洪水,有时也会出现双峰或多峰,甚至出现有两个显峰和一个或几个隐峰的洪水。

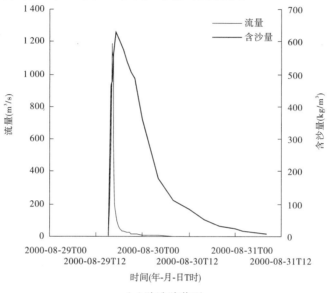

（a）陡涨陡落型

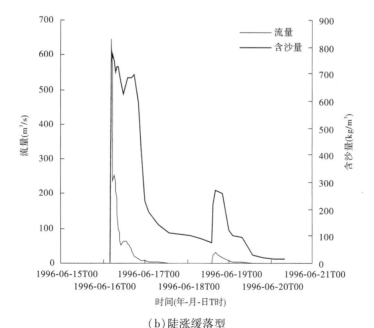

（b）陡涨缓落型

图3-12　典型洪水形状

2. 次暴雨对产水量的影响

用子长水文站以上 8 个雨量站的资料,按泰森多边形法计算次洪降雨量(见图 3-13)。

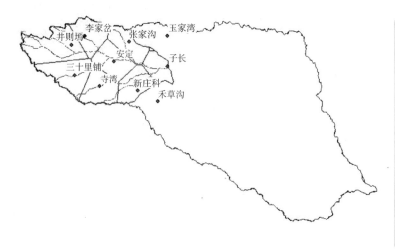

站名	比例
井则塌	0.22
李家岔	0.13
三十里铺	0.15
安定	0.13
张家沟	0.11
寺湾	0.12
新庄科	0.09
子长	0.04

图 3-13　子长水文站以上雨量站控制面积及比例

1) 降雨量对产水量的影响

子长水文站历年次洪降雨径流关系如图 3-14 所示。从图 3-14 中可以看出,该流域降雨径流关系为非线性,可由以下一元幂函数表达:

$$R = 0.165\,4\,P^{0.992\,1}$$

式中: P 为次洪降雨量; R 为次洪径流深。

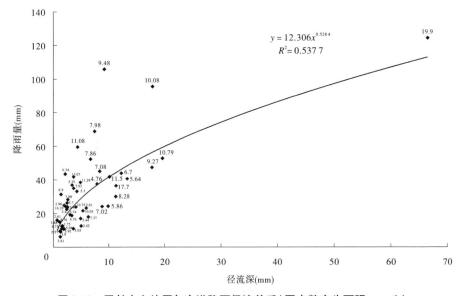

图 3-14　子长水文站历年次洪降雨径流关系(图中数字为雨强,mm/h)

降雨量与径流深相关系数为0.72,即次洪径流量由降雨量表达的程度为72%。

次洪降雨量90%在10~70 mm,次洪降雨量大于70 mm的仅有三场洪水:19920810、20010818、20020704,其中20020704洪水为子长水文站有实测资料以来的最大洪水,达到100年一遇。

分年代建立次洪降雨径流关系,见表3-9、图3-15。与年降雨径流关系不同,并非每个年代的次洪降雨径流相关程度均比不分年代高,与不分年代降雨径流相关相比,1980~1989年低8%,其他两个年代高5%、6%,与前面分析的1980~1989年流域水利水保措施发挥显著作用相符合。

表3-9　次洪降雨量—径流量相关系数

水文站	1980~1989年	1990~1999年	2000~2010年	1971~2010年
子长	0.64	0.77	0.79	0.72

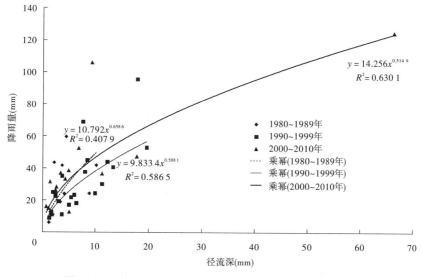

图3-15　子长水文站历年次洪降雨径流相关关系(分年代)

2)降雨强度对产水量的影响

对于典型的超渗产流区,产流不仅受次洪降雨量的影响,还受降雨强度的影响,即次洪径流深应表示为:$R = f(P, I)$,其中I为次洪平均降雨强度。从图3-14可以看出,降雨强度变化较大,为1.75~19.9 mm/h。

我们曾在岔巴沟流域考虑降雨强度作次洪降雨径流相关关系图,分平均雨强>15 mm、平均雨强=10~15 mm、平均雨强=5~10 mm、平均雨强<5 mm 4种情况,分别拟合方程,相关系数分别为0.86、0.79、0.83、0.93,比不考虑雨强提高了0.12~0.28。把这一方法应用于子长水文站,发现加入降雨强度后,并没有显示出明显的规律性。

选择两场年份相近的实测洪水进行进一步分析,19860626与19870826两场洪水均为流域前期比较干旱的洪水,降雨总量相差不多,年份相邻,可认为流域下垫面条件是一致的,水利水保工程影响也是一致的。两场洪水的特征值见表3-10。

表 3-10　19860626 与 19870826 洪水特征值比较

洪水	洪峰流量（m³/s）	径流深（mm）	降雨量（mm）	降雨强度（mm/h）	径流系数
19860626	260	3.68	41.7	3.48	0.09
19870826	510	10.16	41.83	6.97	0.24

从表 3-10 可以看出,19870826 洪水洪峰流量、径流深分别是 19860626 洪水的 1.96、2.76 倍,其主要原因是两场洪水的降雨历时及强度存在差异,前者降雨历时在 5 h 以内,后者降雨历时为 10 h 左右;前者面平均降雨强度为 6.97 mm/h,是后者的 2.0 倍。两场洪水降雨量相差不多,下垫面条件及前期土壤状况均差别不大,但产水结果悬殊,据此可以说明,降雨强度是影响清涧河流域产水的因子之一,而图 3-14 中加入降雨强度后,没有明显的规律,不是因为降雨强度对产水没有影响,而是存在其他因素的影响,例如下垫面条件的变化等。

相关研究成果表明,降雨量及其强度变化以下面 5 种指标形式较直观:降雨量(P),降雨强度(I),降雨历时(T),降雨量与降雨强度乘积(PI),降雨量与降雨历时乘积(PT)。

建立 PI 与径流深的相关关系图(见图 3-16),降雨量与降雨强度乘积 PI 与径流深的相关关系较好,两者相关系数为 0.88,相关程度比仅用降雨量作变量提高了 16%,即降雨强度亦是影响产水的主要因子之一。

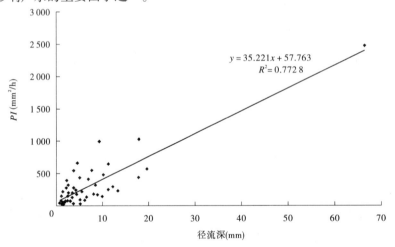

图 3-16　子长水文站历年次洪 PI 与径流深的相关关系

3) 径流系数

径流系数是指某一流域任意时段内的径流深(或径流总量)与同时段内降雨量的比值。径流系数说明在降雨量中有多少水变成了径流,它综合反映了流域内自然地理要素对径流的影响。次洪径流系数反映了某次洪水中,降雨量转化为径流的比例。径流系数除反映降雨产流状况外,在一定程度上也反映水利水保措施的有效拦蓄能力。

子长水文站次洪径流系数为 0.04~0.53,变化极大,最大为 2002 年特大洪水的

0.53,且径流系数大于 0.4 的 3 场洪水洪峰流量均大于 1 000 m³/s,次洪径流系数平均为0.2,见表 3-11。1990~1999 年不仅洪水次数多,径流系数也大,平均为 0.22。

表 3-11　子长水文站次洪特征值分年代统计

时段	洪水次数	平均洪峰流量（m³/s）	平均沙峰（kg/m³）	降雨量（mm）	径流深（mm）	径流系数
1980~2010 年	50	604	767	33.22	6.88	0.2
1980~1989 年	12	284	788	27.48	3.86	0.16
1990~1999 年	20	655	793	34.51	7.44	0.22
2000~2010 年	18	770	767	35.76	8.36	0.18

3. 次暴雨对产沙量的影响

用次洪产沙量作为产沙特征指标,产沙量用次洪产沙模数 MS(万 t/km²)表示,根据清涧河子长水文站以上流域的特点,不考虑场次洪水的泥沙冲淤,认为泥沙输移比等于1,则次洪产沙模数等于输沙模数。

子长水文站历年次洪降雨产沙关系如图 3-17 所示,可以看出,降雨产沙为非线性关系,且降雨产沙关系点据较降雨径流更为散乱。降雨量与产沙量相关系数为 0.67,即次洪产沙量由降雨量的表达程度为 67%。

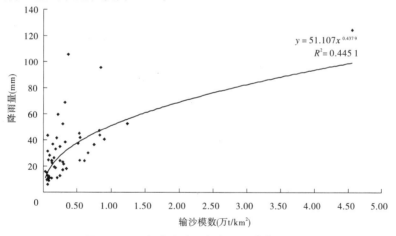

图 3-17　子长水文站历年次洪降雨产沙关系

大量实测资料的研究结果表明:在天然降雨条件下,土壤侵蚀量与次降雨量之间的关系并不密切;与平均雨强的关系较好,但也不够理想;而与反映降雨集中程度的短历时最大雨强的关系最为密切。降雨强度对产沙的影响包括两方面:对雨滴溅蚀的影响,通过影响地表径流产量进而对坡沟冲刷侵蚀量的影响。众多研究者用降雨侵蚀力指标来表示降雨对土壤侵蚀的影响。但由于降雨动能难以获取,所以用降雨量与降雨强度乘积 PI 或降雨量与降雨历时乘积 PT 来代替。

蔡强国等根据岔巴沟流域 6 个小流域的暴雨实测资料,得出降雨量与降雨强度乘积 PI 与产沙模数 MS(万 t/km²)的相关系数最高。从动力条件来看,若流域降雨量大,但历时长,强度低,则 *MS* 未必大;反之,若雨量大,历时短,强度高,则 *MS* 必然大。

用这种方法分析清涧河流域的降雨产沙关系,见图 3-18,降雨量与降雨强度乘积 *PI* 与产沙模数 *MS* 的相关系数为 0.86,相关程度比仅用降雨量作变量提高了 19%,即降雨强度亦是影响产沙的主要因子之一。

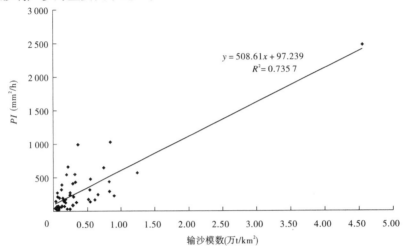

$$y = 508.61x + 97.239$$
$$R^2 = 0.735\ 7$$

图 3-18　子长水文站历年次洪 *PI* 与 *MS* 的相关关系

4. 降雨强度对洪峰、沙峰的影响

对于清涧河流域这种典型的超渗产流区,产流产沙不仅受次洪降雨量的影响,还受雨强的影响。国内大量的研究成果表明,雨强是坡面侵蚀的主要影响因素之一,雨强越大,坡面流的流速越大,对地表的冲刷作用也越强,从而影响产水产沙。一般而言,雨强对峰值的影响更大。由于 1998 年以后有固态存储雨量计的数据,基本上是 5 min 系列资料,可以方便分析最大雨强与洪峰、沙峰的关系,找出与洪峰、沙峰有密切关系的雨强时段。

选取 1998 年以后的 24 场洪水,分别统计计算次洪最大 10 min、30 min、60 min、90 min、120 min 的雨量,子长水文站洪峰流量与各时段最大雨量相关关系见表 3-12、图 3-19。

表 3-12　清涧河子长水文站次洪洪峰流量与时段最大雨量统计

时段(min)	10	30	60	90	120
相关系数	0.54	0.63	0.79	0.75	0.77

从表 3-12 可以看出,60～120 min 雨量与洪峰流量的相关系数均在 0.75 以上,其中 60 min 最大雨量与洪峰流量的相关关系较好,相关系数为 0.79。

以 60 min 最大雨量为参数,建立 1980～2010 年 50 场洪水洪峰流量与 60 min 最大雨量的相关关系,见图 3-20。从图中可以看出,两者有一定的相关关系但不是很密切,洪峰流量与 60 min 最大雨量的相关系数为 0.55。

分年代统计结果见表 3-13、图 3-21。从表 3-13 中可以看出,1980～1989 年两者几乎没有相关关系,相关系数不到 0.1,2000～2010 年相关关系最好,相关系数为 0.80。

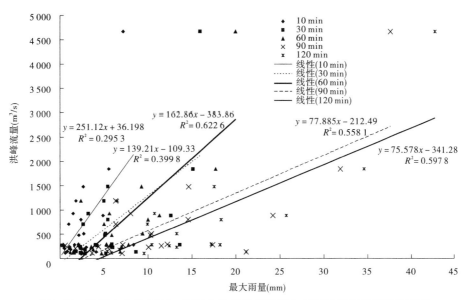

图 3-19　子长水文站 1998～2010 年次洪洪峰流量与各时段最大雨量相关关系

图 3-21也说明了这点,1980～1989 年的点据呈一带状分布,60 min 最大雨强在 3.61～16.33 mm 范围内变化,洪峰流量在 147～630 m^3/s 范围内变化,两者没有明显的关系。

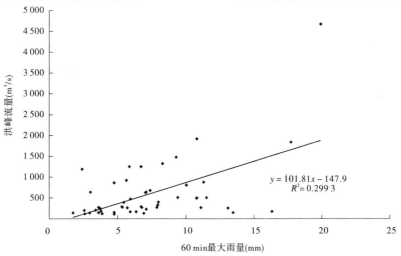

图 3-20　子长水文站次洪洪峰流量与 60 min 最大雨量相关关系

表 3-13　60 min 最大雨量分年代统计

时段	洪峰流量 （m^3/s）	沙峰 （kg/m^3）	最大雨量 （mm）	相关系数
1980～1989 年	284	788	9.37	0.09
1990～1999 年	655	793	5.96	0.58
2000～2010 年	770	767	7.39	0.80
1980～2010 年	604	767	7.12	0.55

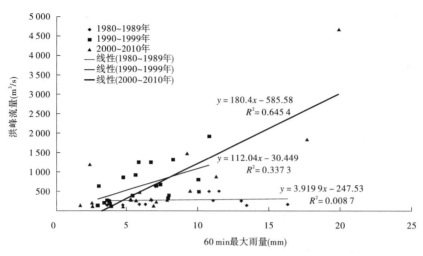

图 3-21　子长水文站次洪洪峰流量与 60 min 最大雨量相关关系（分年代）

分析其原因,一方面是下垫面的变化、水利水保工程措施的影响;另一方面与资料有关,1998 年以后用的是固态存储雨量计的数据,基本上是 5 min 系列资料,而 1998 年以前是年鉴资料,降雨时段长大部分为 2 h 或更长,60 min 的降雨只能通过内插获得,未能真实反映降雨的时间分布。

分析次洪沙峰与最大雨量的关系,点据呈一带状分布,沙峰与 60 min 最大雨量没有明显的关系,不管雨量多大,沙峰都在 600 ~ 1 000 kg/m³,见图 3-22。

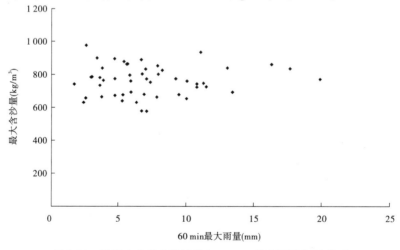

图 3-22　子长水文站次洪沙峰与 60 min 最大雨量相关关系

同一降雨量级产流产沙量相差很大。2002 年 6 月洪水与 2006 年 7 月洪水出现在同一年代,下垫面条件未发生大的变化,在次洪降雨量、初始土壤含水量相似的情况下,2002 年 6 月洪水洪峰、洪量、沙量分别是 2006 年 7 月洪水的 6.57 倍、3.31 倍、5.23 倍,分析其产流产沙差异的主要原因为次洪最大雨强不同,2002 年 6 月洪水最大雨强为 2006 年 7 月洪水的 3.31 倍(见表 3-14),即该流域的产水产沙驱动因子与雨强密切相关。

表 3-14　2002 年 6 月洪水与 2006 年 7 月洪水比较

洪水编号	洪峰 （m^3/s）	沙峰 （kg/m^3）	洪量 （$\times 10^6\ m^3$）	沙量 （$\times 10^7\ kg$）	降雨量 （mm）	最大雨强 （mm/h）
"2002·6"	1 840	836	10.29	685	36.5	17.7
"2006·7"	280	676	3.11	131	36.9	5.35
$\dfrac{"2002·6"}{"2006·7"}$	6.57		3.31	5.23		3.31

3.2.2.3　暴雨时空分布与水沙关系

降雨时空分布的不均匀性也决定着次洪径流深、洪峰的大小。对流域而言,暴雨中心的位置对流域产流量的影响也不容忽视。

2004 年 7 月洪水降雨中心在上中游井则墕、李家岔、寺湾一带,而 1995 年 9 月洪水降雨中心在下游子长水文站附近,见图 3-23、图 3-24。由于 1995 年洪水的暴雨中心比 2004 年洪水更靠近流域出口,再加上前者降雨历时偏短,因而虽然两次洪水的降雨量和最大雨强接近,但次洪洪峰、洪量、沙量分别是 2004 年洪水的 4.7 倍、4.1 倍、3.4 倍,两次洪水沙峰接近,见表 3-15。

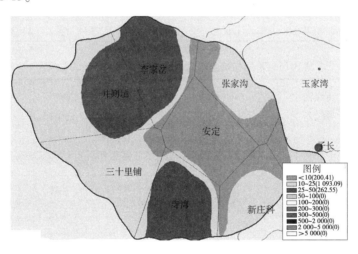

图 3-23　2004 年 7 月洪水降雨等值面

3.2.2.4　初始土壤含水量

降雨开始时,流域内包气带土壤含水量的大小是影响径流形成过程的一个重要因素,取 19900827、20010818 洪水进行分析,给出不同的初始土壤含水量（P_a）条件下的洪水计算过程,见表 3-16。

从表 3-16 中可以看出,随着初始土壤含水量的加大,次洪径流深和洪峰流量相应增加。对于本研究流域,当初始土壤含水量达到 25 ~ 30 mm 时,次洪模拟过程趋于平稳,即再加大初始土壤含水量,对次洪降雨径流过程影响不大。

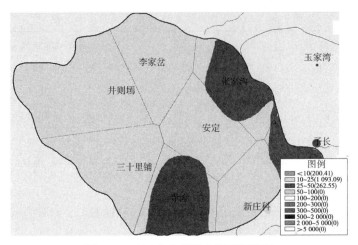

图 3-24　1995 年 9 月洪水降雨等值面

表 3-15　1995 年 9 月洪水与 2004 年 7 月洪水比较

年份	洪峰 （m³/s）	沙峰 （kg/m³）	暴雨中心	洪量 （×10⁶ m³）	沙量 （×10⁷ kg）	降雨量 （mm）	最大雨强 （mm/h）
2004	264	864	李家岔、井则塌	2.23	147	26.2	5.7
1995	1 250	796	子长	9.08	494	24.3	5.86

表 3-16　不同初始土壤含水量条件下的洪水计算过程

1990 年 洪水	洪峰 流量 （m³/s）	洪峰相 对误差 （%）	洪量 （×10⁶ m³）	洪量相 对误差 （%）	2001 年 洪水	洪峰 流量 （m³/s）	洪峰相 对误差 （%）	洪量 （×10⁶ m³）	洪量相 对误差 （%）
实测	1 320		10.30		实测	512		8.47	
$P_a = 0$	488	−63	5.15	−50	$P_a = 0$	271	−47	5.93	−30
$P_a = 5$	594	−55	7.31	−29	$P_a = 5$	377	−26	7.45	−12
$P_a = 10$	1 250	−5	10.61	3	$P_a = 10$	476	−7	9.15	8
$P_a = 15$	1 470	11	13.18	28	$P_a = 15$	530	4	10.76	27
$P_a = 20$	1 480	12	14.42	40	$P_a = 20$	549	7	11.86	40
$P_a = 25$	1 480	12	14.52	41	$P_a = 25$	555	8	13.04	54
$P_a = 30$	1 480	12	14.52	41	$P_a = 30$	555	8	13.04	54

3.2.3　水沙关系

由于清涧河流域有子长、延川两处水文站,所以分别统计子长、延川水文站的径流量和输沙量,进行水沙关系分析。

3.2.3.1 年径流量与输沙量的关系

1. 年径流量、输沙量

1) 径流量

子长水文站多年平均径流量为 0.394 亿 m³(1959~2010 年),见表 3-17、图 3-25。最大为 2002 年的 1.333 亿 m³,最小为 2009 年的 0.160 亿 m³,两者比值为 8.3:1,径流量年际变化大。

表 3-17 清涧河流域径流量统计 (单位:亿 m³)

流域	多年平均	最大		最小	
		径流量	年份	径流量	年份
延川水文站以上	1.380	3.113	1964	0.631	2009
子长水文站以上	0.394	1.333	2002	0.160	2009

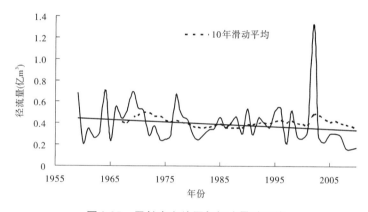

图 3-25 子长水文站历年径流量过程线

延川水文站多年平均径流量为 1.380 亿 m³(1954~2010 年)见表 3-17、图 3-26,最大年径流量为 1964 年的 3.113 亿 m³,最小年径流量为 2009 年的 0.631 亿 m³,两者比值为 4.9:1,径流量年际变化较子长水文站小。

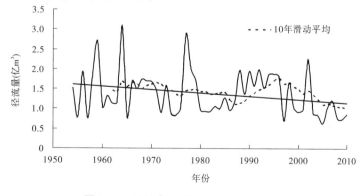

图 3-26 延川水文站历年径流量过程线

2）输沙量

清涧河流域历年输沙量过程见图3-27。子长水文站、延川水文站多年平均输沙量分别为1 019万t（1959～2010年）、3 304万t（1955～2010年）。子长水文站最大年输沙量为6 760万t，发生在2002年；最小年输沙量为18.7万t，发生在2008年。最大年输沙量是最小年输沙量的361.5倍，输沙量年际变化很大。延川水文站输沙量年际变化较子长水文站更为剧烈。

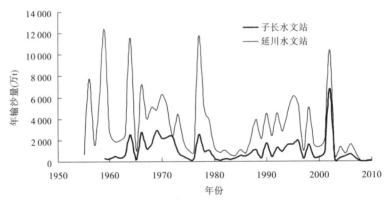

图3-27　清涧河流域历年输沙量过程线

2．年径流量与输沙量的关系

图3-28为子长水文站径流量—输沙量相关关系图，该站汛期径流量与年输沙量、年径流量与年输沙量均为线性相关，相关系数都大于0.88，汛期径流量与年输沙量相关性更好。

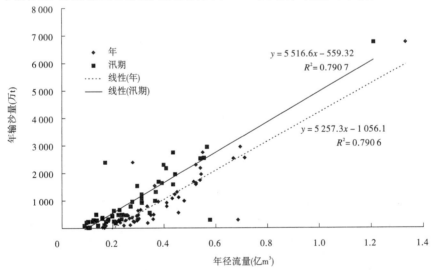

图3-28　子长水文站径流量—输沙量相关关系

图3-29为延川水文站年径流量—输沙量相关关系图，其相关式为 $y = 4\ 939.9x - 3\ 501.3$，相关系数为0.93。

由图3-28、图3-29可以看出，清涧河流域年径流量与输沙量的相关关系很好，年输沙

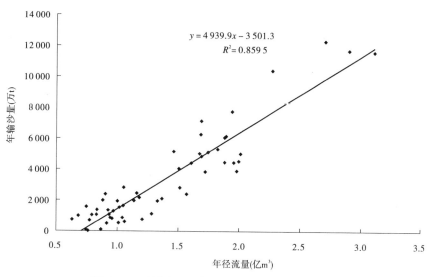

图 3-29　延川水文站年径流量—输沙量相关关系

量由年径流量表述的程度均在 85% 以上。

3.2.3.2　次洪径流与产沙的关系

为了反映地表水流侵蚀作用,建立次洪产沙模数与径流深的关系。超渗产流背景下的径流深既能反映产流量的大小,又能反映产流强度的强弱,因此反映了径流水流侵蚀产沙的数量和强度。

子长水文站 1980 ~ 2010 年 50 场洪水的次洪径流深—产沙模数相关关系见图 3-30,两者的相关系数为 0.99,其相关式为

$$MS = 67.023R - 57.112$$

式中:MS 为次洪产沙模数,万 t/km^2;R 为次洪径流深,mm。

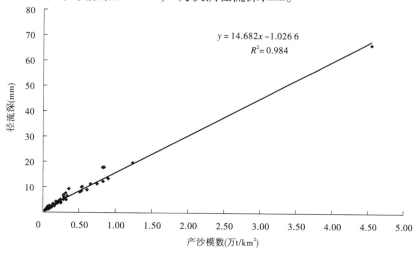

图 3-30　子长水文站次洪径流深—产沙模数相关关系

延川水文站 1980 ~ 2010 年 90 场洪水的次洪径流深—产沙模数相关关系见图 3-31,

两者的相关系数为 0.98,其相关式为

$$MS = 613.45R - 393.6$$

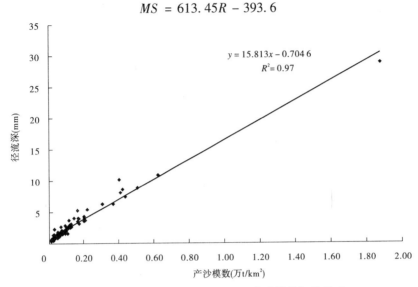

图 3-31　延川水文站次洪径流深—产沙模数相关关系

3.2.3.3　次洪洪峰与产沙的关系

子长、延川水文站次洪洪峰模数—产沙模数相关关系见图 3-32、图 3-33。由图可以看出,子长、延川水文站次洪洪峰模数与产沙模数关系较好,相关系数分别为 0.93、0.92,虽然没有次洪径流深与产沙模数的相关关系好,但在实际生产中更为实用,在次洪洪峰出现时,即可预估出次洪沙量。

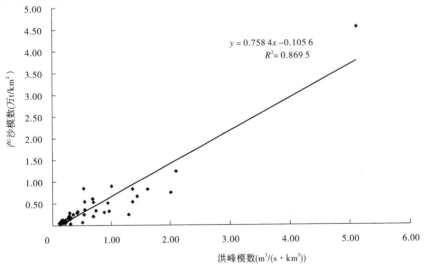

图 3-32　子长水文站次洪洪峰模数—产沙模数相关关系

从以上分析可以看出,清涧河流域水沙关系较好,无论是子长水文站还是延川水文站,无论是年径流输沙关系还是次洪水沙关系,其相关系数都大于 0.85。

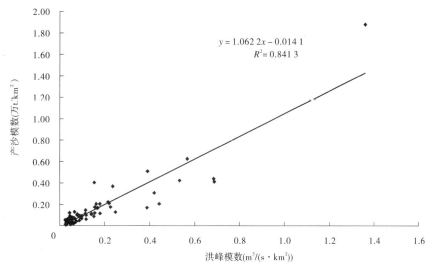

图 3-33　延川水文站次洪洪峰模数—产沙模数相关关系

3.2.4　小结

（1）清涧河流域属黄土高原丘陵沟壑区,为典型的超渗产流区,其产水产沙过程与降雨量、降雨强度、降雨的时空分布、初始土壤含水量等密切相关。

（2）清涧河流域(延川以上)年径流量、年输沙量用年降雨量表述的程度仅为39%、25%,且存在明显的年代变化,1990~1999年年径流量、年输沙量用年降雨量表述的程度最高,分别达到90%、84%。初步分析其原因,认为一方面是受年降雨量时空分布不同的影响,另一方面是受水利水保工程等下垫面条件变化的影响。

（3）降雨量是次洪产水产沙的主要驱动力因子,控制产水、产沙的作用分别为72%、67%左右,且降雨对水沙的控制作用随年代变化;考虑降雨强度,用降雨量与降雨强度乘积 PI 作变量,PI 与产水、产沙的相关系数分别为0.88、0.86,比仅用降雨量作变量分别提高了16%、19%。

（4）研究区域60 min雨强对产水的影响最为明显,其与次洪洪峰的相关系数为0.79;不论洪水大小,次洪沙峰一般在600~1 000 kg/m³。

（5）清涧河流域水沙关系较好,无论是子长水文站还是延川水文站,年径流输沙关系和次洪水沙关系,其相关系数都在0.85以上。

（6）初始土壤含水量的大小是影响径流形成过程的一个重要因素,随着初始土壤含水量的加大,次洪径流深和洪峰流量相应增加。对于本研究流域,当初始土壤含水量达到25~30 mm时,次洪模拟过程趋于平稳,即再加大初始土壤含水量,对次洪降雨径流过程影响不大。

3.3　地形对水沙的影响

流域内不同的地形因子从不同侧面反映了地形特征,不同的地形特征对流域产水产沙有不同的影响。从所描述的空间区域范围来分类,常用的地形因子可以划分为微观地形因子与宏观地形因子两种基本类型,见图3-34。坡度与坡长、地形起伏度、平面曲率、剖面曲率这些地形因子对坡面土壤侵蚀和产水产沙具有重要影响。例如,坡长通过影响坡面径流的流速和流向,影响水流挟沙能力,进而影响土壤侵蚀强度和流域产水产沙。

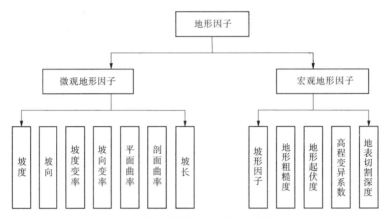

图 3-34　依据空间区域范围的地形因子分类

3.3.1　清涧河流域基本地形特征

清涧河流域属于黄土高原丘陵沟壑区,除有小面积川台地和残塬地外,绝大部分是峁梁沟壑。流域平均坡降4.8‰,沟壑密度平均约1.3 km/km²,最深切割深度约150 m。流域内支沟交错,使流域地貌呈现出支离破碎、梁峁起伏、沟道密布的形状,见图3-35。地势西北偏高,东南较低,海拔最高为1 731 m。

图 3-35　清涧河流域典型地形地貌实景

清涧河流域在清涧以上称秀延河,清涧以下始称清涧河。子长以上为上游段,子长—延川为中游段,延川以下为下游段。清涧河上中游比较宽广,下游比较狭窄。河流比降变化大,较大支流几乎都集中分布在上中游,例如永坪川河、文安驿川河等,而下游除右岸的拓家川河为唯一的较大支流外,其他大都为长度不足 10 km 的支、毛沟,特别是在拓家川河口以下至入黄河的几十千米内,陡峭的峡谷两侧几乎没有支流进入。清涧河支流基本地形特征见表 3-18,清涧河流域 DEM 见图 3-36。

表 3-18　清涧河支流基本地形特征

河流	河长(km)	比降(‰)	流域面积(km²)
清涧河	169.9	4.8	4 078
永坪川河	63.8	5.1	987.6
中山川	17.4		164
唐家川	15		119.2
马河川	21		119
李家川	28.9		221.1
吴家寨子川	24.1		179.9
关庄川河	40.4		235.8
文安驿川河	41.5	7.9	298.6
拓家川河	32.5	10.8	324.9

图 3-36　清涧河流域 DEM 图

3.3.2　清涧河流域各地形因子提取

3.3.2.1　清涧河流域水系的提取

　　随着数字时代的到来,数字地形成为与空间地理信息研究相关的必然基础。数字地形以数字高程模型(Digital Elevation Models,DEM)的形式存储,分为栅格 DEMs、TINs 和等高线 DEMs 三种形式,其中以栅格 DEMs 最为普及。国际科学数据服务平台的全球 30 m 精度的数字高程数据产品就是 DEMs 格式,可自由下载(地址:http://datamirror.csdb.cn/list.dem? type=gdem&opType=list)。

下载 30 m 的 DEM 高程数据,见图 3-36,清涧河流域平均高程为 1 103.43 m。利用 ArcGIS 提取清涧河流域边界水系,清涧河流域水系见图 3-37。

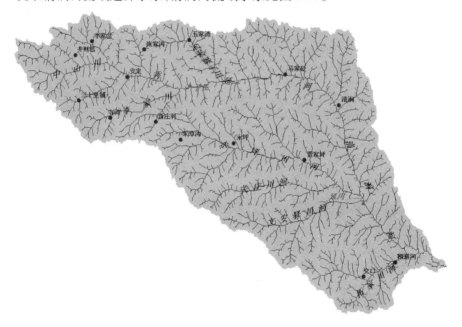

图 3-37　清涧河流域边界水系图

3.3.2.2　坡度提取

地表面任一点的坡度指过该点的切平面与水平地面的夹角,坡度表示了地表面在该点的倾斜程度。根据清涧河流域无洼地 DEM 计算出流域的坡度,结果见表 3-19、图 3-38 ~ 图 3-40。清涧河流域坡度为 7° ~ 15° 的面积百分比为 37.36%。

表 3-19　清涧河流域坡面的坡度统计

坡度(°)	坡面数量	百分比(%)	坡度(°)	坡面数量	百分比(%)
≤5	588 661	12.85	≤5	588 661	12.85
5 ~ 10	810 233	17.68	≤10	1 398 894	30.53
10 ~ 15	997 484	21.77	≤15	2 396 378	52.30
15 ~ 20	911 639	19.89	≤20	3 308 017	72.19
20 ~ 25	642 294	14.02	≤25	3 950 311	86.21
25 ~ 30	364 141	7.95	≤30	4 314 452	94.16
30 ~ 35	170 689	3.72	≤35	4 485 140	97.88
35 ~ 40	66 634	1.45	≤40	4 551 775	99.33

坡度(°)	坡面数量	百分比(%)	坡度(°)	坡面数量	百分比(%)
40 ~ 45	22 742	0.496	≤45	4 574 517	99.83
45 ~ 50	6 148	0.134	≤50	4 580 665	99.96
50 ~ 55	1 323	0.028 87	≤55	4 581 988	99.99
55 ~ 60	231	0.005 04	≤60	4 582 219	100.00
60 ~ 65	39	0.000 85	≤65	4 582 258	100.00
65 ~ 70	21	0.000 46	≤70	4 582 279	100.00
70 ~ 75	4	0.000 09	≤75	4 582 283	100.00
流域坡面总数量:4 582 283			流域平均坡度:14.9°		

图 3-38 清涧河流域坡度图

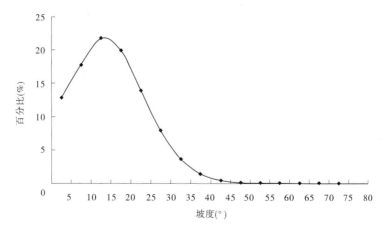

图 3-39 清涧河流域坡度分布情况

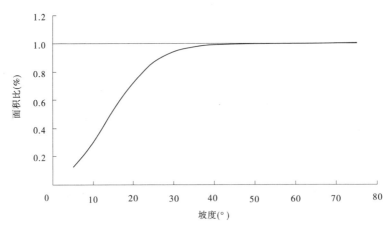

图 3-40　清涧河流域坡度分布曲线

3.3.2.3　坡长提取

坡长的概念指地面上一点(DEM 中的一个栅格单元)沿水流方向到其流向起点的最大地面距离。结合水流起点和水流方向数据,沿流向追踪每个格网单元到起点的最大累计水流长度即是该格网到坡顶的坡长。根据无洼地 DEM 得到水流方向,再计算流域的流水累积量,最后计算出清涧河流域各坡面的坡长,流域最长坡长为 644.8 km,见图 3-41。

图 3-41　清涧河流域坡长图

3.3.2.4　*LS* 因子提取

坡度与坡长提取完成后,在许多土壤侵蚀、产水产沙计算中有一定的作用,但是经过处理后的 *LS* 坡度坡长因子应用更加广泛,是目前很多土壤侵蚀模型方程中的重要因子,如 USLE(Universal Soil Loss Equation)、RUSLE(Revised Universal Soil Loss Equation)、AG-NPS(Agricultural Non-point Source)、WEPP(Water Eropsion Prediction Project)等方程。

通用土壤流失方程(USLE)是美国自 20 世纪 50 年代起在多年试验研究的基础上建立的,其方程表达式为

$$A = RKLSCP$$

式中:A 为单位面积年平均土壤流失量;R 为降雨侵蚀力因子;K 为土壤可蚀性因子;L 为坡长因子;S 为坡度因子;C 为作物经营管理因子;P 为土壤侵蚀控制措施因子。

由于 L 因子和 S 因子经常影响土壤流失,因此称 LS 为地形因子,以示其综合效应。

坡度坡长因子提取流程见图 3-42。提取结果见图 3-43 ~ 图 3-45。

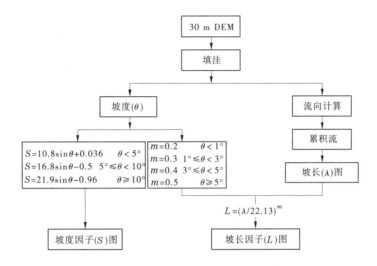

图 3-42　坡度坡长因子提取流程

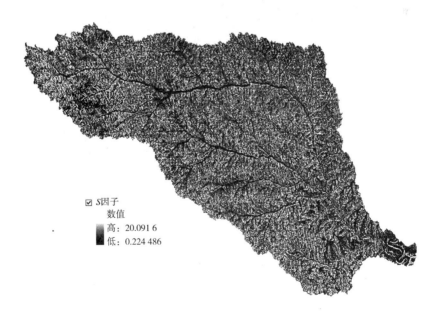

图 3-43　坡度因子(S)图

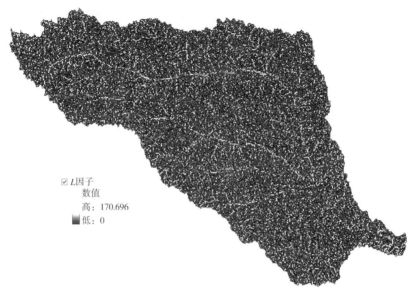

图 3-44 坡长因子(L)图

图 3-45 坡度坡长因子(LS)图

3.3.2.5 坡向提取

坡向指地表面上任一点的切平面法线矢量在水平面的投影与该点的正北方的夹角。对于地面任何一点来说,坡向表征了该点高程值改变量的最大变化方向。在输出的坡向数据中,坡向值有如下规定:正北方向为0°,按顺时针方向计算,取值范围为0°~360°。清涧河流域平均坡向为171.24°,清涧河流域坡向提取结果见表3-20,图3-46、图3-47。

表 3-20　清涧河流域坡向提取结果

坡向	度数范围(°)	数量	百分比(%)
平		142 311	3.11
北	0~22.5	252 481	5.51
东北	22.5~67.5	530 114	11.57
东	67.5~112.5	692 234	15.11
东南	112.5~157.5	515 560	11.25
南	157.5~202.5	500 275	10.92
西南	202.5~247.5	581 129	12.68
西	247.5~292.5	660 969	14.42
西北	292.5~337.5	479 207	10.46
北	337.5~360	228 003	4.98

流域坡面总数量:4 582 283　　　　　　　　　流域平均坡向:171.24°

图 3-46　清涧河流域坡向图

3.3.2.6　沟壑密度提取

沟壑密度作为一种反映区域受沟蚀程度的重要指标,对于揭示该地区的地面破碎程度与地貌发育进程具有重要意义。

沟壑密度也称沟谷密度,指单位面积内的沟壑总长度,单位一般为 km/km²,数学表达为

$$D = \frac{\sum L}{A}$$

式中:D 为沟壑密度;$\sum L$ 为研究区域内的沟壑总长度,km;A 为研究区域的流域面积,km²。

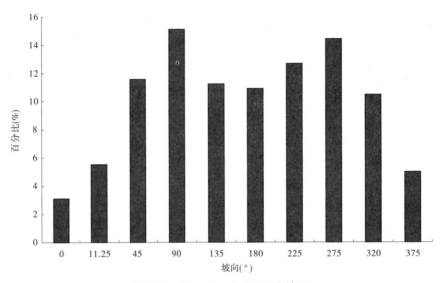

图 3-47　清涧河流域坡向分布情况

流域沟壑密度提取流程见图 3-48。计算出清涧河流域的沟谷总长度为 5 383 km,流域面积为 4 078 km²,流域沟壑密度为 1.32 km/km²。

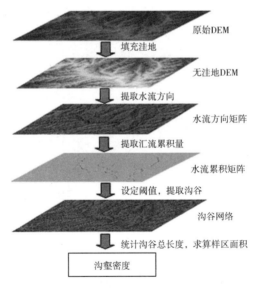

图 3-48　流域沟壑密度提取流程

3.3.2.7　地形起伏度

地形起伏度指在指定分析区域内最高点和最低点之差,也称地势起伏度、相对地势或相对高度,反映了宏观区域内地表起伏特征。地形起伏度是定量描述地貌形态、划分地貌类型的重要指标,其表达式如下:

$$RA = H_{\max} - H_{\min}$$

式中:RA 为指定分析区域内的地形起伏度;$H_{\max}$ 为分析区域内最大高程点;$H_{\min}$ 为分析区

域内最小高程点。

计算地形起伏度的关键在于,搜索分析区域内的最高点和最低点。随着分析区域范围的增加,其高差发生变化,使得地形起伏度值也随之发生变化,最终影响整个研究区域内地形起伏度。因此,确定一个最佳分析区域是地形起伏度提取算法中的核心步骤和决定区域地形起伏度提取效果与有效性的关键。

目前最被认可的计算地形起伏度的方法是规则窗口递增法。用正方形区域窗口递增方法分析计算出清涧河流域最佳分析区域正方形单元边长为 2 850 m,即 30 m 的 DEM 中的 95 × 95 个栅格单元,单元面积为 8.12 km^2,由此计算出清涧河流域的地形起伏度为 216.4 m。

地形起伏度分级
数值
□ 0~30 m
□ 30~75 m
75~120 m
120~160 m
160~200 m
200~220 m
220~240 m
240~350 m
350~380 m
380~420 m

图 3-49　清涧河流域地形起伏度分级

3.3.2.8　集水区体积

集水区(Catchment Area/Basin)是指地面分水线包围的汇集降落在其中的雨水流至出口的区域,包括对一河流或一湖泊供应水源的全部区域或地区。简言之,集水区就是雨水汇合与集中排出的一个地形单位,任一溪流或沟谷皆有其集水区,仅是大小不同而已。集水区示意图见图 3-50。

集水区体积是集水区面积与平均高程的综合表现,即集水区面积与集水区平均高程的乘积。清涧河流域面积 4 078 km^2,流域平均高程 1 103.43 m,故其集水区体积为 4 499.8 km^3。

3.3.2.9　平面曲率、剖面曲率提取

地面曲率是对地形表面一点扭曲变化的定量化度量因子,地面曲率在垂直和水平两个方向上的分量分别称为剖面曲率与平面曲率。剖面曲率是对地面坡度的沿最大坡降方向地面高程变化率的度量。平面曲率指在地形表面上,具体到任何一点,指过该点的水平面沿水平方向切地形表面所得的曲线在该点的曲率值,平面曲率描述的是地表曲面沿水平方向的弯曲、变化

降雨

棱线

棱线

分水岭

河川大溪流

图 3-50　集水区示意图

形表面所得的曲线在该点的曲率值,平面曲率描述的是地表曲面沿水平方向的弯曲、变化

情况,也就是该点所在的地面等高线的弯曲程度。提取出来的平面曲率、剖面曲率结果见图3-51～图3-54,表3-21、表3-22。

高: 12.303 3
低: −9.336 17

图3-51 清涧河流域平面曲率图

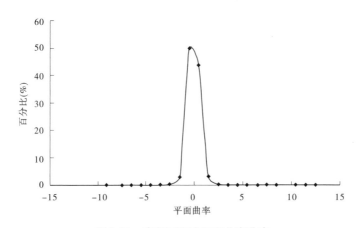

图3-52 清涧河流域平面曲率分布

高: 13.912 1
低: −13.324 1

图3-53 清涧河流域剖面曲率图

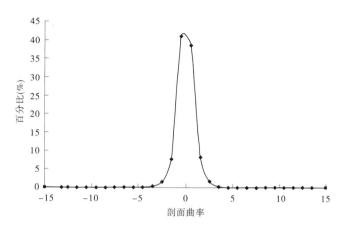

图 3-54　清涧河流域剖面曲率分布

表 3-21　清涧河流域坡面的平面曲率统计

序号	平面曲率	数量	百分比(%)
1	−9.336 172 ~ −9	1	0.000 02
2	−8 ~ −7	2	0.000 04
3	−7 ~ −6	9	0.000 20
4	−6 ~ −5	47	0.001 03
5	−5 ~ −4	196	0.004 28
6	−4 ~ −3	1 310	0.028 59
7	−3 ~ −2	10 362	0.23
8	−2 ~ −1	123 861	2.70
9	−1 ~ 0	2 284 481	49.85
10	0 ~ 1	2 006 380	43.79
11	1 ~ 2	142 282	3.11
12	2 ~ 3	11 810	0.26
13	3 ~ 4	1 267	0.027 65
14	4 ~ 5	212	0.004 63
15	5 ~ 6	40	0.000 87
16	6 ~ 7	12	0.000 26
17	7 ~ 8	3	0.000 07
18	8 ~ 9	4	0.000 09
19	10 ~ 11	2	0.000 04
20	11 ~ 12	1	0.000 02
21	12 ~ 13	1	0.000 02

流域坡面总数量：4 582 283　　　　　　　　　　　　流域平均平面曲率：−0.016 88

表 3-22　清涧河流域坡面的剖面曲率统计

序号	剖面曲率	数量	百分比（%）
1	−13.33 ~ −13	1	0.000 02
2	−13 ~ −12	1	0.000 02
3	−12 ~ −11	1	0.000 02
4	−11 ~ −10	5	0.000 11
5	−10 ~ −9	10	0.000 22
6	−9 ~ −8	16	0.000 35
7	−8 ~ −7	47	0.001 03
8	−7 ~ −6	165	0.003 60
9	−6 ~ −5	686	0.01
10	−5 ~ −4	3 363	0.07
11	−4 ~ −3	15 976	0.35
12	−3 ~ −2	72 843	1.59
13	−2 ~ −1	356 902	7.79
14	−1 ~ 0	1 888 430	41.21
15	0 ~ 1	1 763 682	38.49
16	1 ~ 2	380 565	8.31
17	2 ~ 3	77 986	1.70
18	3 ~ 4	17 138	0.37
19	4 ~ 5	3 554	0.08
20	5 ~ 6	674	0.014 71
21	6 ~ 7	178	0.003 88
22	7 ~ 8	37	0.000 81
23	8 ~ 9	16	0.000 35
24	9 ~ 10	2	0.000 04
25	10 ~ 11	1	0.000 02
26	11 ~ 12	1	0.000 02
27	12 ~ 13	2	0.000 04
28	13 ~ 14	1	0.000 02

流域坡面总数量：4 582 283　　　　　　　　流域平均平面曲率：−0.025 82

3.3.3 各地形因子对产水产沙影响分析

流域产水产沙是地形、土壤、植被、降雨、土地利用等多因素综合作用的复杂物理过程。其中,地形因子是对流域产水产沙影响非常重要的因素,目前国内外对于地形因子的研究在水土流失和水土保持方面开展得较多,许多结论可以引用和借鉴至清涧河流域产水产沙分析中。

地形因子包含多个因子,例如沟壑密度、地形起伏度、地面粗糙度、高程变异系数、集水区体积、坡度、坡长、坡向、平面曲率、剖面曲率等。这些因子的不同组合对流域产水产沙造成的影响也不尽相同。

3.3.3.1 坡度和坡长

坡度和坡长是影响降雨径流侵蚀强度的最主要地形因素,因为水流对地面的侵蚀力主要取决于水流的动能,而动能随着坡度和坡长的增大而增强。尤其坡度的影响最为重要,除增大水流动能外,坡面侵蚀物质的稳定性也随着坡度的增加而降低。坡长是水土保持上的重要因子之一,当其他条件相同时,水力侵蚀的强度由坡长来决定,坡面越长,汇聚的流量越大,其侵蚀力就越长,坡长直接影响地面径流的速度,从而影响对地面土壤的侵蚀力。

坡度是影响降雨径流侵蚀强度的重要地形因子,除增大水流动能外,坡面侵蚀物质的稳定性也随着坡度的增加而降低。国内外研究者发现,对于次降雨,不论雨强大小,侵蚀产沙量均随坡度增加而增大。但增加到一定值时,增加率会减缓,直至出现负值,即坡面侵蚀产沙存在一个临界坡度。但是在不同的地区,临界坡度值不同。黄志霖根据室内模拟试验研究认为,坡度在 0°~20°范围内,土壤冲刷量随坡度变陡而增加,每增大 1°,试验面积上的冲刷量增加约 0.007 kg,至 20°时,随着坡度增加,其增加率减缓,当坡度超过 25°后,冲刷量反而减少。尹国康假定垂向降雨推出临界坡度为 45°,霍顿(R. E. Horton)研究得出反映坡面冲刷能力的界限坡度为 57°,F. G. Renner 利用实测资料分析坡面受侵蚀的面积百分数随坡度变化得出临界坡度为 40.5°。

根据绥德辛店沟 1957~1960 年实测资料点绘的坡面径流冲刷量—坡度相关关系可以看出,当坡度约为 28°时,径流冲刷量达到最大,超过该值后,径流冲刷量减少很快。吴普特等采用人工模拟降雨的试验方法,研究了地表坡度对向上坡、侧坡以及下坡溅蚀量的影响。结果表明:向上坡、侧坡溅蚀量与地表坡度的关系大致为抛物线型,临界坡度在 10°~15°与 20°~25°,但当 $i = 2.037$ mm/min 时,向侧坡溅蚀量与地表坡度呈幂函数关系,临界坡度消失。向下坡溅蚀量与地表坡度呈线性递增关系,其递增速率随地表坡度的增加而增大。从羊道沟多年观测资料分析可知,不同地貌部位的侵蚀模数,从分水岭到坡脚沟底,随着坡度变陡,土壤侵蚀模数逐渐增加,具有明显的垂直分带特点。

坡长影响汇流过程、径流量的多少,从而对土壤侵蚀量产生影响。关于坡长对侵蚀的影响,过去的研究更多一些,但所得到的结论有很大的不同。R. E. Horton,S. C. Finkner 和 M. A. Nearing 等认为,坡面侵蚀力是随着坡长的增加而增加的;而 A. C. Lawson,李鲁明和 D. B. 西蒙斯等认为,坡面侵蚀力是随着坡长的增加而减小的。孔亚平等通过室内模拟降雨试验,在研究坡长对侵蚀产沙过程的影响时指出,侵蚀量与坡长呈指数关系。我国学者根据对黄土地区的观测资料研究得出,坡长对坡面流的侵蚀产沙作用的影响还受制于降雨条件。罗来兴根据实际调查资料分析得出,侵蚀特点沿坡长呈强弱交替变化。华绍祖利用天水、绥德等地径流资料求得侵蚀与坡长的 0.15~0.5 次幂成正比。蔡强国等对于坡长的研究认为,侵蚀沿坡长先是增加,超过一定坡长后逐渐减少。张科利指出,浅沟侵蚀的发生要求有一定的临界坡长,其特征值变化于 20~60 m,平均为 40 m 左右,坡长的大小决定着浅沟汇水面积的大小,影响着侵蚀量的多少。黄委绥德站史景汉的研究成果表明,坡长与年径流呈负相关,与年冲刷量呈正相关,但与两者相关性都不明显。

陈晓安等认为,坡度与降雨强度存在明显的交互作用,随着坡度的增大,雨强对土壤侵蚀的影响增大。当 $I_{30} \leqslant 0.31$ mm/min 时,降雨强度较小,坡面土壤以溅蚀片蚀为主,土壤侵蚀存在临界坡度,临界坡度小于 31°,此时径流能量较小,径流搬运土壤的能力有限,侵蚀产沙量的多少主要取决于径流流量的多少,土壤侵蚀模数随坡度的变化趋势与径流模数随坡度变化的趋势相同,在 9°~31°范围内,随着坡度的增加,土壤侵蚀模数是先增加后减小。当 $I_{30} > 0.31$ mm/min 时,降雨强度较大,坡面土壤以细沟侵蚀为主,坡面侵蚀的临界坡度大于 31°,此时径流能量较大,较小的径流也能冲刷和输移较多的土壤,侵蚀产沙量的多少主要取决于径流能量的多少,土壤侵蚀模数随坡度的变化趋势与径流平均含沙量随坡度变化的趋势相同,在 9°~31°范围内,随着坡度的增加,土壤侵蚀模数是先急剧增加后缓慢增加。

许多水土流失方面的研究中一般将坡度和坡长作为一个复合地形因子,美国通用土壤流失方程 USLE 提出以后,得到许多国家的重视,也开展了许多进一步的研究,其中就是将坡度和坡长作为复合因子来计算的。

USLE 是在总结 10 000 个以上土壤侵蚀试验区的观测研究资料和其他相关资料的基础上经过统计得出的,其中坡度坡长因子 LS 是复合地形因子,在标准小区(坡度为 5.14°或 9%,坡长为 22.1 m,宽 1.5 m,具有代表性的连续翻耕休闲地块)情况下为 1。与标准小区比较,S 为其他条件相同的情况下该坡度土壤流失量与标准小区土壤流失量的比值;L 为其他条件相同的情况下该坡长土壤流失量与标准小区土壤流失量的比值。其后的修改模型 RUSLE(Revised USLE)对地形因子的算法有了改进,主要体现在两方面:一是可以计算复杂坡度下的土壤流失量,二是提出了计算细沟、细沟间侵蚀的 LS 算法。

在此后对于黄土高原地区,我国学者江中善于 1988 年根据黄土高原的径流小区实测资料,分析提出了适合于这一地区的土壤流失方程的降雨侵蚀力指标和地形因子的关系式,该关系式是根据天水、绥德、子洲 3 个试验站资料并参照 USLE 率定出来的经验公式:

$$LS = 1.07 \times \left(\frac{\lambda}{20}\right)^{0.28} \left(\frac{\alpha}{10°}\right)^{1.45}$$

式中:LS 为坡度坡长因子;λ 为实际坡长;α 为实际坡度。

上式和美国维希迈耶·史密斯所获得的适用于大于 9% 坡度的 LS 关系式

$$LS = \left(\frac{\lambda}{20}\right)^{0.3} \left(\frac{\alpha}{5.16°}\right)^{1.3}$$

相比较,黄土高原地区的土壤侵蚀作用中坡度的影响显得更大些,而坡长的影响则稍小些。

但同时我国学者姚文艺等也认为,USLE 并不能应用于我国黄土高原地区,因为黄土高原地形比国外的复杂得多,现有模型反映不了该区的水土流失规律,不能模拟陡坡侵蚀环境和预测沟道侵蚀量,不能优化淤地坝等类型的水土保持工程措施布设方案等。

3.3.3.2 坡向

对地面任何一点来说,坡向表征了该点高程值改变量的最大变化方向,不但直接影响地面对太阳辐射的再分配和地面径流的流向,而且是坡向变率以至山脊线、山谷线提取的信息基础。坡向一般在流域产水产沙中没有直接影响,但它会影响河网与水系的构成。

另外,坡向对降雨的影响较为明显。由于一山之隔,降雨量可相差几倍。来自西南的暖湿气流在南北或偏南北走向山脉的西坡和西南坡形成大量降雨,东南暖湿气流在东坡和东南坡造成丰富的降雨。

同时,坡向对于山地生态有着较大的作用。山地的方位对日照时数和太阳辐射强度有影响。辐射收入南坡最多,其次为东南坡和西南坡,再次为东坡与西坡及东北坡和西北坡,最少的为北坡。由于光照、温度、雨量、风速、土壤质地等因子的综合作用,坡向能够对植物发生影响,从而引起植物和环境的生态关系发生变化。

3.3.3.3 沟壑密度

沟壑密度是单位面积上沟谷的总长度,用于反映一定范围的地表区域内所产生的沟谷的数量特性,通常以每单位面积上的沟谷总长度为度量单位。

沟壑密度越大,地面越破碎,地表物质稳定性越低,易形成地表径流,对土壤冲刷速度快,沟蚀发展愈迅速。因此,沟壑密度是地形发育阶段、降雨量、地势高差、土壤渗透能力和地表抗蚀能力的综合标示值,是气候、地形、岩性、植被等因素综合影响的反映。

廖义善等认为沟壑的发育分为长度发育与宽度发育两个阶段。沟壑一般自下而上溯源发育,开始发育的沟壑横截面比较窄,但下切比较深,在沟头处形成跌水。沟头前进的速度很快,有时一场大暴雨沟头就能前进几米,在沟壑长度发育的阶段沟壑密度增加。由于新形成的沟壑深而且横截面小,沟壑两岸容易发生重力侵蚀,沟壑在原有基础上向两岸发育,但这个阶段沟壑密度没有变化,只是沟壑的面积增加。沟壑发育具有阶段性,虽然在沟壑横截面发育阶段,重力侵蚀比较频繁,产沙贡献比较大,但沟壑密度却没有发生变化。同时流域中存在一些发育比较稳定的沟壑,即使该类沟壑的密度很大,但对产沙的作用已经不大明显了,因而沟壑密度只是衡量地貌的一个重要指标,不能完全代表流域侵蚀产沙的强度。产沙模数并不随着沟壑密度的增大而增大,只有存在强烈重力侵蚀的沟壑才会使产沙模数产生明显的影响。

但赵文武等在对黄土高塬丘陵沟壑区进行地形因子与水土流失相关性分析时认为,沟壑密度与含沙量、侵蚀模数在雨季(7~9月)具有较好的相关性,表明沟壑密度是流域侵蚀程度的重要指标,沟壑密度越大,地面切割越破碎,沟间地地面坡度越陡峻,所发生的侵蚀将越强烈。但是沟壑密度与含沙量、侵蚀模数在6月相关性不显著,这可能是由于6月降雨量和降雨强度相对较小。

廖义善等从沟壑发育阶段及成因特性上进行了分析,具有较好的物理意义,虽然赵文武等是从经验关系出发得出的结论,并且观点与廖义善相左,但不代表赵文武等的研究结果就是错误的,沟壑发育的各个阶段属于长时间的过程,也可能是其研究区域恰好处于沟壑的某个发育阶段,而该阶段是沟壑密度严重影响流域产水产沙的一个时期,因此沟壑密度与产水产沙之间具有较好的相关性。

3.3.3.4 地形起伏度

地形的起伏是导致水土流失的最直接因素,在大比例尺(坡面尺度)研究中,坡度是最主要的指标。但在区域性研究中,随着地形信息载体(地形图、DEM)比例尺或分辨率的减小,坡度将只有数学意义而不具备土壤侵蚀和地貌学意义,地形起伏度指标更能够反映出土壤侵蚀特征,可以作为区域水土流失评价的地形指标。刘新华、杨勤科等做了地形起伏度与地貌类型、水土流失特征的对比分析,见表3-23。

表3-23　地形起伏度与地貌类型、水土流失特征的对比分析

地形起伏度 (m)	地貌类型与水土流失特征
0 ~ 30	地貌类型多为平原;"三北"的戈壁沙漠及风沙区多为风力侵蚀;几乎无明显水力侵蚀
30 ~ 75	地貌类型为缓起伏的丘陵,多分布在我国二级台阶的北部地区,多为风力侵蚀;部分地区,例如四川盆地及东北漫岗丘陵区,水土流失较严重,属重度侵蚀
75 ~ 200	地貌类型为切割丘陵地及缓起伏的高地,多分布在黄土高原、大兴安岭东西两侧及江南丘陵地区,水土流失严重,属极重度侵蚀
200 ~ 400	地貌类型为切割高地,分布在我国大兴安岭、长白山脉及云贵高原、江南山地丘陵、黄土高原黄河峡谷两侧地区;水土流失较严重,属轻度 – 中度侵蚀
400 ~ 600	地貌类型为切割山地,多呈零星分布;土壤侵蚀属轻度 – 中度侵蚀
大于600	地貌类型为高山、极高山,多分布在我国横断山脉、秦巴山地、青藏高原北缘等地;土壤侵蚀属轻度 – 中度侵蚀

清涧河流域平均地形起伏度为216.4 m,在200 ~ 400 m范围内,正如表3-23所述,这一地形起伏度的地貌类型为切割高地,分布在我国大兴安岭、长白山脉及云贵高原、江南山地丘陵、黄土高原黄河峡谷两侧地区;水土流失较严重,属中度 – 重度侵蚀。

3.3.3.5 集水区体积

赵文武等认为集水区体积与径流量相关性非常显著,而平均高程与径流量相关性不显著,且两因子在不同月份之间的差异性具有一致性,说明集水区面积的大小会显著改变径流量的变化,这可能是由集水区面积的变化可以改变集水区内降雨总量所引起的。

汪丽娜等在对黄河中游黄土高塬丘陵沟壑区研究时认为,在其他水文地质条件相似的情况之下,年均径流量和年均输沙量总是随集水面积的增加而增加的,并率定出了其研究区内的年均径流量与集水面积的关系:

$$W = 5\ 130A + 259\ 117$$

式中:W 为流域年均径流量,万 m^3;A 为流域集水区面积,km^2。

上式确定系数 R^2 达0.916,方差检验的 F 值为207.1,临界方差的 F 值为 $F_{0.01}(1,19) = 8.18$,计算 F 值远远大于临界方差的 F 值,这表明二者之间成显著的正比关系。

赵文武和汪丽娜的观点在本质上是一致的,即径流量、输沙量与集水面积/集水体积

呈正相关关系,在其他条件不变时,无论是从理论上还是从经验上,这点都是显而易见的。

3.3.3.6　平面曲率、剖面曲率

　　平面曲率描述的是地表曲面沿水平方向的弯曲、变化情况,即该点所在的地面等高线的弯曲程度。平面曲率的大小决定坡面水平方向的坡形变化,对区域地形有很好的指示意义,可清晰地表示出地性线,例如沟底线和山脊线等。剖面曲率可说明地表曲面在垂直方向的弯曲变化情况,反映地面的复杂程度。地面剖面曲率是影响垂直方向坡形变化的主要因子,对区域地形有很好的指示意义,也是反映地形起伏变化特征的重要指标之一,影响着地表物质运动的加速和减速、沉积和流动状态。

　　汤国安等认为在黄土高塬丘陵沟壑区,剖面曲率与平均坡度的关联度较大。目前,关于平面曲率与剖面曲率对流域土壤侵蚀与产水产沙的影响方面的分析研究还不多。

3.3.4　清涧河流域地形因子对产水产沙影响计算

　　流域产水产沙是一个多因素综合的复杂过程,单纯使用地形因子计算流域产水产沙是不严谨的,尤其是用来进行预测流域产水产沙更是不科学的,并且目前国内外不同学者在地形因子产水产沙影响程度上的观点差别较大,但是进行地形因子对流域产水产沙影响的计算并非完全没有意义,选择一些和本流域条件较为类似或接近的研究成果进行计算流域产水产沙,对我们分析流域产水产沙众多影响因子的主要因子具有非常好的参考价值。

　　在参考了大量有关资料后,对于清涧河流域产水产沙计算选择了与本流域较为接近的 2 个研究成果,利用其研究成果以及通过 GIS 提取的地形因子数据进行清涧河的流域产水产沙计算。这两个成果均是以黄土高塬丘陵沟壑区为研究对象,依据实测资料得出的地形因子与产水产沙之间的经验关系。一是赵文武等拟合的各地形因子与水土流失的关系曲线;二是汪丽娜等率定出的流域年均水沙量、径流系数与地貌特征因子之间的关系方程。下面就两种成果分别计算。

3.3.4.1　赵文武等拟合的各地形因子与水土流失的关系曲线

　　赵文武等选择了延河、清涧河、汾川河和大理河 4 条流域作为研究区域,以 1∶250 000 地形图为基础,通过扫描矢量化和矢量 - 栅格转换,获取研究区域的栅格 DEM(分辨率为 70 m);基于 GIS 的水文分析模块获取不同水文站点的集水区边界。水文数据源于《中华人民共和国水文年鉴——黄河流域水文资料》,以 1971 ~ 1985 年作为研究时段,计算 6 ~ 9 月的多年平均径流量、含沙量和侵蚀模数作为水土流失数据。根据水文站点数据的齐全性,选择了曹坪、甘谷驿、李家河、临镇、青阳岔、绥德、新市河、延安、延川、枣园、子长等 11 个水文站进行分析。

　　地形因子选取了沟壑密度、地形起伏度、地面粗糙度、平均坡降、平均高程、高程变异系数、集水区的体积和不同坡度级别所占的面积百分比(小于 3°的面积百分比、3° ~ 7°的面积百分比、7° ~ 15°的面积百分比、15° ~ 25°的面积百分比、大于 25°的面积百分比)共 12 个地形因子。各因子的计算是基于 1∶250 000 地形图的矢量数据和栅格数据,通过 GIS 的属性分析、空间分析和三维分析等功能来实现。

　　根据水文数据(径流量、含沙量和侵蚀模数)和地形因子的计算结果,应用 SPSS10.0

相关分析和回归分析模块,分析地形因子与水土流失之间的相关性,并在此基础上拟合地形因子与水土流失关系的曲线模型。其中,径流量的自变量选择集水区体积,6 月平均含沙量的自变量选择地形起伏度,7~9 月平均含沙量的自变量选择沟壑密度,6 月侵蚀模数的自变量选择 7°~15°的面积百分比,7~9 月侵蚀模数的自变量选择沟壑密度。所选用的曲线模型包括直线方程、二次方程、S 形曲线等 10 种模型,并根据模型的拟合优度、显著性水平等选出了最优的拟合模型,结果见表 3-24。由表 3-24 可以发现,径流量、含沙量和侵蚀模数与地形因子之间关系的曲线模型的类型并不一致,其中 6 月含沙量的模型为直线方程,6 月径流量与侵蚀模数的模型类型为二次方程,7~9 月的含沙量和侵蚀模数的模型类型为 S 形曲线。就模型拟合的效果而言,模型拟合效果较好的有径流量、7 月含沙量和侵蚀模数的曲线模型,其拟合优度均在 0.8 以上,而且显著性水平较高;模型拟合效果一般的有 6、8、9 月侵蚀模数和 8、9 月含沙量的曲线模型,其拟合优度为 0.6~0.8;而拟合效果最差的则是 6 月含沙量模型,其拟合优度仅为 0.438 2。

表 3-24　陕北黄土高塬丘陵沟壑区地形因子与水土流失关系的曲线拟合模型

因变量	自变量	拟合模型	模型类型	拟合优度	显著性水平
6 月平均流量（m^3/s）	集水区体积（km^3）	$y = 0.281\,41 + 0.001\,71x + 1.89 \times 10^{-7}x^2$	二次方程	0.973 6	<0.000 1
7 月平均流量（m^3/s）	集水区体积（km^3）	$y = 0.071\,60 + 0.008\,72x - 4.44 \times 10^{-7}x^2$	二次方程	0.937 7	<0.000 1
8 月平均流量（m^3/s）	集水区体积（km^3）	$y = -0.244\,16 + 0.010\,38x - 1.73 \times 10^{-6}x^2$	二次方程	0.946 4	<0.000 1
9 月平均流量（m^3/s）	集水区体积（km^3）	$y = 0.096\,43 + 0.005\,66x - 6.43 \times 10^{-7}x^2$	二次方程	0.969 6	<0.000 1
6 月平均含沙量（kg/m^3）	地形起伏度（m）	$y = 22.938\,76 + 0.228\,08x$	直线方程	0.438 2	0.026 5
7 月平均含沙量（kg/m^3）	沟壑密度（m/km^2）	$y = e^{(7.495\,58 - 0.860\,46/x)}$	S 形曲线	0.818 8	0.000 1
8 月平均含沙量（kg/m^3）	沟壑密度（m/km^2）	$y = e^{(6.870\,87 - 0.693\,93/x)}$	S 形曲线	0.685 1	0.001 7
9 月平均含沙量（kg/m^3）	沟壑密度（m/km^2）	$y = e^{(6.866\,82 - 1.226\,99/x)}$	S 形曲线	0.690 7	0.001 5
6 月侵蚀模数（t/km^2）	7°~15°面积百分比（%）	$y = -92.760\,26 - 12.478\,96x + 1.472\,12x^2$	二次方程	0.645 0	0.015 9
7 月侵蚀模数（t/km^2）	沟壑密度（m/km^2）	$y = e^{(10.560\,41 - 1.393\,14/x)}$	S 形曲线	0.831 7	0.000 1
8 月侵蚀模数（t/km^2）	沟壑密度（m/km^2）	$y = e^{(9.484\,41 - 1.041\,27/x)}$	S 形曲线	0.769 6	0.000 4
9 月侵蚀模数（t/km^2）	沟壑密度（m/km^2）	$y = e^{(8.841\,12 - 1.489\,52/x)}$	S 形曲线	0.738 6	0.000 7

针对清涧河流域,根据 30 m DEM 栅格数据利用 GIS 提取了各有关地形因子的数据见表 3-25,并依据表 3-24 中的公式进行清涧河流域分月份的流域产水产沙量计算,计算结果见表 3-26。

表 3-25   清涧河流域有关地形因子数值

地形因子	数值
集水区体积(km^3)	4 499.78
地形起伏度(m)	216.4
沟壑密度(m/km^2)	1 300
7°~15°面积百分比(%)	37.36

表 3-26   赵文武方法的清涧河流域产水产沙计算结果

月份	月均流量(m^3/s)	月均含沙量(kg/m^3)	侵蚀模数(t/km^2)
6	11.8	72.3	1 495.8
7	30.3	928.6	13 210.5
8	11.4	565.1	5 904.3
9	12.5	373.5	2 198.1

3.3.4.2   汪丽娜等率定出的流域年均水沙量、径流系数与地貌特征因子之间的关系方程

汪丽娜等以黄河中游黄土高塬丘陵沟壑区为研究区域,选取受人类活动影响相对较小的 1959~1969 年的黄土高塬丘陵沟壑区水文泥沙资料,分析了黄河中游黄土高塬丘陵沟壑区的 20 余条支流的年均径流量、流域年均输沙量及年均径流系数与集水区面积、河道平均坡降、流域高差和流域干流长等地貌参数的关系。

其研究结果认为,在研究区内,地貌参数与流域径流量和输沙量之间表现出类似的变化趋势,即年均输沙量和径流量与集水区面积或河道干流长呈较显著的正相关关系,与河道平均坡降呈幂函数减少关系,而与流域高差未表现出某种趋势性变化特征。年均径流系数与地貌参数之间亦没有表现出明显的趋势性变化关系。

汪丽娜等率定出的关系方程见表 3-27。

表 3-27   流域年均水沙量、径流系数与地貌特征因子关系方程

水文要素	地形因子	关系式	确定性系数 R^2	方差检验 F 值	临界方差 $F_{0.01}$
年均径流量 W(万 m^3)	集水区面积 A(km^2)	$W = 5.30A + 2\,591.7$	0.916	207.1	8.18
	河道平均坡降 I(%)	$W = 190\,685I - 1.594\,2$	0.665	35.78	8.29
	流域干流长 L(km)	$W = 331.06L - 28\,136$	0.802	68.79	8.40
年均输沙量 S(万 t)	集水区面积 A(km^2)	$S = 0.728A + 805$	0.853	104.04	8.29
	河道平均坡降 I(%)	$S = 30\,987I - 1.539\,1$	0.654	33.96	8.29
	流域干流长 L(km)	$S = 47.397L - 3\,405.7$	0.808	71.37	8.40

根据清涧河流域 DEM 提取的地形因子,再根据表 3-27 中的公式进行计算,其结果见表 3-28。

表 3-28　汪丽娜方法的清涧河流域产水产沙计算结果

地形因子		年均径流量(万 m³)	年均输沙量(万 t)
集水区面积 A(km²)	4 078	24 205.1	3 773.8
主河道平均坡降 I(%)	3.8	22 700.0	3 970.4
流域干流长 L(km)	169.9	28 111.1	4 647.1

3.3.4.3　两种方法计算结果分析

赵文武和汪丽娜两人的方法均是经验方法,将其计算结果(表 3-26、表 3-28)与清涧河延川水文站实测资料表 3-29 对比可以看出,计算值与实测值差距还是非常大的,赵文武的方法只有 8 月平均流量较为接近实测值,汪丽娜的方法只有年均输沙量较为接近实测值。这种以单一地形因子试图建立其与流域产水产沙关系的方法还是具有很大局限性的,但是根据计算结果的变化,也可以看出他们分析的这些地形因子与产水产沙确实存在着某种相关关系,只是各地形因子影响的比重在不同的条件下是不同的,其关系十分复杂,目前还难以准确量化其数值。

表 3-29　清涧河延川站水沙多年均值统计

月份	平均流量(m³/s)	平均含沙量(kg/m³)	侵蚀模数(t/km²)	平均径流量(万 m³)	平均输沙量(万 t)
6	3.36	171			
7	14.0	381			
8	14.4	299			
9	5.85	74.6			
全年			10 318.5	13 804	3 579

另外,由于受近年来人类活动的剧烈影响,各地形因子也有不同程度的变化,以当前的地形因子同历史水文资料之间建立相关关系也存在着资料时间不一致的问题,毕竟当前的地形因子与历史上的地形因子或多或少是有差别的。

3.3.5　小结

清涧河流域属于典型的黄土高原丘陵沟壑区,其梁峁坡面土壤侵蚀有明显的垂直分带特征,从顶部到沟缘线分为溅蚀片蚀带、细沟侵蚀带、浅沟侵蚀带,不同侵蚀带不但侵蚀产沙量相异,而且其侵蚀产沙过程和机制也不尽相同。地形因子种类繁多,有些地形因子是另外一些地形因子的变形或组合,例如沟道比降、坡面比降、坡沟面积比等,本部分主要对清涧河流域关键地形因子对产水产沙的影响进行分析。

流域产水产沙是地形、土壤、植被、降雨、土地利用等多因素综合作用的复杂物理过程。单独做某种因子的分析显然得不到最真实的结果,但依然可以从分析中看出某些特点、某种趋势。

对于清涧河流域,自然状态下集水区体积是地形因子中影响产水产沙的主要因素,但是就水沙变化而言,由于集水区体积短时间内难以发生大的变化,因此在造成来水来沙变化的因素中,集水区体积就不再是主要因素。目前大量修建公路铁路、进行矿产开发、水利工程建设、开展淤地坝及其他各类水土保持措施等,人类活动影响巨大。在这种非自然情况下,最容易发生变化的就是坡度坡长和沟壑密度等地形因子,因此影响流域产水产沙变化的主要地形因子是坡度坡长、沟壑密度和地形起伏度。

当然,这只是定性分析结论,如若定量化描述,还需深入研究地形因子对土壤侵蚀、流域产水产沙的影响,但难度巨大。

3.4　土壤对水沙的影响

几百万年以来,长期的地壳运动、风力沉积和降雨流水侵蚀,造就了千沟万壑的黄土高原,清涧河流域正处于黄土高原的腹地,面积 4 078 km^2,其中 70% 以上为黄土覆盖,黄土是该流域土壤的最主要组成部分,是其成为黄河中游多泥沙支流之一的根本原因。

3.4.1　黄土高原的形成

1966 ~ 1999 年,发生在我国的持续 2 d 以上的沙尘暴达 60 次。中国科学院刘东生院士认为,黄土高原应该说是沙尘暴的一个实验室,这个实验室积累了过去几百万年以来沙尘暴的记录。中国西北部沙漠和戈壁的风沙漫天漫地飘洒过来,每年都要在黄土高原上留下一层薄薄的黄土。

黄土高原是由于风力沉积作用形成的,黄土是典型的风力堆积物。地层年代的研究表明,黄土开始堆积的年代距今为 250 万年左右。

印度板块向北移动与亚欧板块碰撞之后,印度大陆的地壳插入亚洲大陆的地壳之下,并把后者顶托起来。从而喜马拉雅地区的浅海消失,喜马拉雅山开始形成并渐升渐高,青藏高原也因印度板块的挤压作用而不断隆升。这个过程持续 6 000 多万年以后,到了距今大约 240 万年前,即新生代第四纪开始的时候,青藏高原已有 2 000 多 m 高。

这种地表形态的巨大变化直接改变了大气环流的格局。在此之前,中国大陆的东边是太平洋,北边的西伯利亚地区和南边的喜马拉雅地区分别被浅海占据,西边的地中海在当时也远远伸入亚洲中部,所以平坦的中国大陆大部分都能得到充足的海洋暖湿气流的滋润,气候温暖而潮湿。中国西北部和中亚内陆大部分为亚热带地区,并没有出现大范围的沙漠和戈壁。

然而,东西走向的喜马拉雅山挡住了印度洋暖湿气团的向北移动,久而久之,中国的西北部地区越来越干旱,渐渐形成了大面积的沙漠和戈壁。这里就是堆积起了黄土高原的沙尘的发源地。体积巨大的青藏高原正好耸立在北半球的西风带中,240 万年以来,它的高度不断增长着。青藏高原的宽度约占西风带的 1/3,把西风带的近地面层分为南、北两支。南支沿喜马拉雅山南侧向东流动,北支从青藏高原的东北边缘开始向东流动,这支高空气流常年存在于 3 500 ~ 7 000 m 的高空,成为搬运沙尘的主要动力。与此同时,由于青藏高原隆起,东亚季风也得到加强。

中国西北部和中亚内陆的沙漠和戈壁上,由于气温的冷热剧变,这里的岩石比别处能更快地崩裂瓦解,成为碎屑,地质学家按直径大小依次把它们分成砾(粒径大于 2 mm)、沙(粒径 2~0.05 mm)、粉沙(粒径 0.05~0.005 mm)和黏土(粒径小于 0.005 mm)。黏土和粉沙颗粒能被带到 3 500 m 以上的高空,进入西风带,被西风急流向东南方向搬运,直至黄河中下游一带才逐渐飘落下来。

两三百万年以来,亚洲的这片地区从西北向东南搬运沙土的过程从来没有停止过,沙土大量下落的地区正好是黄土高原所在的地区,连五台山、太行山等华北许多山顶上都有黄土堆积。

这些沙尘的不断搬运和堆积,最终形成了黄土高原。清涧河流域正处于黄土高原的腹地,因而大部分地表被黄土所覆盖。

3.4.2　清涧河流域土壤类型与分布

清涧河流域大部为第四系沉积性黄绵土覆盖,覆盖面积约 3 000 km²,占流域面积的74%,此类土壤土层深厚,可深达 50~100 m,层次不甚明显,土色淡黄,见图 3-55。

图 3-55　清涧河流域黄土高塬丘陵沟壑地貌(局部)

沿清涧河两岸川台地为基岩山地,有黑垆土分布,但覆盖面积较小,多有基岩裸露。此类土壤质地为轻壤,疏松通透性好,保水保肥,剖面层次明显,腐殖质层深厚,肥力高,耕作性好,适种性广,是良好的耕作土壤。

河源区及支流永坪川下游局部有第三系红层,成岩作用差,岩性软弱,自然条件下易风化、软化和崩解。

3.4.3　黄绵土的结构及物理水分性质

清涧河流域分布的黄绵土颗粒组成以细沙粒(粒径 0.25~0.05 mm)和粉粒(粒径0.05~0.005 mm)为主,约占各级颗粒总数的 60%,物理性黏粒一般为 26%~30%,同一剖面各层颗粒组成变化不大,仅表层因侵蚀、坡积、耕作、施肥的影响稍有差异。

黄绵土的物理性质为疏松多孔、容量小、通气较好，但因土质疏松，水肥易失，见水易分散，抗冲抗蚀性弱。此种土壤耕作层容重为 $1.0 \sim 1.2$ g/cm^3，总孔隙率为 $50\% \sim 65\%$，通气孔隙最高可达 40%。

黄绵土因多处于温带，土色浅，因而比热小、土温变幅大，属温性 – 中温性土壤。黄绵土透水性良好，蓄水能力强；一般来讲，透水速度大于 0.5 mm/min，每小时渗透量为 $50 \sim 70$ mm，下渗深度可达 $1.6 \sim 2.0$ m，2 m 土层内可蓄积有效水 $400 \sim 500$ mm，田间持水量为 $13\% \sim 25\%$。不过，不同地形部位特别是坡面对土壤水分含量的影响较大，阴坡蒸发较弱，水分状况优于阳坡，一般比阳坡土壤水分含量高 $15 \sim 30$ g/kg。

黑垆土由于占清涧河流域面积比例较小，对流域产沙影响不大，对其物理特性不再详述。清涧河流域主要土壤的物理特性及颗粒组成见表3-30。

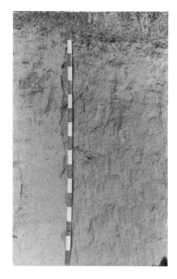

图 3-56　清涧河流域黄土土层

表 3-30　清涧河流域主要土壤的物理特性及颗粒组成

土壤类型	层次（cm）	容重（g/cm³）	总孔隙率（%）	田间持水量（干土重，%）	<0.01 mm 的物理性黏粒含量(%)
黄绵土	0~10	1.12	58.5	22.3	24.0
	10~20	1.12	58.5	20.3	24.5
	20~30	1.35	50.0	20.3	25.0
	30~40	1.35	50.0	22.8	
黑垆土	0~10	1.25	53.7	20.6	35.0
	10~20	1.25	53.7	19.3	38.0
	20~30	1.34	50.4	20.1	37.0
	30~40	1.24	54.0	21.6	

注：资料来自杨文治等《黄土高原土壤水分研究》，科学出版社，2001。

3.4.4　土壤侵蚀机制研究进展

土壤侵蚀是指土壤或成土母质在外力（水、风）作用下被破坏剥蚀、搬运和沉积的过程。土壤在外营力作用下产生位移的物质量，称土壤侵蚀量。

土壤侵蚀机制的研究目的在于预报流域侵蚀产沙量，因此只有不断深入地进行土壤侵蚀机制的研究，才能更好地对流域的土壤侵蚀产沙量进行模拟和预报，进而指导水土保持措施配置，防治和减少水土流失。土壤侵蚀强度分级标准见表3-31。

表 3-31 土壤侵蚀强度分级标准

级别	平均侵蚀模数(t/(km² · 年))	平均流失厚度(mm/年)
微度	<200,500,1 000	<0.15,0.37,0.74
轻度	200,500,1 000 ~ 2 500	0.15,0.37,0.74 ~ 1.9
中度	2 500 ~ 5 000	1.9 ~ 3.7
强度	5 000 ~ 8 000	3.7 ~ 5.9
极强度	8 000 ~ 15 000	5.9 ~ 11.1
剧烈	>15 000	>11.1

土壤侵蚀机制的研究最早始于 19 世纪晚期,但在当时仅仅是限于侵蚀产沙的表面现象观测和定性描述。1934 年,Horton 将试验水槽成功地应用于坡面流研究,极大地促进了土壤侵蚀机制领域的研究。1947 年,Ellison 将土壤侵蚀划分为降雨分离、径流分离、降雨输移和径流输移四个子过程,为研究土壤侵蚀机制奠定了重要的基础。1958 年,Meyer成功地发明了人工模拟降雨器,为土壤侵蚀机制研究创造了便利的技术条件。

20 世纪 60 年代,土壤侵蚀和产沙的机制研究得到了一定发展。80 年代以后,土壤侵蚀机制研究取得长足进展,特别是在水力对土壤侵蚀机制方面的研究较为系统和深入。同时,对影响土壤侵蚀的因子如降雨、土壤特性、地貌形态、土地利用方式和植被覆盖度等的侵蚀机制也进行了大量研究。有关研究认为,坡面侵蚀过程自降雨到达地面开始,首先从溅蚀、片蚀、细沟侵蚀,然后发展到浅沟侵蚀、切沟侵蚀。

1988 年,我国著名院士黄秉维先生从水力侵蚀的研究机制出发,认为坡面水蚀分为两步:首先是土粒与土体的分离,其次是细沟间片流剪切力。20 世纪 90 年代以来,土壤侵蚀机制研究又取得了新的进展,充实了土壤密度、持水性、颗粒尺度、水力传导性、植物根系、切沟侵蚀等方面的研究。例如美国 Lowery 等认为土壤侵蚀的判别,应与其密度、持水性、颗粒尺度、水力传导性以及植物根系等指标密切联系起来。比利时 Poesen 等探讨了粗颗粒覆盖对细沟侵蚀及沟间侵蚀的影响,同时将农业生产环境中常见的切沟侵蚀分为临时切沟侵蚀和边岸切沟侵蚀。

我国真正对土壤侵蚀进行定量观测始于 20 世纪的 40 年代初,天水、西安水土保持试验站的建立。1953 年,刘善建根据径流小区资料,首次提出了计算年度坡面侵蚀量的公式,为我国土壤侵蚀的定量化研究揭开了序幕。60 年代,张存福建立了黄河中游地区坡耕地土壤流失预报方程,并引入植被度因素。孟庆枚等根据黄土高原丘陵沟壑区各水土保持试验站的径流小区资料,建立了一个预报次降雨的土壤流失方程,较全面地考虑了各种影响侵蚀产沙的因素,虽然推广应用尚有其局限性,但在国内是首次尝试。到了 80 年代,我国科研人员在对单因子进行定量分析研究的基础上,建立了坡面土壤流失量和小流域侵蚀产沙的经验模型。90 年代以后,土壤侵蚀预报模型得到了进一步的深入研究,取得了重大进展,例如汤立群从流域水沙产生、输移、沉积过程的基本原理出发,根据黄土地区地形地貌和侵蚀产沙的垂直分带性规律,建立了流域产沙随时间、空间分布的确定性模型。该法首先将流域按自然水系的界限,划分为许多单元子流域,应用主沟道对子流域进行串联,以先后次序逐块演算其上的水流和泥沙过程,是目前国内较为理想的模型。与此同时,由于遥感(RS)和地理信息系统(GIS)的发展及广泛应用,建立了在地理信息系统支持下的坡面侵蚀预报模型、沟坡侵蚀预报模型和梁坡+沟坡的侵蚀预报模型。

3.4.5 黄绵土的水力侵蚀

清涧河流域为极强烈侵蚀区,主要侵蚀方式为暴雨条件下的面蚀、沟蚀、山洪侵蚀等水力侵蚀和重力侵蚀。

清涧河流域的黄绵土由于其特有的土质疏松、透水性好、遇水易分散、抗冲抗蚀性弱等特性,加之植被覆盖差,特别是坡度较大地区,在暴雨条件下,极易形成水力侵蚀,而在强度不大的降雨条件下,易下渗入土壤中,形成较少的径流。

黄绵土水力侵蚀是指土层在降雨、流水作用下被破坏剥蚀、搬运和沉积的过程。

黄绵土水力侵蚀分为降雨溅蚀、水流面蚀、潜蚀、沟蚀和冲蚀。溅蚀是指由于降雨雨滴打击土壤表层,引起土壤颗粒分散和迁移的一种侵蚀过程,主要发生在坡面产流之前和产流之初。面蚀(见图3-57)是片状水流或雨滴对地表进行的一种比较均匀的侵蚀,它主要发生在没有植被或没有采取可靠的水土保持措施的坡耕地或荒坡上,是水力侵蚀中最基本的一种侵蚀形式。潜蚀是地表径流集中渗入土层内部后在流动过程中对土壤进行机械的侵蚀作用,这在垂直节理十分发育的黄土地区相当普遍,其结构造成山体不稳定。沟蚀(见图3-58)是集中的线状水流对地表进行的侵蚀,切入地面形成侵蚀沟的一种土壤侵蚀形式,按其发育的阶段和形态特征又可细分为细沟、浅沟、切沟侵蚀。沟蚀是由面蚀发展而来的,但它显然不同于面蚀,侵蚀沟一旦形成,土地即遭到彻底破坏,而且由于侵蚀沟的不断扩展,坡地上的耕地面积就随之缩小,使曾经是大片的土地被切割得支离破碎。冲蚀主要指季节性洪水对沟谷的侵蚀。清涧河流域的面蚀和沟蚀是引起水土流失的主要水力侵蚀方式。

图 3-57 地表土壤面蚀

清涧河流域土层节理发育、沟壑密集、坡陡沟深,在降雨和水流冲击下,容易产生滑

图 3-58　土壤沟蚀

坡、山体崩塌等重力侵蚀,这也是该流域的主要侵蚀方式之一。

正是由于上述水力侵蚀作用,再加上重力侵蚀(见图 3-59),才塑造了清涧河流域数不清的沟、谷、梁、峁,形成了黄土高原特有的黄土高塬丘陵沟壑地貌特点。同时,因为这种黄土高塬丘陵沟壑区,地形坡度大,反过来在重力作用下又易发生滑坡、崩塌、泥石流等重力侵蚀,加剧了沟壑的形成,这都与该流域内黄绵土的特性有直接关系,其土壤特性是造成土壤侵蚀的根本原因。

图 3-59　土壤重力侵蚀

3.4.6　黄绵土的下渗率分析

下渗是水透过地面渗入土壤的过程,是水在分子力、毛细管引力和重力的作用下在土壤中发生运动的物理过程,是径流形成的重要环节。它直接决定地面径流量的生成及其大小,影响土壤水和潜水的增长,从而影响表层流、地下径流的形成及其大小。按水的受力状况和运行特点,下渗过程分为 3 个阶段:①渗润阶段,水主要受分子力的作用,吸附在土壤颗粒之上,形成薄膜水;②渗漏阶段,下渗的水分在毛细管引力和重力作用下,在土壤颗粒间移动,逐步充填粒间空隙,直到土壤孔隙充满水分;③渗透阶段,土壤孔隙充满水,达到饱和时,水便在重力作用下运动,称饱和水流运动。下渗状况可用下渗率和下渗能力来定量表示。下渗的快慢以下渗率来表示,下渗率就是指单位面积、单位时间渗入土壤的水量,也称下渗强度,通常用 f 来表示;下渗能力(f_p)指在充分供水和一定土壤类型、土壤湿度条件下的最大下渗率。影响下渗的因素有土壤的物理特性、降雨特性、流域地貌、植被和人类活动等。下渗可通过野外试验用直接测定法和水文分析法加以测定。

确切地说,下渗曲线应称下渗能力曲线,是指在地面充分供水条件下下渗率随时间的变化过程线。当雨水不充分时,下渗率将小于下渗能力。

累积下渗量 F_p 为入渗开始后一定时段内,通过单位面积下渗到土壤中的总水量。下渗曲线积分得下渗累积曲线,为从下渗开始到结束时的下渗累积量,以 mm 计,典型下渗曲线见图 3-60。大量试验表明,下渗曲线可用霍顿(Horton)方程来描述。其中,系数与土壤地质条件、植被条件等有关。

李长兴等(1991)通过对陕北小流域黄土下渗空间变化试验研究,将黄土下渗过程分为 3 个阶段:①瞬变阶段,为 0～20 min 时段,下渗水量占总水量的 50% 以上,下渗能力最大,但衰减也最快;②渐变阶段,为 20～45 min 时段,累积下渗水量达总水量的 90% 左右,下渗能力渐趋稳定;③稳定阶段,为 45 min 以上时段,下渗能力基本趋于稳定。同时认为,野外试验同室内试验结果相比较,各阶段的下渗能力大,下渗水量也大,这主要是由于野外试验地表具有准耕作层的缘故。

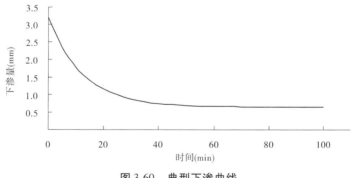

图 3-60　典型下渗曲线

清涧河流域属于干旱半干旱地区,包气带土层厚,通常土壤缺水量很大,经一场降雨后的补充不易达到田间持水量,或很难全流域蓄满,降雨产流量主要由雨强超过土壤入渗率的地面径流组成,地下径流量很少,这种流域的产流方式即属超渗产流。

超渗产流的场次洪水中,流域的产流主要决定于非饱和带地下水运动的机制、特性与运动规律,地表的下渗能力是由非饱和土壤中水体的运动规律所决定的。

蒋定生等对黄土高原土壤下渗速率进行了试验研究。研究结果表明,在土壤下渗分区上,清涧河上中游为土壤入渗速率较高区,稳定下渗速率为 1.15～1.30 mm/min,初始下渗速率为 23 mm/min;下游划分为土壤下渗速率一般区,稳定入渗速率为 0.60～0.90 mm/min,初始入渗速率为 18 mm/min。同时,还用流域水文资料对稳定入渗速率作了推算,认为试验值比推算值大 1.6～3.0 倍,其原因是推算值是对除土壤特性外,还包括坡度、植被、土壤初始含水率等因素的综合反映。

清涧河流域为典型的超渗产流区。

在超渗产流为主的地区,当降雨强度大于下渗强度时,则产生地面径流 R。因此,在产流计算中,首先要确定降雨过程中的实际下渗能力 F,以便与降雨强度 P 比较。

若 $P < F$,则

$$R = 0$$

若 $P > F$,则

$$R = P - F$$

试验研究表明,土壤下渗能力 F 主要取决于上层土壤含水量 I,即

$$F = f(I)$$

而降雨期间的下渗水量可以看作是土壤含水量 I 的增量,例如:

若 $P > F$,则

$$\mathrm{d}I = f(I)\,\mathrm{d}t$$

若 $P < F$,则

$$\mathrm{d}I = P\mathrm{d}t$$

因此,只要有了流域的 $F \sim I$ 关系式和初始土壤含水量,就可以根据降雨过程推求超渗产流过程。

在干旱半干旱地区以及以超渗产流方式为主的场次洪水中,流域上的降雨下渗过程是解决这些地区径流模拟中的关键。目前水文学中常用的下渗公式是菲利浦公式和霍顿公式,它们在理论上和试验研究中都得到了广泛的应用,都可以从不同的角度反映下渗过程,然而不能把它们直接应用于流域的产流计算,实际的下渗往往取决于任意时间内降雨强度与下渗强度、土壤含水量的大小,因此未来对降雨下渗的研究将逐渐转向为具有水平与垂直空间变异性的非均质土壤,初始含水率随机分布情况下,有植物根系活动情况下的下渗及根区土壤水分运动的研究以及降雨过程中下渗的动态模拟和把单点入渗模型扩展到较大区域上应用问题的研究,进一步加强降雨下渗规律的认识,将降雨下渗与土壤水分运动的动态变化过程结合起来,加强降雨下渗及产流机制的研究,仍然是未来水文学中研究的主要内容,也是认识流域径流的形成机制和建立流域水文模型的基础。

(1)霍顿下渗公式。

$$f = f_c + (f_0 - f_c)\,\mathrm{e}^{-kt}$$

式中:f 为下渗量;f_0 为最大下渗能力;f_c 为稳定下渗率;k 为下渗系数;t 为时间。

(2)菲利浦下渗公式。

$$f = \frac{B}{\sqrt{t}} + A$$

式中:f 为下渗量;A 和 B 为待定系数,与土壤特性有关;t 为时间。

赵人俊等根据霍顿与菲利浦下渗公式对子洲岔巴沟径流站资料进行了拟合。他们选取了子洲试验站三个小流域:团山沟(0.180 km²)、水旺沟(0.107 km²)和黑矾沟(0.133 km²),拟合结果如表 3-32、图 3-61、图 3-62 所示。

迄今为止,清涧河流域尚无详尽的试验资料支持下渗公式系数的推求,鉴于与子洲岔巴沟流域地理位置、气候条件及地形地貌有相似性,该公式可以在进行清涧河流域超渗产流计算时参考。

表 3-32　霍顿下渗公式与菲利浦下渗公式拟合结果

流域	面积（km²）	洪水场次	霍顿下渗公式	菲利浦下渗公式
团山沟	0.180	30	$f_0 = 1.82$，$f_c = 0.42$，$k = 0.053\,8$	$A = 0.05$，$B = 3.2$
水旺沟	0.107	17	$f_0 = 2.40$，$f_c = 0.54$，$k = 0.077\,8$	$A = 0.05$，$B = 3.5$
黑矾沟	0.133	29	$f_0 = 3.2$，$f_c = 0.64$，$k = 0.079\,8$	$A = 0.2$，$B = 3.8$

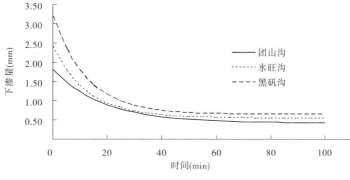

图 3-61　霍顿下渗曲线

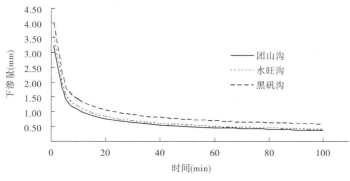

图 3-62　菲利浦下渗曲线

高贵成等通过对 1984 年 7 月 9 日 8 时至 11 日 8 时清涧河流域、延河流域暴雨洪水分析认为，虽然流域内平均降雨量为 83 mm，最大降雨量子长水文站为 110 mm，延川水文站为 107 mm，大于 100 mm 的笼罩面积约 400 km²，但雨强不大，清涧河流域为 3.3～4.4 mm/h，延河流域为 3.4～4.6 mm/h，加之前期影响雨量小，约 9.2 mm，因此在陕北这一超渗产流地区，并未产生较大洪水，延川仅有一次洪峰流量为 120 m³/s 的小洪水过程，说明该区域土壤下渗能力较强，初步估计平均下渗率与降雨强度相当或略偏小。当然，20 世纪 70 年代后的水土保持措施也有一定作用。

值得注意的是，虽然不同土壤的下渗能力和不同条件下土壤的下渗率可以通过试验得到，但对于一个流域来讲，例如清涧河流域的土壤下渗方程尚无法直接获得，而往往是通过降雨、蒸发、径流等实测资料反推得到。这种量化的下渗规律其实已经包含了土壤、地形、植被，乃至人类活动影响等众多因子。若要得到某一流域内土壤单一因子的平均下渗曲线，就目前技术条件而言还有一定困难。

3.4.7 清涧河流域土壤侵蚀与产沙

流域侵蚀是某一流域内风力侵蚀、水力侵蚀和重力侵蚀等各种侵蚀的总和,清涧河流域主要侵蚀方式表现为水力侵蚀。就整个清涧河流域来说,由于侵蚀的方式、位置和分布、强度比较复杂,要获得流域内总的侵蚀量还相当困难,但可以肯定的是流域侵蚀量要比产沙量大得多。

流域产沙是指某一流域或某一集水区内的侵蚀物质(包括土壤和砂砾)向其出口断面的有效输移过程。输移到出口断面的侵蚀物质的数量称为产沙量。流域产沙来自于流域内的土壤侵蚀,侵蚀是产沙的前提,有产沙必有侵蚀产生,而有侵蚀并不一定有产沙。清涧河流域由于其特殊的土壤特性、地形地貌和暴雨特性,在汛期侵蚀与产沙往往相伴产生。

一般来讲,在自然条件下,流域产沙量只是侵蚀量的一部分,流域面积越小,其侵蚀量与产沙量越接近,流域面积越大,侵蚀量与产沙量相差越大。

清涧河流域因其特有的土壤特性,属于黄河流域多沙粗沙来源区,就全流域来说,年产沙量最大可达 1 亿 t 以上(见表 3-33、图 3-63、图 3-64),年最大产沙模数达 25 000 t/(km²·年)以上。如果单就子长水文站以上流域来说,年最大产沙模数更大,例如 2002 年高达 74 000 t/(km²·年)。

表 3-33　子长、延川水文站历年输沙量统计　　　　　　　(单位:万 t)

年份	年输沙量		年份	年输沙量		年份	年输沙量		年份	年输沙量	
	子长	延川		子长	延川		子长	延川		子长	延川
1955		691	1969	2 950		1983	188	605	1997	234	987
1956		7 750	1970	2 180	6 270	1984	325	530	1998	1 640	5 020
1957		1 580	1971	2 300	5 160	1985	553	1 120	1999	378	1 530
1958		6 160	1972	2 390	2 390	1986	483	809	2000	463	1 350
1959	298	12 300	1973	961	4 410	1987	792	2 170	2001	785	1 940
1960	238	2 810	1974	496	1 980	1988	1 120	3 900	2002	6 760	10 400
1961	469	1 950	1975	280	1 060	1989	338	2 110	2003	112	499
1962	350	1 970	1976	229	868	1990	1 740	4 450	2004	293	1 367
1963	634	2 460	1977	2 530	11 700	1991	436	2 410	2005	480	739
1964	2 550	11 600	1978	998	5 010	1992	1 320	4 520	2006	664	1 640
1965	202	1 040	1979	1 080	3 840	1993	924	2 810	2007	244	764
1966	2 750	7 130	1980	323	1 300	1994	1 540	4 460	2008	18.7	11.6
1967	1 230	4 050	1981	95.8	867	1995	1 590	6 070	2009	29.8	68.3
1968	1 690		1982	278	1 070	1996	1 960	5 310	2010	87.6	98.4

2002 年 7 月 4~5 日,陕西北部清涧河中上游地区的子长县城附近降特大暴雨,子长水文站降雨量 283 mm,最大 24 h 降雨量 274.4 mm,较同时段历史实测最大的 1977 年

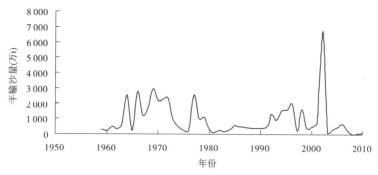

图 3-63　子长水文站年输沙量变化

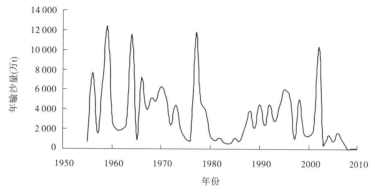

图 3-64　延川水文站年输沙量变化

165.7 mm 多 108.7 mm,为 500 年一遇的特大暴雨,子长水文站 7 月 4 日 6 时 15 分至 7 时 15 分最大 1 h 降雨量 78.0 mm,形成了子长水文站 7 月 4 日最大流量 4 670 m³/s,是该站 1958 年 7 月设站以来实测最大值,为 100 年一遇洪水,次洪产沙量为 4 090 万 t,产沙模数高达 44 800 t/km²,为该站有记录以来最大。这说明在目前土壤等下垫面条件下,清涧河流域若发生强度大的暴雨,仍有可能产生较大的高含沙洪水。

3.4.8　土壤利用变化对产洪产沙的影响

由于人类活动,主要是农业生产引起土地利用变化,清涧河流域土壤表层的变异最明显。一是土壤特性发生变化,二是植被覆盖发生变化,从而引起土壤水分状况和下渗能力发生变化,进而影响流域产水产沙。关于植被覆盖变化影响流域减水减沙参见本章 3.3.4 部分。

郭碧云、王光谦等通过对 1990 年和 2009 年遥感数据分析,得到清涧河流域这两年的土地利用数据(见图 3-65),在此基础上得到 1990 年和 2009 年土地利用类型的结构构成(见图 3-66)。

由图 3-65 可知,研究区农业用地主要分布在南部地区,草地分布于北部地区;在西南部有大面积的农业用地转化成林地,在西北地区草地退化为未利用土地现象严重。西北地区草地的退化减少了降雨截流,增大了土壤侵蚀、地表径流,减小了下渗率,缩短了径流时间。

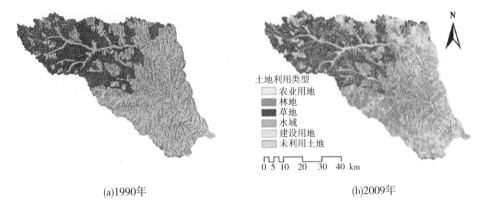

(a)1990年   (b)2009年

图 3-65 1990 年和 2009 年清涧河流域土地利用分布

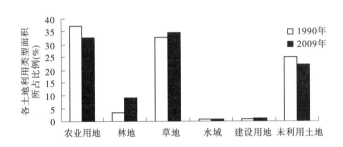

图 3-66 1990 年与 2009 年清涧河流域土地利用类型面积比例变化

图 3-66 表明,农业用地、草地和未利用土地在研究区占主要地类。1990 年农业用地、草地和未利用土地分别占流域面积的 37.0%、32.9% 和 25.0%。2009 年三者分别占流域面积 34.6%、32.4% 和 21.9%,其中草地增加了 1.7%,农业用地和未利用土地分别减少了 2.4% 和 3.1%,林地也有较大幅度的增加。农业用地的减少与草地的增加可能与退耕还林、退牧还草的措施有关,而未利用土地的减少可能与矿产开采、交通设施建设和城镇化发展有关。流域内的这些人类活动在一定程度上改变了流域下垫面条件,使流域的土地利用构成比例发生了变化,从而也改变了流域内土壤的分布状况,对产流产沙有一定影响。

3.4.9 增大土壤下渗的措施

很多专家提议充分发挥黄土入渗速率较强的优势,"拦蓄降雨,就地入渗"。

目前增大土壤下渗率,在清涧河流域主要有两种措施:一是恢复植被,二是修建淤地坝。

20 世纪 70 年代以来,为防治水土流失,在清涧河流域开展了大规模水土保持工作,例如修建梯田、造林、种草、淤地坝和水库建设等。2003 年,国家颁布了《退耕还林条例》,像清涧河流域水土流失严重地区逐步退耕还林、退牧还草,植被得到一定恢复,暴雨期土壤下渗量有所增加,水土流失程度得到缓和,产水产沙明显减少。

近年来,黄土高原丘陵沟壑区在沟道上大量修建淤地坝及水土保持骨干工程。据陕西省水土保持局提供的资料,截至 1999 年,清涧河流域已建 100 万 m^3 以上水库 7 座,总库容 7 323 万 m^3;已建淤地坝 4 428 座,总库容 5.3 亿 m^3,两项合计总库容 6.03 亿 m^3,折合单位流域面积有拦蓄库容 14.8 万 m^3,起到了拦水拦沙作用,使产生的径流在淤地坝上就地渗入地下,泥沙也随之淤积下来。虽然不会明显减少流域侵蚀量,但在正常强度暴雨条件下,大大减少了次洪水的流域产水产沙量。

随着水土保持工作的持续开展,土壤下渗能力也会有所变化,对产洪产沙有着直接影响。

3.4.10 小结

(1)清涧河流域 70% 以上为黄土覆盖,且大部分为黄绵土,是流域产沙的根本原因。

(2)汛期暴雨是引起流域土壤侵蚀和产水产沙的最主要外在驱动力。

(3)清涧河流域土壤侵蚀方式主要是面蚀、沟蚀等水力侵蚀和滑坡、崩塌等重力侵蚀。

(4)清涧河流域的土壤下渗方程尚无法直接获得,而往往是通过降雨、蒸发、径流等实测资料反推得到的。这种量化的下渗规律其实已经包含了土壤、地形、植被,乃至人类活动影响等众多因子。若要得到某一流域内土壤单一因子的平均下渗曲线,就目前技术条件而言还有一定困难。

(5)在目前土壤等下垫面条件下,清涧河流域若发生强度大的暴雨,仍有可能产生较大的高含沙洪水。

3.5 水利水保措施对水沙的影响

3.5.1 清涧河流域治理状况

水利水保措施对洪水、泥沙影响,涉及暴雨产流产沙、措施数量、措施构成、措施分布、措施质量等诸多因素,这里仅就坝库建设和治理程度进行分析。

3.5.1.1 水保工程

自 20 世纪 70 年代以来,在清涧河流域开展了大规模的水土保持工作。流域内的各种人类活动,在一定程度上改变了下垫面条件,使流域的水文状况发生了较大变化。表 3-34 为 1979 年、1989 年、1996 年调查的清涧河流域实有治理措施面积及治理程度统计表,从表中可以看出,清涧河流域的梯田、森林、草地、坝地都在逐年增加,其总的治理程度从 1979 年的 7.0% 增加到 1996 年的 25.6%。

子长县水利水保局提供的清涧河流域子长县淤地坝发展过程表明,1959 年前,先后建成任家畔、石畔、红石峁、强家坪、赵家焉、强家沟等 6 座大型淤地坝,1970 年北方地区农业会议后,出现了打坝高潮,到 1976 年,全县共建成淤地坝 2 146 座,1977 年 7 月 6 日的一场特大暴雨冲毁大小淤地坝 912 座,经当地群众对水毁淤地坝的修复,到 1979 年,淤地坝达到 1 854 座,此后基本上未再新修淤地坝,到 1986 年列为黄河上中游治沟骨干工程试点县后,新建治沟骨干坝 18 座,列为全国生态环境治理重点县后,又新建淤地坝 15 座,到 1999 年底,全县保存淤地坝 1 244 座。

表 3-34　清涧河流域实有治理措施面积及治理程度

年份	梯田 (hm²)	造林 (hm²)	种草 (hm²)	坝地 (hm²)	合计 (hm²)	治理程度 (%)
1979	9 293	11 093	613	3 173	24 172	7.0
1989	14 560	59 647	2 567	4 647	81 421	23.5
1996	16 160	65 293	2 727	4 660	88 840	25.6

注:治理程度为措施合计面积除以延川水文站控制面积(3 468 km²)。

　　截至 2009 年,清涧河流域共有不同年份建立的骨干淤地坝 274 座,图 3-67 为骨干淤地坝分布示意图。骨干淤地坝控制流域面积 1 053 km²,总库容 2.5 亿 m³,淤积库容 1.9 亿 m³。骨干淤地坝个数从 1955 年的 1 座增加到 2009 年的 274 座,图 3-68 为流域内骨干淤地坝数量变化图,从图中可以看出,1955 ~ 1976 大规模建设,1976 ~ 2000 年建设较少,而 2000 年以后又开始实施骨干淤地坝建设。水利水保措施对暴雨洪水泥沙的大幅度减少,大规模淤地坝建设起了相当大的作用。

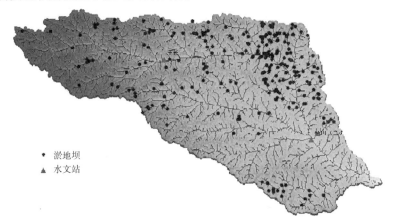

图 3-67　清涧河流域骨干淤地坝分布示意图

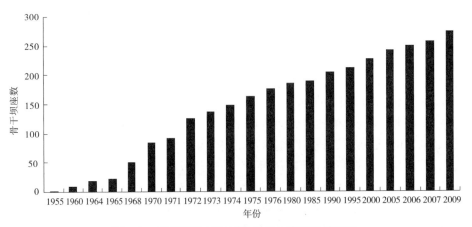

图 3-68　清涧河流域骨干淤地坝座数变化示意图

清涧河流域在 20 世纪 70 年代就开始了以植树造林和种草为主且规模较大的水土保持工作。截至 1999 年,流域内共修建梯田 17 970 hm²,造林 83 853 hm²,种草 11 206 hm²。流域水土流失面积 4 006 km²,治理面积已达 119 914 km²,治理程度 29.9%,其中梯田、水土保持林、人工种草面积分别占治理面积的 14.98%、57.09%、9.34%(见表 3-35)。在以往的大多数研究中,都是根据这些措施的实施时间,人为地选定 1970 年以前的状态作为天然状态,但实际上,由于植树造林和种草这些水土保持措施,在树木和草皮幼年时期并不会对流域水文产生明显效果。

3.5.1.2　流域水沙现状

清涧河流域有子长、延川两个水文站,鉴于延川水文站位于清涧河出口处,控制全流域 85% 的面积,所以分析所采用的水沙资料(除雨量资料为流域面平均外)均为延川水文站资料。据延川水文站资料统计,多年平均年降雨量为 451 mm(1971~2010 年),多年平均年径流量为 1.38 亿 m³(1954~2010 年),多年平均年输沙量为 3 304 万 t(1955~2010年)。流域降雨、径流、输沙年内、年际变化基本一致,即主要集中在汛期,尤其是 7 月、8 月两个月。

3.5.1.3　分析方法

水土保持环境效应研究普遍采用对比分析法(时间序列对比分析和相似流域对比分析)、水保法、水文模拟法和水量平衡法等。本书采用时间序列对比分析法,即分别选取本流域治理前与治理后的流域面平均次降雨量、前期影响雨量、降雨中心、雨强等相似的洪水过程实测资料为基础,进行水土保持对洪水要素的影响对比分析。因此,根据流域水文序列的变化特性,采用数理统计方法进行水文变化阶段性划分,更具有科学性和客观性。

3.5.2　水土保持对流域暴雨洪水的综合效应分析

3.5.2.1　水土保持对暴雨洪水年际变化的影响

以延川水文站实测水文资料为依据,根据流域实际情况,统计了不同年代的年最大洪峰流量及其对应日降雨量。可以看出,20 世纪 60 年代这一阶段流域基本属于天然情况;70 年代流域水土保持工作刚刚起步;80 年代流域水土保持工作进入成熟阶段;90 年代随着国家西部大开发的发展,流域内水土流失情况又趋增加。根据水土保持治理前即 1970 年以前阶段分别和治理后的 3 个年代进行相似对比分析,分阶段找出年最大洪峰流量及对应降雨量(见表 3-36、图 3-69),对比分析在相似的降雨条件下,水土保持措施对流域各年洪峰流量、洪水总量及单位时间产洪量等洪水特征值的影响情况。分析 1970 年前后年最大流量及对应日降雨量发现,1970 年以前,延川水文站最大洪峰流量为 5 520 m³/s,流域日平均降雨量为 86.2 mm;1970~1979 年时段最大洪峰流量为 4 320 m³/s,流域日平均降雨量为 92.1 mm;1980~1989 年时段最大洪峰流量为 1 540 m³/s,流域日平均降雨量为 53.8 mm;1990~1999 年时段最大洪峰流量为 2 310 m³/s,流域日平均降雨量为 25.1 mm。尽管年最大流量对应的日降雨量波动很大,且 1970 年以前的年代和以后的 3 个年代并无明显差异,但从 1970 年以后,年最大洪峰流量的年际变异明显减弱。这表明随着流域水土保持生物措施和工程措施的相继实施,从 1970 年开始,流域年最大洪峰流量趋于减小,到 20 世纪 80 年代基本趋于稳定的低值。

表 3-35　清涧河流域水土保持措施核查结果

（单位：hm²）

年份	全流域面积						控制站内面积					
---	梯田	坝地	造林	种草	封禁治理	合计	梯田	坝地	造林	种草	封禁治理	合计
1997	14 678	2 457	64 708	7 012	2 388	88 855	13 006	2 102	55 863	6 020	2 057	76 991
1998	16 152	2 630	70 907	8 145	2 529	97 834	14 314	2 251	61 165	6 934	2 177	84 664
1999	18 314	2 868	81 201	9 434	2 690	111 817	16 103	2 441	69 752	7 966	2 294	96 262
2000	19 705	3 096	88 595	11 342	2 927	122 738	17 288	2 621	76 101	9 489	2 513	105 499
2001	21 241	3 330	98 356	16 869	6 282	139 796	18 597	2 805	84 320	14 176	5 133	119 898
2002	22 878	3 422	108 221	20 496	9 941	155 017	19 938	2 875	92 237	17 363	7 726	132 413
2003	24 211	3 558	123 387	23 369	11 466	174 525	21 071	2 982	104 821	19 775	8 834	148 649
2004	25 309	3 627	129 182	23 854	12 440	181 972	21 994	3 038	109 373	20 174	9 646	154 579
2005	27 206	3 634	137 537	25 293	13 083	193 670	23 624	3 045	116 146	21 419	10 181	164 234
2006	27 940	3 691	144 094	27 012	16 404	202 737	24 281	3 091	121 322	22 963	12 892	171 657

表 3-36　年最大洪峰流量及其对应日降雨量统计

年份	年最大洪峰流量（m³/s）	日降雨量（mm）	年份	年最大洪峰流量（m³/s）	日降雨量（mm）	年份	年最大洪峰流量（m³/s）	日降雨量（mm）	年份	年最大洪峰流量（m³/s）	日降雨量（mm）
1960	1 000	16.0	1970	1 070	17.4	1980	920	31.7	1990	1 690	32.1
1961	466	40.1	1971	1 600	27.5	1981	212	17.4	1991	332	27.0
1962	371	23.1	1972	1 050	36.5	1982	680	30.1	1992	496	65.9
1963	269	14.6	1973	1 870	35.8	1983	402	28.7	1993	673	11.8
1964	5 520	86.2	1974	550	28.0	1984	267	50.0	1994	1 920	28.9
1965	245	7.7	1975	275	6.1	1985	170	25.0	1995	1 250	22.8
1966	4 110	55.1	1976	138	20.2	1986	249	29.2	1996	1 250	46.6
1967	1 790	35.4	1977	4 320	92.1	1987	1 130	37.0	1997	324	9.8
1968	793	11.4	1978	2 630	18.5	1988	1 220	9.3	1998	2 310	25.1
1969	3 530	51.7	1979	865	26.5	1989	1 540	53.8	1999	622	9.8
最大 最小	22.5	11.2	最大 最小	31.3	15.1	最大 最小	9.1	5.8	最大 最小	7.1	6.7

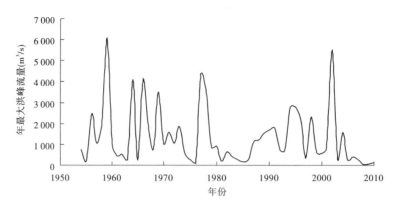

图 3-69   清涧河流域年最大洪峰流量过程

3.5.2.2   水土保持对大雨洪水的影响

按照对清涧河流域水文阶段的划分,1970 年以前洪水变化视作天然情况,按照日平均相似大雨为前提条件,分别找出水土保持措施开展前后 4 个年代数据,就洪峰流量、次洪总量和洪水径流系数等特征指标进行对比计算(见表 3-37)。在相似大雨条件下,流域洪水过程特征指标如表 3-37 所列。对比分析表明,在相似降雨条件下,1970 年以来,水土保持使清涧河流域各年的大雨洪水的洪峰流量、洪水总量以及单位时间产洪量等洪水特征指标减小。流域大雨洪峰流量被削减 35% ~58%,大雨洪水总量减小 18% ~84%,径流系数降低 18% ~86%。但是相对于 20 世纪 90 年代,在相似降雨情况下,洪峰流量较对比值增大,但是次洪水总量却没有增加,这说明在 20 世纪 90 年代,伴随着西部大开发的脚步,流域内石油、天然气等矿产资源得到大规模的开发,施工便道以及运油道路的修建等破坏了原有植被,再加上原有水土保持的拦蓄效益随着时间的推移有所降低,相对较强的降雨就能产生较大的洪峰流量。

表 3-37   水土保持对大雨洪水的影响对比分析

洪峰日期 (年-月-日)	洪峰 流量 (m³/s)	削峰 (%)	次洪 总量 (m³)	减洪 (%)	历时 (min)	径流深 (mm)	径流 系数	径流系 数降低 (%)	日均 雨量 (mm)
1963-05-23	184	0	6 501	0	2 160	0.001 9	0.000 1	0	21.5
1966-08-09	522	0	9 117	0	1 080	0.002 6	0.000 1	0	22.7
1968-07-11	343	0	7 031	0	810	0.002 0	0.000 1	0	29.4
1968-07-16	533	0	19 409	0	1 680	0.005 6	0.000 6	0	9.7
1975-07-28	187	45	2 794	60	954	0.000 8	0	60	29.1
1981-08-06	128	35	3 045	84	816	0.000 9	0.000 1	86	11.1
1988-07-06	221	58	7 516	18	1 920	0.002 2	0.000 1	18	22.8
1990-06-24	207	−13	3 983	39	936	0.001 1	0.000 1	39	21.5

3.5.2.3 水土保持对暴雨洪水的影响

在相似降雨条件下,以流域面平均次降雨量、前期影响雨量、降雨中心、雨强等相似为基础,分别找出水土保持开展对应洪水进行对比计算(见表3-38)。结果表明,在降水条件基本相似的情况下,水土保持使清涧河流域的暴雨洪峰流量、次洪总量和单位时间的产洪量情况减少。洪峰流量降低75%~92%,洪水总量降低41%~73%,洪水径流系数减小42%~72%。与大雨洪水相比,流域水土保持对暴雨洪水的削弱幅度较小。

表3-38 水土保持对暴雨洪水的影响对比分析

洪峰日期 (年-月-日)	洪峰 流量 (m³/s)	削峰 (%)	次洪 总量 (m³)	减洪 (%)	历时 (min)	径流深 (mm)	径流 系数	径流系 数降低 (%)	日均 雨量 (mm)
1966-07-26	4 110	0	34 813	0	420	0.100 0	0.000 18	0	55.1
1967-07-17	1 790	0	20 396	0	600	0.005 9	0.000 17	0	35.4
1969-08-10	3 530	0	30 280	0	408	0.008 7	0.000 17	0	51.7
1979-08-03	426	90	20 585	41	3 360	0.005 9	0.000 11	42	56.0
1984-08-27	267	92	8 226	73	1 800	0.002 4	0.000 05	72	50.0
1990-08-28	446	75	10 561	48	918	0.003 0	0.000 09	43	32.1

3.5.2.4 水土保持对流域洪水过程的影响

按照表3-38中所提供的次暴雨洪水资料,分析治理前后洪水资料可以发现,在相似降雨条件下,治理后的清涧河洪水径流过程线较治理前明显变平缓,水土流失治理使流域产洪开始时间滞后,因降雨类型的不同,滞后时间不等,洪峰出现的时间滞后,次洪水过程线变胖,有时已没有明显的洪峰。

3.5.3 水土保持对流域典型暴雨洪水的影响分析

3.5.3.1 水土保持对"1984·7"洪水影响分析

1. 降雨及产流、产沙情况

为了分析水土保持措施对暴雨洪水的影响,以1970年为分界年份,选择治理前后两次降雨特性大致相同或相近的1966年7月(简称"1966·7"洪水)与1984年7月(简称"1984·7"洪水)暴雨洪水进行对比分析。1966年视为治理前,1984年视为治理后,两次暴雨产流、产沙的差异视为水利水保措施削洪减沙作用的影响。1984年7月10~11日,清涧河流域突降暴雨,26 h降雨93.8 mm,最大点日雨量110.6 mm,洪峰流量为120 m³/s。

两次暴雨洪水的降雨、产流、产沙情况见表3-39。从表3-39中可以看出,"1984·7"洪水较"1966·7"洪水的降雨量多24.2 mm,偏大34.8%,而洪峰流量、洪量、输沙量则分别偏小97.1%、95.3%和96.4%,几乎全拦全蓄。从一般降雨产流、产沙规律来看,"1984·7"洪水较"1966·7"洪水降雨量和降雨强度均较大,其所形成的洪峰流量、洪量、输沙量均应偏大,但事实却相反,究其原因主要是流域治理拦蓄了洪水,洪水是泥沙的载体,从而拦蓄了泥沙。

表 3-39　"1984·7"洪水与"1966·7"洪水的降雨产流产沙情况

洪水时段	降雨量 (mm)	降雨历时 (h)	降雨中 心站	中心点雨量 (mm)	洪峰流量 (m³/s)	洪量 (万 m³)	输沙量 (万 t)	洪水含沙量 (kg/m³)
1984-07	93.8	26.0	玉家湾	110.6	120	212	91	429
1966-07	69.6	24.9	马家砭	100.2	4 110	4 464	2 521	565

2. 水利水保措施控制洪水分析

"1984·7"暴雨洪水大幅度削洪减沙最主要的原因是当时流域有较大拦蓄库容,同时面上也进行了一定的水土保持治理。长期有效地保持流域单位面积库容是实现流域洪水控制的关键,这对坝系规划以及坝库蓄洪拦沙效益的可持续性具有十分重要的指导意义。

3.5.3.2　水利水保措施对"2002·7"洪水影响分析

1. "2002·7"洪水情况

2002 年 7 月 4~5 日,清涧河流域发生了一次高强度特大暴雨洪水(简称"2002·7"洪水),其主要特点如下。

1)雨量大,强度高

"2002·7"洪水中心瓷窑总降雨量高达 463 mm,较 1955~1969 年多年平均降雨量450.2 mm 多12.8 mm,其中 7 月 4~5 日,子长水文站最大 24 h 降雨量为 274.4 mm,较历史实测最大降雨量 165.7 mm(1977 年)还偏多 108.7 mm;7 月 4 日 6 时 15 分至 7 时 15分和 7 月 4 日 20 时 5 分至 21 时 5 分最大 1 h 降雨量分别达到 78 mm 和 85 mm。

2)峰量大,水位高

7 月 4 日子长水文站洪峰流量 4 670 m³/s,是自 1958 年 7 月建站以来实测最大值;延川水文站 7 月 4 日洪峰流量为 5 500 m³/s,是自 1953 年 7 月建站以来实测第二大洪水。洪水期间,子长水文站水位急剧上升,从 7 月 4 日 4 时 15 分起涨至 6 时 42 分到达峰顶,水位涨幅 7.95 m;延川水文站从 7 月 4 日 9 时 12 分起涨至 11 时到达峰顶,水位涨幅 9.97m,为有实测资料以来的第一高水位。

3)输沙量大,侵蚀模数高

7 月 4 日子长水文站洪水输沙量为 4 090 万 t,子长水文站以上 913 km² 范围内侵蚀模数高达 44 800 t/km²;延川水文站输沙量达 5 600 万 t,延川水文站以上 3 468 km² 流域范围内侵蚀模数达 16 100 t/km²,均为两站历年次洪水侵蚀模数最高纪录。

2. 水保措施对"2002·7"洪水影响

1)降雨产流分析

在黄土地区,径流的主要来源是降雨,若其他条件相同,降雨量越大,径流量也越大,而且超渗产流突出,地下径流年际变化不大,年径流量主要受当年降雨量的影响。水利水保措施对洪水径流量有一定影响,而"2002·7"洪水产流又恢复到治理前或治理较少时段的产流水平,表明了水利水保措施拦蓄能力的脆弱性及拦蓄能力的降低。

径流系数除反映降雨产流状况外,在一定程度上也反映了水利水保措施的有效拦蓄能力。统计子长水文站洪峰流量大于 1 000 m^3/s 的较大暴雨径流系数(见表3-40)可知,1954～1969 年的 4 次暴雨平均径流系数为 0.33,1970～1979 年的 3 次暴雨平均径流系数为 0.14,20 世纪 90 年代的 4 次暴雨平均径流系数为 0.25,2002 年的 2 次暴雨平均径流系数为 0.46,2002 年径流系数的增大表明了水利水保措施拦蓄能力的降低。值得指出的是,1977 年 7 月 6 日面平均雨量 140.4 mm,为统计洪水的最大值,而径流系数却是最小值,这是由于当时清涧河流域有较大的坝库拦蓄库容,尽管也发生了局部水毁,但径流系数只有 0.1,说明水利水保措施有较大的拦蓄能力。而 2002 年 7 月 4 日暴雨径流系数达 0.63,并且汇流速度极快,说明了在特大暴雨条件下流域治理对洪水的拦蓄作用较小。

表 3-40　子长水文站洪峰流量大于 1 000 m^3/s 的较大暴雨产流统计

序号	洪水时间 (年-月-日)	洪峰流量 (m^3/s)	前 2 d 面平均 雨量(mm)	本次面平均 雨量(mm)	径流量 (亿 m^3)	径流深 (mm)	径流 系数
1	1959-08-24	1 660	19.6	16.8	0.066 3	4.8	0.29
2	1966-08-15	1 460	49.5	72.6	0.124 1	13.5	0.19
3	1969-07-26	1 180	23.8	21.0	0.066 5	7.3	0.35
4	1969-08-09	3 150	33.4	37.7	0.168 0	18.3	0.49
5	1971-07-06	1 130	13.0	58.0	0.089 0	9.7	0.17
6	1971-07-24	1 440	30.9	51.7	0.072 6	8.0	0.15
7	1977-07-06	1 440	90.7	140.4	0.132 1	14.5	0.10
8	1990-08-27	1 320	16.2	33.0	0.091 7	10.0	0.30
9	1994-08-31	1 920	25.5	53.5	0.174 3	19.1	0.36
10	1995-09-01	1 250	35.1	45.8	0.056 5	6.2	0.14
11	1996-08-01	1 250	23.7	46.7	0.084 6	9.3	0.20
12	2000-08-29	1 190	8.9	17.5	0.042 9	4.7	0.27
13	2002-07-04	4 670	21.0	105.4	0.602 3	66.0	0.63
14	2002-07-05	1 690	105.4	57.9	0.154 4	16.9	0.29

2)降雨产沙分析

黄河中游河龙区间的主要支流,暴雨产沙量一般随暴雨产流量的高次方递增,清涧河流域"2002·7"洪水产流量大,暴雨产沙量也多。表 3-41 为"2002·7"暴雨与河龙区间其他支流大于 100 mm 暴雨的产流产沙统计表,可以看出,子长水文站"2002·7"洪水产沙模数为 4.48 万 t/km^2,仅次于孤山川流域"1977·8"的暴雨洪水产沙模数,而较其他几次暴雨洪水产沙都大,说明了流域治理的拦沙作用已很小,甚至增沙。

表 3-41　清涧河流域"2002·7"洪水与其他支流大于 100 mm 暴雨洪水产流产沙比较

河名	站名	控制面积 （km²）	洪水时段 （年-月-日）	洪峰流量 （m³/s）	洪水径流模数 （万 m³/km²）	洪水输沙模数 （万 t/km²）	相应面平均 雨量（mm）	径流 系数
皇甫川	皇甫	3 199	1959-07-29 ~ 31	2 500	1.88	1.31	105	0.18
皇甫川	皇甫	3 199	1959-08-03 ~ 06	2 900	3.77	1.68	121	0.31
孤山川	高石崖	1 263	1959-08-03 ~ 06	2 730	3.91	1.37	123	0.32
牸牛川	新庙	1 527	1976-08-02 ~ 04	4 290	4.95	1.59	104	0.48
孤山川	高石崖	1 263	1977-08-02 ~ 03	10 300	8.78	5.43	141	0.62
牸牛川	新庙	1 527	1989-07-21 ~ 23	8 150	6.88	1.35	138	0.50
皇甫川	皇甫	3 199	1989-07-21 ~ 24	11 600	4.33	1.97	102	0.42
清涧河	子长	913	2002-07-04	4 670	6.60	4.48	105	0.63

3. 水利水保措施蓄水拦沙能力的衰减

清涧河流域已建的 100 万 m³ 库容以上水库 7 座，总库容 7 323 万 m³，到 1989 年，库容淤损率已达 34.2%；已建淤地坝 4 428 座，总库容 5.3 亿 m³，至 1999 年，已淤 4.8 亿 m³，库容淤损率达 90.6%。可见，坝库拦沙能力在大幅度衰减，远不能满足控制洪水的要求；从防洪能力来看，小型、中型、大型淤地坝确定的设计洪水标准分别为 10 ~ 20 年、20 ~ 30 年、30 ~ 50 年一遇洪水，据调查，随着时间的推移，清涧河流域现有淤地坝大部分未达到上述防御暴雨洪水标准；此外，原有的淤地坝数量减少和失效是很大的，据子长县水利水保局 2000 年调查，1976 年该县已修建各类淤地坝 2 164 座，到 1999 年仅保存了 1 463 座，损失率达 32.4%。从治理程度来看，截至 1996 年，清涧河流域的治理程度为 25.6%。由此可以推知，清涧河流域在遭遇超标准高强度暴雨洪水时削洪减沙作用是不大的。

从清涧河流域几次淤地坝水毁调查成果（见表 3-42）可以看出，虽然此次暴雨洪水淤地坝水毁率较前有所减少，但水毁增沙仍较严重，冲失坝地占总坝地的 12.5%，较前有较大的增加。此外，坡面措施在暴雨作用下来水来沙仍然很大，据调查，清涧河流域梯田多为 20 世纪六七十年代修建，目前梯田质量大为下降；林草措施在近几年干旱条件下，成活率较低。因此，在暴雨作用下，坡面来水仍较大。从坝库运用方式来看，目前清涧河流域坝库已到了运用后期，无论是水库还是淤地坝，其运用方式均"由拦转排"，增加了河流洪水泥沙。

4. 人类活动致洪增沙原因分析

清涧河流域石油、天然气等矿产资源丰富，开矿、修路，城镇或乡村建设等大量弃土、弃渣任意堆放，隐蔽着大量泥沙来源，在暴雨洪水作用下，增加洪水泥沙。现以该流域中山川水库淤积变化为例，说明人类活动增沙情况。中山川水库位于子长县秀延河支流白庙岔河上白石畔村，1972 年开工建设，1976 年竣工，控制面积 143 km²，总库容 4 430 万 m³，到 2000 年累计淤积 2 280 万 m³，占总库容的 51.5%。据水库淤积观测资料，水库各时段淤积量列于表 3-43，由于该水库一直采用拦洪蓄水运用，因此可以认为，1990 ~ 2000 年的淤积量的增加大部分为人类活动增沙所致，由表 3-43 可以看出，1990 ~ 2000 年水库淤积量为 1975 ~ 1989 年水库淤积量的 1.85 倍，即人类活动增沙约 85%。

表 3-42 清涧河流域淤地坝水毁调查

项目	延川县 1973 年 8 月 25 日	子长县 1977 年 7 月 6 日	子长县 2002 年 7 月 4~5 日
降雨量(mm)	112.5	165.7	283.0
总坝数(座)	7 570	403	1 279
水毁坝数(座)	3 300	121	85
水毁率(%)	43.6	30.0	6.6
冲失坝地占水毁坝库 内坝地的比例(%)	13.3	26.0	30.0
冲失坝地占全县 坝地的比例(%)	5.8	5.2	12.5

表 3-43 中山川水库各时段淤积量变化

时段	淤积量(万 m³)	年均淤积量(万 m³/年)	增加(%)
1975~1989 年	800	53.33	100
1990~2000 年	1 480	134.55	252
1975~2000 年	2 280	87.69	164

3.5.4 小结

(1)通过分析清涧河流域水利水保措施对"1984·7"洪水的影响表明,流域水利水保措施控制洪水必须满足一定的条件,若控制更高频率的洪水,则需更大的单位面积库容;通过水利水保措施对清涧河流域"2002·7"洪水的影响分析表明,由于水利水保措施蓄水拦沙作用的衰减和人为增沙等因素的影响,水利水保措施对较大暴雨洪水的控制作用较低,甚至致洪增沙。因此,欲达到控制高强度暴雨所产生的洪水、泥沙,在淤地坝、水库规划设计中应考虑流域单位面积库容这一控制指标。

(2)清涧河流域 1985 年前修建了大量水库和淤地坝,曾发挥了巨大的削洪减沙作用,但由于该地区水土流失严重,已建水库和各类淤地坝大多数已进入运用后期,而且管理差,病险坝库多,一遇较大暴雨洪水,容易发生水毁,不仅使多年淤成的坝地大量冲失,同时也加重了干流水库与河道的泥沙淤积,若不及时采取除险加固和增加坝库数量及库容等有效措施,有可能会使多年治理的减沙效益毁于一旦。

(3)清涧河流域不少已建水库或骨干坝正采用"蓄清排浑"的运用方式加以改造,普遍增建泄洪排沙设施,以求长期保持兴利库容。而这一地区的水沙主要集中在洪水期,如果洪水期不蓄水拦沙,则可能洪水过后无水可蓄,不仅不能为当地兴利,同时将洪水泥沙排入黄河又加重了黄河干流水库与河道的防洪与泥沙淤积的负担。为此,应在条件适宜时,对这些水库采取加高及除险加固的措施,增大库容并采用"蓄洪拦沙"的运用方式,这不仅可取得较大的综合效益,而且所需投资与增建泄洪排沙设施相比较,增加也不多,或者在泄洪排沙水库或淤地坝的下游修建蓄洪拦沙工程,拦蓄利用排泄的洪水泥沙资源,减少或避免洪水、泥沙带来的危害。

(4)各种资料短缺或资料记录长度参差不齐,从而引起研究成果的不确定性。特别是植树种草的资料精确性更低,且其对洪水泥沙的影响在没有试验场的情况下,很难进行精确的定量分析确定,所以只能是进行概念性的定性分析研究。仅能在一定程度上保证使用资料的代表性与一致性,用定量化指标与定性原则相结合的方法,分析水土保持措施对洪水径流泥沙的影响。

(5)分析认为在降雨量保持基本不变的情况下,水土保持能降低年际间径流量的波动范围,甚至能使洪水径流量趋于稳定的低值。水土保持对大雨洪水的拦蓄作用大于对暴雨洪水的拦蓄作用,也说明了水土保持在不同的雨型情况下所能发挥的拦蓄作用是有差异的。水土保持能滞缓径流过程,能使洪水过程线变胖,有时甚至没有明显的洪峰。水土保持能使产流开始时间与洪峰出现时间滞后,尤其以少雨年最显著。水土保持能降低洪峰流量,减小洪水径流系数。所以,水土保持措施能有效地削洪减洪,减轻土壤侵蚀。

(6)坡面林草措施可改善土壤结构,增大土壤下渗能力和蓄水容量,同时可在一定程度上增大对降雨的截留能力。对产流的影响表现在降低地表径流量,同时增大地下径流成分,以库坝为主的沟道措施对产流的影响,主要体现在可以直接拦蓄径流,从而增大了流域的地面储蓄能力,而这些拦蓄的径流又被用于农田灌溉等方面。因此,水土保持措施对产流的重要影响之一,就是径流调节作用。

(7)根据不同年代的降雨、径流特性可以看出,在20世纪70年代,水土保持措施起到了明显的径流调蓄作用,非汛期径流量有所增加,汛期和年径流量均较60年代明显减少;但在80年代,虽然流域治理程度进一步提高,同时流域降雨量也较60年代减少,但其年径流量增加,非汛期和汛期的多数月份径流量也呈增加趋势。诚然,非汛期径流量的增加,依然在一定程度上体现了水土保持措施调蓄径流的作用,但汛期径流量的增加,却与理论上水土保持措施的径流调节功能相违背。分析认为,这种现象可能由以下3个方面的原因造成:①该阶段内水土保持措施大多建于20世纪70年代后期和80年代早期,由于措施老化,其调节径流的功能呈现衰退;②清涧河流域位于干旱半干旱气候区,产流机制以超渗产流为主,地面径流是径流的主要成分,暴雨产流量更多地取决于暴雨特征,而在特大暴雨条件下,水土保持措施的作用更是有限,例如清涧河流域在2002年7月4~5日发生的500年一遇的特大暴雨,就是导致2002年7月洪水的主要原因之一;③水土保持措施尤其是一些骨干工程措施抵御暴雨洪水的能力减低,在遇到较大降雨条件下,可能诱发工程措施的破坏,从而激发早期储蓄径流的流失。

(8)定量评价不同时期水土保持措施对流域水文的影响,进一步认识水土保持措施的衰退效应机制,以及人类活动条件下暴雨特征对产流的影响,应是今后值得进一步加强研究的重要内容。

3.6 主要研究成果与建议

3.6.1 研究成果

(1)清涧河流域属黄土高原丘陵沟壑区,为典型的超渗产流区,降雨是次洪产沙的主要驱动力因子,控制产水、产沙的作用分别约为72%、67%,且降雨对水沙的控制作用随年代变化;考虑降雨强度,比仅用降雨量作变量分别提高了16%、19%。60 min雨强对产水的影响最为明显,与次洪洪峰的相关系数为0.79。

(2)年径流量、年输沙量用降雨量表述程度仅为39%、25%,存在明显的年代变化,初步分析其原因,认为一方面是受年降雨量时空分布不同的影响,另一方面是受水利水保工程等下垫面条件变化的影响。水利水保措施能有效地削洪减洪,减轻土壤侵蚀。但水利水保工程都有一定的防御标准,若遇大暴雨有可能出现溃坝、决口现象,反而加大径流量。

(3)清涧河流域梁、峁坡面土壤侵蚀有明显的垂直分带特征,从顶部到沟缘线分为溅蚀片蚀带、细沟侵蚀带、浅沟侵蚀带,不同侵蚀带不仅侵蚀产沙量相异,侵蚀产沙过程和机制也不尽相同。由分析得出影响清涧河流域产水产沙变化的主要地形因子是坡度坡长变化、沟壑密度和地形起伏度。

(4)清涧河流域70%以上为黄土覆盖,且大部分为黄绵土,土壤侵蚀方式主要是面蚀、沟蚀等水力侵蚀和滑坡、崩塌等重力侵蚀,汛期暴雨是引起流域土壤侵蚀的最主要外在驱动力。坡面林草措施可改善土壤结构,增大土壤下渗能力和蓄水容量,同时在一定程度上增大对降雨的截留能力。对产流的影响表现在降低地表径流成分、增大地下径流成分。

3.6.2 建议

流域产水产沙是地形、土壤、植被、降雨、土地利用等多因素综合作用的复杂物理过程,单独做某种因子的分析显然得不到最真实的结果。本章对地形、土壤、植被、水利水保工程等对致洪致沙的影响只是定性的分析,要将其进行定量化描述,需借助更先进的技术手段加上野外试验等,做更深入的研究。

第4章 清涧河流域降雨径流模型研究

4.1 概　述

4.1.1 研究目的

本章在深入认识清涧河流域产汇流规律的基础上,充分利用 GIS、RS 以及水文模拟技术研究的最新成果,建立流域降雨径流预报模型,开发相应的预报系统,为黄河防洪以及洪水资源化等治黄重大实践提供技术支撑。

4.1.2 研究内容

本章主要研究内容包括以下几个方面:

(1)集总式降雨径流模型。

在分析流域水循环规律的基础上,以流域为单元进行集总式降雨径流模拟。通过模型的率定和检验,分析、比较不同降雨径流模型在该区域水文过程模拟中的适用性。

(2)分布式降雨径流模型。

考虑吴龙区间产水的空间分异特征,构建流域分布式水文模型,模拟分析流域降水形成以后的蒸散发、截留、填洼、下渗、产流等过程及其空间分布特征。

(3)水文模型参数分析。

通过对历史洪水的模拟和参数率定,确定水文模型参数,分析模型参数的分布特征及其敏感性。

(4)水文模拟系统的集成。

集成数据处理、降雨径流模型、参数优化、图形显示、实时校正等模块,开发清涧河流域水文预报系统。

本研究基本框架如图4-1所示。

4.1.3 技术路线

本章研究的具体技术路线如下:

(1)构建清涧河流域水文模拟系统。一方面是搭建降雨径流模型库,另一方面是建立模型参数优化方法库:主要包括水文模拟中常用的三种算法即 SCE - UA 算法、粒子群算法和 Rosenbrock 算法。

(2)建立清涧河流域降雨径流模拟方案。即建立清涧河流域降雨径流模型模拟精度的评价指标体系、集合预报方案以及水文预报实时校正技术。

(3)构建清涧河流域数据库。既包括历史水文气象数据,也包括实时雨情数据,以及

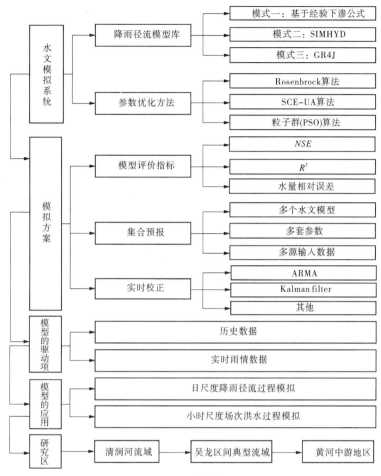

图 4-1 研究基本框架

清涧河流域的自然地理信息基础数据等。

(4)基于上述构建的水文模型系统,针对不同的研究目标或应用目的,选用不同的模拟方案,分别进行清涧河流域日降雨径流过程模拟(或预测)、次洪模拟(或预报)研究。

4.2 降雨径流模型原理与结构

水文模型以水文系统为研究对象,根据降雨和径流在自然界的运动规律建立数学模型,通过计算机快速分析、数值模拟、图像显示和实时预测各种水体的存在、循环和分布及物理和化学特性(熊立华等,2004)。20 世纪 90 年代以来,随着地理信息系统(GIS)、卫星遥感(RS)等新技术的发展,更丰富的信息源和更强大的信息处理技术为深入探索水文过程的复杂性,揭示水文循环机制提供了可能。在此背景下,流域水文模拟技术也有了新的突破和发展。一方面,在传统的集总式模型的基础上出现了不少可描述水循环时空分异特征的分布式水文模型(例如 SWAT,MIKE SHE、VIC 等)。另一方面,以水文循环为主线,水文模型中集成了更多的陆面过程,为探讨气候变化和土地利用变化对水文循环的影响等提供了技术支撑。水文模拟技术的发展在深入理解流域水文循环过程及其演化规律方面发挥了重要的作用,有力地推动了流域水文预报水平的提高。但是,由于水文循环过程的复杂性和区域差异性,各水文模型的应用还有其局限性。资料稀缺地区、干旱半干旱地区的水文模拟仍然是水文领域面临的挑战。本书研究面向黄河中游洪水、泥沙预报的需求,在 HIMS 的框架下,通过模式的比较,定制较适合研究区洪水过程模拟的水文模型。

4.2.1 流域产汇流过程及其机制

流域降雨径流过程包括截留、填洼、入渗、蒸散发、地表径流、地下径流、坡面汇流以及河网汇流等基本环节。一般地,可以把降雨径流过程分为产流和汇流两个阶段。其中,产流是指从降雨开始直至径流形成的过程,而汇流是指径流从产流区沿坡面、河网汇至流域出口断面的过程。流域汇流过程分为坡面汇流和河网汇流两个阶段。在实际降雨过程中,这两个阶段并无截然的分界,而是交错或者同时进行的。

在产流过程中,当降雨发生时,一部分降雨为植被冠层或下垫面的腐殖质层所截留,剩余的净雨部分积存于地面的洼地中,称为填洼,部分渗入土壤。截留量和填洼量最终都消耗于蒸散发,不形成径流。在净雨渗入土壤、形成地表或地下径流的过程中,因雨强与下垫面条件组合的差异,在不同的空间位置或不同的时间段上,这一过程有很大的差别,表现十分复杂。霍顿根据降雨强度和历时,以及下垫面的下渗能力,把产流概括为三种情况:①对于强度大、历时短的降雨,由于降雨强度大于下渗能力而产生生地表径流,但由于下渗量小,土壤水分始终处于亏缺状态,无法产生地下径流;②对于强度小、历时长的降雨,由于雨强小于下渗能力,所有降雨均下渗进入土壤,因而不产生地表径流,但由于土壤水得到充分补给,可以产生地下径流;③对于强度大且历时长的降雨,由于雨强大于下渗能力,同时土壤水也得到补足,因而既产生生地表径流,也产生地下径流。霍顿产流理论的基本要点是:超渗雨形成地表径流,而当土壤田间持水量补足后,稳定下渗量形成地下径流。

超渗坡面流的概念认为,当雨强超过土壤下渗能力时便产生地表径流。地表径流一部分消耗于蒸散发,一部分沿坡面流动形成超渗坡面流,一部分渗入地下增加土壤含水量。若土层上层下渗强度超过下层,则发生层间积水。当层面倾斜,层间积水在重力作用下可以形成侧向壤中流。当土壤含水量超过田间持水量后,水分在重力作用下向深层渗透,直至潜水层而形成地下径流。饱和坡面流概念:在气候湿润、植被良好的地区,当土壤有分层结构,土层的水力传导度随深度的变化不连续递减时,降雨渗入地下的水量可以在每个土层的底部产生饱和层。当饱和层接近地面时,形成表层流;当饱和层到达地面时,土壤孔隙已蓄满,此时即使雨强很小,也可形成地面径流,成为饱和坡面流。饱和坡面流很难在全流域面积上产生,但很容易在局部面积上产生。

由于降雨产流过程十分复杂,各种概念都可能在同一流域、不同时间上出现。产流的具体形式可能随流域地形、土壤、植被、土地利用以及流域气候和降雨特性的改变而不同。一般而言,产流过程包括"超渗"和"蓄满"两种基本模式。但是,一个流域在不同时刻,或者在流域内不同的空间位置上,既可能存在蓄满产流,也可能存在超渗产流。流域的产流模式不是单一的,而是随着降雨与下垫面条件组合状况的变化而变化。黄河中游地处半干旱半湿润地区,其产流模式是超渗产流与蓄满产流并存。采用单一的产流模式,将很难全面反映流域实际的产流过程。因此,本章试图对流域产流过程采取不同的概化方案,构建不同的产流模式,通过模式比较,深化对研究区产流机制的理解,提高流域降雨径流过程模拟水平。

4.2.2 流域产流模式

中国科学院地理科学与资源研究所陆地水循环与地表过程重点实验室开发的 HIMS(Hydro-Informatic Modeling System)是一套水文循环模拟软件。该系统结合国内数据与环境条件,融合 GIS/RS 技术,基于模块化结构设计,具有较强的应用扩展性。水文模型库系统是 HIMS 的核心部分,它基于"函数—模块—模型"的开放式系统架构创建,有效集成不同的水文模拟计算模型,设计蒸发、融雪、截留、下渗、产流、坡面汇流、河网汇流、水库调蓄等水文过程相关的水文计算模式。在水文模型库的基础上,可以根据资料条件和区域差异性,定制适宜的新模型,以适用不同产汇流机制和资料条件的水文模拟需求。本章研究基于 HIMS 现有的模型库和函数库,同时结合研究区的实际情况,在流域的产流计算方面提供了三种不同的模式。

4.2.2.1 模式一:基于经验下渗公式的产流模式

模式一的主要控制方程如表 4-1 所示。其中,入渗过程表示为关于降雨量的指数函数,这一函数关系是在大量扎实的野外观测试验工作的基础上获得的,并在小流域的暴雨洪水预报等方面的科研和生产实践中得到了检验(刘昌明等,2008)。该模式考虑了降雨、融雪、截留、下渗、蒸发等多种水循环过程,其计算流程如图 4-2 所示。其中,土壤分为两层:一是非饱和土壤层;二是地下含水层,主要是浅层地下水。该模式的特点是模型结构相对简单,对下渗参数的取值有较具体的试验数据作为参考。

表 4-1　模式一的主要控制方程

项目	主要方程	说明
冠层截留	$I_{vA}(t) = \min\{d_c \times P(t), I_v(t), W_{cd}(t)\}$ $I_v(t) = K_c \cdot d_c \cdot LAI(t)$	冠层截留量是由降雨量、冠层截留能力和冠层缺水量三者中最小的值所决定的,冠层截留能力是叶面指数的函数
实际蒸发	$ET_a(t) = ET_o(t) \cdot \left[1 - \left(1 - \dfrac{S_m(t)}{S_{\max}}\right)^\varepsilon\right]$	实际蒸发与土壤蓄水量和潜在蒸发有关,为一概念性模型,适用日以上时间尺度模拟
下渗计算	$f = P_{ra} \cdot P^{P_{rb}}$ $P_{ra} = 0.878\ 1 \cdot \ln(P_{rb}) + 1.342\ 2$	关键性参数可根据土壤湿度和植被覆盖情况查表得到
地表径流	$IRUN = P - f = P - P_{ra} \cdot P^{P_{rb}}$	基于水量平衡方程,降雨量减去下渗量
壤中流	$SRUN = K_i \cdot (W_s/W_{sm}) \cdot f$	经验公式,壤中流与土壤湿度和降雨入渗量成正比
地下水补给量	$REC = K_r \cdot (S_m/S_{\max}) \cdot (f - Q_l)$	经验公式,地下水入渗补给与土壤湿度和降雨垂向入渗量成正比
基流计算	$BAS = K_g \cdot (GW + REC)$	简单基流系数方法

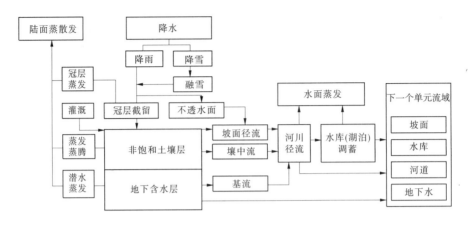

图 4-2　模式一的计算流程

4.2.2.2　模式二:SIMHYD 模型

SIMHYD 模型是 20 世纪 70 年代提出的一个简单的集总式降雨径流模型,该模型的突出优点是考虑了超渗和蓄满两种产流机制,并且参数较少,共有 7 个参数。目前该模型已在美国、澳大利亚等国的多个湿润乃至干旱流域得到了应用(Chiew 等,2002)。SIM-HYD 模型结构如图 4-3 所示,首先,降雨(P)在到达地表形成径流之前会受到植被拦截($INSC$)或直接被蒸发(E_0)掉。只有当降雨量大于这部分损耗($IMAX$)后,即净雨(P_n)大于 0 时,开始出现下渗过程,否则将没有径流产生。如果净雨量超过流域下渗能力,则超过部分形成地表径流。下渗水量分别用于形成壤中流、补给地下水和土壤水。根据地下水储蓄量,按照线性水库出流理论计算基流。基于蓄满产流机制,同时考虑流域空间不均匀的影响,引入土壤含水量线性估算壤中流;最后,地表径流、壤中流以及基流经过线性叠加即为模拟的河川径流 Q。SIMHYD 模型的主要控制方程及参数如表 4-2 所示。

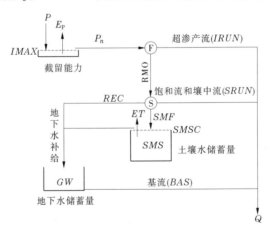

图 4-3　模式二(SIMHYD 模型)的结构

4.2.2.3　模式三:GR4J 模型

GR4J 模型是一个应用较广泛的概念性降雨径流模型,该模型有较强的物理基础,模型结构简单,只有 4 个参数(Perrin,2003),在美国、澳大利亚、法国等众多流域都有较好的

表 4-2　模式二(SIMHYD 模型)的主要控制方程及参数

项目	主要方程	说明
冠层截留	$IMAX = \min(INSC, E_0)$ $INT = \min(IMAX, P)$	$IMAX$:植被最大拦截能力(mm) $INSC$:植被截留储蓄量(mm) P:降雨(mm)
净雨	$P_n = P - INT$	P_n:净雨(mm)
实际蒸发	$ET = \min(10 \times \dfrac{SMS}{SMSC}, POT)$ $POT = E_p - E_0$ $E_0 = \min(INS, E_p)$	E_p:潜在蒸散发量(mm) E_0:植被截留的蒸发量(mm) ET:土壤水分蒸发量(mm) POT:剩余蒸发能力(mm)
下渗计算	$RMO = \min(COEFF \cdot \exp(-SQ \cdot SMS/SMSC), INR)$	RMO:下渗量(mm) $COEFF$:下渗能力(mm) SQ:关于下渗量的参数
地表径流	$IRUN = INR - RMO$	$IRUN$:地表径流
壤中流	$SRUN = SUB \cdot \dfrac{SMS}{SMSC} \cdot RMO$	SUB:壤中流出流系数
地下水补给量	$REC = CRAK \cdot \dfrac{SMS}{SMSC} \cdot (RMO - SRUN)$	REC:地下水补给量(mm) $CRAK$:地下水补给系数 SMS:土壤湿度 $SMSC$:土壤蓄水容量(mm)
土壤湿度	$SMF = RMO - SRUN - REC$	SMF:土壤水补给量(mm)
基流计算	$BAS = K_g \cdot GW$	K_g:地下水消退系数 GW:地下水储蓄量(mm)

应用(Perrin,2001)。如图 4-4 所示,首先,降雨(P)在到达地表形成径流之前会受到植被、坑塘等的拦截,这部分截留量最终消耗于蒸发中。只有当降雨量大于这部分损耗,即净雨(P_n)大于 0 时,一部分水量(P_s)将下渗进入土壤层,另一部分将形成径流($P_n - P_s$)。下渗水量经过土壤蓄水体的调节,一部分用于补充土壤层的蓄水量(X_1),一部分出流($Perc$)最终形成基流。将总产水量 P_r 的 10% 看作是地下径流(Q_1),90% 看作是地表径流(Q_9),然后用单位线(UH_1,UH_2)推流的方法进行河道汇流。在河道汇流的过程中,考虑了水量交换(F)对地表径流(Q_r)和地下径流(Q_d)的影响。最后 2 种径流成分线性叠加得到河川径流 Q。

4.2.3　河道汇流模式

本研究河道汇流采用分段马斯京根或马斯京根-孔奇方法进行汇流演算,从低一级河流逐步汇入高一级河流,最后汇集到流域出口断面。

4.2.3.1　马斯京根法

马斯京根法采用经验的蓄泄方程代替圣维南方程组中的动力方程,得到如下方程:

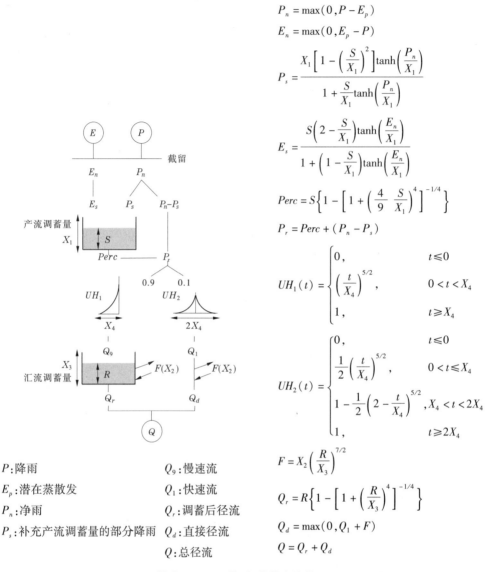

P:降雨　　　　　　　Q_9:慢速流

E_p:潜在蒸散发　　　Q_1:快速流

P_n:净雨　　　　　　Q_r:调蓄后径流

P_s:补充产流调蓄量的部分降雨　Q_d:直接径流

　　　　　　　　　　　Q:总径流

图 4-4　模式三(GR4J 模型)的基本结构(Perrin,2003)

$$\frac{\mathrm{d}W}{\mathrm{d}t} = I - O \tag{4-1}$$

$$W = K[XI + (1-X)O] \tag{4-2}$$

式中:W 为河道蓄水量;I、O 分别为河道上、下断面的流量;K 为槽蓄量与参考流量的比值,近似等于稳定流条件下洪水波通过计算河段的传播时间;X 为流量比重因子,表示在构成参考流量时入流与出流的相对权重,通常取值为 0 ~ 0.5,河道比降较大时,其调蓄能力相对较弱,此时 X 取较大值,反之当河道比降小,而调蓄能力强时,X 取较小值,即反映入流在参考流量中的比重较小。

把蓄泄关系式(4-2)代入水量平衡关系式(4-1),并假设 K 和 X 为常数,则可得到:

$$KX \frac{\mathrm{d}I}{\mathrm{d}t} + K(1 - X) \frac{\mathrm{d}Q}{\mathrm{d}t} = I - O \tag{4-3}$$

对式(4-3)采用中心差分,整理后即可得马斯京根法河道汇流演算公式:

$$O_{t+\Delta t} = C_0 I_{t+\Delta t} + C_1 I_t + C_2 O_t \tag{4-4}$$

其中

$$C_0 = (\Delta t/K - 2X)/[2(1 - X) + \Delta t/K] \tag{4-5}$$

$$C_1 = (\Delta t/K + 2X)/[2(1 - X) + \Delta t/K] \tag{4-6}$$

$$C_2 = [2(1 - X) - \Delta t/K]/[2(1 - X) + \Delta t/K] \tag{4-7}$$

根据马斯京根法汇流演算公式,在已知河段上、下游断面初始流量的情况下,即可根据上游断面的流量推求下游断面相应时刻的流量值,并沿河道汇流方向逐段推演至出口断面的流量值。采用马斯京根分段连续演算算法(赵人俊,1962),将演算河段分为 N 个子河段,则

$$K_L = \frac{K}{N}; \quad X_L = \frac{1}{2} - \frac{N}{2}(1 - 2X) \tag{4-8}$$

式中: K_L、X_L 为每个子河段的参数。

4.2.3.2　马斯京根－孔奇法

在河道的断面宽度、断面面积、比降等基本信息可获取的情况下,河道汇流也可采用马斯京根－孔奇法。对于运动波方程:

$$\frac{\partial Q}{\partial t} + c \frac{\partial Q}{\partial x} = 0 \tag{4-9}$$

取其有权系数的差分格式为

$$\frac{\partial Q}{\partial t} \approx \frac{X(Q_{j+1}^{t+1} - Q_j^t) + (1 - X)(Q_{j+1}^{t+1} - Q_{j+1}^t)}{\Delta t} \tag{4-10}$$

$$\frac{\partial Q}{\partial x} \approx \frac{Y(Q_{j+1}^{t+1} - Q_j^{t+1}) + (1 - Y)(Q_{j+1}^t - Q_j^t)}{\Delta x} \tag{4-11}$$

令空间差分权重系数 $Y = 0.5$,并取运动波差分方程的一阶精度近似解,则可以得到马斯京根－孔奇法的河道汇流演算公式:

$$Q_{j+1}^{t+1} = C_0 Q_j^{t+1} + C_1 Q_j^t + C_2 Q_{j+1}^t \tag{4-12}$$

其中:

$$C_0 = (-1 + C + D)/(1 + C + D) \tag{4-13}$$

$$C_1 = (1 + C - D)/(1 + C + D) \tag{4-14}$$

$$C_2 = (1 - C + D)/(1 + C + D) \tag{4-15}$$

$$C = c(\Delta t/\Delta x) \tag{4-16}$$

$$D = Q_p/(S_h \cdot B \cdot c \cdot \Delta x) \tag{4-17}$$

$$c = m \frac{Q_p}{A} \tag{4-18}$$

式中: Q_p 为洪峰流量; A 为断面面积; S_h 为比降; B 为河宽; c 为运动波波速; m 为比例系数。

4.2.4 潜在蒸散发估算模型

蒸散发是水文循环的重要过程。在进行流域日尺度以上的降雨径流过程模拟时,蒸散发是重要的水分消耗项。从上述的产流计算模式可以看出,为估算流域的实际蒸散发,潜在蒸散发是必须的输入项。潜在蒸散发可以通过蒸发皿观测获得。在缺乏蒸发皿观测资料的地方,潜在蒸散发可通过气象资料进行估算。蒸发的估算一直是水文、气象等领域研究的重要内容。目前已有许多陆面蒸散发估算的方法,包括微气象学方法、平衡蒸散发法、经验公式法等不同的类型。目前,应用较广泛的有 Penman 公式、Penman-Monteith 公式、Hargreaves 公式和 Jensen-Haise 公式等。Penman-Monteith 公式(Monteith,1965,1981)是目前应用较为广泛的计算公式之一:

$$E = \frac{\Delta(R_n - G) + \frac{\rho c_p}{r_a}(e_a^* - e_a)}{\Delta + \gamma\left(1 + \frac{r_c}{r_a}\right)} \tag{4-19}$$

式中:E 为潜在蒸散发,W/m^2;R_n 为辐射平衡,W/m^2;G 为土壤热通量,W/m^2;Δ 为空气温度时的饱和水汽压曲线的斜率,$hPa/℃$;γ 为干湿表常数,$hPa/℃$;ρ 为空气密度,kg/m^3;c_p 为空气定压比热,$J/(kg·k)$;e_a^* 为空气温度 T 时的饱和水汽压,hPa;e_a 为空气实际水汽压,hPa;r_a 为空气动力阻力,s/m;r_c 为冠层阻力,s/m。

Penman-Monteith 公式由能量平衡方程结合边界层扩散理论推导而来,具有很强的理论基础。作为一种概念模型,由于引进了"冠层阻力"概念而更加完善,适用于植被蒸散或农田蒸散的计算。但同时,模型中包括了两个非常不稳定的参数,即空气动力学阻抗(边界层阻力)和冠层阻抗(表面阻力)。这两个参数受大气层结构和下垫面覆盖类型的影响较大。其中,冠层阻抗是反映植物状态特征的生理参数,它不仅与作物种类、生长高度、生长期有关,还受植被冠层温湿度、土壤水分状况等因素的影响。空气动力阻力和冠层阻力变化对蒸散计算结果的影响较大。应用 Penman-Montieth 公式进行蒸散估算的一大障碍是确定冠层阻抗和空气动力学阻抗。

由于下垫面特性空间分布的复杂性,限制了 Penman-Montieth 公式在蒸散发估算中的应用。为此,Allen 等(1998)提出了参照蒸散发的概念,即假设在一水分供给充分的开阔草地上,作物高度一致为 0.12 m,且生长旺盛完全覆盖地面。此时,地表阻抗取为 70 s/m,反照率为 0.23。在这一假设上,根据 Penman-Monteith 公式可求得这一个参考冠层的蒸散发,称为参照蒸散发(ET_{ref})。参考作物蒸散发与受作物的类型、生长阶段和作物管理方式无关,只受气象条件的影响,可由气象数据计算得到。在众多的算法中,当需要的气象数据均能得到满足时,Penman-Monteith(PM)方法被联合国粮农组织(FAO)推荐为估算参考作物蒸散发的唯一方法,并得到了广泛应用。参照蒸散发有时也可以当作潜在蒸发的一种近似(Allen,等,1998;Zheng,等,2009),其估算公式为

$$ET_{ref} = \frac{0.408\Delta(R_n - G) + \frac{900}{T_{mean} + 273}U_2 \cdot VPD}{\Delta + \gamma(1 + 0.34U_2)} \tag{4-20}$$

式中:ET_{ref}为参照蒸散发,mm/d;T_{mean}为日平均气温,℃;U_2为 2 m 高度处的风速,m/s;VPD为饱和水汽压差,kPa。

参照蒸散发的计算需要辐射、风速、气温、水汽压等气象动力因子。在气象观测项目不是很完整,仅有最高气温(T_{max})、最低气温(T_{min})和平均气温(T_{mean})的情况下,潜在蒸散发也可以采用以下的 Hargreaves-Samani 公式计算:

$$ET_0 = a\left(\frac{RA_{max}}{L}\right)(T_{mean} + 17.8)(T_{max} - T_{min})^b \tag{4-21}$$

其中,太阳辐射 RA_{max} 可以由气象站的经纬度和计算年份的总天数来确定,a、b 分别为两个参数。清涧河流域周边有 3 个气象观测站(延安站、绥德站和横山站),观测的项目有日平均气温、最低/最高气温、风速、水汽压、太阳辐射、日照时数等,依据式(4-20)分别计算出这 3 个站 1980 ~ 2007 年的日潜在蒸散发系列,作为清涧河流域水文模型的潜在蒸发输入。

4.3 目标函数与参数优化技术

概念性水文模型的参数通常无法直接测量。因而,模型参数的率定一直是水文模型研究的重要内容。当一个模型的结构确定之后,模型参数的估算方法对模型的模拟结果起主要作用。水文模型参数率定的方法有人工手动率定和计算机自动率定两种途径。人工手动率定主要是通过手动试错法来确定模型参数,需要丰富的经验。对于缺少经验的率定者来说,人工率定的过程费时费力。随着计算机技术的发展,自动率定法得到迅速的发展。通常,自动率定的主要步骤是首先建立目标函数,然后选择优化算法,最后确定终止准则。其中,优化算法是参数率定的关键。目前用于模型参数优化的算法主要有遗传(Generic Algorithm)算法、适应随机搜索(Adaptive Random Search)算法、模拟退火(Simulated Annealing)算法、粒子群优化(Particle Swarm Optimization)算法、罗森布洛克(Rosenbrock)算法以及 SCE – UA(Shuffle Complex Evolution Algorithm)算法等。其中,SCE – UA 算法在国内外得到了广泛应用。这些优化方法有的是局部搜索法,有的是全局搜索法。局部搜索法能快速地对单峰函数进行寻优,但在寻优的过程中,很容易陷入局部最优,无法得到全局最优解;而全局搜索法能够弥补局部搜索法的不足,但耗时较长。然而,不管是何种参数优化方法,首先都必须确定优化的目标函数。

4.3.1 目标函数与评价指标

参数优化的目的是提高模型的模拟精度。因此,通常参数优化的目标函数与模型评价的指标是相同的。水文模型模拟精度的评价指标常见的有纳西效率系数、确定性系数、水量误差、均方根误差等。为了较全面地比较模型,揭示流域产汇流机制,提高水文模拟精度,本书给出以下几种评价指标,同时也作为参数优化时备选的目标函数。

假设 Q_{OBS}^t 和 Q^t 分别代表河川径流的实测值(m^3/s)、模拟值(m^3/s);$\overline{Q}_{OBS}$ 和 $\overline{Q}$ 分别是河川径流量实测值(m^3/s)与模拟值的平均值(m^3/s);N 为样本数,则纳西效率系数(NSE)(Nash 和 Sutcliffe,1970)为

$$NSE = 1 - \frac{\sum_{i=1}^{N}(Q_{OBS}^t - Q^t)^2}{\sum_{i=1}^{N}(Q_{OBS}^t - \overline{Q}_{OBS})^2} \tag{4-22}$$

要求 $Q_{OBS}^t \neq \overline{Q}_{OBS}$。当 $Q_{OBS}^t = Q^t$ 时,NSE 为 1;若 NSE 接近 1,则表示模型模拟值越接近实测值,但如果 NSE 为负值,表明模型模拟值比直接使用测量值的算术平均值更不具有代表性。

$$NSE_{rel} = 1 - \frac{\sum_{i=1}^{N}\left(\dfrac{Q_{OBS}^t - Q^t}{Q_{OBS}^t}\right)^2}{\sum_{i=1}^{N}\left(\dfrac{Q_{OBS}^t - \overline{Q}_{OBS}}{\overline{Q}_{OBS}}\right)^2} \tag{4-23}$$

在径流模拟中,极大流量和极小流量具有同等重要的地位。为了降低极大流量的模拟误差对目标函数的影响,采用流量的相对误差形式来代替绝对误差计算模型纳西效率系数 NSE。

水量相对误差 WBE:是指整个研究系列的水量相对误差。高流量和断流的模拟误差对其结果影响较小。

$$WBE = \left| \frac{\sum_{i=1}^{N}Q^t - \sum_{i=1}^{N}Q_{OBS}^t}{\sum_{i=1}^{N}Q_{OBS}^t} \right| \tag{4-24}$$

确定性系数 R^2

$$R^2 = \frac{\left[\sum_{i=1}^{N}(Q^t - \overline{Q})(Q_{OBS}^t - \overline{Q}_{OBS})\right]^2}{\sum_{i=1}^{N}(Q^t - \overline{Q})^2 \sum_{i=1}^{N}(Q_{OBS}^t - \overline{Q}_{OBS})^2} \tag{4-25}$$

确定性系数 R^2 取值为 $0 \sim 1$。R^2 越接近 1,说明模拟值越接近真实值。流量系列中,极端流量的模拟误差对目标函数 R^2 的影响较大。

修正的确定性系数 wR^2:用斜率 b 对确定性系数 R^2 进行修正。

若 $b \leqslant 1$,则

$$wR^2 = |b| \cdot R^2 \tag{4-26a}$$

若 $b > 1$,则

$$wR^2 = |b|^{-1} \cdot R^2 \tag{4-26b}$$

一致性系数 Ia:Ia 取值范围为 $0 \sim 1$,Ia 越接近 1,说明观测值与实测值之间的拟合度越高。相比较而言,Ia 更适用于评价高流量的模拟效果。

$$Ia = 1 - \frac{\sum_{i=1}^{N}(Q^t - Q_{OBS}^t)^2}{\sum_{i=1}^{M}\left(|Q^t - \overline{Q}| - |Q_{OBS}^t - \overline{Q}_{OBS}|\right)^2} \tag{4-27}$$

均方根误差 $RMSE$:与 MAE 一样,值域大小对高流量较为敏感。

$$RMSE = \sqrt{\frac{\sum_{i=1}^{N}(Q_{OBS}^t - Q^t)^2}{N}} \tag{4-28}$$

平均相对误差 MRE:是径流模拟系列与实测系列相对误差之绝对值的平均值,是相对误差。

$$MRE = \frac{1}{N}\sum_{i=1}^{N}\frac{|Q_{OBS}^t - Q^t|}{Q_{OBS}^t} \tag{4-29}$$

4.3.2 参数自动优化方法

本节介绍了系统研发中集成的 3 种参数优化方法:SCE – UA 算法、粒子群算法和 Rosenbrock 算法。SCE – UA 算法和粒子群算法都属于全局优化方法,而 Rosenbrock 算法属于局部优化方法。SCE – UA 算法是目前水文模拟中应用较多的方法,方法的有效性得到了充分的证实。

4.3.2.1 SCE – UA 算法

SCE – UA 算法是一种全局优化算法,它集成了随机搜索算法、单纯形法、聚类分析法及生物竞争演化法等方法的优点,能有效处理目标函数反映面存在的粗糙、不敏感区及不凸起等问题,且不受局部最小点的干扰(Duan,1993,1994)。SCE – UA 算法的基本思路是将基于确定性复合型搜索技术和自然界中的生物竞争进化原理相结合,其关键部分为竞争的复合型进化算法(CCE)。在 CCE 中,每个复合型的顶点都是潜在的父辈,都有可能参与产生下一代群体的计算。每个子复合型的作用如同一对父辈。在构建过程中应用了随机方式选取子复合型,使得在可行域中的搜索更加彻底。SCE – UA 算法实现流程见图 4-5。

用 SCE – UA 算法求解最小化问题的具体步骤如下:

(1)算法初始化。假定解决 n 维优化问题,选取参与进化的复合型个数 $p(p \geq 1)$ 和每个复合型所包含的顶点数目 $m(m = n + 1)$,样本点数为:$s = pm$。

(2)产生样本点。在可行域内随机产生 s 个样本点 $x_1, x_2, \cdots, x_3$,分别计算每一个 x_i 的函数值 $f_i = f(x_i)$,$i = 1, 2, \cdots, s$。

(3)样本点排序。把 s 个样本点 (x_i, f_i) 按照函数值的升序排序,仍记为 (x_i, f_i),$i = 1, 2, \cdots, s$,其中 $f_1 \leqslant f_2 \leqslant \cdots \leqslant f_s$,记 $D = \{(x_i, f_i), i = 1, \cdots, s\}$。

(4)划分复合型群体。将 D 划分为 p 个复合型 $A^1, \cdots, A^p$,每个复合型含有 m 个顶点,其中 $A^k = \{(x_j^k, f_j^k) \mid x_j^k = x_{k+m(k-1)}, f_j^k = f_{j+m(k-1)}, j = 1, \cdots, m\}$,$k = 1, 2, \cdots, p$。

(5)复合型进化。根据复合型进化算法(CCE)分别进化每个复合型。

(6)复合型混合。进化后的每个复合型所有顶点组合成新点集,再次按照函数值的升序排序,新集合仍记为 D。

(7)收敛性判断。如果满足收敛性条件则停止,否则回到第(4)步。

4.3.2.2 粒子群算法

粒子群算法最早是由 Kennedy 和 Eberhart 于 1995 年提出的,是一种基于种群寻优的启发式搜索算法。粒子群算法的基本概念源于对鸟群群体运动行为的研究。粒子群优化

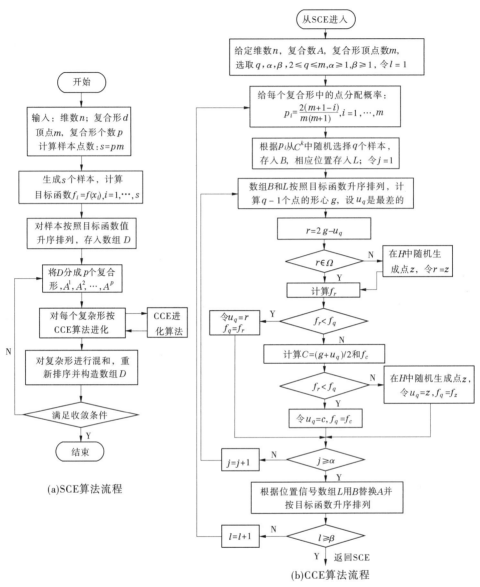

图 4-5　SCE – UA 算法实现流程（Duan，1993）

算法是基于对鸟群、鱼群的模拟，最初是处理连续优化问题，目前其应用已扩展到组合优化问题。由于其具有简单、有效的特点，粒子群算法已经得到了众多学者的重视和研究。

　　粒子群算法求解优化问题时，问题的解对应于搜索空间中一只鸟的位置，称这些鸟为"粒子"（Particle）或"主体"（Agent）。粒子群算法采用速度 – 位置搜索模型。每个粒子代表解空间的一个候选解，解的优劣程度由适应度函数决定，而适应度函数是根据优化目标来定义的。每个粒子都有自己的位置和速度（分别决定飞行的方向和距离），还有一个由被优化函数决定的适应值。各个粒子记忆、追随当前的最优粒子，在解空间中搜索。假设在一个 N 维目标搜索空间中，$X_i = (x_{i1}, x_{i2}, \cdots, x_{iN})$ 代表第 i 个粒子在 N 空间的位置；飞

行速度 $V_i = (V_{i1}, V_{i2}, \cdots, V_{iN})$ 决定第 i 个粒子在解空间搜索时的位移。令 PSO 初始化为一群随机粒子(随机解),在每一次迭代中,粒子通过跟踪两个"极值"来更新自己:第一个就是粒子本身所找到的最好解,叫作个体极值点(用 P_{ibest} 表示其位置),另一个极值点是整个种群目前找到的最好解,称为全局极值点(用 G_{best} 表示其位置),找到极值后,根据下面的 2 个公式来更新自己:

$$V_i^{k+1} = \overline{\omega} V_i^k + c_1 \mathrm{rand}(\ ) \times (P_{ibest}^k - X_i^k) + c_2 \mathrm{rand}(\ ) \times (G_{best}^k - X_i^k) \qquad (4\text{-}30)$$

$$X_i^{k+1} = X_i^k + V_i^{k+1} \qquad (4\text{-}31)$$

式中: $i = 1, 2, \cdots, M, M$ 为群体规模; $\overline{\omega}$ 为惯性权重; c_1、c_2 为学习常数,分别调节向全局最好粒子和个体最好粒子方向飞行的最大步长,通常 $c_1 = c_2 = 2$; $\mathrm{rand}(\ )$ 为在 $[0,1]$ 区间均匀分布的随机数。

式(4-30)由三部分组成,第一部分是粒子先前的速度,表示粒子对当前自身运行状态的信任,具有平衡全局和局部搜索的能力;第二部分为"认知"部分,表示粒子本身的思考,使粒子有了足够强的全局搜索能力,避免局部极小;第三部分为"社会"部分,体现了粒子间的信息共享与相互合作,使得粒子群算法能迅速找到最优解。为了防止粒子远离搜索空间,要求粒子的飞行速度 $|V_i^k| \leqslant V_{\max}$。$V_{\max}$ 是常数,自由设定。$V_{\max}$ 的大小决定了搜索的精度,$V_{\max}$ 过大,可以保证粒子种群的全局搜索能力;$V_{\max}$ 较小,则粒子种群的局部搜索能力加强。粒子自身位置的调整是通过将当前位置向量与更新后的速度向量进行叠加来实现的,该运算是一种数值关系的叠加。粒子的运行速度增量与其历史飞行经验和群体飞行经验相关,并受最大飞行速度的限制。粒子群算法的计算流程如下:

(1)初始化粒子群,包括群体的规模 M,迭代次数 k,每个粒子的位置 X 和速度 V,置 $t = 1$。

(2)计算每一个粒子的适应度值,找出每个该粒子的个体极值 P_{ibest} 和粒子群的全局极值 G_{best}。

(3)更新粒子,用式(4-30)和式(4-31)对每一个粒子的速度和位置进行更新。

检验是否满足收敛条件,如果当前的迭代次数达到了预先设定的最大次数(或达到最小误差要求),则停止迭代,输出最优解,否则转到第(2)步。

4.3.2.3 Rosenbrock **算法**

Rosenbrock 算法由 Rosenbrock 于 1960 年提出,是一种直接的非线性规划方法,它只需要计算和比较函数值,并且迭代步骤比较简单,对目标函数的解析性质没有苛刻要求,甚至函数可以不连续。由于流域水文模型参数的优化具有多参数同时优化、目标函数难以用模型参数表达和不可能通过目标函数对参数求导而求解最优值等特点,所以 Rosenbrock 算法在水文预报参数优选中得到了广泛的应用。该法是一种迭代寻优过程,它把各搜索方向排成一个正交系统,完成一个坐标搜索循环之后进行改善,当所有坐标轴搜索完毕并求得最小的目标函数值时迭代结束。

Rosenbrock 算法是轮流按坐标轴方向 $e_1, e_2, \cdots, e_n$ 进行搜索寻优,每次搜索只改变一个变量,保持其他变量为常数,$\lambda_1, \lambda_2, \cdots, \lambda_n$ 分别为 $e_1, e_2, \cdots, e_n$ 方向的搜索步长。这里 e_j 表示第 j 个分量为 1,其余 $n - 1$ 个分量均为零的向量,即

$$\begin{cases} e_1 = (1,0,0,0,\cdots,0,0)^{\mathrm{T}} \\ e_2 = (0,1,0,0,\cdots,0,0)^{\mathrm{T}} \\ e_3 = (0,0,1,0,\cdots,0,0)^{\mathrm{T}} \\ e_4 = (0,0,0,1,\cdots,0,0)^{\mathrm{T}} \\ \qquad\qquad\vdots \\ e_{n-1} = (0,0,0,0,\cdots,1,0)^{\mathrm{T}} \\ e_n = (0,0,0,0,\cdots,0,1)^{\mathrm{T}} \end{cases}$$

设起始点为 $X^{(0)}$，由该点在第一个坐标轴方向 e_1 寻求极小值，得到 T_1 点，即按照一维搜索：

$$\min f(X^{(0)} + \lambda e_1) = f(X^{(0)} + \lambda_1 e_1) \tag{4-32}$$

$$T_1 = X^{(0)} + \lambda_1 e_1 \tag{4-33}$$

然后以 T_1 为起点，在第二个坐标轴方向 e_2 寻求极小值，得到点 T_2，即

$$\min f(T_1 + \lambda e_2) = f(T_1 + \lambda_2 e_2) \tag{4-34}$$

$$T_2 = T_1 + \lambda_2 e_2 \tag{4-35}$$

依次持续进行，直到在第 n 个坐标轴方向 e_n 寻求极小值，得到点 T_n，即

$$\min f(T_{n-1} + \lambda e_n) = f(T_{n-1} + \lambda_n e_n) \tag{4-36}$$

$$T_n = T_{n-1} + \lambda_n e_n \tag{4-37}$$

令 $X^{(1)} = T_n$，若 $X^{(1)}$ 与 $X^{(0)}$ 之差小于允许偏差 $\varepsilon(\varepsilon > 0)$，即 $\| X^{(1)} - X^{(0)} \| < \varepsilon$，则停止迭代，得到 $X^* = X^{(1)}$；否则，再以 $X^{(1)}$ 为新出发点，重复上述过程。

4.4 降雨径流过程集总式模拟

流域水文模型是对流域实际水文循环过程的抽象和数学表现，它可将有限观测点的水文观测资料拓展到整个流域，从而认识整个流域的水循环过程与机制。应用水文模型，通过数学模拟可有效地反映流域水文循环的基本规律，并据以揭示流域水文循环对气候变化以及人类活动的响应机制。集总式水文模型是根据流域长期水文观测资料建立的概念性模型，是对该流域地形、土壤、植被等众多要素及其空间特征对水文影响的概括和平均，是流域水文特性的一个综合反映，具有一定的物理基础。为了更好地研究清涧河流域的水循环规律，本书首先进行集总式的水文过程模拟，以期为后续的研究奠定基础。

4.4.1 模型的率定与验证

为了认识清涧河流域的水循环规律，分别应用 3 种不同的模式模拟其水文过程。首先，依据现有的水文气象历史观测资料，即清涧河流域及周边一共 28 个雨量站实测日降水系列、清涧河周边 3 个气象站(延安站、绥德站和横山站)依据 Penman-Monteith 公式即式(4-20)计算出来的日潜在蒸散发系列，取其面积加权平均值作为模型的总输入，模拟了清涧河流域 2000 年以来的日水文过程。其中 2000 ~ 2005 年作为模型的率定期，2006 ~ 2007 年作为模型的验证期。由于 2002 年清涧河流域发生了 100 年一遇的特大洪水，为

延川断面自建站以来的第二大历史洪水、子长断面的历史特大洪水,其发生、发展机制异常特殊,且其与其他年份在水量数量级上的差异容易导致模型优化时该年份的模拟误差在目标函数中的比重过高,因此本次模拟计算 2002 年的洪水过程另行考虑。

表 4-3 给出了三种模式的模拟效果。从上游地区来看,就模型的拟合度而言,三种模式的纳西效率系数 NSE 在率定期与验证期分别为 $0.226 \sim 0.339$、$-0.113 \sim 0.409$,相对纳西效率系数 NSE_{rel} 率定期与验证期分别为 $0.513 \sim 0.997$、$-0.939 \sim 0.984$,模型确定性系数 R^2 率定期与验证期分别为 $0.337 \sim 0.342$、$0.187 \sim 0.417$,修正的确定性系数 wR^2 率定期与验证期分别为 $0.120 \sim 0.147$、$0.156 \sim 0.170$,一致性系数 Ia 则分别为 0.70、0.73 左右;而从水量误差上来看,水量误差 WBE 变化较大,率定期和验证期分别为 $0.084 \sim 0.709$、$0.041 \sim 0.673$,均方根误差 $RMSE$ 在率定期与验证期分别为 0.2、0.3,而 MRE 则分别为 $0.830 \sim 1.152$、$0.962 \sim 1.704$。从下游延川断面来看,模型的拟合度 NSE 率定期为 $0.307 \sim 0.389$,验证期 NSE 则变化较大(为 $-2.577 \sim 0.527$),NSE_{rel} 率定期与验证期分别为 $0.329 \sim 0.992$、$0.668 \sim 0.988$,确定性系数 R^2 率定期在 0.39 左右、验证期为 $0.122 \sim 0.543$,修正后确定性系数 wR^2 率定期与验证期分别为 $0.079 \sim 0.15$、$0.085 \sim 0.272$,一致性系数 Ia 率定期与验证期则分别为 $0.608 \sim 0.713$、$0.441 \sim 0.814$;水量误差 WBE 变化较大,率定期与验证期分别为 $0.029 \sim 0.651$、$0.052 \sim 0.602$;均方根误差 $RMSE$ 率定期小于验证期,分别为 0.145 左右、$0.145 \sim 0.403$;而 MRE 率定期与验证期则分别为 $0.962 \sim 1.704$、

表 4-3 不同模式的模拟效果对比

评价指标		子长断面(上游)			延川断面(下游)		
		模式一	模式二	模式三	模式一	模式二	模式三
率定期 (2000~ 2005 年)	NSE	0.327	0.339	0.266	0.373	0.389	0.307
	NSE_{rel}	0.682	0.513	0.997	0.411	0.329	0.992
	WBE	0.296	0.084	0.709	0.238	0.079	0.651
	R^2	0.337	0.340	0.342	0.382	0.390	0.378
	wR^2	0.122	0.120	0.147	0.156	0.158	0.170
	Ia	0.685	0.687	0.710	0.725	0.728	0.730
	$RMSE$	0.213	0.211	0.222	0.145	0.143	0.153
	MRE	1.152	0.830	0.944	1.149	0.813	0.930
验证期 (2006~ 2007 年)	NSE	-0.113	0.409	0.308	-2.577	0.537	0.289
	NSE_{rel}	-0.466	-0.530	0.984	0.668	0.885	0.988
	WBE	0.052	0.041	0.673	0.052	0.120	0.602
	R^2	0.187	0.417	0.382	0.122	0.543	0.362
	wR^2	0.079	0.150	0.100	0.085	0.272	0.153
	Ia	0.608	0.713	0.611	0.441	0.814	0.711
	$RMSE$	0.329	0.240	0.260	0.403	0.145	0.180
	MRE	1.704	1.352	0.962	0.982	0.530	0.894

0.530～0.982。比较而言,从时间上来看,无论是上游断面还是下游断面,从模型的拟合度乃至水量误差来说,验证期模型的模拟效果均好于率定期;从空间上看,下游断面的模拟效果要优于上游断面。

图 4-6 和图 4-7 分别给出了清涧河上、下游断面的水文模拟结果,可以看出,清涧河河川径流过程陡涨陡落,而且水量主要集中在汛期,年内变差较大。从趋势上看模拟值与实测值之间具有较好的一致性,但数值上二者之间还是存在一定的差异,尤其是在汛期 6～9 月,通常计算值都小于实测值。这除与模型结构有关外,降雨资料的不足、气象资料的缺失等输入资料的限制也是一个重要的原因。另外,人类活动(例如开矿、退耕还林、修建水库、大坝等)在一定程度上改变了流域的水循环路径,而在模型中未考虑这些因素的影响。比较而言,无论上游断面还是下游断面,两个时期(率定期和验证期)的水文模拟效果均呈现出不同程度的差异,这说明 2005 年以后流域的下垫面情况有所改变,导致流域的水文过程也发生了相应的变化,应采用两组不同的参数描绘流域的特征,以更好地模拟这两个时期的水文过程。

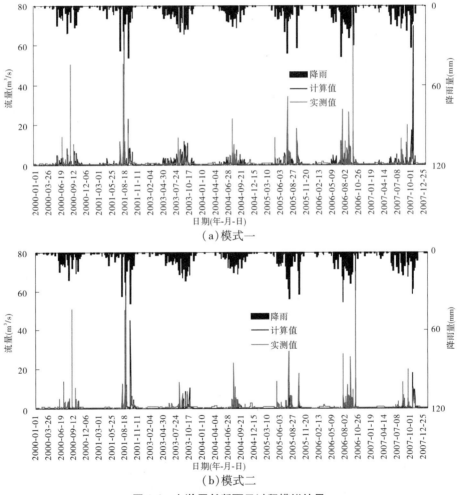

图 4-6　上游子长断面日过程模拟结果

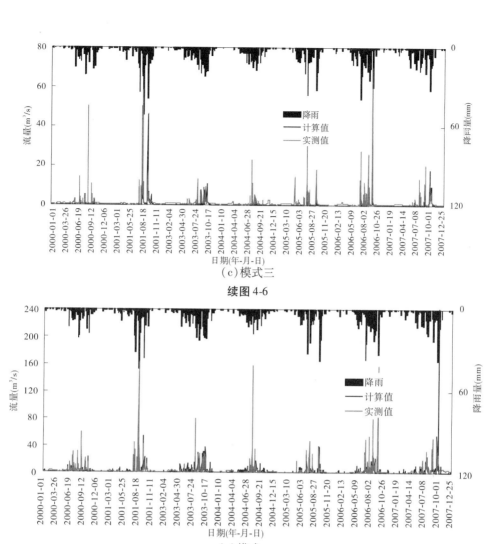

（c）模式三

续图 4-6

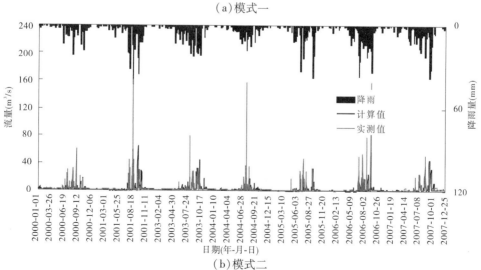

（a）模式一

（b）模式二

图 4-7　下游延川断面日过程模拟结果

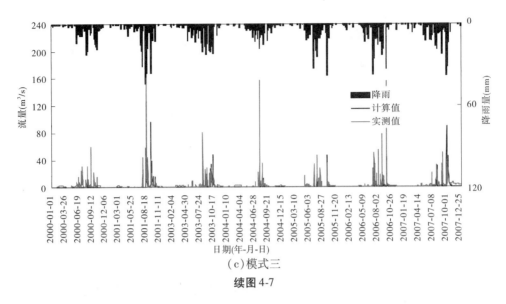

（c）模式三

续图 4-7

4.4.2 水文模型参数的时空分布

在水文模型中,模型参数通常取决于下垫面条件(例如地形、土壤、植被等)。下垫面条件不同,模型参数也可能存在差异,并决定着降雨—径流响应关系的差别。一般而言,模型参数是较为稳定且相对不变的常量。但是,由于水文系统的非稳定性,即系统响应行为在不同的状态(干季或湿季)下有所不同。分析水文模型参数的时空分布有助于认识降雨径流过程的空间差异及其非稳定性。

为了认识清涧河流域模型参数的时空分布规律,本书以模型一为基础,采用粒子群优化算法(PSO),分析了 1991 ~ 2007 年流域不同区域、不同时段模型参数的分布规律。图 4-8 给出了清涧河流域不同区段水文模型参数的年内分布规律。由图 4-8 可以看出,无论是上游地区还是下游地区,模型的 7 个参数都有明显的季节差异,其中尤其以最大土壤含水量(S_{max})、壤中流系数(K_i)、蒸发系数(K_e)和地下径流出流系数(K_g)变化最大。在汛期(6 ~ 9 月)最大土壤含水量(S_{max})较其他季节小,而 K_i、K_e、K_g 等参数较其他季节大。从空间上看,流域上游与下游的水文参数在 10 月至次年 1 月较为接近,其他季节则区别明显,反映了不同下垫面特征对流域水文过程的影响。流域水文参数的年内差异规律反映了水文系统的非稳态特性,客观上要求我们适时改变模型参数,以提高水文预报的精度。

表 4-4 给出了丰、枯、平不同年型水文参数的差异。可以看出,在 7 个水文模型参数中,不论是上游还是下游,地下水出流系数(K_g)和最大土壤含水量(S_{max})均随湿润程度的增加而增加;而壤中流系数(K_i)和地下水补给系数(K_r)则因湿润程度的增加而减少。空间上看,上游的 S_{max} 和 K_g 大于下游,而 K_i 和 K_g 则小于下游。

4.4.3 不同水文模式比较

表 4-3 给出了不同产流模式下清涧河流域水文过程模拟效果对比。对于上游地区子长断面,率定期从纳西效率系数 *NSE*、水量误差 *WBE*、均方根误差 *RMSE* 以及 *MRE* 来说,

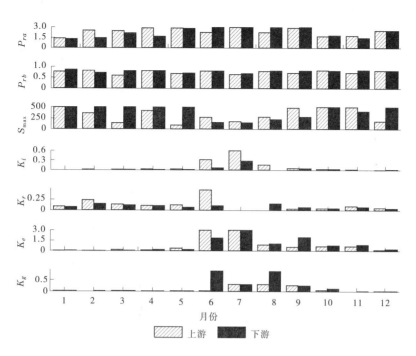

图 4-8　清涧河流域水文模型参数的年内差异

表 4-4　不同年型水文模型参数值的差异

类型		P_{ra}	P_{rb}	S_{max}	K_i	K_r	K_e	K_g
上游	枯水年($P>75\%$)	1.00	1.00	0.52	0.07	0.23	0.20	0.27
	平水年($P=50\%$)	1.00	1.00	1.00	0.04	0.11	0.20	0.30
	丰水年($P<25\%$)	1.00	0.88	1.00	0.00	0.08	0.20	0.39
下游	枯水年($P>75\%$)	1.00	1.00	0.48	0.08	0.27	0.21	0.24
	平水年($P=50\%$)	1.00	1.00	1.00	0.03	0.12	0.23	0.30
	丰水年($P<25\%$)	1.00	0.75	1.00	0.00	0.09	0.20	0.32

注:参数为归一化后的值,率定期为 1991~2007 年。

模式二的计算效果最好,然而从相对纳西效率系数 NSE_{rel}、确定性系数 R^2、wR^2、一致性系数 Ia 均属模式三的模拟效果最好;而验证期 2006~2007 年,NSE_{rel} 和 MRE 显示模式三的计算效果最好,其他 6 个指标则一致表明,模式二的计算效果最好。下游出口控制断面延川,在率定期,相对 NSE_{rel} 属模式二最小,模式三最大,其余 7 个指标无论是从模拟的拟合度来看,还是从水量误差来看,均表明模式二的计算效果最好,其次为模式三;在验证期,纳西效率系数 NSE、确定性系数 R^2、修正的确定性系数 wR^2 和一致性系数 Ia 均表明模式二模拟效果最好,其次为模式三,水量误差 $RMSE$ 和 MRE 均属模式二最小,其次为模式三,这更进一步说明了在验证期,最适合延川断面的水文过程模拟的属模式二,其次为模式三。进一步对比研究发现,无论上游还是下游,模式二的模拟效果更优,这更加表明了模式二适合于清涧河流域的日水文过程模拟,能较好地再现清涧河流域的日径流过程。

再从水文模式本身来看,水文模型结构越复杂,参数越多,对输入资料的要求越严格,然而模拟结果未必更好,而且参数过多往往会造成水文模拟结果的不确定性也会更大。本书中模式一、模式二均有7个参数,模式三仅有4个参数待率定,对资料的要求相对较少,通常容易满足其对输入数据的要求。另外,不同模式模拟结果的对比显示,模式三的模拟效果较模式二稍差。清涧河流域的水文气象资料非常有限,自然地理信息空间分辨率也较粗,基于此,后续的清涧河流域降雨径流的分布式模拟以及次洪的模拟均采用模式三。

4.5 降雨径流过程分布式模拟

集总式水文模型虽然在产流上具有一定的物理意义,但由于没有考虑降雨的空间分布以及流域下垫面的空间不均匀性对产流的影响,因而它只是对流域水文过程的一个综合反映。分布式水文模型可以根据流域特征的空间分异性将流域划分成若干个水文单元,有助于了解流域水文循环的空间分异规律,为深入认识流域水文循环过程及其对气候变化和人类活动的响应提供重要的技术支撑。

遥感(RS)是当代十分重要的信息源,地理信息系统(GIS)是综合处理和分析空间数据的技术。将地理信息系统 GIS、遥感技术 RS 与水文模型相结合,充分利用 GIS 在数据管理、空间分析及可视性等方面的性能,是分布式水文模拟的关键技术。通过遥感技术可以获取许多与下垫面相关的信息,也可测定估算蒸散发、土壤含水量和可能成为降雨的云中水汽含量,这些信息在确定产汇流特性或模型参数时是十分有用的。将遥感影像进行处理转化为图形后,运用 GIS 的空间处理能力,提取流域下垫面信息等,为分布式流域水文模型建模与参数率定提供数据支持。本节立足于实测水文气象资料,基于 GIS 水文分析技术和遥感技术 RS,构建清涧河流域分布式水文模型,为分析清涧河流域产汇流过程的空间变化规律提供技术支持。

4.5.1 基于数字高程模型(DEM)的流域水文分析

DEM 是描述地面高程值空间分布的一组有序数组,能够反映一定分辨率的局部地形特征,为准确而高效地提取研究区域的地形特征及水系分布提供了保证。流域地表特征的提取,是建立在 DEM 的基础上,通过数字地形分析技术,勾画出流域河网、流域及子流域边界,实现对流域水文要素的提取,获取流域地表特征和流域数字河网的分布,从而为分布式水文模型提供重要的输入信息和重要的参数。基于 DEM 的数字地形分析,目前应用最广泛的算法仍然是 1984 年 O'Callaghan 和 Mark 提出的坡面径流模拟算法,该算法又称水流累积算法,其基础是栅格间水流流向的判别,核心是计算每个栅格点上游汇流区的面积即汇流累积值。

目前,基于 DEM 提取流域特征有多种成熟的软件可用,常用的软件有 ArcGIS、GRASS、River Tools、TOPAZ 和 WMS 等。Arc Hydro Tools 是基于 ArcGIS 和 Arc Hydro 数据模型开发的一套用于支持地表水资源应用研究的工具集。Arc Hydro Tools 包含三个核心功能模块:基于 DEM 的数字流域描述、水系网络的构建、属性数据管理和网络追踪统计分析。DEM 分为三种类型:规则格网型、等高线型和不规则格网型。其中,栅格 DEM 很容易利用计算机进行处理,因此成为使用最广泛的格式。本书中使用规则格网型的 DEM,分辨率为 30 m×30 m。在 Arc Hydro Tools 的帮助下,采用坡面径流模拟算法,分析清涧河流域地表特征(例如坡度、坡向、地形指数等),自动提取清涧河河网水系,在 DEM 表面上再现水流的流动过程。

4.5.1.1　流域地形特征的提取

地形特征是最基本的自然地理要素,制约着地表物质和能量的再分配,影响着土壤与植被的形成和发育过程,影响着土地利用的方式和水土流失的强度,也影响着城市规划中工农业布局的各个方面。通过对研究区清涧河流域的地形分析,提取其坡度、坡向、地表粗糙度、剖面曲率、地形指数等下垫面特征,对流域内的水流方向和汇流能力有了初步的认识,为后续的水文分析提供了参考依据,为分布式水文模拟提供了重要的输入参数。

采用坡面拟合的方法计算某点的坡度、坡向、地形指数、粗糙度,计算公式如下:

$$\beta = \arctan\sqrt{S_x^2 + S_y^2} \tag{4-38}$$

$$A_{aspect} = \arctan(S_y/S_x) \tag{4-39}$$

$$Cti = \ln(A_s/\tan\beta) \tag{4-40}$$

$$C_{cur} = S_{曲面} / S_{水平} \tag{4-41}$$

式中:β、A_{aspect} 分别为坡度、坡向;Cti 为植被指数;C_{cur} 为地表粗糙度;S_x、S_y 分别为 x、y 方向的坡度;A_s 为单位汇水面积;$S_{曲面}$ 为地表单元的曲面面积;$S_{水平}$ 为地表单元的水平投影面积。

坡度、坡向、地表粗糙度、剖面曲率、地形指数等地形因子,反映了流域的地形结构、地表形态,在水文研究中具有重要的意义。

清涧河流域位于黄土沟壑区,地势上西北高、东南低,由西北向东南倾斜,流域山地居多,起伏不平,山大沟深,地面高程 524 ~ 1 618 m,地表坡度达到 73.7°,平均坡度在 16°左右,全流域 44.4% 的面积其坡度超过 30°,坡向多朝南,而地表坡度的变化率即剖面曲率高达 54.8,平均为 10.58,地表粗糙度为 1 ~ 3.56,平均为 1.06;反映流域产流面积的地形指数为 4.72 ~ 30.91,平均为 11.03(见图 4-9)。这些地形指标更进一步说明了清涧河流域地形变化大,流域的产汇流过程复杂。

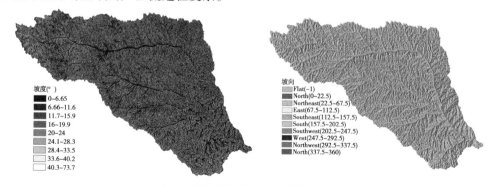

图 4-9　清涧河流域地表特征的空间分布

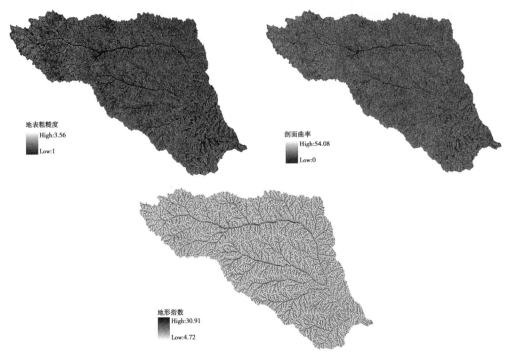

续图 4-9

4.5.1.2 流域水系特征的提取

数字水系的提取,是进行流域空间离散的基础。河网水系特征反映了流域的拓扑关系,是进行洪水演化计算的重要输入。基于 Arc Hydro Tools 自动提取流域水系特征包括以下四个流程:DEM 的预处理、水流流向的确定、汇流栅格图的生成、自动生成河网,如图 4-10所示。

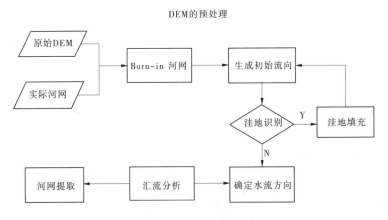

图 4-10 Arc Hydro Tools 提取水系流程

1. DEM 预处理

DEM 的预处理包括"Burn-in"主干河网和填平洼地。"Burn-in"主干河网是为了使自动提取的河网与实际河网相吻合,而人为地将河道所在网格的高程值降低一定数值,把实际河网信息融入到 DEM 中。

通常,原始的 DEM 会有很多洼地和尖峰。计算水流方向时,这些洼地或尖峰会阻碍水流的运动,使其不能流出洼地,造成提取的河网不连续,与实际水系产生很大的误差甚至不能计算出合理的结果。填平洼地就是将 DEM 中的所有洼地填平,使之成为一个具有"水文学意义"的 DEM,从而保证提取的河网是连续的。Arc Hydro Tools 用 FILL 命令来填洼,首先扫描整个流域 DEM 找出洼地,然后将洼地网格点的高程值设为其相邻点的最小高程值,之后继续搜索迭代,直到所有的洼地均被填平。

必须指出的是,DEM 预处理过程不是必须的。如果 DEM 精度足够高,可以跳过这一过程。

2. 确定水流方向

水流方向是指水流离开网格时的流向,它决定着地表径流的方向及网格单元间流量的分配,是基于 DEM 的分布式水文模型中的一个十分关键的问题。

水流方向的计算方法分为单流向算法和多流向算法,其中单流向算法有 D8、Rho8、DEMON;多流向算法有 FD8、FRho8 等。ArcGIS 采用 D8 方法计算水流方向,其算法原理是将被处理的格网点同其最邻近的 8 个网点之间的坡降进行比较,将坡降最大的方向定义为被处理格网点的水流方向,并且规定,一个格网点的水流方向只能用一个特征码表示。8 个方向分别赋予不同的代码,每个格网有一个 2^n ($n = 0, 1, \cdots, 7$)的属性值,代表它流向相邻格网的方向。属性值 1、2、4、8、16、32、64、128 分别代表东、东南、南、西南、西、西北、北、东北等 8 个方向。格网方向编码示意图与其相应的水流流向见图 4-11,清涧河流域水流方向如图 4-12 所示。

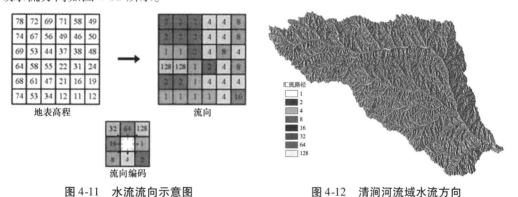

图 4-11　水流流向示意图　　　　图 4-12　清涧河流域水流方向

3. 水流累积量(集水面积)计算

集水面积是指水流汇入本栅格单元的上游所有栅格单元的面积总和。具体算法是,先假定每个栅格有且只有一个单位的水量可利用,初始化集水面积矩阵为 0,然后依次扫描水流流向矩阵,从流域的出口栅格单元开始向上游递归搜索,计算出每一栅格单元的上游集水面积,即得到水流累积矩阵,如图 4-13 所示。水流累积矩阵中的数值再乘以每个栅格单元对应的面积,就是最终的集水面积矩阵。图 4-14 是清涧河流域水流累积量(集水面积)示意图。

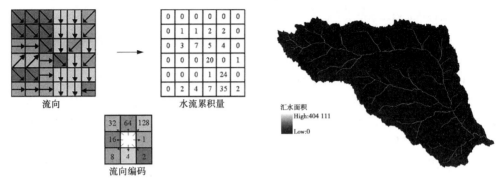

| 图 4-13 | 水流累积矩阵 | 图 4-14 | 清涧河集水面积示意图 |

4．河网提取

水流累积矩阵一旦建立,即可实现对流域河网的自动提取。集水面积阈值是支撑一条河道永久性存在所需要的最小集水面积,只有集水面积达到某一阈值,才能形成河网。从坡面径流的观点看,当汇流面积达到一定数值时,就会产生地表径流,那么所有汇流量大于临界数值的栅格单元就是潜在的水流路径,由这些水流路径构成的网络,就是河网,因此在提取河网前要先确定一个最小集水面积阈值。Arc Hydro Tools 正是基于这个概念来定义河网的,将集水面积栅格图上所有大于或等于最小集水面积阈值的栅格单元提取出来,即形成了河网。河网详细程度由给定最小集水面积阈值的大小决定。最小集水面积阈值越小,河网越密集,河网分级越多,划分的子流域就越多;最小集水面积阈值越大,河网越稀疏,河网分级越少,划分的子流域也就越少。实际运用中,最小集水面积阈值的确定要结合研究对象的需要,最小集水面积阈值越小,流域就会被划分成较多的子流域。如图 4-15 是清涧河流域最小面积阈值为 100 时提取的河网,与实际河网具有较好的一致性。

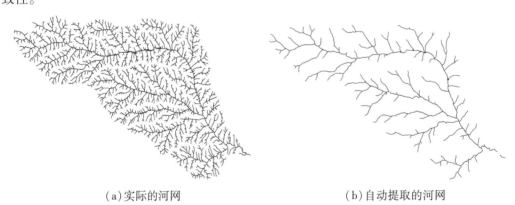

（a）实际的河网　　　　　　　　　　　　（b）自动提取的河网

图 4-15　清涧河流域数字河网

4.5.2　流域空间离散

一个流域可以看作是由无限多个点组成的系统。在每一个点上,下渗、蒸散发和径流组成了水量平衡的各个通量。流域空间离散的目的是反映水文要素的空间差异,为分布式水文模型提供每一个相对均一的"点"上的水文输入和参数以进行水文过程模拟。如何对千变万化的水循环过程的空间形态进行概化,并以适当的方式体现在模型中,是建立分布式水文模型的重要基础。不同的流域空间离散方法通常对应着不同的模型结构。流域的空间离散通常应考虑以下三个方面的问题,即水文单元的大小、形状及单元之间的空间拓扑关系。

流域空间离散本质上是对流域空间的一种概化,即用相对均一的"点阵"来表征流域的空间异质性。在进行流域空间离散的时候,首先要考虑的问题是应该在多大的尺度上来反映流域的空间异质性,或者说什么样的分辨率可以充分反映流域水文输入和参数的空间异质性。当空间异质性表现强烈时,需要更高的分辨率;而当水文参数或输入在空间上变化不大时,那么任何的分辨率都是可以考虑的。根据流域大小的不同,对于某个水文过程,准确反映空间异质性的数据分辨率可以是几十米也可以是几百米。对于很大的流域,分辨率可能更粗。

水文输入和参数的分辨率也直接影响水文模拟的结果。理论上讲,分辨率越高,流域的空间异质性就越能得到充分的体现,水文模拟的精度可能越高。但是,从另一个角度看,分辨率越高,模型所需的数据量就越大,计算所消耗的存储空间也越大,耗时更长。更为重要的是,过高的分辨率可能并不适用于一些大尺度的模型,或者说大尺度模型赖以建立的理论基础,在微观的尺度上可能并不合理。因此,概括地讲,流域空间离散时对水文单元空间分辨率的确定除考虑模拟的精度外,还必须综合考虑模型面向水文过程的尺度、数据的可获得性以及计算量等方面的问题。

在流域的空间离散中,水文单元可以是规则的(例如网格),也可以是不规则的(例如子流域)。水文单元之间可以是有严格的空间拓扑关系,也可以是相对概化的空间关系。从当前的研究情况看,较常用的有网格(Grid)、山坡(Hillslope)或子流域(Subwatershed)等几种划分方法。此外,流域空间离散还有水文响应单元 HRU(Hydrological Response Unit)、分组响应单元 GRU(Grouped Response Unit)、聚集模拟单元 ASA(Aggregated Simulation Area)和水文相似单元 HSU(Hydrological Similar Unit)等方式。

4.5.2.1　基于网格的流域空间离散方式

视研究区的不同,该方法可分为两类:一类是对于较小的试验场或小流域(例如几百平方千米以内),直接用 DEM 网格划分。每个网格的大小一般为 30 m × 30 m、50 m × 50 m 等。这种做法在一些分布式水文物理模型(例如 SHE 模型)中比较流行。另一类是针对几十万到几百万平方千米的大流域,通常将研究区划分为 1 km × 1 km(见图4-16)或更大的网格(1° × 1°)。每个网格根据模型精度要求,又可分为第二级更小的网格。

4.5.2.2　基于子流域的空间离散方式

子流域的划分是根据流域内的地形特征、水流方向、水系特征,按分水线的形状对流域进行空间离散(见图4-17)。在每一个子流域内部有相应的河道,这个河道可能是流域的支流,也可能是流域干流的一部分。基于子流域的空间离散方法,各个子流域之间有清晰的空间拓扑关系,这种拓扑关系由流域的河网结构得以充分表现。

必须指出,流域空间离散的方式与模拟的目的和侧重点关系密切,不同的水文单元划分形式有不同的优点和适用领域。例如基于山坡的划分方法,可以在每个矩形坡面上,根据山坡水文学原理建立单元水文模型,进行坡面产汇流计算,然后进行河网汇流演算。这

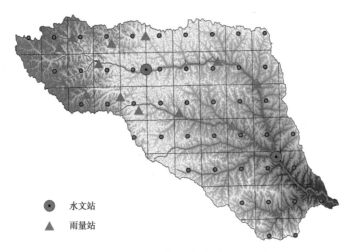

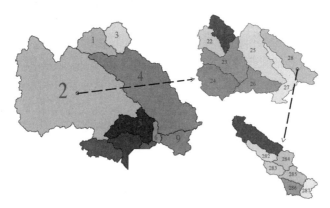

水文站

雨量站

图 4-16　基于网格的流域划分示意图

图 4-17　基于自然子流域的流域划分示意图

种划分方式在研究较小尺度上的降雨径流过程中有重要的应用。而基于网格的流域离散方式一个最为突出的优点在于可以方便地把分布式水文模型和同样基于网格的 GCM 模型相耦合,用于研究气候变化对水文过程的影响及其反馈作用。把子流域作为分布式水文模型的计算单元,最大好处是单元之间的水文过程十分清晰,而且单元水文模型很容易引进传统水文模型,从而缩短模型开发时间。

流域空间离散不仅可以是上述各种方式中的一种,也可以是几种不同离散方式的组合。也就是说,一个流域可以首先按某种方式离散为一级水文单元,在每一个一级水文单元下还可能嵌套某种形式的次一级单元划分以反映水文变量和参数的空间分异性对所研究尺度的水文过程的影响。例如在 SWAT 模型中,在子流域离散的基础上,每个子流域内部又划分为若干水文响应单元。

4.5.2.3　清涧河流域的空间离散

结合清涧河流域水文气象站点的分布、自然地理信息的空间分辨率,以及计算机的运行要求,采用两种方式对清涧河流域进行空间离散:一种是按照网格大小(1 km × 1 km)将流域离散成 116 行 × 88 列一共 4 069 个网格单元(见图 4-16),另一种是依据下垫面地形特征、水流方向及河网水系特征,在 Arc Hydro Tools 模块帮助下将流域离散成 27 个自然子流域(见图 4-18)。这两种离散都具有一定的物理基础和合理性,为分布式水文模拟提供了坚实的基础。

分布式水文模型为了充分考虑流域下垫面空间分布的不均匀性,而将整个流域在水平方向上进行空间离散,用离散的数据分布形式给出下垫面因子的空间分布特征。而这些离散单元之间的连接问题(即拓扑关系)反映了水流的运动方向,即洪水的汇流演算顺序。根据拓扑关系,只有计算得到了上游单元的出流,才能计算下游单元的洪水过程。流域拓扑关系是分布式水文模拟中非常重要的一环,也是数字水系生成中最复杂和最关键的一步。一旦流域拓扑关系确定,流域的洪水演算顺序也就确定了。如图 4-19 所示为在数字河网基础上生成的单元流域的河网结构图和各子流域间的拓扑关系图。据此建立了子流域之间的水平联系和全流域的汇流结构,可以按此结构进行清涧河流域的河道汇流演算。

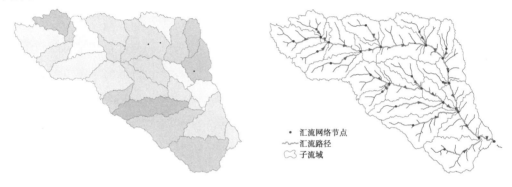

图 4-18 清涧河子流域分布   图 4-19 清涧河子流域拓扑关系

表 4-5 给出了清涧河延川断面以上区域 25 个子流域的拓扑信息,例如优先计算顺序、面积、周长、最低/最高/平均高程、高程差、河长、平均坡降,可以看出,每个子流域的形状,地形特征等都不相同。表 4-6 给出了每个子流域的土地利用信息,每个子流域都以耕地面积最多,其次是林地、草地。这些基本信息为分布式水文模拟提供了重要的输入基础数据和参数。

表 4-5 子流域信息

编号	起始点	终止点	周长（km）	面积（km²）	最低高程（mm）	最高高程（mm）	高差（mm）	平均高程（mm）	坡度（°）	河长（km）
1	1	8	84.2	180.43	988	1 384	396	1 189.98	15.600	13.20
2	2	4	75.0	117.36	1 133	1 564	431	1 338.93	16.303	4.70
3	3	7	81.2	110.12	914	1 308	394	1 114.87	15.162	7.52
4	5	4	105.4	225.10	1 137	1 618	481	1 368.53	17.419	15.24
5	4	6	36.4	28.46	1 112	1 422	310	1 260.79	16.523	4.71

编号	起始点	终止点	周长（km）	面积（km²）	最低高程（mm）	最高高程（mm）	高差（mm）	平均高程（mm）	坡度（°）	河长（km）
6	10	6	71.8	117.93	1 116	1 535	419	1 338.31	16.752	7.44
7	6	11	96.2	176.02	1 038	1 424	386	1 231.44	16.485	17.36
8	8	7	118.8	291.13	906	1 306	400	1 098.40	15.686	24.22
9	7	12	83.4	155.16	860	1 251	391	1 054.99	15.329	11.15
10	11	8	61.4	78.08	991	1 334	343	1 137.87	15.246	11.00
11	9	12	63.2	97.30	887	1 246	359	1 075.15	15.379	5.17
12	13	11	100.2	217.54	1 041	1 527	486	1 276.93	16.274	17.33
13	12	17	82.2	160.08	806	1 205	399	1 019.23	15.791	13.04
14	15	19	80.8	145.37	877	1 267	390	1 063.54	16.353	7.89
15	16	17	64.2	87.03	824	1 216	392	1 030.87	16.588	3.12
16	14	18	96.6	213.48	944	1 391	447	1 150.11	16.160	11.09
17	17	23	63.2	104.19	744	1 164	420	960.12	15.489	13.32
18	20	18	63.2	91.16	955	1 362	407	1 148.55	16.026	5.51
19	18	19	101.2	173.51	874	1 287	413	1 049.08	16.325	17.97
20	19	21	54.4	83.24	806	1 172	366	981.33	16.173	13.58
21	22	21	124.2	233.24	788	1 332	544	1 063.18	16.314	26.04
22	21	23	30.0	24.68	763	1 074	311	919.61	15.125	7.95
23	23	24	8.2	2.57	752	997	245	849.97	15.062	1.91
24	24	25	44.6	39.52	738	1 161	423	976.95	15.853	1.22
25	26	24	134	299.68	766	1 289	523	1 043.74	16.699	25.74

表 4-6　2000 年土地利用空间分布情况　　　　　　　　　　（%）

子流域编号	耕地	林地	草地	水域	城镇用地
1	0.485 9	0.116 7	0.392 5	0.003 4	0.001 4
2	0.453 1	0.016 8	0.528 9	0	0.001 1
3	0.502 3	0.134 6	0.362 9	0	0
4	0.354 1	0.085 5	0.554 2	0.005 9	0.000 1
5	0.540 4	0.052 7	0.405 9	0	0.001 3
6	0.410 4	0.041 4	0.548 0	0	0.000 5
7	0.524 6	0.102 3	0.363 0	0	0.010 1

子流域编号	耕地	林地	草地	水域	城镇用地
8	0.417 9	0.127 3	0.451 6	0.000 7	0.002 5
9	0.473 1	0.177 4	0.349 2	0	0
10	0.494 6	0.142 8	0.358 0	0	0.004 8
11	0.458 6	0.126 2	0.414 0	0	0.001 2
12	0.470 1	0.118 4	0.408 7	0.001 8	0.000 7
13	0.342 8	0.198 7	0.451 4	0.000 4	0.006 7
14	0.352 0	0.090 8	0.555 6	0	0.001 6
15	0.365 8	0.188 8	0.444 7	0	0
16	0.499 7	0.135 0	0.357 8	0.004 9	0.002 4
17	0.384 8	0.128 9	0.484 6	0	0.001 6
18	0.521 8	0.273 6	0.192 1	0	0.001 2
19	0.441 0	0.163 3	0.388 3	0	0.007 0
20	0.388 9	0.167 9	0.441 7	0	0.001 1
21	0.498 3	0.189 0	0.310 3	0	0.002 5
22	0.442 0	0.170 6	0.388 0	0	0
23	0.472 6	0.002 1	0.526 6	0	0.000 8
24	0.413 7	0.127 0	0.457 1	0	0.002 4
25	0.466 9	0.085 4	0.443 2	0	0.004 2

4.5.3 基于 RS 信息的模型参数估算

分布式水文模拟需要大量的空间输入数据和参数,而常规的监测方法获取的信息有限,往往无法满足分布式水文模型建模的需要,必须借助一些更强有力的监测手段,获取更大范围或更高分辨率的数据。遥感是一种宏观的观测与信息处理技术,范围可遍布全球,具有周期短、信息量大和成本低的特点,是当代一种很重要的信息源。它可以提供土壤、植被、地质、地貌、地形、土地利用和水系水体等许多有关下垫面条件的信息,也可以测定估算蒸散发、土壤含水量和可能成为降雨的云中水汽含量。特别是栅格式的遥感数据与分布式流域水文模型的数据格式之间具有较好的一致性,给概念理解和使用都带来了方便。遥感技术在水文中的应用越来越广泛,可以利用遥感技术直接提取模型运行时所需要的空间参数,以及空间输入数据。将遥感信息与水文模型相结合,是未来水文模型发展的一个重要方向。

4.5.3.1 土地利用参数化

土地利用参数化主要是确定流域内部不同的地面覆盖类型以及每种类型的空间分布

情况。图 4-20 是清涧河 2000 年的土地利用空间分布情况,可以看出,土地的开发利用程度很高,截至 2000 年,流域土地全部开发利用。土地利用结构为耕地、林地、草地、建设用地和水域,主要以耕地为主,约占 45%;其次为草地、林地,分别占流域面积的 42%、13%,建设用地和水域面积不足 1%。而从空间上看,耕地、林地多集中在上中游地区、永坪川流域。这在一定程度上与流域水土流失的治理,例如正在执行的西部大开发战略、退耕还林还草、植树造林等有关。

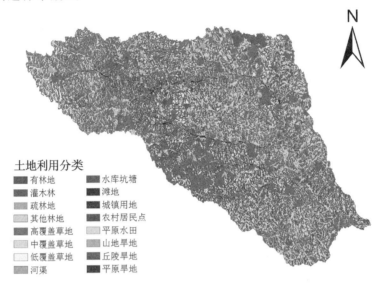

图 4-20　流域 2000 年土地利用分布

4.5.3.2　植被指数(NDVI)

植被指数是一种利用卫星探测数据的线性或非线性组合来反映植被的存在、数量、质量、状态及时空分布特点的指数,是利用卫星影像不同波段探测数据组合而成的,能反映植物生长状况的指数。归一化植被指数($NDVI$)是近红外通道与可见光通道反射率之差与之和的商。通过对遥感资料进行分析,以确定被观测的目标区是否被绿色植物覆盖,以及植被覆盖率。通常 $NDVI$ 取值为 $-1 \sim 1$,$NDVI$ 为负值表示地面覆盖为云、水、雪等,$NDVI$ 为 0 表示地面有岩石或裸土等,$NDVI$ 为正值表示地面有植被覆盖,且随覆盖度增大而增大。植被指数的一个重要应用就是可用来诊断植被的一系列生物物理参量,例如叶面积指数(LAI)、植被覆盖率、生物量、光合作用有效辐射吸收系数。反过来又可用来分析植被生长过程:净初级生产力(NPP)和蒸散(蒸腾)等。图 4-21 给出了清涧河流域 2000 年 12 个月的 $NDVI$ 植被指数的空间分布,可以看出,11 月至次年 1 月,流域植被指数 $NDVI$ 均为负值,流域有雨雪,2 月随着气温回升,植被开始生长,$NDVI$ 逐渐增大,流域植被覆盖度增大,8 月 $NDVI$ 达到最高值,之后随着气温的降低,降雨的减少,植被开始凋零,$NDVI$ 逐渐减小。植被指数 $NDVI$ 在 $2 \sim 10$ 月,低值区由西北向东南移动,高值区大致在中部地区移动。11 月至次年 1 月,$NDVI$ 低值区由西向东移动。

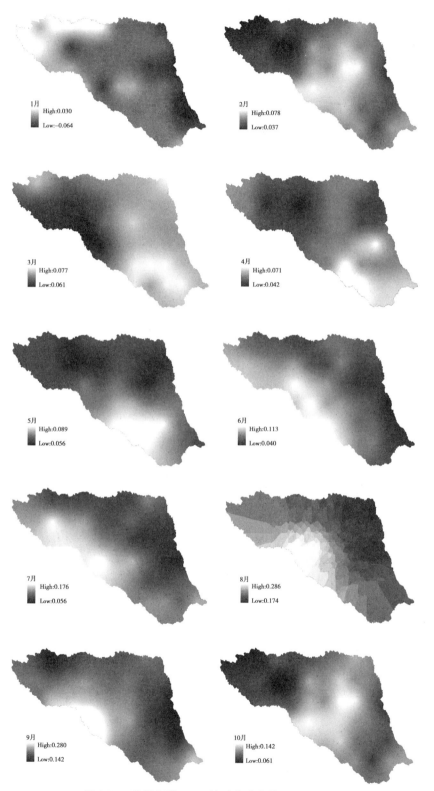

图 4-21　植被指数 *NDVI* 的时空分布状况（2000 年）

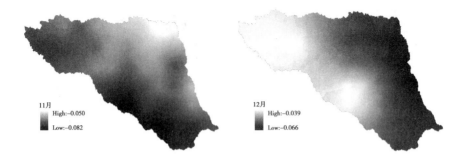

续图 4-21

4.5.3.3 叶面积指数(*LAI*)

叶面积指数(Leaf Area Index,*LAI*)通常定义为单位地表面积上绿叶总面积的一半,其数值不小于0,最大可达10以上。叶面积指数是研究生态系统光合生产力、水分以及能量平衡重要的生物物理参数,也是景观生态乃至全球尺度生物地球化学循环中重要的植被结构参数。从水循环的角度看,*LAI* 的大小影响着蒸散发、截留等水文过程,是生态过程与水文过程耦合模拟时的关键参数。

在遥感估算方法大量应用之前,叶面积指数的测量包括直接方法和间接方法。直接方法一般是在样地上从冠层采集有统计显著意义的叶片,然后量测叶片的总面积。间接方法可通过测量冠层的几何特性或光的消减特性来推算。不论是直接方法还是间接方法,其所能获取的 *LAI* 所代表的范围都较为有限,在流域尺度水文模拟上的应用有一定的局限性。遥感估算技术的发展使得 *LAI* 在流域乃至更大尺度上的水文模拟中的应用成为可能。

应用遥感方法估算 *LAI* 的方法也有多种,其中应用最广泛的是基于各类植被指数(*VI*)(例如归一化植被指数,*NDVI*)的推算技术。目前可用于估算 *LAI* 的遥感数据如NOAA/AVHRR数据、SPOT VGT 数据以及 MODIS 数据等。一般而言,具有较高空间分辨率的卫星影像,其时间周期往往较长(例如 TM,再访周期是 16 d),而时间周期较短的卫星影像(例如 MODIS,1 d 2 次),其空间分辨率较低。

LAI 与植被指数的关系因植被类型的不同而有所不同。应用遥感信息推求 *LAI* 一个关键的步骤是建立 *LAI* 与植被指数(例如 *NDVI*)之间的关系。为了建立 *LAI* 与植被指数之间的关系,本书参照国内外的相关研究给出 *LAI* 与 *NDVI* 的关系,如表4-7所示。根据表4-7的关系式,在 *NDVI* 和土地覆被类型这两项遥感信息的基础上,可以求得流域叶面积指数的空间分布规律(见图4-22),并用于流域实际蒸散发的计算。

表 4-7　不同土地覆被类型 *LAI* 与 *NDVI* 的关系($0 < NDVI \le 0.6$)

土地覆被类型	关系式	参考文献
农田	$LAI = -2.5\ln(1.2 - 2NDVI)$	Kanemasu,等, 1977
草地	$LAI = 0.21\exp(NDVI/0.264)$	Kite 和 Spence, 1995
混交林	$LAI = \left[0.52 \times \left(\dfrac{NDVI + 1}{1 - NDVI}\right)\right]^{1.715}$	Peterson,等, 1987
针叶林	$LAI = 0.65\exp(NDVI/0.34)$	Nemani 和 Running, 1989

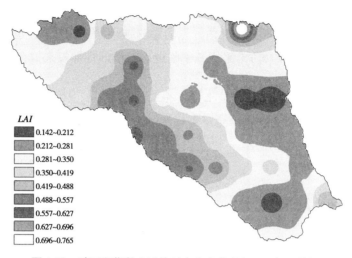

图 4-22　叶面积指数 *LAI* 的时空分布状况(2000 年 6 月)

4.5.4　水文气象信息空间插值

降雨是流域分布式水文模型中最关键的输入数据,其空间分布状况在径流模拟中起着关键性的作用,单元区域内的降雨量模拟显著影响着分布式水文模型的模拟精度。蒸发也是水文模型的重要输入项。降雨和蒸散发由于受到大气系统和下垫面条件的影响而存在时间和空间上的变化,理论上来讲可以通过高密度的站网观测得到。但由于目前站点布设的局限性,绝大多数空间位置上的信息是无法获取的。在进行分布式水文模拟时,必须要对降雨数据和气象数据进行空间插值,以便能更好地研究水循环动力学机制以及水文要素随时间、空间的演化规律。

空间插值是根据获得的一定数量的反映了地理要素空间分布的全部或部分特征的空间样本,对地理要素的未知空间特征进行预测,即根据已知的空间数据估计未知空间的数据值。地理信息系统(GIS)技术是一种管理和处理地理空间数据的技术,降雨、气温、蒸发、径流数据也是一种空间数据,它们的空间分布可以用地理空间数据来描述。利用 GIS空间分析模型来描述降雨、气温、蒸发、径流等的空间分布规律,是 GIS 在水文学中一个重要的应用方面。

4.5.4.1　空间插值方法

空间插值方法分为两类:一类是地质统计学插值方法,另一类是确定性插值方法。确定性插值方法是基于信息点之间的相似程度或者整个曲面的光滑性来创建一个拟合曲面。地质统计学插值方法是利用样本点的统计规律,使样本点之间的空间自相关性定量化,从而在待预测的点周围构建样本点的空间结构模型。简言之,地质统计学插值方法是根据样本点统计特性,去构建一个与这个统计特性相一致的拟合曲面,例如 Kriging 法。而确定性插值方法是按照一定的原则确定对应于样本点的拟合曲面,但是这时的拟合曲面不一定都是很准确的,这就依赖于所选用的插值方法的精确度。比较常用的空间插值方法有距离倒数加权法、样条函数法、趋势面法、Kriging 法等。这里着重介绍在实际中应用较为广泛的两种插值方法:距离倒数加权法和 Kriging 法。

1. 距离倒数加权法

一般而言,距离越远的观察点对估计点的影响越小,其加权值 λ_i 也随距离变化而不同。因此,估计点 s_0 的值 $Z(s_0)$ 常采用若干临近点 s_i 的线性加权来拟合,见式(4-42):

$$\widehat{Z}(s_0) = \sum_{i=1}^{n} \lambda_i Z(s_i) \tag{4-42}$$

在距离倒数加权方法中各观察点影响权重值 λ_i 采用式(4-43)计算:

$$\lambda_i = \frac{[d(s_i, s_0)]^{-p}}{\sum_{i=1}^{n} [d(s_i, s_0)]^{-p}} \tag{4-43}$$

式中:$d(s_i, s_0)$ 为第 i 个观察点 s_i 与估计点 s_0 间的距离;p 为指数,用来控制权重值随距离变化的速度,当 p 增加时,距离远的观测点的权重值会下降,其取值范围一般为 $1 \sim 3$,2 最为常用。

2. Kriging 法

Kriging 法是建立在地质统计学基础上的一种插值方法,也是地质统计中最为常用的插值法,它跟距离倒数加权法一样,也是一种局部估计的加权平均方法。但是,它对各观察点的权重的确定是通过半方差图分析获取的。本书中使用的是点 Kriging 法。Kriging 估计是以 D. G. Kriging 的名字命名的一种对空间分布数值求最优、线性、无偏内插估计量的方法,它是根据待估点(或块段)邻域内若干信息样本数据以及它们实际存在着空间结构特征,对每一样本值分别赋予一定的权系数之后,得到一种线性、无偏、最优估计值及相应的估计方差。

设 $Z(X)$ 是点承载的区域化变量,假设 X_0 为未观测的需估值点,$X_1, X_2, \cdots, X_n$ 为其周围的观测点,观测值对应为 $Z(X_1), Z(X_2), \cdots, Z(X_n)$。未测点的估值记为 $Z(X_0)$,它由相邻测点的观测值加权求得,即

$$Z(X_0) = \sum_{i=1}^{n} \lambda_i Z(X_i) \tag{4-44}$$

式中:λ_i 为 Kriging 法的加权系数;n 为已知的观测点总数。

Kriging 法是根据无偏估计和方差最小来确定加权系数 λ_i 的,即

$$\sum_{i=1}^{n} \lambda_i = 1 \tag{4-45}$$

联合求解式(4-44)、式(4-45),即可知道待估值点 X_0 的值 $Z(X_0)$。

4.5.4.2 降雨与潜在蒸散发空间插值

清涧河流域面积达 4 078 km²,全流域共有 15 个雨量站,且大多分布在上游,站网密度稀疏,且分布不均。为了提高降雨量的空间插值精度,把流域周边的 12 个雨量站也纳入了计算,一共是 28 个雨量站,采用距离反比法进行了全流域的空间插值。图 4-23 是清涧河流域的 1980~2007 年多年平均年降雨量与辐射量、潜在蒸散发量的空间分布。可以看出,降雨量呈明显的带状分布,从西北向东南递增,位于流域的西北地区是降雨最低值区,只有 450 mm,东南地区即流域的出口地区降雨量最大。潜在蒸散发量由西向东逐渐增大,东北地区是潜在蒸散发高值区。太阳辐射量与辐射干燥指数基本上以清涧河为界,

右岸较低,左岸较高。

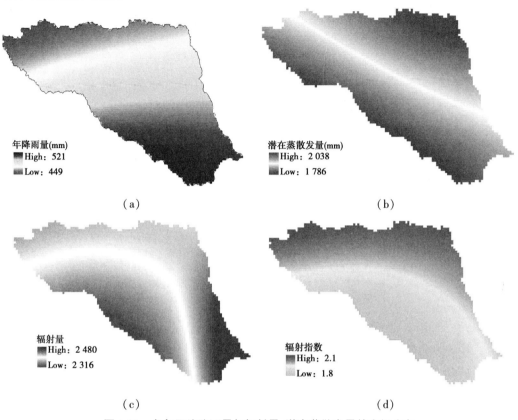

年降雨量(mm)
High：521
Low：449

（a）

潜在蒸散发量(mm)
High：2 038
Low：1 786

（b）

辐射量
High：2 480
Low：2 316

（c）

辐射指数
High：2.1
Low：1.8

（d）

图4-23　多年平均降雨量与辐射量、潜在蒸散发量的空间分布

4.5.5　基于网格的分布式模拟

网格是流域离散化的主要方法之一。流域被离散成一个个栅格单元,按水流特性栅格单元又被分为坡面栅格单元和河网栅格单元。每个栅格单元内部都假定有一致的下垫面及气候气象条件,而栅格之间会有变化。根据坡面计算单元的水流流向,自上而下进行坡面产汇流计算,直至河网单元处,然后进行河网单元的汇流计算(从支流到干流),最后计算出流域出口断面的流量过程,从而获得流域上任一网格单元任一时段的水文过程信息。分布式水文模型采用栅格化的方法,其优点不仅是其数据结构简单,容易生成,更重要的是,便于与遥感影像数据相结合,从遥感影像中获得模型所需要的一些参数。

在集总式模拟的基础上,以1 km×1 km的网格为计算单元,采用HIMS定制的模型开展了清涧河流域分布式水文模拟的试验研究,研究时限为1960~2001年,模拟结果如图4-24所示。在进行产汇流计算时,既考虑了网格之间的水平和垂向联系,又考虑了不同网格的下垫面条件(例如地形、植被覆盖、土地利用的差异)对水文循环的影响,充分利用了流域空间信息。

本书中,基于网格单元的分布式水文模型不但成功地演算了流域出口断面延川水文站的流量过程,还给出了流域内任一栅格点上的水文过程,如图4-24所示。

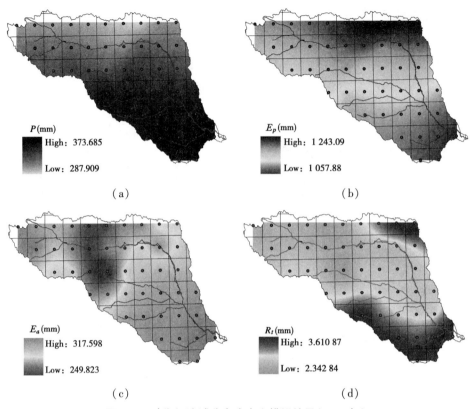

图 4-24　清涧河流域分布式水文模拟结果(2000 年)

图 4-24 给出了 2000 年全流域水文气象要素的空间分布,可以看出,清涧河流域降雨量与潜在蒸散发量(E_p)均表现为由南往北减少的趋势。在这一气候组合模式的控制下,清涧河的实际蒸散发表现为东南多而西北少,而径流深则以下游多,而上游略少。

4.5.6　基于子流域的分布式模拟

按照子流域的方式,清涧河流域一共被划分成 27 个自然子流域(见图 4-18)。以这 27 个子流域为水文计算单元,建模时认为每一个子流域具有单一的水文特征,依据每个子流域的特性,在产流模型中充分考虑了不同地形、植被覆盖和土地利用对流域水文循环的影响,最后采用传统的马斯京根法按照前述生成的汇流网络(见图 4-19)进行河道汇流计算,模拟了清涧河流域 2000～2007 年的水文过程。模拟中,每个子流域的数据输入是集总式的,即将每个子流域内的降雨观测数据进行面积加权平均,若子流域内无雨量观测站,则其降雨输入采用最邻近法,蒸发输入则每个子流域均相同,采用流域的平均值。与集总式模型一样,2000～2005 年为率定期,2006～2007 年为验证期。率定期模型效率系数 NSE、确定性系数 R^2 分别为 0.422、0.451,验证期模型效率系数 NSE、确定性系数 R^2 分别为 −1.357、0.300。

从图 4-25 可以看出,2000 年以后,清涧河流域的降雨主要集中在中上游地区,下游次之,上游最少,而相应的径流深也表现出同样的趋势。

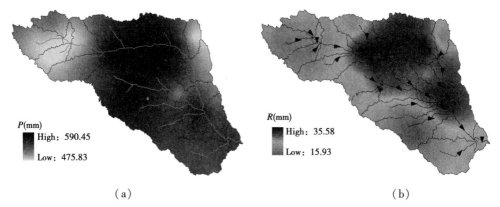

（a）   （b）

图4-25　清涧河流域多年平均降雨和径流深空间分布（2000～2007年）

必须指出，由于收集到的土壤资料分辨率太差，在此次构建分布式模型时未考虑土壤的空间差异对水循环过程的影响。另外，本流域水文气象观测站网稀疏，在降雨与蒸散发空间插值处理时会存在一定的误差，造成水文模拟的结果会有较大的不确定性。此外，大规模的水土保持治理、开矿，水库、大坝、淤地坝等的修建与运行，以及人类生活生产取用水对水文循环的影响，建模时均未考虑。

4.6　小时尺度场次洪水过程模拟

清涧河流域降雨多以强度大、历时短的暴雨形式出现，汛期6～7月降雨量约占全年的75%以上，汛期水量占全年的55%左右，再加上地面梁峁起伏，极易引发洪水。本节在整理分析清涧河流域1980～2007年典型洪水过程的基础上，构建小时尺度的场次洪水过程模型。

4.6.1　场次洪水数据处理与分析

4.6.1.1　数据处理

本书收集了清涧河流域内及其周边共28个雨量站的时段雨量，以及延川水文站1980～2007年的汛期暴雨洪水资料（其中，1987～1991年无实测资料）。在对所收集到的资料进行校核之后，对该流域洪水的基本特征进行了初步的分析，并按模型需要的输入文件格式进行整理和规范。具体的数据处理过程如下。

1.降雨数据的处理

首先将每个站的时段降雨量进行线性内插，插值成1 h间隔的连续降雨系列，并进行时间一致性处理；然后将28个雨量站的时段雨量按控制面积进行加权平均，求得流域面上1980年6月至2007年9月止的小时尺度降水系列。

2.流量资料的处理

首先对延川水文站的暴雨洪水资料进行筛选，去除数据质量较差的洪水场次，然后对其进行线性内插，形成1 h间隔的洪水系列。每场洪水过程取洪峰出现的前3 d和峰现后的2 d一共5 d作为一场洪水的计算时段。

3. 洪水场次的选取

从洪水系列上，提取每场洪水的洪峰流量及峰现时间，一共是133场洪水，洪峰流量为0.398～5 540 m³/s。在本节中，只选取洪峰流量大于50 m³/s的洪水共59场进行次洪模拟。

4.6.1.2 洪水特征分析

清涧河地处黄土地区，降雨强度大、历时短、范围小，洪水过程陡涨陡落。图4-26给出了流域洪水的频率分布曲线，可以看出，清涧河流域的洪水及其洪峰流量主要在200～2 000 m³/s，其中洪峰流量在200～500 m³/s时频率最高（约为30%），其次是500～1 000 m³/s（频率为23.3%），两者合起来，洪峰流量在200～2 000 m³/s的频率约为53.3%。洪峰流量小于100 m³/s的频率与洪峰流量在2 000～3 000 m³/s的频率均为6.67%，洪峰流量大于3 000 m³/s的频率很低，仅为1.67%。

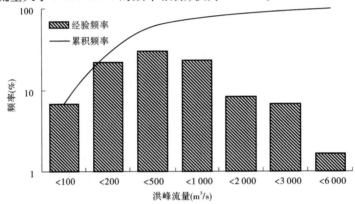

图4-26　清涧河流域洪峰流量经验频率曲线

由表4-8可以看出，在选取的59场洪水过程中，从降雨来看，无论是降雨总量、平均降雨量，还是最大1 h降雨量、降雨历时，其偏差系数均小于0.6，而相应地，洪峰流量和次洪总量偏差系数大于1，几乎是降雨的2倍，并且洪水过程的径流系数变化也超过了降雨。这一特征说明，清涧河流域对洪水的调节能力较弱，较小的降雨强度的变化即可能引发流域洪水较大范围的波动。

表4-8　清涧河流域暴雨洪水基本特征

项目	洪峰流量（m³/s）	降雨总量（mm）	次洪总量（mm）	平均降雨量（mm）	最大1 h降雨量（mm）	降雨历时（h）	平均雨强（mm/h）	涨峰时间（h）	径流系数
最小值	54.600	5.246	0.708	0.040	0.917	9.000	0.019	0.001	0.040
最大值	5 540.000	83.728	34.299	0.581	6.988	66.000	1.717	13.193	0.562
平均值	699.793	27.143	4.549	0.189	3.175	26.525	0.672	6.152	0.167
标准差	924.286	15.868	5.080	0.110	1.396	11.325	0.426	3.668	0.115
偏差系数	1.321	0.585	1.117	0.582	0.440	0.427	0.633	0.596	0.688

表 4-9 给出了清涧河流域暴雨与洪水的关系,可以看出,洪峰流量的大小与最大 1 h 降雨量、平均降雨量、一次洪水总降雨量、雨强、降雨历时等关系均较差,相关系数小于 0.4;次洪总量受降雨总量与平均降雨量影响较大,相关系数达 0.48,与最大 1 h 降雨量相关系数达 0.437;而次洪径流系数与降雨的相关性最差,相关系数不到 0.1。这进一步说明洪水的大小或洪水总量除与降雨量的多少、降雨强度有关外,降雨的空间分布、暴雨区的位置等也是重要的影响因素;径流系数除受降雨控制外,下垫面条件也是一个重要的条件。

表 4-9　暴雨与洪水的相关性

洪水指标	降雨总量	平均降雨量	最大 1 h 降雨量	降雨历时	平均雨强	涨峰时间
洪峰流量	0.327	0.326	0.397	0.047	0.229	−0.092
径流系数	0.004	0.002	0.076	−0.110	−0.028	−0.274
次洪总量	0.482	0.481	0.437	0.167	0.281	−0.057

清涧河流域水土流失异常严重,20 世纪 70 年代起开始了大规模的水土流失治理。80 年代水土保持工作进入成熟阶段,1990 年以后,在国家西部大开发政策的影响下,流域加速发展。相关研究表明:在相似降雨条件下,1970 年以来,水土保持使清涧河流域各年的大雨洪水的洪峰流量、洪水总量,以及单位时间产洪量等洪水特征指标减小,流域大雨洪峰流量被削减 35% ~58% ,大雨洪水总量减小 18% ~84% ,径流系数降低 18% ~86% 。进入 20 世纪 90 年代,在相似降雨情况下,洪峰流量增大,但是次洪水总量却没有增加。单位时间产洪量增大,这说明在 20 世纪 90 年代,流域内石油、天然气等矿产资源得到大规模的开发,施工便道以及运油道路的修建等破坏了原有植被,再加上原有水土保持的拦蓄效益随着时间的推移有所降低,相对较强的降雨就能产生较大的洪峰流量。清涧河流域的洪水过程除降水和下垫面条件的影响外,人类活动以及水土保持的工程措施对其影响也很大。

4.6.2　场次洪水过程模拟

在对清涧河流域水循环规律以及暴雨洪水特征分析的基础上,本书选用模式三,以 1 h 为时间步长,对清涧河流域 1980 ~2007 年洪峰流量超过 50 m^3/s 的 59 场洪水进行模拟分析。

图 4-27 给出了清涧河流域出口控制站延川断面次洪模拟计算效果。从纳西效率系数 NSE 来看,68% 的洪水过程模型效率系数 NSE 达到了 0.5 以上,其中 19% 的洪水过程模型效率系数 NSE 超过了 0.8,有 3 场洪水模型效率系数 NSE 达到了 0.9,最大达到 0.945,平均为 0.596。

从计算结果的确定性系数 R^2 来看,78% 的洪水过程 R^2 超过 0.5,29% 的洪水过程 R^2 达到 0.8 以上,其中 R^2 最大为 0.969,平均为 0.660;从洪量误差 WBE 来看,39% 的洪水过程水量误差在 0.2 以下,其中 17% 的洪水过程水量误差不足 0.1,35% 的洪水过程其水量误差在 0.2 ~0.4,水量误差超过 0.5 的约占 14% ,WBE 最大为 0.69,最小的仅为 0.02;而 32% 的洪水过程峰现时差等于零,峰现时差仅为 1 h 的约有 37% ,27% 的洪水过程其

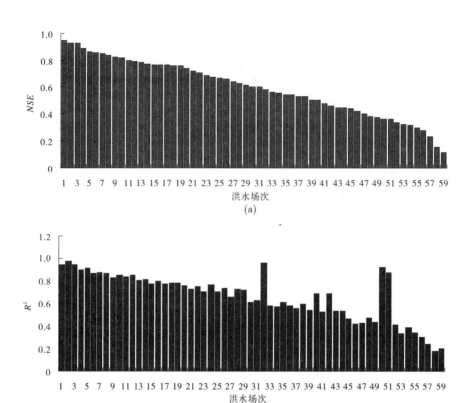

图 4-27　清涧河流域次洪模拟计算效果

峰现时差在 2～7 h,仅有 2 场洪水峰现时差在 11 h 左右。从图 4-28 也可以看出,无论是在趋势上还是在数值上,模拟的次洪过程与实际观测值之间都表现出较好的一致性,这说明模式三对于清涧河流域的场次洪水过程模拟有较好的适用性。

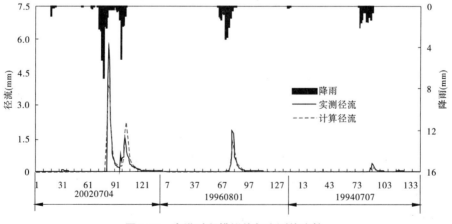

图 4-28　次洪过程模拟值与实测值比较

图 4-29 给出了 59 场洪水过程中最大时段降雨、洪峰流量与模型效率系数和确定性系数的变化图。由图中可以看出,模型的效率系数和确定性系数不论是与最大时段降雨,

还是与洪峰流量之间,都不存在明显的对应关系。也就是说,模拟结果的好坏与暴雨或洪水的强度关系不大。这意味着,模式三不论是对于大洪水还是对于小洪水,都具备一定的模拟能力,但同时也存在相应的不确定性。这一不确定性可能来自模型的结构本身,也可能存在于模型的输入(降雨和潜在蒸散发)以及用于率定模型的实测洪水流量数据。必须指出的是,模式三并未考虑流域内水库、淤地坝等水利工程对暴雨洪水过程可能的调节。这也可能是某些场次洪水模拟效果较差的潜在原因。在获取更多流域信息的情况下,可以通过在模式三中增加水库调节等功能模块,以达到提高模拟效果的目的。

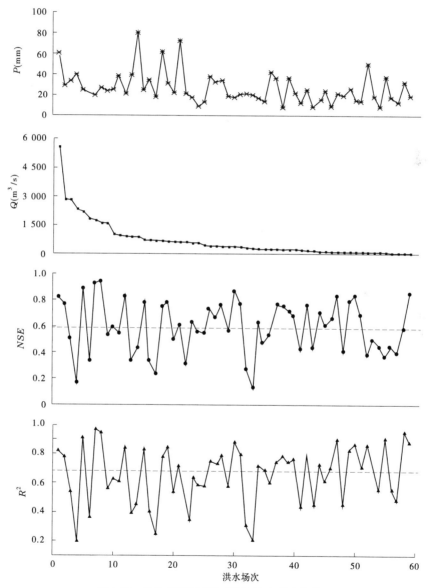

图 4-29　次洪模拟效果与暴雨、洪水强度的关系

4.6.3 次洪模型敏感性分析

模型的敏感性分析有助于进一步认识模型的可靠性,有利于对模型模拟结果作出更全面的评价和判断,减少决策风险。通过数值试验,分析次洪对输入条件(主要是降雨)与模型参数的敏感性,也可以提高气候变化下水文效应的科学认识,制订科学的水循环调控方案,促进社会的可持续发展具有十分重要的意义。本节选取不同重现期的洪水事件,在率定好模型参数的基础上,按一定的比例改变模型输入量或参数的值,通过模拟以获得不同输入或参数条件下的洪水特征值(洪峰流量),进而确定洪水过程对输入与参数的敏感程度。

4.6.3.1 敏感性分析方法

衡量洪水过程对输入和下垫面参数变化敏感程度的指标包括洪峰流量的相对变化率以及洪峰流量相对于影响因子的弹性系数两个方面。相对变化率是指在影响因子变化一定比例的情况下,洪峰流量对应的变化百分比。水文变量(Q)关于某一影响因子(V_i)的弹性系数 ε_i 则定义为该水文变量的变化率与其影响因子变化率的比值(Schaake,1990),即

$$\varepsilon_i = \frac{\Delta Q/Q}{\Delta V_i/V_i} = \frac{H(V_i + \Delta V_i, C)/H(V_i, C)}{\Delta V_i/V_i} \tag{4-46}$$

式中:H 表示某一水文模型;C 为除影响因子外的其他变量或影响因子;ΔQ、ΔV_i 分别为水文变量、影响因子的变化量。

式(4-46)的特点在于通过变化率把各个影响因子无量纲化,便于不同影响因子之间的比较。例如,当 $\varepsilon_p = 2.0$ 时,表示当降雨增加或减少10%时,径流则相应地增加或减少20%。对小时尺度的暴雨 – 洪水过程而言,潜在蒸散发变化对其影响较小,可以忽略。因此,本书主要通过分析洪水过程对降雨变化的敏感性来讨论输入条件的影响。在模型参数的影响方面,本书重点分析洪水特征值对模式三中 X_1、X_3 和 X_4 等3个参数的响应特征。考虑到水文响应的非线性特征,这里假定影响因子在其正常水平 ±15% 的范围内变动。

4.6.3.2 洪水过程对输入的敏感性

本节选取的典型洪水事件包括大洪水(累积频率 $\alpha = 1\%$、5% 和 10%)、中等洪水(累积频率 $\alpha = 25\%$、50% 和 75%)和小洪水(累积频率 $\alpha = 90\%$)。采用模式三对这7场洪水过程进行同时率定,即7场典型洪水采用同一组模型参数。模型的纳西效率系数 NSE 和确定性系数 R^2 分别达到了0.66和0.67。模式三的4个参数 X_1、X_2、X_3 和 X_4 分别取值为8.84 mm、– 0.817 mm、1.385 mm 和 7.17 h。在此基础上,进一步分析清涧河流域不同重现期的洪水过程对降雨和下垫面变化的敏感性。

图 4-30 给出了不同等级的洪水对降雨和表征下垫面状况的模型参数的响应特征。由图中可以看出,洪峰流量随着降雨的增加或减少而增加或减少。但是洪峰流量并未随降雨量的变化而发生同比例变化。如图 4-30 所示,当降雨增加 15% 时,洪峰流量可能增加 63%,而当降雨减少 15% 时,洪峰流量将减少 45%,即洪峰流量的变化率的绝对值要大于降雨总量的变化率绝对值。由此也可以看出,降雨增加或减少相同的比例,其对应的

洪峰流量增加或减少的比例并不一致,这一差别对小洪水(如F7)更为明显。在降雨变化率相同的情况下,小洪水(如F7)洪峰流量的变化率绝对值明显大于大洪水(如F1)。这一结果与此前实测暴雨洪水资料的分析是一致的,即洪水的变化率大于降雨的变化率的客观事实,反映了下垫面调节能力的不足。

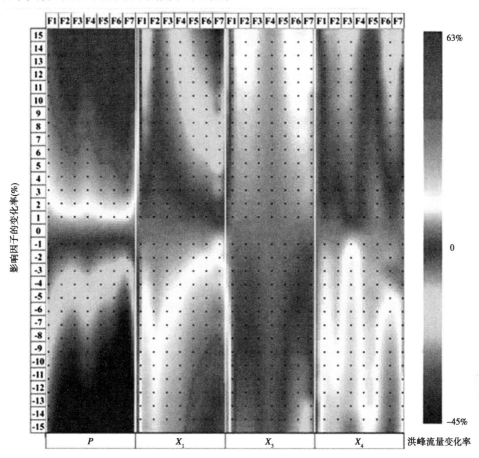

图4-30 不同频率洪水相对降雨和下垫面参数变化的响应

(F1~F7分别对应的频率 α = 1%、5%、10%、25%、50%、75%和90%的洪水)

图4-31进一步给出了不同等级洪水关于降雨量的弹性系数。可以看出,洪峰流量对降雨的弹性系数 ε_p 在1.67~4.52变化,即当降雨增加10%时,洪峰流量可能增加16.7%~45.2%。洪水对降雨的弹性系数总体表现出随洪水累积频率增加而增加的趋势。也就是说,小洪水(如F7)对降雨的弹性系数要明显高于大洪水(如F1)。这意味着,在降雨变幅一定的情况下,小洪水(如F7)的变化率高于大洪水(如F1)。

4.6.3.3 洪水过程对模型参数的敏感性

图4-30和图4-31同时给出了洪峰流量对表征下垫面特征的模型参数变化的敏感性。如图4-30所示,洪峰流量随参数 X_1、X_4 增大(或减少)呈反向的减少(或增大)趋势,而随参数 X_3 的增大(或减少)而增大(或减少),而且洪峰流量并不与参数 X_1、X_3、X_4 的变化而

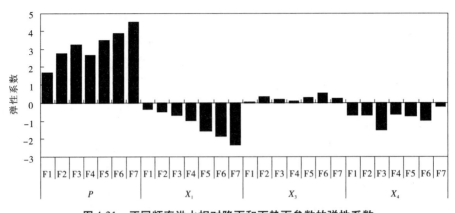

图 4-31 不同频率洪水相对降雨和下垫面参数的弹性系数

（F1 ~ F7 分别对应的频率 $\alpha = 1\%$、5%、10%、25%、50%、75% 和 90% 的洪水）

发生同比例的变化。在其他条件不变的情况下，当参数 X_1、X_3、X_4 分别增加 15% 时，中等洪水（$\alpha = 50\%$）的洪峰流量相应的变化率分别为 -15.5%、5.4% 和 -2.1%；相反，当 X_1、X_3、X_4 分别减少 15% 时，中等洪水洪峰流量对应的变化率分别为 18.7%、-6.7% 和 2.7%。显然，洪峰流量对参数 X_1 的敏感性高于参数 X_3 和 X_4。进一步分析还可以看出，对于不同等级的洪水事件而言，其洪峰关于参数变化的响应比例并不相同。如图 4-30 所示，当 X_1 变化某一比例时，洪峰流量变化率的绝对值随着洪水等级的减少而增大，即洪水越小，越易受参数 X_1 变化的影响，对参数 X_1 变化的响应更敏感。

从洪水过程对下垫面参数的弹性系数来看（见图 4-31），洪峰流量对不同下垫面参数的弹性系数 ε_{X_1}、ε_{X_3}、ε_{X_4} 中，ε_{X_1} 和 ε_{X_4} 为负值，ε_{X_3} 为正值，且 $|\varepsilon_{X_1}| > |\varepsilon_{X_4}| > |\varepsilon_{X_3}|$，即洪水过程对参数 X_1 变化的响应最敏感，其次为参数 X_4。对不同等级的洪水事件而言，洪峰流量对参数 X_1 的弹性系数在 $-0.33 \sim -2.34$，表现出明显的随洪水等级减小而增大的趋势；洪峰流量对参数 X_3 和 X_4 的弹性系数分别为 $0.01 \sim 0.52$ 和 $-0.21 \sim -1.49$，其弹性系数的变化与洪水等级的关系并不明显。

4.6.3.4 讨论

流域洪水的产生和发展是一个复杂的系统响应过程。降雨是洪水形成的基础，降雨的变化，包括雨强、降雨历时以及降雨空间分布的变化都可能影响流域的洪水过程。另外，流域下垫面条件的变化，可能改变下垫面对水文循环的调节能力、改变水循环的强度和方向。从上述研究结果可以看出，清涧河流域洪水过程对表征土壤蓄水能力的模型参数 X_1 最为敏感，且呈反向相关关系。也就是说，洪峰流量将随着流域地表调蓄能力的增强而减弱。从研究结果还可以看出，就降雨和下垫面参数的比较而言，洪峰流量对降雨强度变化的敏感性显著高于下垫面参数的变化。

然而，洪水强度的变化不仅取决于洪水对影响因子的敏感程度，还受影响因子变化程度的影响，而且影响因子对水文变量变化的贡献率等于水文变量对该影响因子敏感程度与影响因子实际变化率的乘积（Zheng，等，2009）。相关资料表明，研究期内清涧河流域降雨（包括年降雨、最大 1 d 降雨）的变化趋势并不明显。但是，在土地利用方面，自 20 世纪50年代以来,清涧河流域开展了大规模的水土保持治理(例如修建梯田、植树造林等)活动,这些活动深刻改变了流域天然下垫面条件,改变了流域地表覆被/覆盖状况、土壤结构,影响冠层的截留量、地表蒸发量和入渗速率、土壤的蓄水能力等,增加了地表蓄水量,有效地拦蓄了洪水,削减了洪峰流量,洪水过程发生了明显变化。近年来,清涧河流域日益剧烈的开矿、取用水、农业灌溉、地下水的开采等人类活动更进一步扰动了流域自然下垫面,改变了流域的水量平衡状况,使水分转换的界面过程发生了显著变化,进一步延缓了流域出口断面延川站的径流对降雨的响应,使洪水的频率和强度都发生了较大的变化。

此外,必须指出的是,本章洪水过程对气候和下垫面条件变化的敏感性分析是建立在模型率定的基础上,通过数值试验得到的结果。模型结构、参数的不确定性,以及选择的典型洪水过程的代表性等都可能影响相关的分析结果。在未来的研究中,通过集合模拟(多模型、多参数集)的方法可更全面地考察流域洪水过程对气候和下垫面变化的敏感性,为科学评价气候变化和土地利用变化对洪水等极端事件的影响提供支持。

4.6.4　场次洪水集合预报

水文模型都是对水文物理过程的近似,不可能完全地反映水文过程特性。实践表明,没有哪个模型能在任何情况下都可以很好地描述流域降雨径流规律,也没有哪个模型能始终提供优于其他模型的预报结果。每个模型都是从不同侧重方向对客观水文物理过程的概化和描述。由于模型结构、参数和输入等方面的原因,水文模拟或水文预报结果都存在一定的不确定性。为减小由于对某一结果过于信任而产生决策失误的风险,近年来,集合预报的方法得到了较快的发展和应用。集合预报的基本思路是充分考虑水文模拟的不确定性,给出模拟输出结果可能的范围,而不是某一特定的值。集合预报可以基于多个模型、多组输入或多组参数。在本章中,已根据这一思路制定了多个水文模型。对于场次洪水的预报而言,由于在预报未来的洪水时,水文系统可能存在变化,基于某一特定时期历史资料率定得到的模型参数可能并不适用于未来特定场次洪水的模拟。因此,我们用模式三进一步开展了基于多组参数的清涧河场次洪水的集合预报。

4.6.4.1　模型参数库

水文模拟最重要的任务之一,就是确定模型的参数,而这些参数极少能通过实测确定,通常要花大量的时间去优化率定。模型参数的优化区间以及变量初值的确定,是建立在已知参数分布信息的基础上的,这就要求模型使用者必须具备一定的经验,并且优化区间的设置以及初值的定义对模型的输出结果也有一定的影响。对于一个没有经验的模型使用者来说,往往是无法完成的。一旦有了模型参数库,既可以省去大量的参数优化时间,又提高了模型的使用效率。表4-10给出了清涧河流域次洪预报的模型参数库。有了这个参数库,一旦模型的输入确定,就可以预报未来洪水过程,给出一组次洪预报值,提高洪水预报的效率。

4.6.4.2　参数的频率分布

图4-32给出了清涧河流域1980~2007年59场次洪模拟时水文模型参数的分布。可以看出,这4个参数的分布是有明显规律的,尤其是水量交换系数呈正态分布,表层土

表 4-10　次洪模型库

ID	参数 X_1	参数 X_2	参数 X_3	参数 X_4	ID	参数 X_1	参数 X_2	参数 X_3	参数 X_4
1	4.940	-0.727	9.829	7.000	31	5.345	-2.760	6.638	7.072
2	9.219	-1.166	10.962	8.000	32	0.702	-1.067	8.944	9.424
3	5.740	-0.115	5.250	6.000	33	17.132	-1.589	9.190	6.303
4	0.001	-3.856	34.409	1.886	34	5.924	-2.216	21.216	4.000
5	4.801	-0.857	5.429	8.000	35	0.001	-2.120	5.250	8.440
6	0.001	-3.922	5.250	2.283	36	17.810	-10.000	16.758	9.424
7	4.160	0	6.525	5.302	37	17.810	-10.000	32.308	2.996
8	5.084	-0.391	9.213	6.165	38	0.036	-0.908	1.760	6.000
9	2.534	-1.919	5.381	9.000	39	17.810	-10.000	20.173	9.424
10	0.001	-2.150	5.250	6.894	40	2.462	-4.325	44.457	3.769
11	4.005	-1.978	7.217	8.164	41	2.208	-0.322	5.250	3.117
12	0.572	-2.032	72.500	2.155	42	15.306	-2.831	15.149	2.151
13	0.001	-9.576	14.806	9.424	43	0.001	10.199	71.646	9.424
14	17.810	-10.000	14.393	9.424	44	0.374	-5.503	19.859	7.426
15	6.047	-4.126	6.755	4.769	45	1.187	-7.756	53.126	7.377
16	17.810	-8.572	22.471	7.999	46	2.818	-1.725	5.250	9.424
17	0.034	-2.933	72.500	6.559	47	13.110	-0.419	72.500	6.689
18	9.566	-10.000	22.865	9.424	48	0.386	-6.008	14.878	3.000
19	0.001	-8.664	34.588	5.321	49	13.636	-10.000	69.742	2.423
20	0.001	-1.055	5.250	2.092	50	1.157	-8.972	18.962	9.424
21	17.810	-10.000	61.992	6.696	51	4.400	-4.596	35.058	3.055
22	0.001	-1.813	19.516	4.156	52	17.810	-10.000	5.250	9.424
23	0.303	-1.351	5.250	6.000	53	0.001	-5.048	23.860	4.217
24	0.731	0	5.250	1.886	54	0.909	-6.811	39.702	2.622
25	0.029	0	72.500	4.933	55	17.810	-10.000	5.250	9.424
26	10.036	-8.068	15.662	9.424	56	0.276	-10.000	38.233	8.776
27	2.660	-7.623	15.952	9.424	57	5.214	-0.838	7.145	9.000
28	17.810	-7.085	21.732	6.580	58	17.810	-10.000	7.614	9.424
29	0.001	-4.537	20.173	9.107	59	12.906	1.439	72.500	9.424
30	9.973	-1.083	5.250	2.229					

壤和下层土壤的蓄水能力 X_1 与 X_3 分布规律相似。参数 X_4 的频率分布有 3 个峰值,即汇流时间在 4 h、7 h 和 11 h 左右的可能性较大。汇流时间的这一概率分布可能与某一场次洪水流域内降雨的空间分布有关。参数分布的这一基本信息为我们在模拟预报中参数值的确定提供了重要的参考。根据上述模型参数概率分布规律,可改善洪水过程模拟的参数化效果,提高清涧河流域洪水预报的精度。

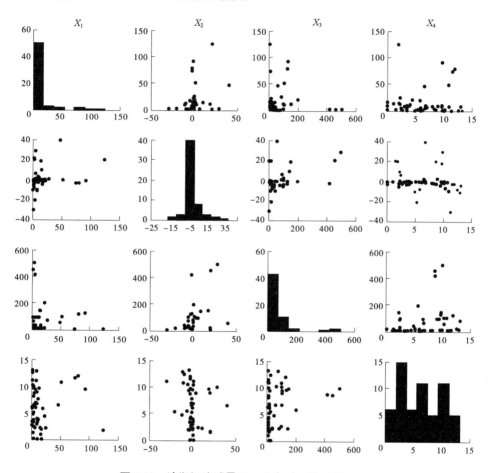

图 4-32　清涧河流域暴雨－洪水过程模型参数分布

4.6.4.3　次洪的集合预报

集合预报是估计数值预报中不确定性的一种方法,它将单一确定性预报转变为概率预报,即在同一时刻针对同一个或同一系列事件发出一组预报,组里的每一个预报可能不相同,但每一个预报都能按一定的概率发生。根据集合预报结果进行决策要比使用单一预报更能降低风险,从而得到更多的经济利益。根据已知的参数分布信息,在实际洪水预报中,可以根据参数分布信息随机生成若干组参数进行模拟计算,然后确定模拟预报范围。在参数的联合分布形式难以确定的情况下,也可以直接根据参数库中的参数组合进行多次模拟。图 4-33 给出了前述 7 场典型洪水的集合模拟结果。由图中可以看出,实测径流大多落在 10% ~95% 的模拟区间内,集合模拟的均值与实测值有较好的对应关系。可以据此制订洪水调节方案,避免洪灾损失。

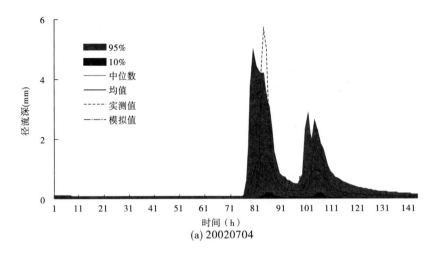

(a) 20020704

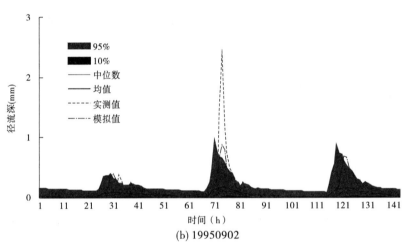

(b) 19950902

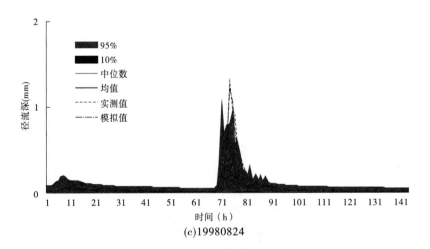

(c)19980824

图 4-33　清涧河流域典型洪水过程多组参数集合模拟

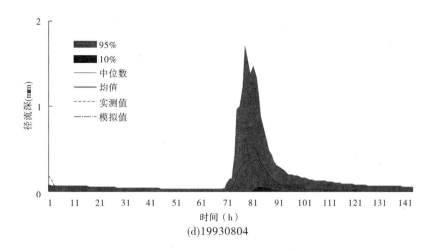

(d)19930804

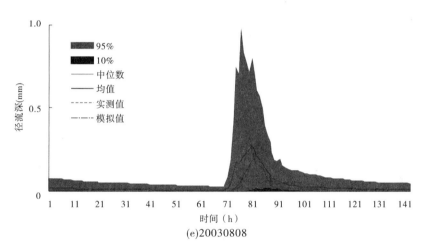

(e)20030808

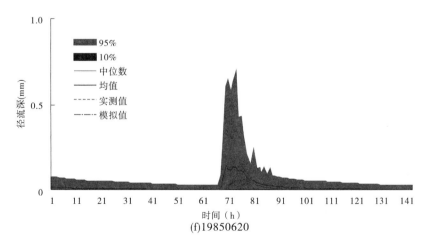

(f)19850620

续图 4-33

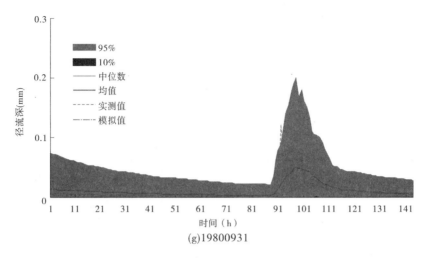

(g)19800931

续图4-33

4.7 降雨径流模拟系统开发

4.7.1 系统的基本结构

清涧河流域降雨径流模拟系统的主体结构包括模型计算、数据处理、结果显示等3个模块。其中,模型计算模块是系统的核心。模型计算模块采用结构化设计,包括模型库、参数自动优化算法、目标函数与评价指标集,为模型的模拟计算提供了多种不同的选择,其中模型库包含本书中已定制完成的3个基本模式。同时,由于系统采用结构化设计,在后续的研究中,该模型库可以进一步的扩充和完善。图4-34和图4-35给出了系统的启动界面和基本结构。

图4-34 系统的启动界面

如图4-35所示,原始数据经由前处理可生成模型所需要的输入文件。前处理过程包

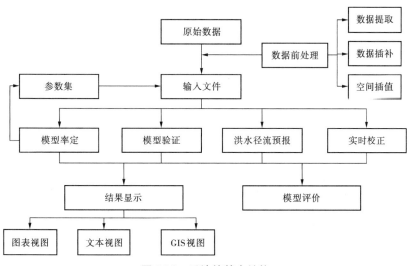

图4-35　系统的基本结构

括数据的插补、空间插值、下垫面参数的推求以及单元汇流拓扑关系的生成等。在生成输入文件后,可对模型进行率定、验证,并把其结果存入指定的参数文件。根据参数文件,在获取新的气象信息后,即可进行洪水、径流的模拟预报,并对模拟结果进行校正。率定、验证和预报结果可以图表、文本或 GIS 图层的方式显示,或通过指标的计算进行评价。

4.7.2　系统的主要功能

4.7.2.1　集总式模拟与分布式模拟

如图 4-36 所示,系统集成了集总式模拟与分布式模拟两种不同的模拟方式。在集总式模拟状态下,系统的输入为气象信息(降雨和潜在蒸散发),输出为实际蒸散发、地表径

图4-36　系统主界面

流、地下径流和总径流等。如果模型处于率定或验证阶段,则系统的输入还应包括实测径流。在分布式模拟状态下,系统的输入除包括各单元的气象信息外,还应给出各单元间的汇流路径。

4.7.2.2 模型的率定

系统的模型库中包含了如前所述的 4 个基本的产流模型,并无缝集成了 Rosenbrock、粒子群以及 SCE – UA 等参数自动优化方法。在模型的率定中提供两种不同的参数率定方式(见图 4-37)。一种是常规的参数率定方法,即根据所有的实测径流数据对模型的参数进行率定;另一种参数率定方法考虑到水文系统的非稳定性(Non-stationarity),按干湿季等不同状态对水文模型参数进行条件率定(Conditional Calibration)。

图 4-37　系统运行设置界面

在参数率定的过程中,系统提供了不同的目标函数可供选择(见图 4-38)。此外,参数率定是可以通过在"模型参数"页的设置(见图 4-39),给定参数的优化区间,或者设置优化的参数项。其中,参数也可直接从文件中导入。

4.7.2.3 模型验证

系统可以在参数率定的同时进行模型的验证。在"模型验证"的运行状态下,设置好参数率定和模型验证的时间段后,即可运行模型,同时完成参数的率定和模型验证工作。此时,系统的输出为率定后的目标函数值和参数值,以及验证阶段的模拟径流等。模型验证可分别针对常规率定和条件率定的结果进行。

4.7.2.4 径流预报

径流预报是在模型参数已知的情况下,当获取新的气象输入信息时的模型运行方式。如图 4-40 所示,系统给出了两种径流预报方式:一是根据单组参数进行预报,另一种是根据多组参数进行集合预报。集合预报有助于认识模型的不确定性,减小决策风险。

图 4-38　目标函数选择

图 4-39　模型参数设置

4.7.2.5　实时校正

系统提供了基于 ARMA 模型的误差实时校正功能。这一功能的输入文件为模拟预报的结果。实时校正模型的建立分两种类型：一是根据某一固定时间段内的模拟结果，通过分析其误差结构后建立 ARMA 模型；另一个是移动某一固定宽度的窗口（如 10 年），根据窗口内的模拟结果建立 ARMA 模型。前一种方法实时校正模型的结构呈固定状态，较为方便实用，但随着时间的推移，残差有可能增大，校正效果降低。后一种方法可动态地更新校正模型，校正效果较好，但相对多消耗机时。

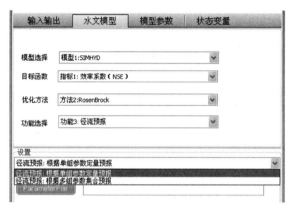

图 4-40　模型参数设置

4.7.2.6　模型评价

模型评价是根据某一评价指标对模拟预报结果进行综合的评价。在完成模拟的情况下,根据实测值和模拟值的差异,系统的"模型评价"功能可同时计算出效率系数、确定性系数、水量平衡误差、洪峰相对误差、峰现时间误差等模拟效果的评价指标。

4.7.2.7　数据处理

在系统的"工具"菜单栏下,提供了"数据处理"(见图 4-41)、"空间插值"(见图 4-42)以及"*LAI* 计算"(见图 4-43)等数据处理工具。这些工具可帮助生成模型模拟时所必需的输入文件,例如对缺失数据进行插补、气象数据空间插值等。

图 4-41　数据处理工具

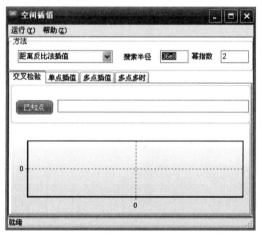

图 4-42　空间插值工具

4.7.2.8　图文显示

系统提供了 3 种显示模拟预报结果的途径:图表(见图 4-44)、文本(见图 4-45)和 GIS图(见图 4-46)。在图表视图下,可以通过对过程线、散点图、流量历时曲线的观察,判断模拟结果的合理性。在文本视图下,可以直接浏览输入、输出文件。GIS 视图是基于 MapWindows 开源 GIS 组件开发的简单的空间矢量数据的浏览功能,用以展示分布式水文模拟结果。

图 4-43 *LAI* 计算

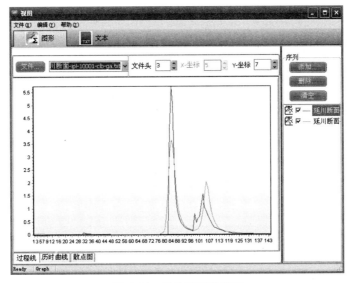

图 4-44 系统的图表视图

图 4-45 系统的文本视图

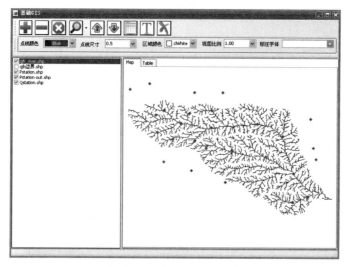

图 4-46　系统的 GIS 视图

4.8　结　论

4.8.1　主要研究成果

4.8.1.1　清涧河流域降雨径流集总模型的定制与比较

分别采用 3 种不同的产流模式,模拟研究了清涧河流域 2000~2007 年的日水文过程。在产流计算中,采用既考虑超渗产流机制又考虑蓄满产流机制的混合模式,其模拟效果最好。模型的参数在时间上和空间上均呈现出一定的差异。模型条件率定(Conditional Calibration)的结果表明,汛期土壤最大含水量较其他季节小,而壤中流出流系数、蒸发系数以及地下径流系数则较其他季节大,说明了清涧河水文系统的非稳态性,要求变化参数以提高模拟精度;在空间上,上游与下游的水文参数在 10 月至次年 1 月相似,其他季节区别较明显,反映了不同下垫面特征对径流过程的影响。

4.8.1.2　分布式降雨径流模型的构建与应用

根据流域 DEM 和遥感信息,借助 GIS 平台,基于清涧河数字流域分析,获取了分布式流域水文模型参数和重要输入信息,例如水系、水流方向、地形、坡度、地形指数、土地利用、植被覆盖及植被指数 *NDVI* 和叶面积指数 *LAI* 等。基于两种不同的流域离散方式:网格和子流域,对流域进行空间离散,在此基础上实现了清涧河流域分布式水文模拟。两种计算模式都较好地再现了清涧河流域的降雨径流过程,以及水循环要素的时空演变过程。分布式水文模拟的结果受地面气象观测站点密度的影响,这在一定程度上限制了分布式水文模型的效率。增加降雨观测站点(或采用雷达测雨技术),有助于提高分布式水文模型的模拟效果。

4.8.1.3　场次暴雨 – 洪水过程模拟

应用定制的水文模型,对 1980~2007 年间洪峰流量超过 50 m^3/s 的 59 场洪水进行了数值模拟,并分析了模型对输入和参数的敏感性。研究结果表明,68%的洪水过程模型效率系数均在 0.5 以上,其中19%超过了 0.8,有 3 场洪水模型效率系数超过 0.9;78%的洪水过程模型确定性系数(R^2)超过 0.5,平均为 0.66。敏感性分析结果表明,洪峰流量对降雨观测误差的响应十分敏感,降雨输入量的微小变化,可以引起洪峰流量较大幅度的变化。这 响应特征在小洪水过程上表现得更为突出。基于 59 场历史洪水的模拟,获取了流域水文模型参数库,并深入分析了模型参数的概率分布,提出了洪水过程的集合预报方案。研究结果表明,典型洪水过程的实测值大多落在10% ~95%的概率预报区间内。

4.8.1.4 降雨径流模拟系统集成

在 Windows 环境下开发了清涧河流域降雨径流模拟系统,系统包括专题研究中制定的 3 种模型,并集成了 SCE – UA、粒子群、Rosenbrock 等参数自动优化方法,提供了多个目标函数和模型评价指标。系统可在模型率定、模型检验、模型预报等模式下运行。在模型率定中,考虑到水文系统的非稳定性,给出了全局率定和条件率定等不同的率定方式。面向洪水实时预报的需求,系统还提供了实时校正的功能。此外,系统还集成了数据处理以及模拟显示等功能模块。系统的设计采用开放式的架构,可升级增加新的模型和功能,也可用于其他流域的模拟应用。

4.8.2 创新点

(1)在深入分析研究区产汇流机制的基础上,构建了 3 个不同的降雨径流模型,在 GIS/RS 的支持下,分别对清涧河流域的水文循环过程进行集总式和分布式模拟,揭示了流域产汇流过程和参数的时空差异以及水文系统的非稳定性特征,提出了应用条件率定以及多模型集合模拟提高模拟预报效率,减小模拟预报不确定性的新方法。

(2)在小时尺度的场次洪水模拟方面,通过模型比选,提出了较适合研究区洪水过程的场次洪水模拟方法,论证了模型关于输入(降雨)和参数的敏感性特征,提出了洪水过程预报的多参数集合预报方案。

(3)基于模块化设计,开发了清涧河流域降雨径流模拟系统。系统集成了多种模型、参数优化方法以及集合预报、误差校正等功能,并具有较好的扩展性和通用性。

第5章 典型支流(清涧河流域)产沙输沙模型应用研究

5.1 概 述

5.1.1 研究意义

黄河中游吴龙区间是黄河洪水泥沙主要来源区之一。该区复杂的天气系统、不同的地理地貌特征、特殊的河道条件、变化无常的产汇流规律,使得水文预报存在着不少难点和盲点。目前,该区洪水预报只有流量预报项目,且手段较为单一,主要以河道洪水演进为主,尚未开展降雨径流预报。

随着黄河治理开发的深入,特别是小浪底水库调度运用、下游防洪、小北干流放淤以及构建全河水沙调控体系的需要,对该区水文预报也提出了更新、更高的要求:滚动制作潼关站 6 d 径流预报;龙门、潼关站含沙量预报;龙门站洪水预报的起报标准由原来的洪峰流量达到 5 000 m³/s 到目前的 1 500 m³/s,不仅要预报洪峰流量及出现时间,也要预报最大含沙量及出现时间,还要预报洪水流量、含沙量过程及满足放淤条件的流量持续时间。由于现行预报方法或方案难以确保水文预报的精度及时效性,龙门、潼关站至今还没有一套完善的水文预报方案。

泥沙预报依赖于洪水预报,次洪的流量过程特性提供了泥沙冲淤的动力条件。由于黄河泥沙的复杂性和吴龙区间水文预报的难度,至今还没有可用于生产实际的泥沙预报模型或方案。从实践需求出发提出的泥沙预报,包括次洪输沙量、含沙量过程、颗粒级配等,在目前黄河监测站网、技术手段等限制下尚未实现,国内外也没有可借鉴的经验。

由于吴龙区间洪水预报难度较大,全区间开展暴雨洪水产洪产沙研究在短期间无法实现。本章拟在典型支流(清涧河流域)开展产沙输沙技术研究。本项目的实施,有利于进一步认识黄河流域产水产沙规律,扩展预报区域和预报项目,提高预报精度及时效性,为开展满足全河水沙调控要求的黄河水沙预报打下基础,为黄河防洪、实施洪水泥沙管理的重点转向塑造协调的水沙关系等治黄重大举措提供重要技术支撑。

5.1.2 研究目标

本章应用"黄河数字流域模型",考虑清涧河流域地形地貌与水沙运动的特点,综合处理流域的空间、地理、气象、水文和历史水情等信息,进行清涧河流域的产沙输沙模型应用研究,揭示吴龙区间典型支流的水沙产输的尺度效应,建立次洪含沙量过程模拟方法。

5.1.3 研究内容

针对模拟再现研究区域产沙输沙主要特征、建立有效模拟方法的研究目标,将研究内容分解为三部分:

(1)清涧河流域数字流域模型的建立。根据基础 DEM 数据和遥感数据,提取流域拓扑结构,描述下垫面空间特征;获取土壤、植被、土地利用、蒸发、降雨等数据,重构研究区域的数字流域。模型在清涧河流域验证和应用,给出清涧河流域(以子长、延川水文站为代表站点)的流量和含沙量过程。

(2)清涧河流域产沙输沙模型。给定近期地形与下垫面参数,采用基于物理机制的分布式水文与侵蚀产沙模型(黄河数字流域模型)模拟给定降雨条件下的流域水沙过程,包括坡面产流产沙、重力侵蚀、河网汇流和不平衡输沙等子过程。

(3)模型的不确定性研究。分析模型的输入条件(降雨)总体不确定性,分析降雨不确定性给模型模拟结果带来的影响规律;同时分析敏感参数的不确定性,进一步对水沙过程模拟给出建议。

5.1.4 技术路线

本章根据泥沙运动力学以及建模理论,采用数字化技术、存储与计算技术、软件开发和网络技术等,以现有"黄河数字流域模型"为基础,研发、完善和集成各子模型,建立黄河中游降雨产流产沙预报模型系统。利用实测资料,对模型进行率定与验证,并对集成后的模型系统作必要的检验和试运行。

研究的技术路线如图 5-1 所示。

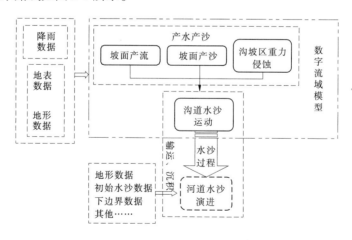

图 5-1 模型开发与集成的技术路线

在模型研究开发中,根据黄河流域的实际产输沙规律,区分了不同特点、不同机制的水沙运动,并进行了合理的简化、归纳,将区块单元分为坡面、沟道及河道,而流域的复杂水沙过程则相应概化、抽象为坡面产流产沙、沟坡区重力侵蚀、沟道水沙运动及干流水沙输运四部分。四部分内容由数字流域模型实现,在获取计算区域的降雨、下垫面条件等相关数据后,模型将模拟计算水沙在坡面和沟道的演进过程,其沟道水沙演进过程的最终计算结果即为模型模拟预报的流域出口水沙过程。

模型检验和应用的流域为清涧河流域。为了使模型系统应用于现状下垫面条件,采用的验证资料为研究区域2000年以后的典型场次洪水资料,包括洪水过程、输沙过程,数据来源为黄委水文局提供的黄河流域水文、气象资料。

考虑到吴龙区间各支流入黄把口站离黄河干流有一定距离,形成吴龙区间面积11 333 km²的未控区间。作为清涧河流域水沙产输模拟技术研究的拓展,亦将模型应用到吴龙区间未控区。其中,干流河道水沙演进的侧向边界入流条件为数字流域模型的计算结果,结合河道地形和下边界条件,完成未控区水沙产输过程的计算。研究区域拓扑关系如图5-2所示。

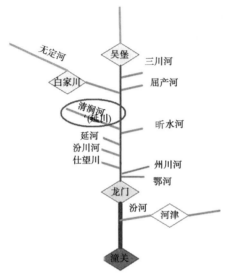

图 5-2　研究区域的拓扑关系

5.2　流域产流产沙预报数字流域模型

5.2.1　数字流域模型原理

清华大学开发的黄河数字流域模型(TUD – Basin)是一个大尺度流域高分辨率动力学模型平台。从空间结构上看,数字流域模型通过"坡面产流,逐级汇流"的组织方式将4个层次的模型整合成一个模型系统;从逻辑结构上看,数字流域模型是包括数据层、模型层和应用层的模型系统。在数字流域模型平台的支撑下,流域水沙模拟具有以下特点:首先,模型基本单元是河段及其对应的坡面,河段以二叉树河网编码索引,编码本身表明了河段间的连接关系和河网结构;其次,采用自然支流的形式划分流域,标记每个子流域的级别和序号;再次,采用关系型数据库管理流域河网和模型数据;最后,采用二叉树编码进行河网分解,实现了动态并行计算,提高了模型计算效率。

数字流域模型在黄土高原丘陵沟壑区的应用,需要合理考虑各动力学过程特点,分别建立合适的模型公式。在黄土高原丘陵沟壑区，坡面上端为地势平缓的峁顶，主要发生溅蚀。雨滴对表土的冲击作用可使含沙量达到 $500 \sim 700~kg/m^3$。峁顶地表漫流，向峁坡逐渐汇集，冲刷形成细沟和浅沟，其间沙量得到补充，含沙量可达到 $900~kg/m^3$。

峁坡与沟道之间为沟坡区，坡面破碎，坡度达 $40° \sim 60°$。峁坡上的浅沟往往通过跌坎与沟坡区的切沟相连，而切沟同时紧临沟道。此处水流淘刷作用明显，经常发生崩塌、滑坡等重力侵蚀，进入沟道的含沙量可达 $1~000~kg/m^3$。

黄土高原的沟道按其规模可以分为毛沟、支沟、干沟和河道。其中，毛沟和支沟数量众多，由于过水断面很小，极易受到来水来沙的影响而经常改变形态。作为水沙的输运通道，沟道中经常出现冲淤变化等现象。例如，靠近沟头部分的支沟、毛沟坡降很大，受水流作用容易被淘刷；而当重力侵蚀频繁发生导致含沙量过高时，坡降较小的沟道中可能发生淤积。

在黄土高原的地貌组成中，沟坡是坡面和沟道的交界面，与坡面和沟道共同组成了黄土高原区的沟坡系统。较一般的水沙源区，黄土高原地区有沟坡区需要单独考虑并概化建模。参照前述分析，黄土高原流域的侵蚀产沙过程概化为三个相互衔接的子过程：坡面产流产沙过程、沟坡区重力侵蚀过程和沟道水沙演进过程。采用坡面和沟道形式的基本单元，对上述 3 个子过程分别建立模型，将子模型按照符合自然过程的衔接方式集成。

5.2.2　河网编码与分区技术

对流域水沙过程的模拟预报通常需要覆盖很大的时空范围和较高的时空分辨率，对流域模拟的数据量和计算量提出了很高要求。高效管理流域数据的结构化数字河网，是支撑高效运算的关键技术之一。

李铁键等最早提出了基于二叉树的河网编码方法，提供了简单直接的表达上下游关系与主次关系的方式，并在此基础上实现更复杂的河网拓扑关系运算。与使用不完整 P 编码时可能需要的多次搜索或多结果搜索相比，该方法提高了搜索特定河段的效率。同时，为了适应大规模河网的管理需求，进一步研究并提出了分区分级编码方法，使全流域的所有河段及其间的逻辑关系能够无缝地表示在一起，构成结构化的数字河网。

5.2.3　动态并行计算技术

流域水沙模型提取和使用高分辨率数字河网的同时意味着它需要较传统模型更多的计算资源。水沙模型的并行算法能够将进行高分辨率水沙模拟的需求与日益增长的计算资源联系起来，为实现基于动力学机制的大尺度（$>10^3~km^2$ 级）流域水沙过程模拟开辟可行的途径。

河网分解是实现动态并行水文模拟的核心。相对于静态的流域分解，动态算法的灵活性更强，效率也可更高，其基本原理和过程举例如图 5-3 所示。从图中可以看出，整个流域被动态分解为 16 个子流域进行并行水文模拟：子流域 1、子流域 2 和子流域 3 是第一批，分配给 3 个计算进程同时开始模拟；随后，计算进程每完成当前子流域的模拟，即被分配一个新的子流域继续计算；所有子流域的模拟顺序要服从于上下游依赖关系（见图 5-3（b）中箭头，例如 7→10，位置关系见图 5-3（a）顶端）以传递数据进行汇流计算；流域出口的子流域 16 最后由计算进程 1 单独完成。在子流域分配过程中,所有的源头子流域没有水流汇入,均可优先计算;同时,距离流域出口越远的子流域,越应优先计算。

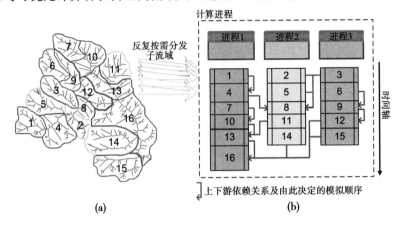

图 5-3　动态分解河网进行并行计算的示意图

河网动态分解过程中要反复进行河段间逻辑关系的判断。同时,汇流和水沙演进的过程要按从上游至下游的顺序模拟。为有效地处理这种依赖性及计算顺序,采用基于二叉树的结构化河网编码方法辅助河网分解算法实现。与静态的域分解算法相比,动态的河网分解算法具有灵活性和可伸缩性,但同时动态算法中的任务分配过程也具有不确定性。如果把河网看成一种"树"结构,随着并行计算的进行,河网会逐渐趋于"串行化",可并行计算的子流域数目逐渐减少,越来越多的 CPU 会处于闲置状态而不能进行模型计算。这主要是由于上游子流域在完全完成计算之前,其紧邻下游子流域不能进行计算;下游子流域的计算上边界条件是上游子流域的计算结果。这使得在动态并行水文模拟执行前,并行效率难以预计,确定最优的并行化参数比较困难。

为此,引入刻画流域河网并行计算的两个指标:极限加速比(USR)和最优并行度(OP)。在荷载均衡的条件下,USR 和 OP 都是由河网结构本身决定的。USR 反映了并行计算的极限速度,与计算机硬件条件无关;OP 则表示为实现 USR 的最优并行效果,所需要的最少 CPU 数目。当 CPU 数目大于 OP 时,并行计算效果不会改善。经过理论分析,可以得到:

$$USR = \frac{M}{T} \tag{5-1}$$

$$OP = \max\left\{ n \in N \mid n = \text{Ceil}\left[\frac{CW(x)}{x} \right] \text{for all } 1 \leqslant x \leqslant T \right\} \tag{5-2}$$

式中:M 为河段总数;x 为河网当前层数;T 为河网总层数;$CW(x)$ 为从第一层到第 x 层的累积河段数目。

$CW(x)/x$ 为河网各层河段数目的累积平均值,在所有累积平均值中选取最大项,即为 OP。

5.2.4　系统数据组织

系统集成首先是数据的集成。各计算模块所需和计算产生的海量数据均存储在

Oracle数据库中,数据库内的各个表数据类型如表5-1所示。数据库内的表数据包含模型的选用、边界条件和入口条件的输入,计算结果的输出等模型运行的全部内容。

表5-1　TUD – Basin 系统数据库内的表数据类型

表名	类型	表名	类型
BASINMODEL	TABLE	RAINHOUR	TABLE
DEFINEDNODES	TABLE	REGIONCONNECTION	TABLE
DISCHARGE	TABLE	RESERVOIR	TABLE
GAUGE	TABLE	RIVERSEGS	TABLE
GLACIER	TABLE	RIVERSPATIAL	TABLE
GRAVITYEVENTS	TABLE	SNOW_SCA	TABLE
HYDROSCHEME	TABLE	STATUS	TABLE
HYDROUSEPARA	TABLE	T	TABLE
NAMETABDAY	TABLE	TVARPARAMETER	TABLE
NAMETABHOUR	TABLE	XAJSTATUS	TABLE
PARAMETER	TABLE	XAJUSEPARA	TABLE
RAINDAY	TABLE		

与产流产沙计算过程直接相关的三个表数据为 BASINMODEL、GRAVITYEVENTS、HYDROUSEPARA。

5.2.4.1　BASINMODEL

表5-2 的功能是实现流域计算的模型组合作用,即不同的子流域可以采用不同的模型进行计算。如果全流域用户采用相同模型计算,则该表仅有一行记录,其中 RE-GIONINDEX 为0表示计算全流域,模型组合对全流域有效;表中参数通过 TUD – Basin 的可视化界面进行设置,默认为 REGIONINDEX =0,产流与产沙模型为LTJYR,汇流模型为AVPM。SCCD 值为任意,但要求数据库中所有表的 SCCD 相同,默认均为1。

表5-2　BASINMODEL 表数据说明

名称	说明	是否为空	类型
SCCD		默认为1	VARCHAR2(20)
REGIONINDEX	分区索引	NOT NULL,全流域计算该值为0	NUMBER(20)
M_RUNOFF	产流模型	LTJYR / XAJ	VARCHAR2(30)
M_CONFLUENCE	汇流模型	AVPM / MUSKINGUM	VARCHAR2(30)
M_SEDIMENTYIELD	产沙模型	LTJYR	VARCHAR2(30)
M_SNOW	寒区模型	SRM	VARCHAR2(30)

5.2.4.2 GRAVITYEVENTS

表5-3用于记录重力侵蚀事件的计算结果,是否计算和保存重力侵蚀可以通过TUD-Basin的可视化界面进行设置,也可以直接修改Oracle数据库中的HYDROUSEPARA表(见表5-4)。

表5-3 GRAVITYEVENTS 表数据说明

名称	说明	是否为空	类型
SCCD	默认为1	NOT NULL	VARCHAR2(20)
REGIONINDEX	分区索引	NOT NULL	NUMBER(20)
BSVALUE	河段编码(1)	NOT NULL	NUMBER(20)
BSLENGTH	河段编码(2)	NOT NULL	NUMBER(10)
HOUROFFSET	h	NOT NULL	NUMBER(20)
MINUTEOFFSET	min	NOT NULL	NUMBER(2)
FD	下滑力(N/m)		NUMBER(15,2)
FR	抗滑力(N/m)		NUMBER(15,2)
PROBABILITY	稳定概率(0~1)		NUMBER(3,2)
AMOUNT	崩塌量(kg)		NUMBER(10,4)
LR	0:左坡面,1:右坡面	0/1	CHAR(1)

5.2.4.3 HYDROUSEPARA

表5-4用于设置LTJYR和AVPM模型参数,以及系统参数和时间参数等。STARTHOUROFFSET记录的是计算开始的时间,用h表示(距离1950年1月1日的小时数),其他意义类似。

表5-4 HYDROUSEPARA 表数据说明

名称	说明	是否为空	类型
SCCD	默认为1	NOT NULL	VARCHAR2(20)
UPWATERCONTENT	表层土含水量	NOT NULL	NUMBER(4,3)
MIDWATERCONTENT	中层土含水量	NOT NULL	NUMBER(4,3)
DOWNWATERCONTENT	深层土含水量	NOT NULL	NUMBER(4,3)
STARTHOUROFFSET	计算开始时间(h)	NOT NULL	NUMBER(20)
ENDHOUROFFSET	计算结束时间(h)	NOT NULL	NUMBER(20)
STARTYEAR	开始年份	NOT NULL	NUMBER(4)
STARTMONTH	开始月份	NOT NULL	NUMBER(2)
STARTDAY	开始时间(d)	NOT NULL	NUMBER(2)
STARTHOUR	开始时间(h)	NOT NULL	NUMBER(2)
ENDYEAR	结束年份	NOT NULL	NUMBER(4)

名称	说明	是否为空	类型
ENDMONTH	结束月份	NOT NULL	NUMBER(2)
ENDDAY	结束时间(d)	NOT NULL	NUMBER(2)
ENDHOUR	结束时间(h)	NOT NULL	NUMBER(2)
PREPAREHOURS	模型预热时间(h)	NOT NULL	NUMBER(4)
STATUSTIME	Status 表数据的保存周期(h)	NOT NULL	NUMBER(4)
MAXBRANCHES	并行计算最大切割粒度(个)	NOT NULL	NUMBER(5)
MINBRANCHES	并行计算最小切割粒度(个)	NOT NULL	NUMBER(5)
CALCREGION	流域 RegionIndex 值	NOT NULL	VARCHAR2(100)
EFORMULA	土壤蒸发公式	FuBP/exponential	VARCHAR2(20)
THETAB	毛管断裂含水率(0~1)	NOT NULL	NUMBER(5,4)
THETAW	凋萎含水率(0~1)	NOT NULL	NUMBER(5,4)
N	FuBP 曲线指数,决定其光滑程度	NOT NULL	NUMBER(5,1)
E0_A	FuBP 曲线参数,蒸发/供水能力	NOT NULL	NUMBER(5,4)
CALCRSVUP	0 / 1,0 不计算水库节点	0	NUMBER(1)
SOILEROSIONEQUATION	土壤侵蚀公式:Xue / RevisedXue	NOT NULL	VARCHAR2(10)
CALCSEDITRANS	0/1,是否计算坡面产沙过程	NOT NULL	NUMBER(1)
SEDITRANSCAPF	Fei/Zhang,沟道输沙能力公式	NOT NULL	VARCHAR2(10)
FLUSHCOEF	恢复饱和系数(冲刷时)	NOT NULL	NUMBER(5,4)
SAVEFLOWPATTERN	是否保存河流形态	NOT NULL	NUMBER(1)
CALCGRAVITYEROSION	是否计算重力侵蚀(0/1)	NOT NULL	NUMBER(1)
SAVEGRAVITYEROSION	是否保存重力侵蚀事件(0/1)	NOT NULL	NUMBER(1)
DEPOSITIONCOEF	恢复饱和系数(淤积时)	NOT NULL	NUMBER(5,4)
RAINTYPE	采用时段雨量还是日雨量	NOT NULL	VARCHAR2(20)
GRAVITYEROSIONRATEX	纵向发生重力侵蚀概率	NOT NULL	NUMBER(5,3)
SAVEALLDISCHARGE	0/1,是否保存所有河段的计算结果	0	NUMBER(1)
TIMESTEP	时间步长(min)	NOT NULL	NUMBER(10)

5.2.5 系统操作界面

为了使流域水沙过程模拟计算的操作更为直观,用户可以使用TUD – Basin 提供的可视化界面。在模拟计算启动前,需要进行一系列的参数设置,详见附录2。

5.3 清涧河流域产流产沙预报验证

5.3.1 流域水沙产输的宏观特征

清涧河流域内共有子长和延川两个水文站,集水面积分别为 913 km^2 和 3 468 km^2,均具有自建站年份(子长站为 1959 年,延川站为 1954 年)至今的水沙实测资料。流域内共有井则墕等 15 个雨量站,均具有建站年份(最早为 1970 年)至 2007 年的雨量实测资料。

首先以延川水文站 1954～2010 年水沙实测资料为基础,结合降雨变化特征,分析该流域的水沙变化特征。其中,1954 年、1968 年和 1969 年的年输沙量缺测,需插补。由于该站年径流量与年输沙量线性相关关系十分显著($R^2 = 0.86$),因此,可用这三年的年径流量推求年输沙量,从而得到 1954～2010 年共 57 年的连续水沙序列。

5.3.1.1 研究方法

研究方法选用 Mann-Kendall 非参数检测法和 Pettitt 检测法。

用于趋势检测的 Mann-Kendall 非参数检测法是一种基于秩的方法。与参数检验相比,该方法更适用于气象、水文、泥沙等领域常见的非正态分布的数据。Mann-Kendall 统计参数由下式给出:

$$S = \sum_{i=1}^{n-1} \sum_{j=i+1}^{n} \text{sgn}(X_j - X_i) \tag{5-3}$$

式中:n 为序列的长度;X_j 和 X_i 分别为第 j 年和第 i 年对应的测值,且 $j > i$。

符号函数 sgn 计算如下:

$$\text{sgn}(\theta) = \begin{cases} 1 & \theta > 0 \\ 0 & \theta = 0 \\ -1 & \theta < 0 \end{cases} \tag{5-4}$$

当 $n \geqslant 8$ 时,统计值 S 服从正态分布:

$$\text{var}(S) = \frac{n(n-1)(2n+5)}{18} \tag{5-5}$$

$$Z = \begin{cases} \dfrac{S-1}{\sqrt{\text{var}(S)}} & S > 0 \\ 0 & S = 0 \\ \dfrac{S+1}{\sqrt{\text{var}(S)}} & S < 0 \end{cases} \tag{5-6}$$

式中:Z 为一个正态分布的统计量,$Z > 0$ 表示有上升趋势,$Z < 0$ 表示有下降趋势。

对应 Mann-Kendall 方法,数据序列的斜率一般采用 Thiel-Sen 方法计算。与线性回归得到的斜率相比,这个斜率能够较少受外部异常数据点的影响,按下式计算:

$$\beta = \text{median}\left(\frac{X_j - X_i}{j - i}\right) \qquad (i < j) \tag{5-7}$$

Pettitt 检测也是一种基于秩的检测方法,其统计值 $U_{t,n}$ 计算方法如下:

$$U_{t,n} = \sum_{i=1}^{t} \sum_{j=t+1}^{n} \text{sgn}(X_i - X_j) = U_{t-1,n} + \sum_{j=1}^{n} \text{sgn}(X_t - X_j) \qquad (5\text{-}8)$$

可能的变点存在于满足 $K_{T,n} = \max_{1 \leqslant t < n} |U_{t,n}|$ 的 T 点,并按下式估计 p 值:

$$p = 2\exp\left(-\frac{6K_{t,n}^2}{n^3 + n^2}\right) \qquad (5\text{-}9)$$

对于给定的 p 值,先计算出满足显著性水平的 $K_{T,n}$ 的临界值,然后通过将这个临界值与所有的 $U_{t,n}$ 在图表中对比发现统计显著的变点。另外,在本节中,检测到第 1 个显著变点后把序列分为两段,再在这两段中分别应用 Pettitt 检测搜索其他显著变点并继续分段,直到所有分段中均不能检测到显著变点。

5.3.1.2 结果分析

1. 趋势分析

首先采用线性回归和 t 检验进行趋势检验,结果如表5-5 所示。年降雨量呈现不显著 $(p > 0.1)$ 的增加趋势,速率为 1.12 mm/年,为多年平均(1970~2007 年)年降雨量的 0.24%;年径流量以 0.231 mm/年的速率减小,为多年平均(1954~2010 年)年径流量的 0.58%,为一般显著($p < 0.1$);年输沙模数则有十分显著的减小趋势($p < 0.01$),减小速率为 175 t/(km² · 年),为多年平均(1954~2010 年)年输沙模数的 1.83%。

表 5-5 流域年径流量和年输沙模数序列的趋势检验结果

方法	变量	均值	趋势	百分比	显著性水平
线性回归	年降雨量	463 mm	1.12 mm/年	0.24%/年	$p > 0.1$
	年径流量	39.8 mm	−0.231 mm/年	−0.58%/年	$p < 0.1$
	年输沙模数	9 572 t/km²	−175 t/(km² · 年)	−1.83%/年	$p < 0.01$
Mann-Kendall	年降雨量	463 mm	0.64 mm/年	0.14%/年	$p > 0.1$
	年径流量	39.8 mm	−0.194 mm/年	−0.49%/年	$p < 0.1$
	年输沙模数	9 572 t/km²	−134 t/(km² · 年)	−1.40%/年	$p < 0.01$

进而采用 Mann-Kendall 方法进行趋势检验。结果表明,年降雨量呈现不显著($p > 0.1$)的增加趋势,增加速率为 0.64 mm/年,为多年平均(1970~2007 年)年降雨量的 0.14%;年径流量以 0.194 mm/年的速率减小,为多年平均(1954~2010 年)年径流量的 0.49%,为一般显著($p < 0.1$);年输沙模数则有十分显著的减小趋势($p < 0.01$),减小速率为 134 t/(km² · 年),为多年平均(1954~2010 年)年输沙模数的 1.40%。

由此可见,两种趋势分析方法得到的结果一致,但由于 Mann-Kendall 方法不考虑外部异常值的影响,得到的斜率均比线性回归方法的要小。此外,对比年径流量和年输沙模数的变化趋势,发现泥沙的减少(按百分比变化率计)比径流的减小要剧烈得多。

2. 变点分析

对年降雨量,未发现序列中的显著变点。

对年径流量,发现序列中的第 1 个显著变点位于 1996 年,其显著性水平 $p < 0.1$。进

一步检测,在1954~1996年的子序列中,发现了年径流量的第2个可能变点位于1987年,但不具有$p<0.1$的显著性。在1954~1987年的子序列中,发现了年径流量的第3个可能变点位于1979年,但不具有$p<0.1$的显著性。此外,年径流量序列中无更多的显著变点。因此,年径流量具有4个阶段性变化。

对年输沙模数,发现序列中的第1个显著变点位于1979年,其显著性水平$p<0.05$。进一步检测,在1980~2010年的子序列中,发现了年输沙模数的第2个显著变点位于2002年,其显著性水平$p<0.05$。在1980~2002年的子序列中,发现了年输沙模数的第3个显著变点位于1986年,其显著性水平$p<0.05$。此外,年输沙模数序列中再无更多的显著变点。因此,年输沙模数具有4个阶段性变化。

3.综合分析

针对整个黄河中游地区,已有研究多将1970年作为自然状态与受扰状态的分界点,认为1970年前水沙主要受降雨的影响,1970年后水沙则受水利水保措施和降雨等的综合影响。张建云等指出,河川径流对降雨变化十分敏感,黄河中游降雨减少是河川径流减少的重要原因之一。王霞等指出,黄河中游年降雨量在1956~2000年期间整体处于卜降趋势。对清涧河流域的分析表明,该流域的水沙变化及其对气候变化的响应与整个黄河中游地区的结果相比,存在一定差异。

1970~2007年,流域年径流量与年降雨量的决定系数仅为0.13,二者关系不大;流域年降雨量呈现不显著的增加趋势,这与整个黄河中游地区的结果不一致,降雨序列长度是可能原因之一。同时,流域年降雨量的变化趋势与年径流量和年输沙模数的显著减小趋势不一致,表明以降雨为代表的气候变化可能不是影响该流域水沙变化的最主要因素,水沙变化还受到其他因素的综合影响。

根据年径流量和年输沙模数的变点检测结果,可以推定清涧河流域自然状态与受扰状态的分界点为1980年。将该流域1954年至今的水沙变化特征归为以下阶段,如表5-6和图5-4所示。

表5-6　清涧河流域不同时期对应的水沙年景类型

时段(年)	1954~1979	1980~1986	1987~1996	1997~2002	2003~2010
水沙特征	中水大沙	小水小沙	大水中沙	小水中沙	小水小沙

(1)1954~1979年:流域处于水利水保措施全面发挥作用前的自然状态。水沙之间具有十分显著的相关关系($R^2=0.91$,1980以后$R^2=0.79$)。由于表层土未受保护,造成了即使径流量处于中等水平,输沙模数依然很大的后果,平均来看属于"中水大沙"类型。

(2)1980~1986年:流域处于水利水保措施发挥显著作用的受扰状态。资料显示截至1985年,流域内已建成百万立方米以上水库7座,淤地坝4 428座。其中,1979年淤地坝数量已达1 854座。流域内修建的中小型水库、大量淤地坝和梯田等水利水保工程开始发挥其拦截泥沙、保持水土的巨大作用,使入黄泥沙量显著减少——在年降雨量均值与1979年以前相当的情况下,年径流量均值仅为1979年以前的68%,年输沙模数均值仅为

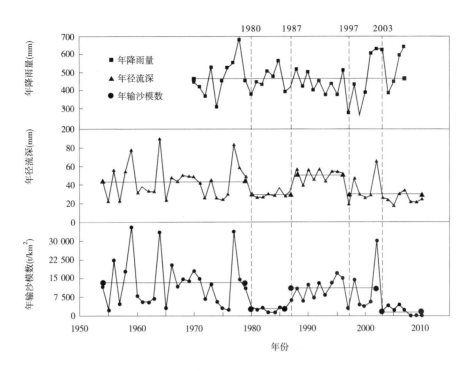

图 5-4　清涧河流域不同时期对应的水沙年景类型

1979 年以前的 1/5，即"小水小沙"类型。特别是在 1985 年降雨量较大的情况下，径流量和输沙模数仍然能够维持在一个很低的水平。

（3）1987～1996 年：流域处于水利水保措施作用减弱的受扰状态。经过一段时间的运行，前期修建的水利水保工程拦沙作用大为减弱，导致入黄泥沙量有所回升。以淤地坝为例，绝大部分淤地坝的拦沙寿命仅为 5～10 年，到 80 年代中期以后，大部分淤地坝已经淤满失效。资料显示，截至 1999 年，淤地坝库容淤损率达到 90.6%。冉大川等指出，1970～1996 年淤地坝减沙量占河龙区间水土保持措施减沙总量的 64.7%。因此，一旦淤地坝拦沙作用减弱，入黄泥沙量增加将成为必然。由图 5-4 可知，该时期的年降雨量与 1980～1986 年差别不大，但年径流量和年输沙模数却都有所增大。这段时期可被定义为"大水中沙"类型。

（4）1997 年至今：流域处于水利水保措施作用重新加强的受扰状态。主要措施包括：①从 1998 年开始实施以大规模退耕还林（草）和天然林禁伐为重点的生态环境建设；②从 2002 年开始实施骨干淤地坝的建设。结果表现为年径流量和年输沙模数都大大减小，其中 2003 年至今的年输沙模数均值为各时期最低。不难发现，1997～2002 年属于反常情况，在年径流量均值较 1987～1996 年减小的情况下，年输沙模数均值未发生变化。究其原因，可能是 1998 年和 2002 年的暴雨洪水导致淤地坝垮坝、入黄泥沙大大增加，提高了这段时期年输沙模数的均值。由图 5-4 可知，若排除这两年暴雨洪水的特殊情况，1997 年至今的年输沙模数一直维持在较低水平，因此 1997 年至今的水沙年景应为"小水小沙"背景下偶见"大水大沙"。

综上所述,在清涧河流域,以降雨为代表的气候变化不是影响水沙变化的最主要因素,水利水保工程措施对水沙变化的影响十分显著,是造成该流域水沙变化的主要原因。水利水保工程措施在开始发挥作用以后,其影响从十分显著到逐渐减弱再到重新加强,呈阶段性变化。

5.3.1.3　水沙产输宏观趋势对水沙预报的启示

以清涧河流域1954 ~ 2010年水沙产输宏观趋势的分析结果可见,流域年径流量和年输沙模数各具有4个阶段性变化。其中,年径流量有1979年、1986年、1996年三个时间变化点;年输沙模数则有1979年、1986年、2002年三个时间变化点。这种径流量和输沙模数的阶段性变化,说明流域内的水沙产输在时间上前后缺少水文上的统计一致性。对于面向未来流域水沙预报要求的清涧河流域水沙产输技术研究,需要以基于物理机制的产输沙动力学过程模型为基础,用2000年以后的水沙资料进行模型的率定和验证工作。

5.3.2　流域河网提取

在基于坡面沟道单元的分布式水文模型中,流域河网拓扑信息是其最重要的输入之一。高分辨率河网可以使得流域的空间离散尺度与专业模型适用尺度相匹配,空间信息的粗化会明显降低模拟精度。清涧河流域为黄河一级支流,流域面积4 078 km²,该区域不仅由于地貌破碎需要采用高分辨率的河网,还由于其洪水和土壤侵蚀过程主要由短历时、高强度的暴雨引起,水沙过程具有很强的非恒定性,要同时采用高分辨率。

河网提取采取TOPAZ模块。如图5-5所示,每个基本产流单元(元流域)由源坡面、左坡面、右坡面、沟道4个部分组成,通过TOPAZ可以得到各个元流域的拓扑属性,例如面积、坡度、长度等信息,并以"记录"的形式存储于数据库表中,见表5-7。其中,只有Stralher级别为1的单元具有源坡面;其他级别单元只具有左坡面和右坡面,在表5-7中的源坡面面积用 – 1标识,表示不存在。在元流域属性中包括了4个值用于表征相邻元流域间的连接关系,即元流域入口和出口的横、纵坐标,坐标值以出入口在DEM输入文件中所对应的行列值来表示,见表5-7中3 ~ 6行属性。可以发现,元流域1的出口坐标与元流域2的入口坐标完全相同,因此元流域1在元流域2的紧邻上游。这样就可以通过该4条属性,将所有河段组织成完整的流域河网。为叙述方便,这里提到的"河段"和"元流域"代表相同的意义,对河段进行的编码即是对元流域的编码。

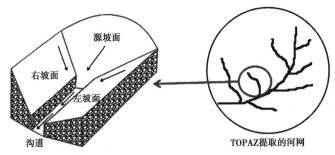

图5-5　由沟道和坡面系统组成的基本产流单元

表 5-7 TOPAZ 提取的基本产流单元属性信息

元流域属性	元流域 1	元流域 2
元流域编号(唯一)	1 625	1 624
Stralher 分级数	1	2
元流域入口所在行	26	53
元流域入口所在列	1 560	1 559
元流域出口所在行	53	70
元流域出口所在列	1 559	1 538
源坡面面积(m^2)	308 289	−1
左坡面面积(m^2)	1 180 681	1 675 911
右坡面面积(m^2)	1 338 105	1 833 335
沟道长度(m)	2 899	3 014
沟道坡度(°)	0.003 1	0.002 3

清涧河流域的数字河网来源于 30 m × 30 m ASTER DEM,采用 TOPAZ 模型按参数 $CSA = 1 \ hm^2$,$MSCL = 100 \ m$ 提取,总河段数约 8 万条,总坡面数约 20 万个,平均坡面面积 2 hm^2,河网提取如图 5-6 所示,局部提取河网与真实地貌对比图如图 5-7 所示。

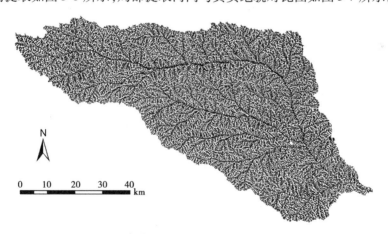

图 5-6 清涧河流域河网提取图

5.3.3 降雨数据处理

降雨是水沙过程预报的重要输入条件,降雨的时空分布特点(暴雨中心的位置、降雨强度以及持续时间等)均会影响水沙产输过程。对于地形复杂、观测站点稀疏的黄土高原地区,降雨时空分布规律复杂,信息不足,会直接造成水文模拟中降雨参数赋值困难。因此,获取复杂地形上的降雨空间分布规律和较小时间分辨率的降雨数据,是利用有限观

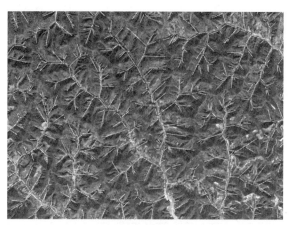

（a）永坪镇北部

（b）清涧县以东

图 5-7　局部河网与遥感图像对比

测站点的数据实施水沙过程模拟与预报的基础。

5.3.3.1　降雨量数据存取

　　流域内任一点的降雨过程是通过分布在全流域的雨量站插值得来的。在降雨量数据库中有两张数据表：一是雨量站索引表，二是降雨量记录表。雨量站索引表中存储着雨量站的信息，包括雨量站的代码、名称、所在点的经纬度坐标、所在的河流等。降雨量记录表中存储雨量站的日降雨或小时降雨序列。为了能够比较准确地反映流域的降雨分布，雨量站的布置要求比较均匀地分布在流域范围。

5.3.3.2　卫星降雨数据的处理应用

　　在流域水文模拟中，降雨数据的时空分辨率直接影响计算效果。以流域上游的子长水文站为例，该站点的控制面积约为 930 km^2，内部及周边可用于产水产沙模拟计算的雨量站点共 11 个，单个站点的控制面积为 84.5 km^2，站点的平均间距为 18.2 km。通常，降雨带的空间尺度从几千米到十几千米不等，区域内站点并不能完全准确地捕捉每一个降雨过程的暴雨中心和空间分布情况。同时，短历时的强降雨过程也可能因降雨记录的时间分辨率过低而被均化。因此，在已知雨量站点的降雨数据基础上，引入其他类型降雨数据（如卫星降雨数据）十分必要。

　　与雨量站点提供的点雨量数据不同，卫星降雨数据作为一种面雨量数据，在时间和空间上均具有连续性。将其作为降雨资料的另一来源，一方面可以丰富输入信息，另一方面也可以为数字流域模型在无资料区的应用作初步尝试。

目前,比较常用的卫星降雨数据主要包括 NOAA 的 CMORPH(Climate Prediction Center Morphing Method)数据集和 NASA 的 TMPA(TRMM Multi-satellite Precipitation Analysis)数据集,两者均融合了多种低轨道卫星传感器的微波观测估计,例如 SSMI、AMSU – B 和 AMSR – E 等。其中,CMORPH 数据集最早始于 2002 年 12 月 3 日,可从 ftp://ftp.cpc.ncep.noaa.gov/获取,其空间分辨率最高可达 0.072 77°(即赤道处 8 km),时间分辨率最高为 30 min,区域覆盖范围为准全球 60°N ~ 60°S、180°W ~ 180°E。TMPA 数据集最早始于 1998 年 1 月 1 日,可从 ftp://trmmopen.gsfc.nasa.gov/获取,其时空分辨率相对较低,空间分辨率为 0.25°,时间分辨率最高为 1 h,区域覆盖范围为准全球 50°N ~ 50°S、180°W ~ 180°E。CMORPH 数据集以及 TMPA 数据集的实时产品(3B40RT、3B41RT 和 3B42RT)在降雨事件发生后数小时内即可在线获取,但仅保留最近 15 d 的数据,可应用于局部洪水的快速分析;而 TMPA 数据集的标准产品(3B42)则一般滞后数月,但由于结合了更多数据,认为其具有更高的可靠性,可应用于流域水文过程的模拟。

首先考虑将 TMPA 标准产品 3B42 数据应用于清涧河流域,选取 2001 年 8 月的两场降雨和 2002 年 7 月一场降雨进行计算和分析。经过坐标转换和数据裁剪等预处理工作,可得到清涧河流域对应区域和时段的卫星降雨数据。图 5-8 所示为 2002 年 7 月 3 日 0 时的清涧河流域 3B42 数据 3 h 平均降雨量。可以看到,位于流域内的栅格为 6 个,接触栅格为 17 个。将 2001 年 8 月两场降雨的雨量站点数据与其所在栅格的卫星降雨数据进行对比,如图 5-9 所示。可以看到,3B42 数据较局部地面雨量站观测到的降雨量略微偏小(斜率约为 0.87),二者在降雨信息上基本符合。然而,部分站点的数据显示在卫星降雨观测值较大的情况下,雨量站点数据则很小(有时为 0),说明雨量站数据并未捕捉到局部的高强度降雨事件,也说明该地区降雨时空分布的复杂性。因此,卫星降雨数据可以作为雨量站点降雨数据的有效补充,为了捕捉暴雨中心,更好地掌握降雨空间分布提供新的支持。在本研究中,卫星降雨数据的处理方法是将 3B42 数据栅格的中心点作为虚拟雨量站,对应的栅格值作为降雨量,加上原有的实际雨量站点,组成新的雨量站点序列。

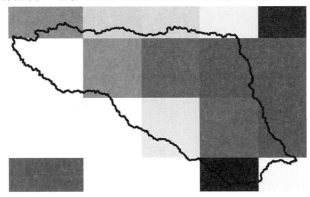

图 5-8　清涧河流域 3B42 数据 3 h 平均降雨量

(注:白色为无降雨栅格)

以 2002 年 7 月 3 ~ 7 日的降雨事件为例,分别计算仅使用实际雨量站点序列和加入虚拟雨量站点后的序列两种情况下子长水文站的洪水过程,结果如图 5-10 所示。从图 5-10

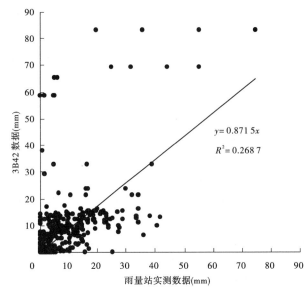

图 5-9　清涧河流域 3B42 数据与雨量站实测数据的对比

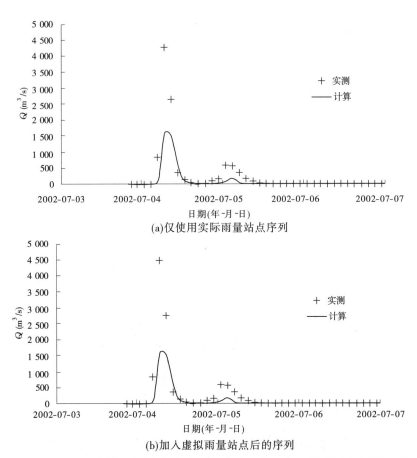

(a)仅使用实际雨量站点序列

(b)加入虚拟雨量站点后的序列

图 5-10　清涧河流域子长水文站 2002 年 7 月 3 ~ 7 日的洪水过程模拟结果

可以看出,卫星降雨数据对模拟结果的影响并不显著,其中纳西效率系数反而略有下降,未能够成为原有降雨数据的有效补充。究其原因,主要是 TMPA 3B42 的时空分辨率都比较低,仍然难以捕捉短历时、高强度降雨过程,导致真实超渗产流过程很可能不超渗或少超渗。这个缺点限制了其在洪水预报中的应用,其数据全球覆盖、数据连贯整齐等优点难以体现。因此,在有资料的小流域、短历时降雨径流模拟中,某些卫星数据相比雨量站数据而言,优势可能并不明显。

尽管如此,将地面雨量站数据与卫星降雨数据结合使用是未来流域水文模拟发展的热点方向。目前,已经出现了更多更新的时空分辨率更高的卫星降雨数据集(例如 CMORPH 数据集、TMPA 数据集的实时产品等),将其进行有效利用,可对流域水文模拟的发展起到不小的作用。这些接近实时的卫星降雨数据具有更新速度快的优势,虽然数据精度尚有提高空间,但仍可应用于降雨事件的洪水快速分析。

5.3.4 边界条件

清涧河流域计算使用的河网已在 5.3.3 部分介绍。雨量站数据来源于流域内井则墕等 15 个雨量站与流域周边白狼城等 14 个雨量站,其中清涧和永坪两站为陕西省观测站点,降雨数据暂缺,单个雨量站的平均控制流域面积为 151.7 km²。最早数据记录年份为 1979 年,最新数据记录年为 2007 年。气象资料均源自黄委水文局的实时雨情数据库,其雨量站的分布如图 5-11 所示。

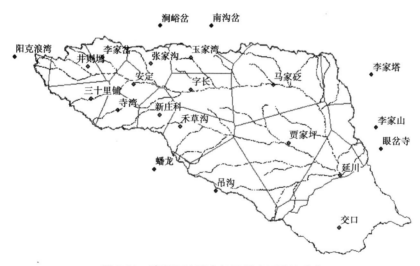

图 5-11 清涧河流域内部及周边雨量站分布

需要指出的是,实时雨情数据中不同站点降雨数据的起止年份、时间步长均有较大差异,时间精度从数分钟到数小时不等。因此,必须对不同精度的降雨数据进行预处理。对较大时间步长的降雨数据,按照该雨量站或临近雨量站的降雨过程特征,进行降尺度处理;对于较小时间步长的,则进行累积处理,最终将降雨数据的时间步长统一为 2 h。

从下垫面状况看,流域处于温带草原区域,主要地貌类型为黄土覆盖的丘陵沟壑区,并分布有大小不等的塬地,沟缘线以下大部分地面由于植被的重复破坏,沟谷切割深,基岩裸露。该区植被以典型草原为主,辅以少量的森林草原、草甸草原植被。常见的树种有侧柏、油松、杨树、旱柳、白榆、臭椿、刺槐等,灌木主要有柠条锦鸡儿、白刺花、扁核木、酸枣、沙棘、黄刺玫、山桃、沙蒿等,草本植物主要有本氏针茅、大针茅、铁杆蒿、茭蒿、冷蒿、百里香、无茎委陵菜、星毛委陵菜、二裂委陵菜、火绒草等。

　　下垫面的 TM 遥感影像图,土地利用、土壤类型、*NDVI* 指数的分布如图 5-12 ~ 图 5-15 所示。选取的遥感卫星数据源为美国陆地卫星计划(Landsat5)的 TM 影像,共包含 7 个波段,波段 1 ~ 5 和波段 7 的空间分辨率为 30 m,波段 6(热红外波段)的空间分辨率为 120 m。南北的扫描范围大约为 170 km,东西的扫描范围大约为 183 km。该卫星 16 d 覆盖全球一次。这里使用的针对清涧河流域的卫星图像拍摄时间为 2009 年 6 月 30 日,与该区域降雨高峰期重合。将该时段的遥感影像图作为清涧河水沙预报计算的近期下垫面输入条件,具有较强的可信性。卫星源数据经过了标准大气辐射校正、散射校正及几何校正,消除了一部分因地球自转、卫星姿态变化和传感器老化等因素带来的几何畸变。

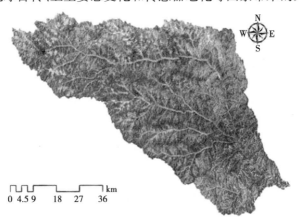

图 5-12　清涧河流域 Landsat 卫星遥感影像图

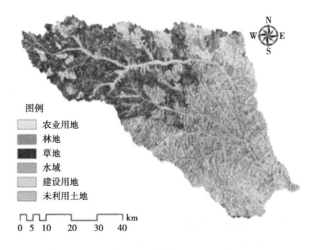

图例
- 农业用地
- 林地
- 草地
- 水域
- 建设用地
- 未利用土地

图 5-13　清涧河流域土地利用遥感图

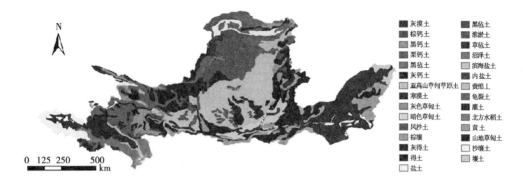

图 5-14　黄河流域土壤类型分布

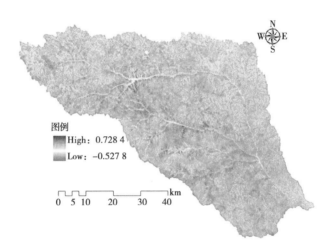

图 5-15　清涧河流域 *NDVI* 分布

　　运用 Erdas 9.1 图像处理软件中的最大似然监督分类法,并依据了中国生态环境数据库土地利用类型解译标准,参考研究区土地利用现状图和全国土地利用分类图,对遥感数据进行解译,得到研究区土地利用图。

　　根据《黄河流域地图集》中 1∶50 000 土壤类型图,得到全黄河流域土壤类型分布图,通过定位清涧河流域可知,该流域的主要土壤类型为黄绵土。

　　利用 Erdas 9.1 和 ArcGIS 9.3 对遥感数据进行预处理,包括影像地理参考坐标系的建立、图像增强及裁剪处理,控制误差在 0.5 个像元以内,在 Erdas 9.1 环境下利用遥感数据计算出归一化植被指数(*NDVI*)。

　　此外,区域内部分水文参数的物理意义明确,或对模拟结果作用不敏感,采用实测值不再率定或调整,如表 5-8 和表 5-9 所示。其中,土壤孔隙率采用黄委 1971 年实测土壤容重,根据土粒比重 2.6 g/cm³ 推算。植被叶面参考截留能力根据相关文献取值。蒸发能力采用经修正的蒸发皿逐月实测值。*LAI* 值采用近年资料给出近似的按月分布,不考虑以上参数的空间分布。

表 5-8 模型主要实测不变参数值

参数	θ_{us}	θ_{uf}	θ_{ds}	θ_{df}	I_0	D_{50}
取值	0.516	0.212	0.522	0.207	2.0 mm	0.08 mm

表 5-9 清涧河流域月均 *LAI* 和实测蒸发能力值

月份	4	5	6	7	8	9	10
LAI	0.109	0.127	0.131	0.793	0.838	0.836	0.563
蒸发能力(mm)	93.3	128.2	155.0	140.0	105.0	67.0	72.3

在模型率定和验证的时段及站点的选取中,2001~2007 年流域内降雨较为丰富,有典型的暴雨过程和较翔实的降雨资料。选取该时段内 5 场典型洪水过程作为模型的率定时段,另选该时段内 3 场洪水过程作为模型的验证时段。其降雨场次表见表 5-10。

此外,由于子长水文站以下雨量站密度低,而研究区域高强度降雨范围一般不大,因此子长水文站以下的高强度降雨较难真实地追踪刻画,模拟的不确定性较高。所以产流产沙模型的率定和验证站点选取子长水文站,流域把口站延川水文站则只作为模型的应用站点。其选用时段同样参见表 5-10。

表 5-10 清涧河流域率定、验证、应用降雨场次

水文站	场次	1	2	3	4	5
子长	模型率定起	2001-08-16	2002-05-10	2002-07-03	2006-08-25	2006-09-20
	模型率定止	2001-08-16	2002-05-12	2002-07-07	2006-08-27	2006-09-24
	模型验证起	2001-08-17	2002-06-18	2007-09-01		
	模型验证止	2001-08-22	2002-06-20	2007-09-02		
延川	模型应用起	2002-07-02	2006-07-30	2006-09-20		
	模型应用止	2002-07-08	2006-08-03	2006-09-23		

5.3.5 模型率定(子长水文站)

首先以子长水文站的实测径流数据率定降雨径流模型的主要参数,然后考察流域面内的径流模拟结果。计算选用降雨过程实测资料,主要降雨过程的采样间隔大致为几分钟至几小时,计算时间步长取为 6 min。模拟的时间范围为 2001~2006 年汛期的 5~9 月的 5 场洪水过程。子长水文站控制流域的 5 场洪水的雨量过程如图 5-16 所示。

模型率定的主要参数如表 5-11 所示。由于资料限制,没有考虑这些参数的空间分布。其中,土壤导水率等对产流计算敏感的参数是以流域出口径流量和洪峰值为目标率定获得的。土壤渗透系数随含水量变化的指数和计算基质势的土壤特征常数取值,参考杨文治和邵明安得到的拟合结果。上层土含水量初值采用实测数据,下层土含水量初值

以基流为目标率定。坡面侵蚀计算的参数是根据实测资料推得的,沟道参数参考相关文献取值。

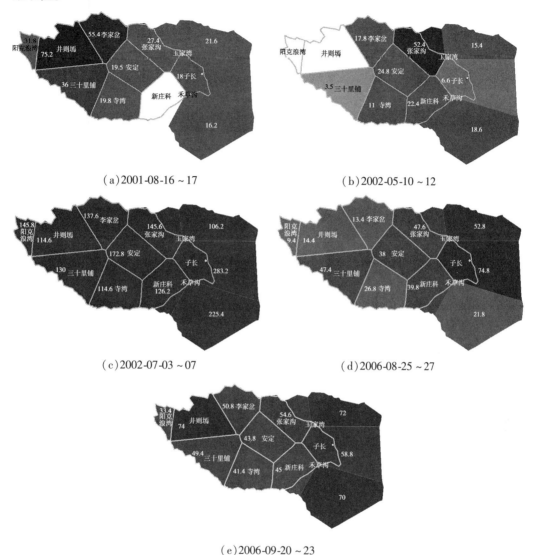

（a）2001-08-16~17 （b）2002-05-10~12

（c）2002-07-03~07 （d）2006-08-25~27

（e）2006-09-20~23

图5-16　子长水文站控制流域率定场次洪水期降雨量分布　（单位:mm）

根据以上参数得到的主要测站计算流量过程与实测值的对比,如图5-17所示,子长水文站的洪量和洪峰统计对比如表5-12所示。其中,模拟过程与实测过程的符合程度用纳西效率系数表示:

$$NSE = 1 - \frac{\sum\limits_{i=1}^{n}(O_i - C_i)^2}{\sum\limits_{i=1}^{n}(O_i - \overline{O})^2} \tag{5-10}$$

式中:C为模型计算值;O为实测值;下标i为数值在计算序列和实测序列中的序号。

表 5-11 模型率定的主要参数值

土壤参数	取值	土壤参数	取值	土壤参数	取值	初始值	取值	侵蚀参数	取值	沟道参数	取值
K_{zus}	3.7 mm/h	$\beta_{k,u}$	8.0	b_d	2.325	$\theta_{u,0}$	0.15 m³/m³	k	3.54 × 10⁻⁷	m	4.0
K_{u-ds}	5.2 mm/h	$\beta_{k,u-d}$	6.0	θ_{ub}	0.15	$\theta_{d,0}$	0.23 m³/m³	β	1.62	n_{ch}	0.08
K_{hu}	5.9 mm/h	a_u	0.674 m	θ_{uw}	0.14					α_E	0.1
K_{hd}	3.6 mm/h	b_u	2.528	N	5					α_D	0.05
n_{sl}	0.20	a_d	0.674 m	E_{pu}/a_0	0.1						

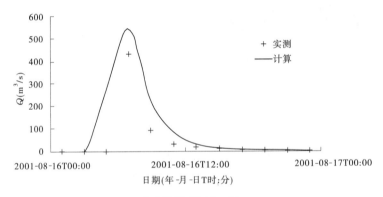

（a）2001-08-16 ~ 17

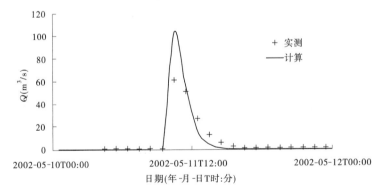

（b）2002-05-10 ~ 12

图 5-17 子长水文站率定洪水计算与实测流量过程

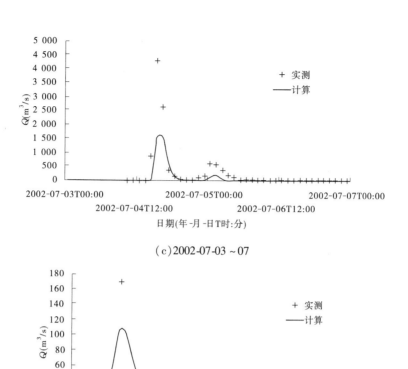

（c）2002-07-03～07

（d）2006-08-25～27

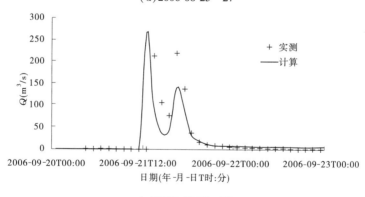

（e）2006-09-20～23

续图 5-17

纳西效率系数为 1,表明模拟与实测序列中的各点均一致;纳西效率系数为 0,表明模型预测值和实测值的均值尚接近;纳西效率系数小于 0,表明预测值不能很好地模拟实测序列。

从降雨径流的率定结果看,模型较好地重现了降雨径流事件,流域内主要测站的模拟与实测日径流过程具有较高的纳西效率系数。同时,率定结果中的月蒸发量和逐日表层土含水量与实测值非常接近,说明了模型结构的合理性。

表 5-12　子长水文站模型率定计算径流结果统计

日期 （年-月）	洪水 场次	实测水量 （亿 m³）	实测洪峰 （m³/s）	计算水量 （亿 m³）	计算洪峰 （m³/s）	水量 比值	洪峰 比值	纳西效率 系数
2001-08	1	0.044	433	0.086	549	1.97	1.27	0.36
2002-05	2	0.014	62	0.014	104	0.99	1.69	0.67
2002-07	3	0.806	4 300	0.373	1 613	0.46	0.38	0.61
2006-08	4	0.024	230	0.024	122	0.98	0.53	0.79
2006-09	5	0.065	94	0.065	165	1.01	1.76	0.14

可以看出,部分流域内场次洪水的模拟径流量具有不同程度的偏差,这主要是由降雨数据引起的。流域内降雨量的空间分布很不均匀,当一个支沟的汇水范围跨越降雨量差异较大的雨量站时,雨量站的代表性不足,使得降雨插值方法对径流结果的影响比较显著,模拟值偏离实际的可能性增大。

另外,雨量站的降雨量记录的时间分辨率从 2 h 到 24 h 不等,在计算过程中需要进行降尺度处理,降雨过程在降尺度时将被均化,而均化后的降雨数据无法准确刻画某些降雨的大雨强过程,因此也无法准确还原流域内的超渗产流过程,这也是某些洪峰在模拟过程中不能有效捕捉的重要原因。

此外,该区域位于黄土高原多沙粗沙区,共建有中小型水库 11 座,淤地坝数百座,其水库的调蓄作用与淤地坝的滞流作用在模型中尚未考虑,这也是未来模型在黄河流域应用需要深入研究的方向。

流域主要产沙过程集中在 5~9 月,对土壤侵蚀和产输沙过程的模拟与分析以这一时段为准。针对率定的 5 场洪水过程,子长水文站率定的来沙过程的纳西效率系数和沙峰统计见表 5-13,计算来沙过程如图 5-18 所示。可以看到,模拟得到的来沙过程与实测值匹配较好,合理再现了每次洪水过程对应的侵蚀产沙过程。但计算的峰形偏瘦,说明输沙量计算结果偏小。

表 5-13　子长水文站模型率定、计算含沙量过程结果统计

日期 （年-月）	洪水场次	实测沙峰 （kg/m³）	计算沙峰 （kg/m³）	沙峰比值	纳西效率 系数
2001-08	1	747	927.32	1.24	0.40
2002-05	2	760	725.66	0.95	0.51
2002-07	3	774	695.71	0.90	0.34
2006-08	4	577	696.02	1.21	0.66
2006-09	5	662	773.31	1.17	0.41

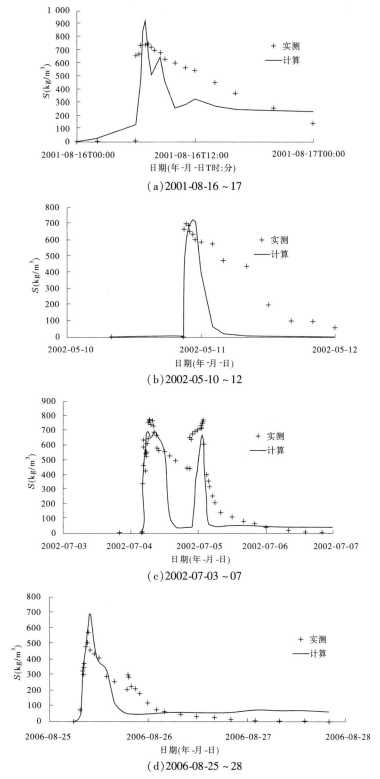

（a）2001-08-16～17

（b）2002-05-10～12

（c）2002-07-03～07

（d）2006-08-25～28

图5-18　子长水文站率定洪水计算与实测含沙量过程

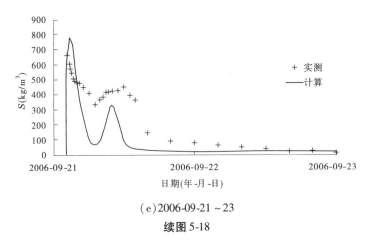

(e) 2006-09-21～23

续图 5-18

5.3.6 模型验证(子长水文站)

采用上述模型率定得到的参数,选取 2001～2007 年 3 场洪水作为模型验证期,模拟计算子长水文站实测径流过程,3 场洪水的降雨分布如图 5-19 所示,计算值与实测值比较如表 5-14 和图 5-20 所示。

(a) 2001-08-17～21

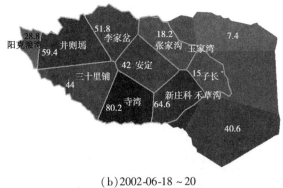

(b) 2002-06-18～20

图 5-19 子长水文站控制流域验证场次降雨量分布 (单位:mm)

（c）2007-08-31～09-02

续图 5-19

表 5-14　子长水文站模型验证计算径流结果统计

日期 （年-月）	洪水 场次	实测水量 （亿 m³）	实测洪峰 （m³/s）	计算水量 （亿 m³）	计算洪峰 （m³/s）	水量 比值	洪峰 比值	纳西效率 系数
2001-08	1	0.083	313	0.169	459	2.03	1.47	0.33
2002-06	2	0.928	863	0.103	634	1.11	0.73	0.6
2007-09	3	0.019	81	0.017	36	0.93	0.45	0.46

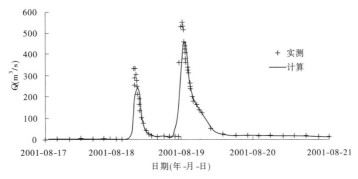

（a）2001-08-17～22

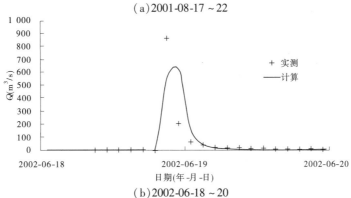

（b）2002-06-18～20

图 5-20　子长水文站 3 场验证洪水计算与实测流量过程

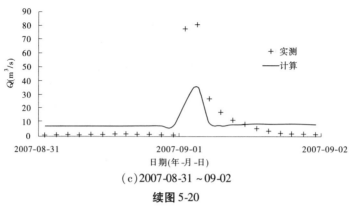

（c）2007-08-31～09-02

续图 5-20

可以看出，模型验证的洪水过程的模拟效果相比验证效果略差，但仍能有效地刻画洪水过程，其误差原因除模型参数的固定外，降雨因素的影响同样不可忽略。对应这 3 场洪水过程，子长水文站验证的来沙过程的纳西效率系数和沙峰统计见表 5-15，计算来沙过程如图 5-21 所示。从计算结果来看，模拟得到的来沙过程与实测值匹配较好，合理再现了每次洪水过程对应的侵蚀产沙过程。但总体上，计算获得的沙峰偏瘦，说明模型给出的输沙量偏小。

表 5-15　子长水文站模型验证计算来沙过程结果统计

日期 （年-月）	洪水场次	实测沙峰 （kg/m³）	计算沙峰 （kg/m³）	沙峰比值	纳西效率 系数
2001-08	1	678	771.16	1.14	0.40
2002-06	2	836	770.98	0.92	0.28
2007-09	3	693	454.80	0.66	0.69

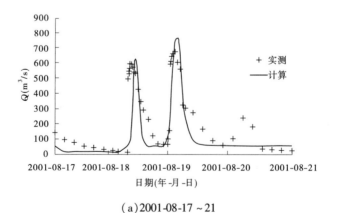

（a）2001-08-17～21

图 5-21　子长水文站 3 场验证洪水计算与实测来沙量过程

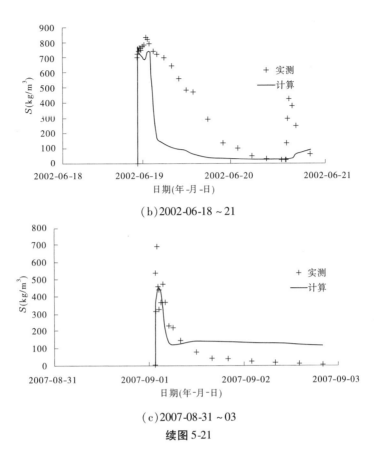

（b）2002-06-18~21

（c）2007-08-31~03

续图 5-21

5.3.7　模型应用（延川水文站）

延川水文站为清涧河入汇黄河干流的把口站。以延川水文站为模型的应用站点,在清涧河全流域进行产流产沙模拟计算。延川水文站控制流域面积 3 468 km²,控制雨量站点 22 个,单站控制面积 157.6 km²,站点平均间距 12.5 km。由于延川水文站集水区域内的降雨站点密度小于子长水文站以上的站点密度,降雨对模型计算精度的影响可能更大。

模拟的时间范围为 2001~2007 年汛期的 5~9 月的 3 场洪水过程。其模拟结果的相关统计信息分别如表 5-16、表 5-17 所示,径流模拟与来沙过程模拟结果分别如图 5-22、图 5-23 所示。可以看出,模型对产流过程的模拟结果总体是可以接受的,误差的主要原因与子长站相同,且由于雨量站更为稀疏,降雨因素的影响更大。

表 5-16　延川水文站模型应用计算径流结果统计

日期 （年-月）	洪水 场次	实测水量 （亿 m³）	实测洪峰 （m³/s）	计算水量 （亿 m³）	计算洪峰 （m³/s）	水量 比值	洪峰 比值	纳西效率 系数
2002-07	1	1.199	5 025	0.963	2 923	0.80	0.58	0.81
2006-07	2	0.063	180	0.031	140	0.49	0.78	0.75
2006-09	3	0.165	347	0.223	528	1.35	1.52	0.63

表 5-17 延川水文站模型应用计算来沙过程结果统计

日期 （年-月）	洪水场次	实测沙峰 （kg/m³）	计算沙峰 （kg/m³）	沙峰比值	纳西效率 系数
2001-08	1	743	1 286.14	1.73	-0.04
2002-06	2	466	504.89	1.08	0.03
2007-09	3	718	526.42	0.73	0.06

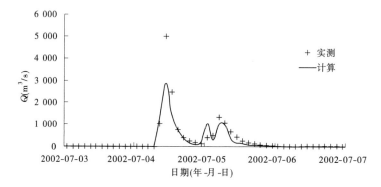

（a）2002-07-03～07

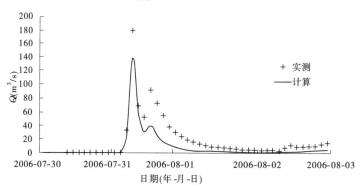

（b）2006-07-30～08-03

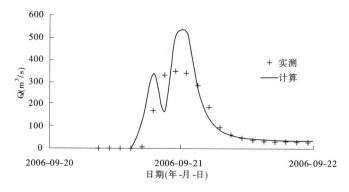

（c）2006-09-20～22

图 5-22 延川水文站模型应用洪水计算与实测流量过程

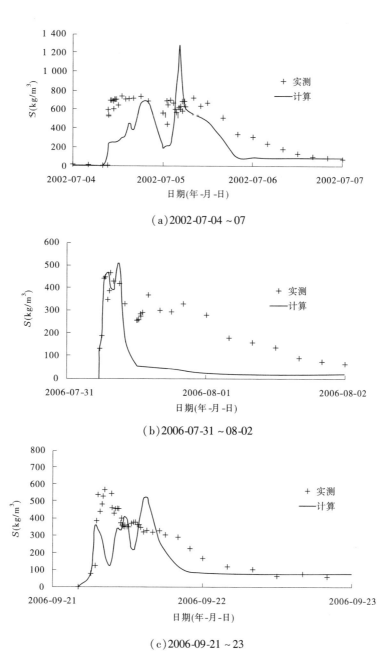

（a）2002-07-04～07

（b）2006-07-31～08-02

（c）2006-09-21～23

图 5-23　延川水文站模型应用的计算与实测来沙量过程

对于来沙过程的刻画相比来流来说难度更大,这 3 场洪水的沙峰捕捉的效果是可以接受的,但总体纳西效率系数不高。究其主要原因是洪水过程中沟道输沙的级配变化尚不能在模型中体现,这也是未来数字流域模型产沙模块的改进方向之一。

5.3.8　小结

以清涧河流域为例,分析了 1954～2010 年流域径流和输沙的演变趋势,表明了年径流量和年输沙模数各具有 4 个阶段性变化。其中,年径流量有 1979 年、1986 年、1996 年 3

个时间变化点；年输沙模数则有 1979 年、1986 年、2002 年 3 个时间变化点。这种径流量和输沙模数的阶段性变化，说明流域内的水沙产输在时间前后缺少水文上的统计一致性，需要开展基于物理机制的暴雨洪水的产输沙过程预报研究。

数字流域模型定位于大范围、高分辨率的基于物理机制的水沙过程模拟预报。在通过遥感与 DEM 数据获取近期地形与下垫面参数的基础上，将模型应用于清涧河流域的子长水文站、延川水文站。计算结果较好地重现了 2001～2007 年 6 场洪水的降雨—径流—产沙—输沙过程，各测站的计算与实测径流和输沙过程均具有较好的一致性。计算结果与实测值的误差主要是由降雨数据的时空精度等引起的。淤地坝、水库等的影响未在模型中考虑，这是误差形成的重要原因。

为了弥补地面雨量站的密度不足，尝试将 TMPA 卫星的雨量信息以虚拟站点方式进行补充，参与清涧河流域子长水文站 2002 年 7 月洪水的计算，重新计算对原结果修正并不显著。主要因洪水多由局部的短历时、强降雨形成，降雨数据精度不足带来明显误差。尽管具有数据连贯整齐、时间分辨率较高的优点，卫星降雨数据在清涧河等中小尺度流域的应用仍受到其时间和空间分辨率限制。

5.4　模型输入与参数不确定性

降雨存在显著的空间不均匀性。用于地面降雨测量的雨量站具有一定的密度和空间布局，是对降雨时空过程的抽样记录，由此推算流域降雨并进行水沙模拟引入较大不确定性。

本节首先选取清涧河流域 3 场汛期降雨，分析每场实测降雨数据的时空差异，并进行雨量站分组，分析降雨数据的不确定性。随后变换雨量站的数量和组合，运用模型反复模拟水文站的径流过程，分析径流模拟结果的不确定性。将径流模拟结果与流域平均降雨的不确定性进行对比，评价降雨输入与模拟误差的相关性及其变化规律，初步分析流域水文模拟对降雨空间不确定性的响应规律。

5.4.1　降雨时空差异与不确定性

在清涧河流域内，子长水文站以下的雨量站密度明显较低，比子长站以上更加难以真实刻画降雨的空间分布。此处只研究降雨时空差异性对模拟子长站以上降雨径流过程的影响。

子长水文站以上涉及雨量站 11 个，平均控制流域面积 83 km^2。选取前文模型率定和验证的 3 场典型降雨过程，各场降雨的特征见表 5-18。3 场降雨的径流过程规模不等，实测洪峰分别处于不同的量级，可使本书分析具有一定代表性。

分析各场降雨中不同站点间降雨数据的差异性，并进行聚类分组。分别考虑降雨总量和降雨过程，进行两步分析：第一步针对不同站点之间场次降雨总量，采用一种分层聚类（$p < 0.05$）的方法，对 3 场降雨中各个站点进行分类；第二步是对不同雨量站之间的雨量序列进行相关关系统计（$p < 0.05$）。基于以上两步分类，最终确定了 3 场降雨各个站点分组。2001 年的降雨场次中，各雨量站共分为 8 组；2002 年的降雨场次中，各雨量站共

分为6组;2006年的降雨场次中,各雨量站共分为6组。将互有相关关系的站点用同一颜色深度标识在泰森雨量分布图上,分组结果及各站点记录雨量如表5-19、图5-24所示。

表5-18　3场降雨径流特征参数

场次	降雨起止时间 (年-月-日)	流域平均降雨深 (mm)	流域实测径流深 (mm)	流域计算径流深 (mm)
1	2001-08-16	34.2	4.7	7.0
2	2002-07-03~07	144.9	86.9	40.1
3	2006-07-30~08-03	27.5	1.5	0.5

表5-19　3场降雨各站点信息

编号	站点名称	该站点控制面积所占百分比(%)	各场次各站点雨量(mm)及分组					
			2001-08-16		2002-07-03~08		2006-07-30~08-03	
1	子长	7.48	18.0	1a	283.2	2a	42.8	3a
2	井则墕	16.37	75.2	1b	114.6	2b	23.8	3a
3	李家岔	11.17	55.4	1c	137.6	2b	24.8	3a
4	三十里铺	15.19	36.0	1d	130.0	2c	30.4	3a
5	安定	12.31	19.5	1d	172.8	2d	15.4	3b
6	张家沟	10.02	27.4	1a	145.6	2b	36.2	3c
7	寺湾	12.79	19.8	1e	114.6	2e	22.4	3a
8	新庄科	10.88	0.0	1f	126.2	2b	32.6	3d
9	玉家湾	0.13	21.6	1g	106.2	2b	46.4	3e
10	禾草沟	0.09	16.2	1h	225.4	2f	35.6	3a
11	阳克浪湾	3.57	31.8	1d	145.8	2b	27.4	3f
	总计	100	8组		6组		6组	

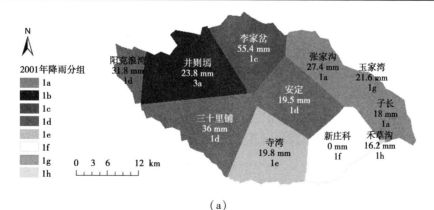

(a)

图5-24　各场降雨雨量站分组结果

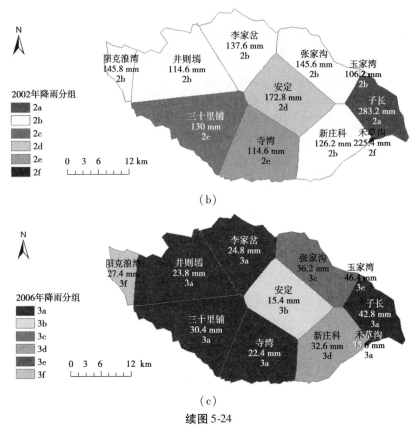

（b）

（c）

续图 5-24

以 2002 年降雨为例对分组结果进行分析,发现子长(2a)和禾草沟(2f)两站降雨与其他所有站点之间的差异都很明显。其他站点主要编入 2b 组,编入 2c、2d、2e 组的 3 站降雨总量较 2b 组的更大,但降雨过程是基本一致的,如图 5-25 所示。从图中还可以看出,子长水文站的特点在于降雨量显著更大,禾草沟的差异则主要在于降雨过程与其他站不同。2002 年降雨尚属于覆盖全流域的大暴雨,11 个雨量站的实测降雨中即具有显著的统计差异;所选 2001 年、2006 年降雨属于中小规模,其空间分布和过程差异更显著,不再

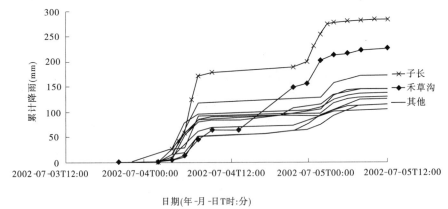

图 5-25　2002 年场次降雨各雨量站降雨累计曲线

详细列出。

雨量站分组结果表明,多数站点的雨量记录在空间和时间尺度上都有显著差异。雨量最大的站点为暴雨中心,记录的总雨量达到其他站点的 2～5 倍,但在当前雨量站密度下,暴雨中心往往只涉及 1～2 个站点,例如 2001 年井则塌,2002 年、2006 年子长、禾草沟。从降雨过程看,部分站点降雨起止时间比其他站点延后几个小时甚至 1 d,且出现图 5-25 所示降雨序列显著不同的情况。

降雨的时空差异均会对模型模拟造成较大影响,增加或减少雨量站将会引起径流模拟结果的显著改变。使用 11 个雨量站测量 913 km^2 范围内的降雨分布,必然存在不确定性,设不确定区间宽度为 U_0。由于不具备降雨空间场的详细数据,本书无法确定 U_0 的具体值,为了分析实测降雨的不确定性,通过减少雨量站点,可以得到加大后的不确定区间宽度 $U_0 + U'(k)$,其中 k 为减少的站点数目。对 U' 与 k 的关系进行分析,即可初步得到实测降雨的不确定性规律。为此,采用泰森多边形法计算雨量站减少后不同组合条件下的流域降雨深,绘制箱图(Box Plots),如图 5-26 所示。箱图是一种描述数据分布的统计图,可用于表现定量变量的 5 个百分位点,即 P2.5,P25,P50,P75,P97.5。箱图能很好地反映不同系列数据的范围及变化趋势。箱图中自动检测各系列异常值,其中极端异常值(即超出四分位数差 3 倍距离)用实心点表示;较为温和的异常值(即处于 1.5～3 倍四分位数差之间)用空心点表示。由于各系列中异常值数目极少,此处对箱图整体趋势影响可忽略不计。由图 5-26 可见,随着站点数目减少,不同频率范围的流域降雨深波动区间大部分逐渐加大,反映了降雨不确定区间随雨量站减少而加大。相反,如果在 11 个雨量站的基础上增加站点,降雨的不确定区间则有望减小至小于 U_0。

5.4.2 降雨引起的径流模拟不确定性

对 3 场降雨所有可能雨量站数目(1～11)及不同组合进行模拟计算;其中同一分组内的雨量站随机选取,不再遍历组内的所有可能。对各场次径流模拟结果的 NSE 和径流量(计算/实测)作出箱图,如图 5-27 所示。箱图横坐标为输入模型站点数目,纵坐标为场次径流模拟 NSE 值和径流量(计算/实测)值。

由图 5-27(a)、(c)、(e)可以看出,随着模型输入雨量站的减少,径流模拟结果 NSE 的平均值下降,同时波动区间显著加大。模拟总径流量平均值只是上下浮动,没有显著变化,但波动区间的增大仍然十分显著。同时,对比图 5-26,流域径流量模拟结果波动区间的变化较降雨量波动区间的变化更显著,说明对于研究流域而言,水文模拟对降雨不确定性的响应是十分敏感的,较小的降雨输入变化将导致径流模拟结果出现较大的变化。

针对每场降雨暴雨中心的分析如下:2001 年降雨在采用 10 个站点计算时,如果去掉记录雨量最大的井则塌站点雨量信息(75.2 mm),径流模拟 NSE 从 11 个站点的 0.48 降为 0.18(10 个站点模拟 NSE 次小值);2002 年降雨在采用 10 个站点计算时,如果去掉记录雨量最大的子长站点雨量信息(283.2 mm,见表 5-19),径流模拟 NSE 从 11 个站点的 0.43 降为 0.26(10 个站点模拟 NSE 最小值);2006 年降雨在采用 10 个站点计算时,由于记录雨量最大的站点玉家湾(46.4 mm)所占面积很小(0.13%),如果去掉记录雨量次大的雨量信息(42.8 mm),径流模拟 NSE 从 11 个站点的 0.05 降为 -0.48(10 个站点模拟 NSE 最小值)。由此可见,如果流域暴雨中心数据没能被捕捉输入水文模型,那么模拟效

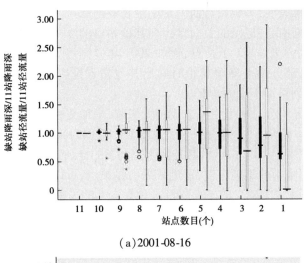

（a）2001-08-16

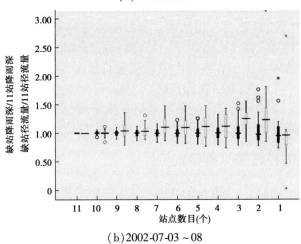

（b）2002-07-03～08

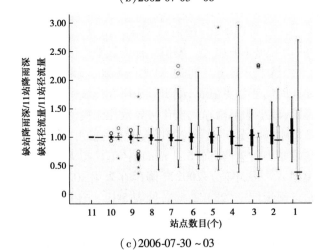

（c）2006-07-30～03

图5-26　各场次降雨径流不确定性结果

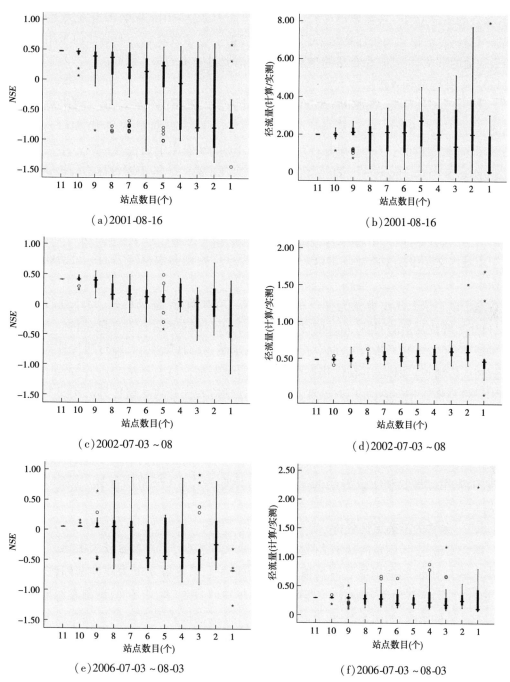

图 5-27　各场次降雨径流模拟结果

果将会大幅变差。换言之,如果雨量站密度更大,能够捕捉到更精确的暴雨量,并界定更精确的暴露中心范围,则模拟效果可得到一定提高。

5.4.3　模型参数的不确定性

水文模型的计算精度往往依赖于参数的合理取值,对于分布式流域模型,参数量巨大,参数的率定过程一般需要很大的计算量。目前大多数采用的参数率定方法为反演法,即通过尝试参数得到初步计算结果,通过结果反馈进行参数率定。但是如何采用最有效和最快捷的方法,得到较为合适的参数组合,则需要进一步的深入研究。

5.4.3.1　并行遗传算法

遗传算法(Genetic Algorithm,GA)是计算机科学人工智能领域中用于解决最优化问题的一种启发式搜索算法,是最为常见的进化算法(EA)。20世纪60年代,Michigan大学的Holland教授提出了GA的思想。70年代初,Holland提出了遗传算法的基本定理——模式定理(Schema Theorem)。80年代,Holland实现了第一个基于遗传算法的机器学习系统——分类器系统,开创了基于遗传算法的机器学习的新概念,为分类器系统构造了一个完整的框架。Goldberg系统总结了遗传算法的主要研究成果,全面而完整地论述了遗传算法的基本原理及其应用,奠定了现代遗传算法的科学基础。自Wang首次将GA方法应用于流域水文预报模型参数率定以来,现已成为水文模型参数率定方面一个活跃的研究方向。

基于以上认识,GA被认为是一种稳定可靠、简单易行、鲁棒性强、易于并行化的方法,可用于解决复杂的问题,尤其值得一提的是其天然固有的并行性。随着科学技术的不断发展,问题规模的不断扩大,面对复杂程度越来越高的搜索空间,串行遗传算法的搜索过程将成倍增长。因此,其在优化效率和求解质量上都显得力不从心。并行程序设计的基本思想是将任务分块,并用多处理器来同时处理这些任务块。遗传算法本身所具备的并行特质使之对并行计算具有很好的适应性,尤其是当对个体的评估需要耗费大量计算时间的时候,这种方法尤为引人注目。

本章所提出的主从式并行遗传算法框架,是在Deb等编写的NSGA原始程序基础上改进的,采用二进制和实数编码的变量,具有低内存需求、高精度计算、少参数共享的优点。

5.4.3.2　参数的不确定性分析

研究发现,在运用黄河数字流域模型进行水文模拟时,部分参数较为敏感,例如地表下渗速率K_{zus}(m/h)对流域径流模拟结果影响很大。以集群系统为硬件基础,通过遗传算法(GA),固定其他所有参数,实施区间内的单独的参数(K_{zus})寻优,刻画参数取值变化对模拟结果的影响,如图5-28所示。可以发现,径流模拟效果对该参数的响应并非单调或者单峰的形式,而是在较大区间内出现了连续的多个峰值。也就是说,如果在通常情况下运用黄河数字流域模型进行水沙模拟,在参数调试时没有注意到参数的全局分布规律,那么有可能确定的参数只是部分区间最优值而非全局最优,进而得到的模拟结果也并非最优。

5.4.4　小结

本节以清涧河流域为例,分析了降雨的不确定性对水文模拟结果的影响。同时应用并行遗传算法,初步分析了模拟结果对参数的不确定性的响应。

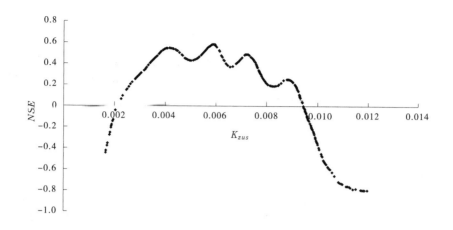

图 5-28　参数(K_{zus})对径流模拟效果(NSE)的影响(2001-08-16)

对研究流域而言,水沙模拟对降雨不确定性的响应十分敏感。较小的降雨输入变化将导致径流模拟结果出现较大的变化。随着输入模型降雨信息的减少,径流模拟结果平均水平递减,且波动范围增大。在一定的水文模型参数条件下,如果暴雨中心数据没能被捕捉输入水文模型,输入的降雨量小于实际雨量,将造成模拟径流量显著偏小,使分布式水文模型的实际应用和参数识别受到了一定程度的限制。未来研究应探索使用降雨时空分布规律和多源数据补充降雨信息,减少降雨输入的不确定性,提高流域径流模拟的精度。

5.5　吴龙区间未控区产流产沙预报

黄河在吴龙区间内沿程支流众多,各支流的把口水文站均不位于支流汇入黄河干流处,不能够涵盖支流所有的实际集水面积。各支流流域中未被把口站控制的区域总和,即吴龙区间未控区。本节尝试将在清涧河流域得到成功应用的数字流域模型(TUD－Basin)进一步应用到该未控区。

5.5.1　研究区域

吴龙区间的未控区位于东经 109.6°~111.2°和北纬 35.6°~37.6°,流域面积 11 333 km²,见图 5-29,图中也标出了各主要支流把口水文站的位置。未控区属大陆性暖温带季风半干旱气候,主要地貌类型为丘陵起伏的黄土地貌。区域内及周边共有 42 个雨量站,其分布如图 5-30 所示。

5.5.2　河网提取

采取与清涧河流域相同的提取河网方法,得到未控区的河网信息,如图 5-31 所示。其中,流域的数字河网来源于未控区 30 m × 30 m DEM,采用 TOPAZ 模型按参数 *CSA* =

1 hm^2, $MSCL = 100$ m 提取, 总河段数约 24 万条, 总坡面数约 60 万个, 平均坡面面积 1.8 hm^2。

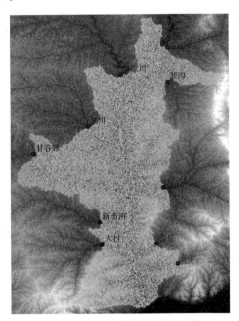

图 5-29　未控区间地理位置

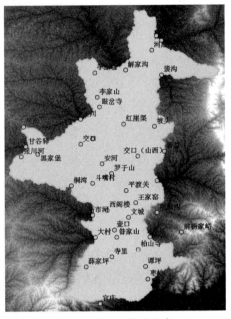

图 5-30　未控区雨量站分布

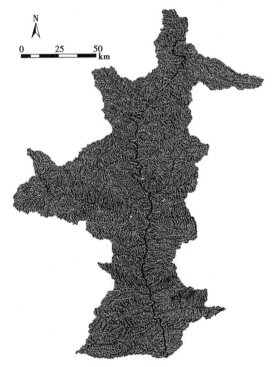

图 5-31　未控区河网提取图

5.5.3　边界条件

雨量站数据来源于流域内及周边解家沟等42个雨量站(见图5-30),单个雨量站的平均控制流域面积为257.8 km²,雨量站平均间距为16.0 km,分布间距已接近TRMM卫星栅格间距。最早数据记录年份为1980年,最新数据记录年为2007年。气象资料均源自黄委水文局的实时雨水情数据库。

从下垫面状况看,未控区由北向南,处于温带草原区域向温带森林区域过渡地带,年降雨量450~550 mm,土壤为黑垆土、黄绵土、山地灰褐土。该区的草原植被成分在黄土丘陵上占较大优势,分布面积广,具有典型代表性的植被类型有本氏针茅草原、白羊草草原、兴安胡枝子草原、茭高草原等,灌木主要以中旱生和旱中生植物为主,如白刺花、扁核木、杠柳等,且灌丛植被生长发育快、分布广,一般在森林草原地带的阳坡以沙棘、酸枣、荆条、野枸杞,阴坡以虎榛子、三桠绣线菊、黄刺玫等组成并有规律的分布。

该区的森林植被主要生长在石质山地的阴坡半阴坡及荫蔽的山坡中下部和沟谷中,其树种主要有油松、柴松、云杉、辽东栎、白桦、山杨、椴树等为主组成了纯林或者混交林类型。

下垫面的TM遥感影像图、土地利用、NDVI指数分布如图5-32~图5-34所示。

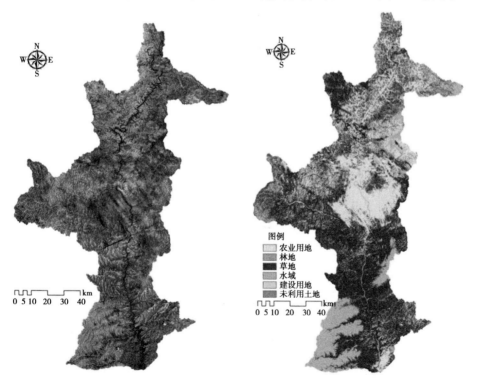

图例
农业用地
林地
草地
水域
建设用地
未利用土地

图5-32　未控区 Landsat 卫星遥感影像　　　图5-33　未控区土地利用遥感

模型在未控区应用的水文参数的确定和率定方法均参照前文的清涧河流域进行。不同的是,除区域的降雨过程外,未控区间的水沙演进计算还同时需要考虑各支流以及干流把口站的入汇情况,这也是计算龙门站水沙过程的重要输入边界条件之一(见图5-35)。

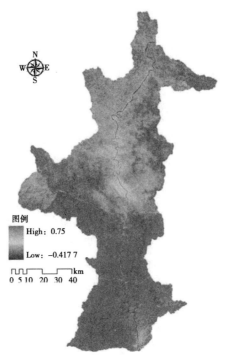

图 5-34　未控区 *NDVI* 分布

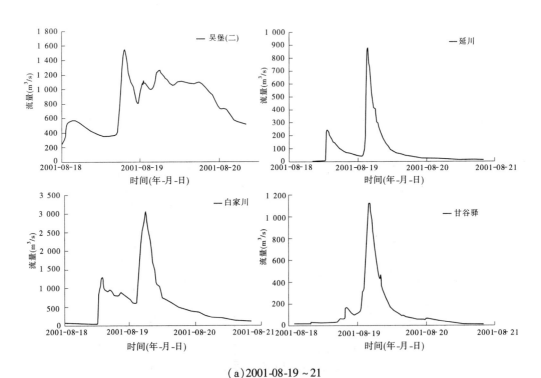

（a）2001-08-19～21

图 5-35　未控区各支流把口站洪水过程

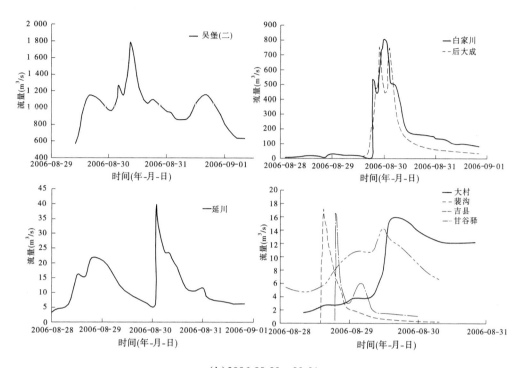

（b）2006-08-29～09-01

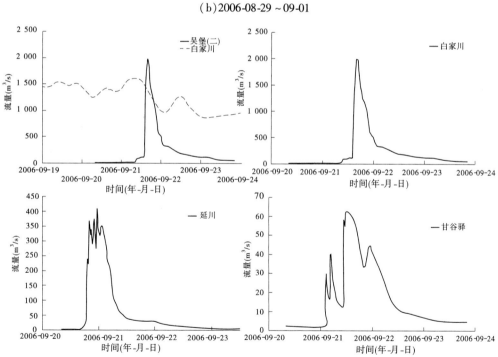

（c）2006-09-19～24

续图 5-35

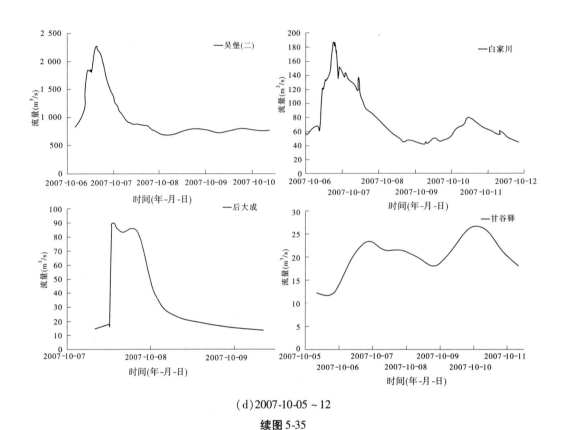

(d) 2007-10-05 ～ 12

续图 5-35

在模型应用时段的选取中,该区域内 2001 ～ 2007 降雨较为丰富,有典型的暴雨过程和较翔实的降雨资料。选取该时段内 6 场典型洪水过程作为模型的应用时段。其降雨场次表如表 5-20 所示。

表 5-20　吴龙区间未控间产流产沙模型应用降雨场次

站点	场次	1	2	3	4	5	6
龙门	模型应用起 (年-月-日)	2001-08-19	2002-07-04	2003-08-25	2006-08-29	2006-09-22	2007-10-06
	模型应用止 (年-月-日)	2001-08-21	2002-07-07	2003-08-28	2006-09-01	2006-09-24	2007-10-10

5.5.4　模型应用(龙门站)

以把口站龙门站作为模型的应用站点,在未控区进行产流产沙模拟计算。模拟的洪水过程为 2001 ～ 2007 年汛期的 5 ～ 9 月的 6 场洪水过程。径流过程模拟结果如图 5-36 所示,模拟结果的相关统计信息如表 5-21 所示。

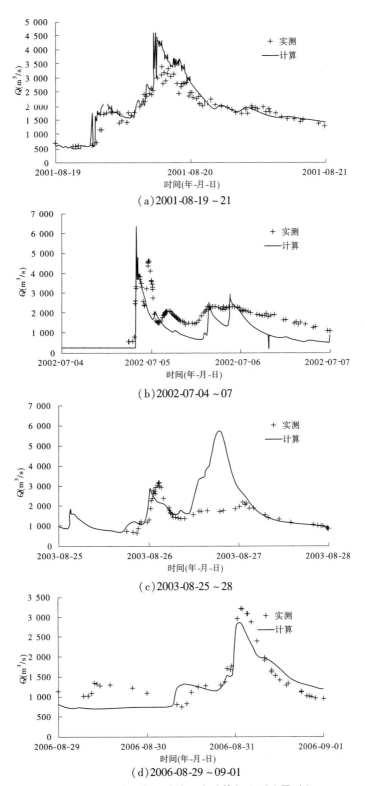

（a）2001-08-19～21

（b）2002-07-04～07

（c）2003-08-25～28

（d）2006-08-29～09-01

图 5-36　未控区龙门站的洪水计算与实测流量过程

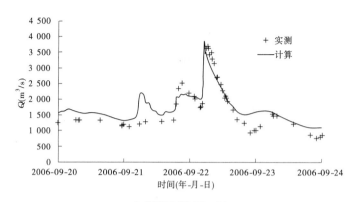

（e）2006-09-20～24

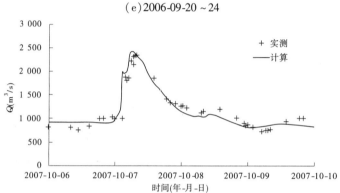

（f）2007-10-06～10

续图 5-36

表 5-21   未控区龙门站模型应用计算径流结果统计

日期 （年-月）	洪水 场次	实测水量 （m³）	计算水量 （m³）	水量 比值	实测洪峰 （m³/s）	计算洪峰 （m³/s）	洪峰 比值	纳西效率 系数
2001-08	1	30 655.93	33 864.73	1.10	3 400	4 607.67	1.36	0.56
2002-07	2	37 459.75	25 124.20	0.67	4 580	6 371.22	1.39	−0.37
2003-08	3	29 873.32	41 564.03	1.39	3 170	5 753.09	1.81	−0.95
2006-08	4	35 449.06	32 583.31	0.92	3 220	2 875.95	0.89	0.75
2006-09	5	51 514.13	59 024.15	1.15	3 670	3 865.44	1.05	0.85
2007-10	6	46 351.84	46 900.23	1.01	2 330	2 431.80	1.04	0.84

　　由以上计算结果可知,各场洪水的主要洪峰过程均被模拟,特别是近期的 3 场洪水,模型模拟效果较好。其中,第二、三场洪水的偏差较大,第二场洪水漏掉了次要洪峰,第三场洪水则出现了一个实际并不存在的计算洪峰。从降雨的影响分析,未控区雨量站分布稀疏,当局部地区发生强降雨而恰好站点附近区域降雨很少,则会出现类似第二场洪水的模拟结果。当局部强降雨中心恰好落在站点区域附近而其他大部分区域无降雨,则易出现第三场洪水的模拟结果。因此,雨量站点分布的空间代表性不足,是模拟出现偏差的重

要原因。

选取洪水模拟较好的 4 场(1、4、5、6),进行未控区产沙计算,结果如图 5-37、表 5-22 所示。

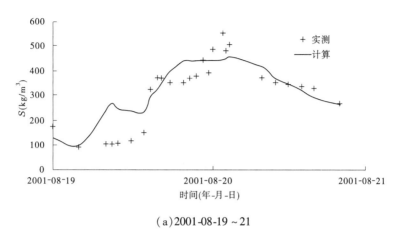

(a)2001-08-19 ~ 21

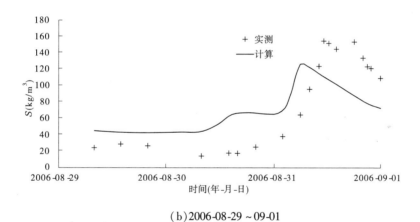

(b)2006-08-29 ~ 09-01

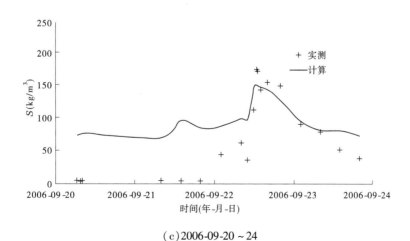

(c)2006-09-20 ~ 24

图 5-37　未控区龙门站模型应用的计算与实测来沙量过程

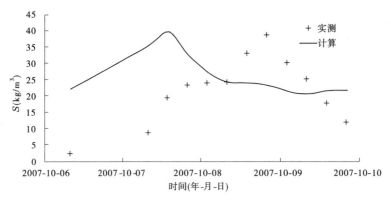

(d) 2007-10-06 ~ 10

续图 5-37

表 5-22　未控区龙门站模型应用计算来沙过程结果统计

日期 （年-月）	洪水场次	实测沙峰 （kg/m³）	计算沙峰 （kg/m³）	沙峰比值	纳西效率 系数
2001-08	1	554	529.31	0.96	0.71
2006-08	4	154	126.26	0.82	0.43
2006-09	5	192	166.40	0.87	0.33
2007-01	6	38.7	40.40	1.04	−0.85

从沙峰比值看,所有的沙峰均能合理捕捉(误差绝对值小于 20%),但是由于存在相位差,第四场洪水的来沙过程的纳西效率系数较低,其原因同样与模型无法充分考虑泥沙粒径级配有关。

5.5.5　吴龙河段水沙输移的水动力学模拟

吴龙河段属于黄河大北干流的下段,为峡谷型河道,河道断面和地形都较为稳定。除应用水文模型进行水沙过程模拟外,若已知各支流把口站的水沙过程,还可以采用水动力学方法进行精细模拟。

5.5.5.1　控制方程

描述长河段水沙运动可采用一维非恒定流方程组。考虑到黄河中游可能的高含沙水流情形,方程组包括水流的质量守恒和动量守恒方程、泥沙对流扩散方程及河床变形方程:

$$\frac{\partial(\rho A)}{\partial t} + \frac{\partial(\rho Q)}{\partial x} = -\rho_0 \frac{\partial A_0}{\partial t} + \rho_l q_l \tag{5-11}$$

$$\frac{\partial}{\partial t}(\rho Q) + \frac{\partial}{\partial x}\left(\rho \frac{Q^2}{A}\right) + \frac{1}{2}gAh\frac{\partial \rho}{\partial x} = -\rho gA\frac{\partial z}{\partial x} - \rho g\frac{n^2 Q|Q|}{AR^{\frac{4}{3}}} + \rho_l q_l u_l \tag{5-12}$$

$$\frac{\partial(C_k A)}{\partial t} + \frac{\partial(C_k Q)}{\partial x} = \alpha B\omega_{s,k}(C_{*k} - C_k) + C_{l,k}q_l = (E - D)_k \tag{5-13}$$

$$(1 - p) \frac{\partial A_0}{\partial t} = - \sum_k (E - D)_k \tag{5-14}$$

式中：t 为时间；x 为沿程距离；z 为水位；Q 为流量；A 为过水面积；A_0 为河床变形面积；g 为重力加速度；p 为床沙孔隙率；B 为过水断面宽；$\rho = C\rho_s + (1 - C)\rho_w$ 为浑水密度，ρ_w、ρ_s、ρ_0 分别为水、沙粒和床沙的密度，$C = \sum C_k$ 为体积比含沙量；C_k 和 C_{*k} 分别为第 k 粒径组泥沙的体积比含沙量和分组挟沙力；R 为水力半径；h 为平均水深；u_l 为支流入流流速，ρ_l 为支流浑水密度；q_l 为单位距离的支流入流流量；C_l 为支流体积比含沙量；$\omega_{s,k}$ 为第 k 粒径组泥沙的有效沉速；n 为床底糙率；α 为恢复饱和系数；$E = \sum E_k$ 为底沙起悬量；$D = \sum D_k$ 为悬沙下沉量。

封闭上述方程组需要补充挟沙力计算公式。这里采用张红武公式，根据黄河上、中、下游水沙资料率定得到的系数：

$$C_* = 2.5 \left[\frac{(0.002\ 2 + C) V^3}{\kappa \frac{\rho_s - \rho}{\rho} gh\overline{\omega}} \ln\left(\frac{h}{6D_{50}}\right) \right]^{0.62} \tag{5-15}$$

式中：卡门系数 $\kappa = 0.4 - 1.68(0.365 - C)\sqrt{C}$；$D_{50}$ 为床沙中值粒径；V 为断面平均流速；$\overline{\omega}$ 为断面平均浑水沉速：

$$\overline{\omega} = \left[\sum_k (p_{s,k} \cdot \omega_{s,k}^{0.92}) \right]^{\frac{1}{0.92}} \tag{5-16}$$

$$\omega_{s,k} = \omega_{0,k} \left[1 - \frac{C}{2.25 \sqrt{d_{50}}} \right]^{3.5} (1 - 1.25C) \tag{5-17}$$

$$p_{s,k} = \frac{\left(\frac{p_k}{\omega_{s,k}}\right)^{0.8}}{\sum_k \left(\frac{p_k}{\omega_{s,k}}\right)^{0.8}} \tag{5-18}$$

式中：d_{50} 为悬沙中径，mm；$p_{s,k}$ 为第 k 组粒径的挟沙力百分比；p_k 是第 k 组粒径的床沙级配。

泥沙在清水中沉速：

$$\omega_{0,k} = \sqrt{\left(13.95 \frac{\nu}{d_k}\right)^2 + 1.09 \frac{\rho_s - \rho}{\rho} g d_k} - 13.95 \frac{\nu}{d_k} \tag{5-19}$$

式中：ν 为水流运动黏滞系数；d_k 为悬沙粒径。

由谢鉴衡方法求解分组挟沙力，即根据悬沙级配求分组挟沙力。将式(5-14)代入式(5-11)，进行密度项分离，可得一维水沙输移的耦合方程组：

$$\frac{\partial U}{\partial t} + \frac{\partial F}{\partial x} = S \tag{5-20}$$

其中

$$U = \begin{bmatrix} z \\ Q \\ AC_k \end{bmatrix}, F = \begin{bmatrix} \dfrac{Q}{B} \\ \dfrac{Q^2}{A} \\ QC_k \end{bmatrix}$$

$$S = \begin{bmatrix} \dfrac{(E-D)}{(1-p)B} + Q\dfrac{\partial}{\partial x}\left(\dfrac{1}{B}\right) + \rho_l q_l \\[3mm] -gA\dfrac{\partial z}{\partial x} - \dfrac{1}{2}gAh\dfrac{1}{\rho}\dfrac{\partial \rho}{\partial x} - g\dfrac{n^2 Q|Q|}{AR^{\frac{4}{3}}} - \dfrac{Q(\rho_0 - \rho)(E-D)}{A\rho(1-p)} + \dfrac{\rho_l q_l u_l}{\rho} \\[3mm] (E-D)_k + C_{l,k}q_l \end{bmatrix}$$

模型为非耦合求解,即首先计算方程式(5-11)和式(5-12)得到断面的水力要素,求解泥沙方程式(5-13)获得冲淤变化参数,再将式(5-13)的计算结果迭代进入式(5-11)和式(5-12)直至收敛。

在求解泥沙对流扩散方程式(5-13)时,一般忽略时变项而简化为恒定输沙,对泥沙连续方程沿程积分,可得应用十分普遍的含沙量计算公式为

$$C = C_* + (C_0 - C_{0*})\mathrm{e}^{-\frac{\alpha B\omega L}{Q}} + (C_{0*} - C_*)\frac{Q}{\alpha B\omega L}\left(1 - \mathrm{e}^{-\frac{\alpha B\omega L}{Q}}\right) \tag{5-21}$$

式中:L 为河段长度;下标 0 为上个单元变量。

式(5-21)仅适用于均匀沙,即沉速 ω 为常数。将该式推广应用于非均匀沙时,应用非均匀沙平均浑水沉速 $\overline{\omega}$ 代替。恢复饱和系数 α 在冲刷和淤积时分别取 1 和 0.25。

采用 Godunov 型格式时,将水面坡度项整个作为源项处理,避开对底坡源项的复杂计算。

5.5.5.2 模拟结果

上述方程组曾成功地应用于黄河下游河道的水沙模拟。在应用到吴潼河段的水沙过程模拟时,需要对壶口瀑布进行特殊处理。壶口瀑布是一个复杂跌坎,将其视作河床陡降的河段,应用 HLL 格式捕捉激波的能力计算河段水面线及水力要素。其中,在壶口瀑布的前后均有插值断面,在壶口瀑布前的插值断面假定在瀑布口沿以上 300 m 处,断面宽度采用壶口瀑布上游川县与吉县峡谷地带的平均河床宽度 300 m,瀑布落差为 30 m。考虑到瀑布下游的龙槽为等宽、龙槽边壁为抗冲性极佳的石槽等因素,瀑布后的断面设在 4.6 km 长的龙槽末端,龙槽的平均宽度为 40 m,深度为 30 m。

受实测资料限制,这里用 2009 年吴龙河段汛期洪水资料检验模型。上游吴堡站及河段内 13 条支流(三川河、屈产河、无定河、清涧河、昕水河、延河、汾川河、仕望川、州川河、汾河、涑水河、渭河、北洛河)的来水来沙资料作为入口水沙条件,下游边界条件为龙门控制断面。

用龙门站的实测资料对计算结果进行检验。图 5-38 给出了龙门站水位过程的计算与实测结果对比;图 5-39 分别给出了龙门站流量过程和含沙量过程的计算与实测的对比。可以看到,流量和水位过程与实测资料吻合较好,洪水峰值和相位能够准确体现,说明模型在水流模拟上较为成功。与水流过程模拟结果比较,含沙量过程的模拟精度有一定下降。虽然沙峰相位和峰值能够合理再现,但计算沙峰偏瘦,计算输沙总量偏小。究其原因,模型计算中虽然考虑了沿程支流入汇过程,但各支流入黄把口站距离黄河干流都有一定距离。这些未控区约占区间流域面积的 20%,其侵蚀产沙量不可忽视。在模型计算中,忽略未控区的产沙量会对计算结果产生一定影响。

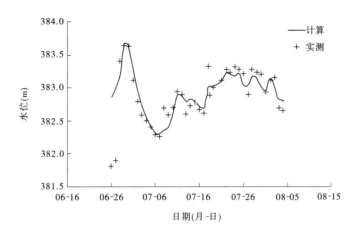

图 5-38　2009 年汛期龙门站水位过程

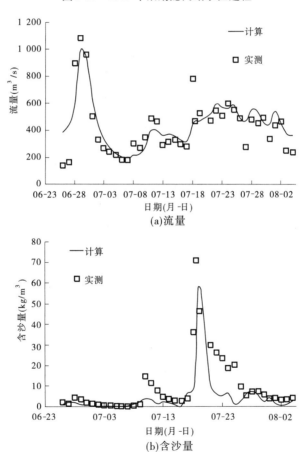

(a)流量

(b)含沙量

图 5-39　2009 年汛期龙门站的流量、含沙量过程

5.5.6　小结

将数字流域模型(TUD - Basin)应用于吴龙未控区进行汛期洪水的水沙过程预报。

在通过遥感与 DEM 数据获取近期地形与下垫面参数的基础上,模型给出了龙门站的暴雨洪水过程预报,较好地重现了未控区的降雨—径流—输沙事件。总体上,未控区的来水来沙过程是可以预报的。

建立了吴龙河段汛期洪水非恒定流不平衡输沙模型。模型采用 Godunov 型有限体积法 HLL 格式求解水流控制方程,并考虑了壶口瀑布陡坎跌水特征。对 2009 年汛期洪水传播过程模拟表明,模型具有模拟吴龙河段洪水演进和不平衡输沙过程的能力。虽然区间主要入汇支流的把口站水沙过程监测数据可用作模型边界条件,但未控区产水产沙量对龙门站水沙过程计算结果具有一定影响。

5.6 结论与建议

5.6.1 主要结论

(1)数字流域模型定位于大范围、高分辨率的水沙过程模拟预报。在通过 DEM 数据和遥感影像获取地形与下垫面参数的基础上,将数字流域模型在清涧河流域与吴龙区间未控区进行了应用。计算结果能够较好地重现典型场次洪水的降雨—径流—产沙—输沙过程,各测站的计算与实测径流和输沙过程均具有较好的一致性。但是,降雨数据的时空精度和一些其他没有考虑水沙产输过程的影响因素(如淤地坝、小水库等调蓄作用),对计算结果具有重要影响。

(2)与卫星降雨、雷达测雨以及其他手段的天气预报融合是流域水沙预报的发展方向。在应用地面雨量站实测降雨数据的同时,分析对比了国际上公开的 3 h 分辨率 TMPA 卫星降雨数据的可用性,将其作为雨量站信息的有效补充参与清涧河流域子长水文站 2002 年 7 月洪水的计算,重新计算对原结果修正并不显著。卫星降雨数据尽管具有数据连贯整齐、时间分辨率较高的优点,但空间分辨率较低(经纬度 0.25° × 0.25°,数据栅格控制面积 25 km × 25 km)的特点,使其无法有效辨识流域内短历时、局部、高强度降雨信息,限制了卫星数据在清涧河等中小尺度流域的应用。

(3)在降雨信息空间密度较小的条件下,水文模拟对降雨输入条件和模型参数的不确定性响应十分敏感,较小的降雨输入变化将导致径流模拟结果出现较大的变化。如果暴雨中心数据没能被捕捉输入水文模型,输入的降雨量小于实际雨量,将造成模拟径流量显著偏小,使分布式水文模型的实际应用和参数识别受到了一定程度的限制。同时,参数对模型模拟结果的影响并非呈现单调或单个峰值的形式,运用数字流域模型进行水沙模拟,在参数调试时需要关注参数影响的全局分布规律。

5.6.2 创新点

(1)以 DEM 数据为依托,以流域分级理论为依据,利用现有的先进信息技术手段,开发了一个完整的黄河数字流域模型(TUD - Basin)。模型依托结构化数字河网和动态并行计算技术,实现了基于动力学机制的大尺度(> 10^3 km^2 级)流域水沙过程模拟。模型在清涧河流域多场次降雨—径流—产沙—输沙过程中得到验证与应用。

（2）研究分析了降雨输入及模型参数的不确定性对数字流域模型水沙模拟结果的影响；采用高分辨率区分不同地貌部位和产输沙子过程的模拟方法，成功研究了流域产沙输沙特征。为今后深入研究模型机制、提高水沙模拟预报尺度奠定了基础。

5.6.3　若干建议

（1）分析清涧河流域的水沙产输趋势表明，流域年径流量和年输沙模数均呈现显著减小趋势，且年径流量和年输沙模数各具有 4 个阶段性变化，表明流域内的水沙产输在时间前后缺少水文上的统计一致性。在流域水沙预报工作中，应用降雨和洪水历史资料建立水沙预报统计模型，需要面对水文不一致性或小样本统计等数学困难，需要开展基于物理机制的水沙预报模型研究。

（2）为了实现满足实践要求的水沙过程预报，流域 - 河道集成模拟预报系统需要时空精度较高的降雨和下垫面数据。同时，流域下垫面条件在人类活动影响下近年来发生了显著变化，淤地坝、小水库等对场次暴雨洪水过程具有明显调蓄作用，需要提高流域降雨预报和下垫面刻画精度的必要性。在现有地面雨量站网的条件下，通过与卫星或雷达测雨数据的融合，有可能能够提高水沙预报的精度。

（3）服务于调水调沙工程应用的水沙过程预报还需要较快的运算速度。为此，数字流域模型采用了并行计算多核运行、数据库存取海量数据等先进技术。尽管如此，清涧河流域（8 万条河段、20 万个坡面）采用 6 min 时间分辨率、20 个 CPU 核心计算需 20 min；吴龙区间未控区（24 万条河段、60 万个坡面）计算，采用 40 个 CPU 核心需 90 min。可见，进一步提高运算速度（例如结合微软 HPC 集群专用计算系统）也是未来水沙预报研究的一个重要方向。

第6章 龙门、潼关含沙量过程预报技术研究

6.1 概 述

6.1.1 研究背景及意义

目前,小浪底水库已经基本进入拦沙后期运用,迫切需要洪水和泥沙预报作为调水调沙的依据,以实现水沙优化调度;在小北干流滩区进行的多次放淤试验也证明,如果要抓住放淤有利时机,实现"淤粗排细"的放淤效果,减少河道淤积萎缩,必须具备一些关键断面(例如龙门站、潼关站)及时、准确的水文预报。这里所述的水文预报,不仅需要预报洪峰流量及峰现时间,也需要预报最大含沙量及其峰现时间,还需要预报洪水流量过程、含沙量过程及满足放淤条件下的洪水流量持续时间。目前,对黄河中游的洪水预报,已具有比较成熟的方法和模型;但对泥沙预报,由于其复杂性,尤其是对具有众多支流汇入的区域,尚未形成较为成熟的含沙量过程预报方法。因此,开展黄河中游含沙量过程的预报研究,需求迫切,意义重大。

黄河中游吴潼区间是黄河洪水泥沙的主要来源区之一,本章研究的任务是对该区域主要控制断面龙门站及潼关站含沙量预报问题进行探索,建立含沙量过程预报模型,为进一步认识黄河中游多支流区域泥沙变化规律,为小浪底水库的防洪调度、小北干流放淤及构建黄河水沙调控体系提供必要的技术支撑。

6.1.2 国内外研究进展

6.1.2.1 含沙量预报模型的研究进展

解决黄河治理问题的关键就是解决泥沙问题。从古至今不乏水利学者参与治理河流泥沙问题的工作。但是与降雨、产汇流等其他水文要素预报的研究相比,国内外对泥沙预报的研究起步相对较晚,大都是从20世纪五六十年代开始的,并且研究的内容和范围也较少,仍处于进一步探索阶段。

泥沙的预报研究主要有产沙输沙模型、最大含沙量预报、含沙量过程预报等。其中,对于含沙量过程预报的研究内容相对较少,应用于生产实际的模型几乎没有。目前对于含沙量过程预报的研究方法主要分为两类:一是水文学方法,包括河道水沙演算方法、输沙单位线模型、统计方法、系统响应函数模型、神经网络模型及时序分析等;二是基于物理机制的水动力学方法,包括一维、二维和三维河流泥沙数学模型。有时为论述方便,还可以对各类方法作进一步划分,例如水文学方法又可以分为概念性模型方法及统计预报方法等。

1. 水文学模型

在国内,包为民提出了水沙耦合模拟概念性模型,分水流模拟和泥沙模拟两部分,水

流模拟部分包含产流、坡面汇流和河道汇流,泥沙模拟部分包含坡面产沙、坡面汇沙、河道产沙和河道汇沙。该模型从概念性角度对泥沙基本规律进行了探讨和研究,将水文学中的汇流概念运用到流域坡面和河道汇沙中,结合时段坡面径流与产沙量的关系,构建了一个具有明确物理意义的流域水流、泥沙耦合模拟的概念性模型。唐莉华、张思聪以物理概念为基础,对流域的产汇流和产输沙过程均采用分布式模型,将产汇流和产输沙一维问题发展成为二维坡面汇流和产输沙问题,进而直接将模型应用于小流域。

Oswald Rendon-Herrero 等采用了输沙总量单位线法,该方法在净雨过程已知的情况下,可以直接推出流域的输沙过程线。J. R. Williams 利用假定含沙量浓度与净雨深度成正比关系及含沙量浓度指数分配,推导瞬时输沙单位线。樊尔兰采用纳须瞬时单位线法来推求悬移质瞬时输沙单位线。通过分析流域内降雨、径流和泥沙资料,推求产沙量与地面径流量的相关方程、瞬时输沙单位线滞时与平均产沙强度的相关方程。李怀恩等把流域概化成由多级河流组成的河网系统,把泥沙随水流的输移过程概化成在河网中的运动。在计算流域次暴雨输沙过程时,采用数学统计中的逆高斯概率密度函数作为瞬时单位线的线型,从而构建了逆高斯分布瞬时输沙单位线模型。

水文学中的线性系统模型也应用到含沙量过程预报中。秦毅等将洪水与输沙率之间的转化过程假定为一个线性系统,以流量过程作为系统的输入、输沙率过程作为系统的输出,用响应函数的方式建立模型,该数学模型称为水沙响应函数模型。杨永德等将流域内降雨引起的输沙率过程与流量过程一样视为线性系统,以降雨过程为输入、输沙率过程为输出,建立了流域输沙响应函数模型。

泥沙输移过程受水沙特性和河道边界条件共同作用,其规律变化无常,是一种复杂的物理过程。从数学角度来看,从流域的降雨和下垫面条件到流域输沙,呈现的是一种复杂的非线性映射关系。因此,仅仅采用线性系统来描述输沙的物理过程显然是不够的,而人工神经网络对于非线性问题的处理具有很强的适应性,于是在 20 世纪 90 年代,人工神经网络逐渐应用于流域产输沙的研究中来。研究分析表明,流域地理地貌、土壤特性、径流和降雨条件等自然因素对流域产沙输沙有较大影响,因此建立神经网络预报的前提是要确定流域产输沙的主要影响因子,去除影响不大的因子。邓新民等采用研究区域内的森林采伐面积、采伐量、降雨量和年平均流量 4 个因子作为模型的输入,利用 BP 人工神经网络进行该流域年平均含沙量预报。张小峰等选择流域降雨条件为基本因子对流域产流产沙进行了建模预测。陈集中考虑了流域内气候、植被和径流特性,选取年降雨量、植被覆盖率、年平均流量和年汛期径流量 4 个因子作为输入,建立了 BP 神经网络预报模型。彭清娥等对 BP 人工神经网络模型进行了改进,采用一维搜索法选取学习速率,解决了人工输入学习速率时引起的一些算法不收敛的问题,改进后的算法可以使网络收敛到局部极值点,提高精度。翟宜峰等进一步探讨了建立智能预报模型的方法,提出了两个提高泥沙智能预报精度的方法:一是通过构造延迟单元,直接从样本模式中提取时间序列特征,使神经网络模型具有对时间序列识别的能力;二是利用遗传算法优化网络初始权重来避免网络训练落入局部极小点,提高预报精度。神经网络模型还被应用到航运和河道泥沙淤积的治理中,于东生等采用 ADCP 资料建立了泥沙含量预测模型,对长江口含沙量进行了研究。

2. 水动力学模型

早在 20 世纪 50 年代初期,国内外已经使用泥沙数学模型计算大型水库淤积、坝下游冲刷、坝区局部河段的冲刷和河流裁弯取直的河床变性问题。随后,泥沙数学模型开始用于研究河口、码头和海岸水流的泥沙运动。我国泥沙模型的研究主要开展于 60 年代,由于条件限制,只能手算,速率很慢。从 70 年代以后,随着计算机的发展,我国一维泥沙数学模型才全面发展起来。进入 90 年代初,二维、三维泥沙数学模型也逐步发展起来。泥沙数学模型求解方法主要有有限差分法、有限分析法、有限元法等,其中有限差分法包括 ADI 法、破开算子法、控制体积法等。

一维泥沙数学模型用来解决大型水库淤积和坝下游冲刷的长河段长时段的泥沙运动及河床演变问题。水动力学模型建立在水流动力学、泥沙动力学和河床演变等基本规律的基础上,由质量守恒定律和动量守恒定律推导出其基本方程,包括水流连续方程、水流运动方程、泥沙运动方程、泥沙连续方程、河床变形方程。其中,模型计算中如果取水流含沙量等于挟沙力,则称为平衡输沙模型,否则为不平衡输沙模型。20 世纪 50 年代初,黄河水利科学研究院采用平衡输沙模式,将水流连续方程和泥沙连续方程联解对河道的河床冲刷变形进行了计算。三门峡水利枢纽工程施工期间,该院在泥沙数学模型的数值计算方法采用了有限差分法对水库和下游河道的泥沙冲淤进行计算。窦国仁利用非恒定流输沙平衡原理对河口河床变形问题进行了分析计算。韩其为将不平衡输沙的概念引入一维泥沙数学模型,建立了非均匀悬移质不平衡输沙模型。王光谦、方红卫建立了一维全沙泥沙输移数学模型 SFST – 1D,对于悬移质泥沙输移,此模型中采用非饱和非均匀输沙方法计算;对于推移质运动,该模型中采用非平衡推移质输沙模式进行计算。

二维泥沙数学模型主要应用短河段、短时段的河床变形、水库淤积、泥沙冲淤模拟计算中,分为两类:一种是平面二维泥沙数学模型,研究垂线平均水流和泥沙因素平面上的变化情况;另一种是立面二维泥沙数学模型,研究水流纵剖面水流和泥沙颗粒垂向分布问题。二维泥沙数学模型的基本原理与一维泥沙数学模型相同,其计算方法主要有有限差分法、有限元法、有限分析法及边界元法等。李义天在二维河床阻力、悬移质挟沙力和分组挟沙力的研究基础上,建立了冲积河道平面变形计算模型。窦国仁推导出在风浪和潮流共同作用下悬移质输移方程和挟沙力公式,建立了河口海岸平面二维泥沙数学模型。窦国仁、赵士清、黄亦芬提出了模拟悬沙、底沙的河道二维全沙数学模型,计算泥沙运动引起的河床冲淤变化等。

三维泥沙数学模型主要用于水流数值模拟。刘子龙、王船海等对长江口三维水流过程采用破开算子法进行了模拟计算。李芳君针对码头疏浚引起的三维泥沙扩散问题建立了数值模型。此外,一、二维连接的泥沙数学模型也逐渐应用于实际工程中。随着河流的利用开发,水库多呈串联状态,多系统不平衡输沙数学模型也开始研究和发展起来。

6.1.2.2 实时校正技术的研究进展

传统预报模型的建立,是以历史数据为依据,通过寻找历史数据的一般性规律,进而确定出模型结构和模型参数,然后用于对未来水文过程的预报。然而,由于一般与特殊的差异性,用传统预报模型预报出的预测值与实测值往往存在一定的误差。在这种情况下,"实时校正"的概念作为一种新的预报技术被引入到水文预报中。当前,"实时校正"技术被应用较多的是在洪水预报中,泥沙预报很少,几乎没有。但只要泥沙预报模型的结构满足建立"实时校正"模型的条件,那么"实时校正"技术也同样可以被应用于泥沙预报中,以提高预报精度。

"实时"是一种计算机用语,它包含两层意思:一是"实际发生的时间",二是操作对象的信息反作用于操作本身。在现代控制理论中,实时预报的核心就是使用"新息"(最新时刻预报值与实测值之差)反作用于系统模型本身,修正系统模型和预报值。在水文上,实时校正是根据收集到的实时信息,自动完成信息的传输和处理工作,然后利用"新息"对预报模型系统的参数、状态变量和预报值进行现实校正。常用的实时校正方法有递推最小二乘法、误差自回归模型、卡尔曼滤波和小波分析等。

20 世纪 60 年代初期,卡尔曼(R. E. Kalmann)等形成了卡尔曼滤波理论,并且提出了一种具有完整理论体系的实时预报方法。1970 年,日本学者 Hino 最先将卡尔曼滤波引入到水文预报研究中,并作了初步尝试研究。1973 年,Hino 又在水文系统在线预报方面作了进一步研究。1978 年,Wood 等利用卡尔曼滤波递推估计方法进行了降雨径流系统响应函数研究。1980 年,美国开始研究如何将萨克拉门托流域模型(美国天气局 NWS 模型)用于实时预报。同年,Kidanidis 等将概化的萨克拉门托流域模型进行实时化处理。1982 年,Posada 采用了一种极大似然法,实现了利用萨克拉门托流域模型进行实时预报的研究。围绕该研究提供的新算法,NWS 模型中参数自动识别及滤波器使用中参数矩阵的确定问题得到了进一步的研究。1986 年,Moll 将确定性洪水演算模型与随机噪声模型结合,对河道出流进行了实时预报。

国内水文科学研究和应用中采用的实时校正技术,主要也集中在洪水预报领域。葛守西采用一般线性汇流模型,结合衰减记忆在线识别、衰减记忆滤波和自适应滤波联合算法,进行了线性汇流模型实时预报的探讨。张恭肃等在建立实时校正模型时,对误差系统的处理,是采纳了卡尔曼滤波的思路对在线递推最小二乘法进行了改进。何少华、叶守泽分别采用卡尔曼滤波法和递推最小二乘法与误差自回归模型联合,运用二级校正来提高模型预报精度。宋星原等建立概念性模型,并完善其自动采集系统,基于洪水预报误差信息,分别对一阶、二阶自回归模型自适应递推、卡尔曼滤波校正方法进行了分析研究。张洪刚、郭生练等将贝叶斯方法引入实时校正模型,并进行了检验。程银才等根据最优加权组合预测模型的原理,提出了差分模型和衰减记忆递推最小二乘法的联合预报模型。

6.1.3 研究内容及技术路线

6.1.3.1 研究内容

黄河中游吴潼区间属于黄河多沙粗沙区,区间支流众多,支流洪水挟带有大量泥沙,是黄河下游泥沙淤积的主要来源。现在的水文预报,大多是洪水预报,泥沙预报方面,虽然进行过最大含沙量预报、沙峰出现时间和无支流区间含沙量过程预报,但对于支流众多且产沙量较大的区间还没有进行含沙量过程预报的研究。目前的实时校正模型,主要是用于洪水预报,尚缺乏含沙量过程预报的实时校正技术研究。所以,本书选择在支流众多的吴潼区间采用水文学及基于系统理论的智能方法进行含沙量过程预报及实时校正技术的研究。具体研究内容如下:

（1）历史资料的预处理。历史水文数据难免有遗漏、误录等情况出现，所以需要对历史资料可靠性进行审查与处理；根据实际预报工作业务要求，设含沙量预报时段为 1 h，所以亦需要将不同时段的历史次洪数据统一插值为 1 h 次洪过程。

（2）建立龙门站及潼关站含沙量过程预报模型。分别建立线性动态系统模型和 BP 人工神经网络模型（本书统称为统计预报模型），以及不平衡输沙预报模型，研究吴龙区间泥沙输移特性，探讨龙门—潼关、华县—潼关河段洪水含沙量演进规律，从而进行龙门站和潼关站的含沙量过程预报。

（3）实时校正预报。实时校正方法大体上分为两种：一种方法是预报与校正模型耦合，形成一个系统，这种方法一般要求预报模型的形式是线性的；另一种方法是预报模型加实时校正模型，即先采用水文预报模型，再加上误差预测模型（如误差自回归模型）对预报结果进行实时校正。本次采用最小二乘自适应算法对线性动态系统模型的参数进行实时递推估计（也相当于一种校正，是对模型参数的校正），再将线性动态系统模型、BP 神经网络模型和不平衡输沙模型分别与误差自回归模型校正模型耦合，实现龙门站及潼关站的含沙量过程实时校正预报。

（4）多模型综合预报方案的研究。不同含沙量预报模型都是从某一侧重面对客观泥沙物理过程的概化和描述，对于同一输入，不同模型将给出不同的预报结果，本书采取基于贝叶斯理论的多模型耦合预报技术对不同预报模型的结果进行综合，发挥不同模型优势，提高预报精度。

（5）含沙量过程预报系统的开发。基于 GIS 技术，开发集线性动态预报模型、BP 神经网络预报模型、实时校正模型及 BMA 多模型综合预报模型于一体的黄河中游龙门站和潼关站含沙量过程预报系统，同时提供诸如数据录入，预报结果图标绘制，基础信息查询、更新、维护等功能。

6.1.3.2　研究方法及技术路线

首先根据需要进行资料的收集和预处理，再分别采用统计模型（其中包括线性动态系统和 BP 神经网络模型）以及不平衡输沙模型进行模拟预报，并针对各模型采用不同的实时校正模型进行校正，最后基于贝叶斯平均理论将 3 个模型预报结果进行多模型综合预报。总体技术路线如图 6-1 所示。

6.1.4　研究区域水沙特性

黄河中游是黄河流域的暴雨集中区和黄河下游洪水、泥沙的主要来源区，该区河道只占整个黄河总长的 22.1%，而中游区面积却占黄河总流域面积的 45.7%，区间入黄支流众多，面积增长率为整个黄河平均值的 2.07 倍。暴雨强度、暴雨位置及笼罩面积对黄河洪水和产沙至关重要。黄河中游河口镇—龙门区间暴雨的显著特征是笼罩面积小，历时短，强度高，且出现时间一般集中在汛期 7 月中旬至 8 月上旬，年际变化大。该地区一次洪水过程中，其洪水和泥沙特征主要依赖于暴雨，所以暴雨是产洪产沙的原动力。

黄河中游地区有 61% 的面积分布在黄土高原，该地区沟壑纵横，地表破裂，入黄支流众多，河道比降陡。所处的黄土高原地区土质疏松，地形破碎，植被稀疏，在高强度暴雨冲刷下往往产生强烈的土壤侵蚀和地层剥蚀，是黄河多沙的根本原因。在黄河三门峡多年

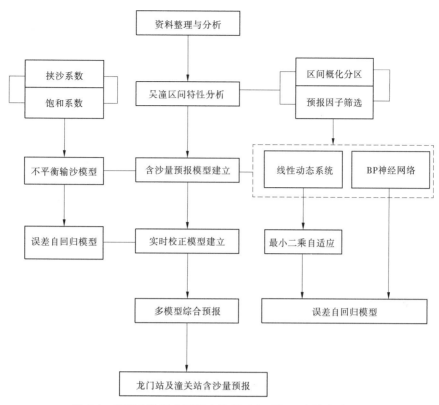

图 6-1　黄河中游吴龙区间含沙量过程预报研究技术路线

平均 16 亿 t 泥沙中,来自中游地区的泥沙占 89%,汛期输沙量占年输沙量的 90%,且汛期泥沙主要集中来自几次高含沙洪水过程。黄河中游为多沙粗沙区,多沙粗沙区面积为 7.86 万 km²,仅占黄河中游区域面积的 23%,产生的泥沙却达到 11.82 亿 t,占整个黄河中游区输沙量的 69%;多沙粗沙区产生的 $d \geqslant 0.05$ mm 和 $d \geqslant 0.10$ mm 的粗泥沙量分别达 3.19 亿 t 和 0.89 亿 t,占整个黄河中游区相应粒级粗泥沙量的 77.2% 和 82.4%。

吴潼区间降雨量年内分配极不均匀,夏季降雨量最多,降雨空间分布也很不均匀,年均降雨量 $\geqslant 25$ mm 的日数,南部多,一般为 3~6 d,北部和西部少,年内雨量 $\geqslant 25$ mm 的天数越多,区间产生暴雨的机会越多。区间内年均降雨量 $\geqslant 50$ mm 的日数少,一般为 0.5~1 d,暴雨出现的频率也比较低,但该地区一次降雨量很大,常常容易形成较大地表径流和洪水过程,加之该地区的复杂地貌,使得洪水挟带着大量泥沙,区间产沙能力大大增加。

6.2　龙门站及潼关站含沙量过程预报模型与方法

目前,对于含沙量过程预报的方法或模型主要分为两类:一是水文学方法,包括河道水沙演算方法、输沙单位线模型、统计方法、系统响应函数模型、神经网络模型及时序分析等;二是基于物理机制的水动力学方法,包括 1-D~3-D 河流泥沙数学模型。本章尝试建立龙门站及潼关站含沙量过程的水文学预报模型,包括线性动态系统模型、BP 神经网络模型及不平衡输沙模型。由于线性动态系统模型和 BP 神经网络模型采用的是相同的预报因子,为描述方便,本章将其统称为"统计预报模型"。

6.2.1 含沙量过程统计预报模型

含沙量过程预报统计模型是指筛选出对相关站含沙量过程有影响的预报因子,通过建立预报因子与相关站含沙量的数量关系来预报其含沙量过程。

6.2.1.1 区域概化及预报因子筛选

为了研究龙门站和潼关站的含沙量过程,先将研究区域分成吴龙区间和龙潼区间。其中,吴龙区间的入黄支流有三川河、屈产河、无定河、清涧河、昕水河、延河、汾川河、仕望川和州川河等 9 条河流。龙潼区间的入黄支流有北洛河、涑水河、汾河和渭河等 4 条河流。其中,吴龙区间 9 条支流的输沙量、泥沙颗粒级配和地理地貌有所差别。根据相关资料可知,主要支流的泥沙分布具有以下规律:

(1)无定河、延河、清涧河、屈产河和三川河是产沙量较大的几条支流。

(2)吴龙区间河段右岸粗沙产量大于左岸粗沙产量,且粗沙的产沙强度由南向北呈增大趋势。

(3)吉县、乡宁和大宁区间,输沙模数相对无定河等所在区域较小,部分地区植被较好,侵蚀强度相对较弱。

根据以上泥沙特性和分布规律,将吴龙区间概化为三个分区,概化图见图 6-2。

(1)A 区:三川河、屈产河、无定河、清涧河,包括的水文站有吴堡、后大成、裴沟、白家川、延川。

(2)B 区:延河、汾川河、仕望川,包括的水文站有甘谷驿、新市河和大村。

(3)C 区:昕水河、州川河,包括的水文站有大宁、吉县。

由于龙潼区间水文站很少,仅有黄河龙门站、汾河河津站、涑水河张留庄站、北洛河南荣华站以及渭河华县站,而且根据资料显示,张留庄和南荣华站的来水来沙极小,可忽略不计,故仅剩龙门站、河津站及华县站,水文站数目过少且地理位置过于分散,故在后面的分析计算中,将龙潼区间作为一个整体处理,不再进一步分区。

影响断面含沙量过程的因素很多,包括洪水流量、含沙量、悬移质泥沙的传播时间、泥沙颗粒级配和河床变形情况等,这些影响因素在水文站实际测量时,不能保证全部可以获得实时测验数据。因此,如果利用吴潼区间所有支流上的影响因素来作为预报模型系统的输入,不但会使得模型结构复杂,也不利于模型的实际应用。本章通过对龙门站及潼关站含沙量的影响要素进行分析,筛选预报因子,并在各分区进行合成计算。

根据物理成因,分别考虑以下三类可能的预报因子。

(1)支流泥沙因子。

龙门站和潼关站的泥沙主要来自吴龙区间和龙潼区间各支流。各支流泥沙直接汇入黄河干流,再由干流汇至龙门断面和潼关断面,造成龙门站和潼关站的来沙量剧增,支流含沙量过程与龙门站和潼关站含沙量过程密切相关,为简化预报方程,在方程中不直接将所有支流的泥沙因子都作为显式变量,而是通过分区合成的途径加以考虑。

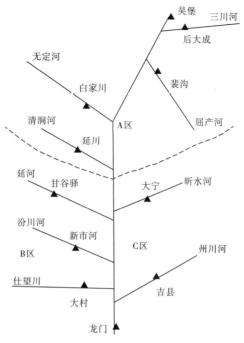

图 6-2 吴龙区间分区概化

对于吴龙区间,如前所述共分为三个分区,对每一分区情况,需将分区内各支流的泥沙进行合成。泥沙合成的表达形式有两种:一是以合成含沙量表达,即以流量加权的方式将各支流的含沙量合成为分区的含沙量(单位:kg/m³);二是以合成输沙率的方式表达,即先进行各支流输沙率计算,然后累加得到分区的输沙率(单位:kg/s)。对统计类预报模型而言,由于建立的是预报变量(例如龙门的含沙量)与预报因子(例如泥沙、降雨、植被、坡度等)之间的统计关系方程,预报变量与因子之间的量纲可以不一致,所以分区的泥沙合成不管按照哪种方式,对最终的预报结果没有影响。本书按照合成输沙率的方式表述分区的泥沙预报因子。公式如下:

$$\begin{cases} Q_{s1} = Q_{s吴} + Q_{s后} + Q_{s裴} + Q_{s白} + Q_{s延} \\ Q_{s2} = Q_{s甘} + Q_{s新} + Q_{s村} \\ Q_{s3} = Q_{s宁} + Q_{s吉} \end{cases} \tag{6-1}$$

式中:Q_{s1}、Q_{s2}、Q_{s3} 分别为 A 区、B 区、C 区的合成输沙率;$Q_{s吴}$、$Q_{s后}$、$Q_{s裴}$、$Q_{s白}$、$Q_{s延}$、$Q_{s甘}$、$Q_{s新}$、$Q_{s村}$、$Q_{s宁}$、$Q_{s吉}$ 分别为龙门断面以上干、支流控制断面的输沙率。

为了书写方便,式(6-1)中分别以 1、2、3 代表吴龙区间的 A、B、C 三个分区,相应地,编号 4 代表龙潼区间(见下文)。

对龙潼区间,由于水文站个数较少,故不进一步分区,不需要计算合成输沙率,在建立潼关站泥沙预报方程时,直接将其上游主要控制断面(龙门、华县)的含沙量或输沙率作为预报因子(本次采用的是含沙量)。

(2)降雨量因子。

黄河中游暴雨历时短、强度大、时空分布比较集中,主要在汛期 7~8 月,平均含沙量达到300 kg/m³，中游产沙量占年输沙总量的75%左右。这主要是因为该地区的降雨常以高强度的暴雨形式出现，再加上地处黄土高原水土流失严重地区。吴龙区间的粗泥沙区主要以黄土地貌为主，梁峁起伏，沟壑密度大，坡度陡，泥沙颗粒粗，植被严重缺乏，这就导致了该地区地面物质稳定性差，容易形成地表径流，加剧了该地区的水土流失，所以降雨是龙门站和潼关站含沙量过程的主要影响因子。由于短历时雨强资料匮乏，所以采用雨量资料作为泥沙预报因子。通过分析发现，与时段雨量相比，流域内的累积雨量与下游河道泥沙具有更好的相关性，故吴龙区间 A、B、C 三个分区以及龙潼区间共 4 个区的面平均雨量计算如下：

$$\overline{P}_{m_i,i} = \sum_{j=1}^{n_i} (P_{m_i,j}/n_i) \quad (i = 1 \sim 4; j = 1 \sim n_i) \tag{6-2}$$

式中：$\overline{P}_{m_i,i}$ 为第 i 分区 m_i 个时段的累计面平均雨量；$P_{m_i,j}$ 为第 j 分区内各雨量站前 m_i 个时段的累积降雨量；n_i 为第 i 分区雨量站数目。

（3）汇沙时间及降雨滞后影响因子。

在每一个分区内，合成输沙率在 $t-\tau_1, t-\tau_2, \cdots, t-\tau_n$（$t$ 为当前时刻，$\tau_{1 \sim n}$ 为非负整数）等不同时刻的输入值都可能对下游龙门断面和潼关断面的含沙量过程产生影响。考虑到既要简化模型结构又要增长模型预见期这个原则，本节在每个分区内，只选择 $t-\tau_i$ 一个时刻的合成输沙率代表该分区的泥沙因素，记为 $Q_{si}(t-\tau_i)$；同理，每个分区内的降雨因素，也只选择 $t-v_i$（v_i 为非负整数）一个时刻的前 m_i 个时段累积面平均雨量为代表，而且为了方便实际应用，通过分析，各分区的 m_i 取相同值。

由于泥沙传播时间的计算目前还没有一个成熟的方法，且从黄河中游干支流洪水来看，有不少沙峰滞后于洪峰，若借用洪水的传播时间来确定相应泥沙传播时间未必合理。所以，本节选取 1980 ~ 2005 年具有代表性的洪水资料率定预报因子的滞时，通过分析场次洪水中各分区以及支流站与相关干流站的沙峰峰现时差确定汇沙时间 τ_i 和降雨滞时 v_i，结果为：

吴龙区间：$\tau_1 \approx 20 \text{ h}, \tau_2 \approx 21 \text{ h}, \tau_3 \approx 17 \text{ h}; v_1 \approx 23 \text{ h}, v_2 \approx 21 \text{ h}, v_3 \approx 18 \text{ h}$。

龙潼区间：$\tau_龙 \approx 25 \text{ h}, \tau_华 \approx 22 \text{ h}, \tau_河 \approx 20 \text{ h}; v_4 \approx 20 \text{ h}$。

对降雨累计时段 m_i，分别取 $m_i = 6 \text{ h}, 12 \text{ h}, 18 \text{ h}, 24 \text{ h}, \cdots$，统计分析不同 m_i 值下相关站含沙量过程与 $\overline{P}_{m_i,i}$ 的相关系数。结果发现，随着时段数的增长，相关系数也在不断增大，而且在 $m_i = 48 \text{ h}$ 往后，相关系数保持在比较稳定的0.75左右，故最终确定 $m_i = 48 \text{ h}$。

综上所述，龙门站含沙量过程 $S_龙(t)$ 的预报因子为 $Q_{s1}(t-20)$、$Q_{s2}(t-21)$、$Q_{s3}(t-17)$、$\overline{P}_{48,1}(t-23)$、$\overline{P}_{48,2}(t-21)$、$\overline{P}_{48,3}(t-18)$；潼关站含沙量过程 $S_潼(t)$ 的预报因子为 $S_龙(t-25)$、$S_华(t-22)$、$S_河(t-20)$、$\overline{P}_{48,4}(t-20)$，其中，符号"$S$"表示含沙量，由于龙门—潼关、华县—潼关的区间不作进一步分区处理，所以建立潼关断面的含沙量预报方案时，对泥沙因子，直接采用其上游龙门和华县断面的含沙量变量。

本节选用吴龙区间 1980 ~ 2005 年各支流含沙量过程完整的共 21 场洪水实测资料，分为两部分：一部分为率定资料，采用 15 场洪水资料，用于建立模型时率定模型参数；另一部分为验证资料，采用 6 场，用于检验率定出的模型预报精度；选用龙潼区间 1980 ~

2005年各支流含沙量过程完整的共19场洪水实测资料,其中13场作为率定场次,6场作为验证场次。

目前尚缺乏对泥沙过程模拟与预报精度进行评定的普遍标准,本次借鉴流量过程预报的精度评定指标来评定含沙量过程预报的精度。对量值的评定:沙峰采用相对误差,峰现时间采用滞时,对过程评定:比较含沙量预报过程线与实测含沙量过程线的拟合程度,评定指标采用确定性系数,计算公式为:

$$D_c = 1 - \frac{S_c^2}{\sigma_y^2}$$

其中

$$S_c = \sqrt{\frac{1}{n} \sum_1^n (\hat{y}_i - y_i)^2}, \sigma_y = \sqrt{\frac{1}{n} \sum_1^n (y_i - \bar{y})^2} \tag{6-3}$$

式中: D_c 为确定性系数; S_c 为预报误差的均方差; σ_y 为预报要素的均方差; y_i 、 $\bar{y}$ 为实测值及其均值; $\hat{y}_i$ 为预报值; n 为资料序列长度。

6.2.1.2 线性动态系统模型

1.预报模型数学表达

线性动态系统的数学模型主要有以下三种类型:一是微分方程和差分方程,二是传递函数和响应函数,三是状态空间方程。本部分建立第一种类型预报模型,并且考虑系统输入、参数随时间变化的情况,这样便构成一个随时间变化的、动态的线性系统模型,称为线性动态系统模型。

根据前文所述,本章含沙量过程预报统计模型筛选的预报因子是吴龙区间和龙潼区间的合成沙量和面平均雨量这两个因子,而所求是龙门站和潼关站的含沙量过程,故建立的是多输入单输出的线性动态系统模型。

一个多输入、单输出的线性动态系统差分模型可表示为

$$y(t) = \sum_{i=1}^p a_i y(t-i) + \sum_{j=1}^q \sum_{i=1}^{N(j)} b_{ji} u_j(t-i) + \varepsilon_t \tag{6-4}$$

式中: $y(t)$ 为模型在未来 t 时刻的输出; $y(t-i)$ 为模型在 $t-i$ 时刻的值; $u_j(t-i)$ 为第 j 个影响因素在 $t-i$ 时刻的输入; a_i 为模型参数, $i = 1,2,\cdots,p$; p 为模型阶数,表示模型 t 时刻的输出值与自身前 p 个时刻的值相关; b_{ji} 为模型参数, $i = 1,2,\cdots,N(j)$, $j = 1,2,\cdots,q$; q 为其他影响因素的个数,其中每个影响因素共有前 $N(j)$ 个状态影响当前 t 时刻的模型输出; ε_t 为随机误差,代表其他所有因素的综合影响。

结合筛选的预报因子,最终确定的龙门站和潼关站含沙量过程预报的线性动态系统模型的结构分别为

$$\begin{cases} S_龙(t) = a_1 Q_{s1}(t-20) + a_2 Q_{s2}(t-21) + a_3 Q_{s3}(t-17) + a_4 \overline{P}_{48,1}(t-23) + \\ \qquad a_5 \overline{P}_{48,2}(t-21) + a_6 \overline{P}_{48,3}(t-18) \\ S_潼(t) = b_1 S_龙(t-25) + b_2 S_华(t-22) + b_3 S_河(t-20) + b_4 \overline{P}_{48,4}(t-20) \end{cases} \tag{6-5}$$

式中: $S_龙(t)$ 、 $S_潼(t)$ 分别为龙门断面和潼关断面在未来 t 时刻的预报含沙量; $Q_{si}(t-\tau_i)$

为第 i 分区 $t - \tau_i$ 时刻输入的合成输沙率；$\overline{P}_{48,i}(t - \nu_i)$ 为第 i 分区 $t - \nu_i$ 时刻前 48 h 累计面平均雨量；$i = 1 \sim 4$；$a_k(k = 1 \sim 6)$，$b_r(r = 1 \sim 4)$ 为模型系数，采用衰减记忆最小二乘法递推确定。

2. 模型参数估计方法

本书将采用衰减记忆最小二乘法来率定模型参数，它是线性最小二乘估计法的一种。

线性最小二乘估计法是目前应用最广泛的系统参数估计方法。最小二乘原理的应用只要确定权矩阵，不需要预先知道与观测误差分布相应的分布，因而在复杂的情况下，也可以应用最小二乘原理求解。最小二乘算法是适用于线性模型方程参数估计的，但对于复杂的非线性问题，可以先化为线性模型，再利用最小二乘算法求解。最小二乘算法应用方便，水文预报中常常使用最小二乘原理来率定模型参数。

线性动态系统模型方程的一般形式可以写为

$$y_k = X_k \boldsymbol{\theta} + \boldsymbol{\varepsilon}_k \qquad (6\text{-}6)$$

式中：y_k 为系统输出向量，k 维；X_k 为系统输入矩阵，$k \times n$ 维；$\boldsymbol{\theta}$ 为系统参数向量，n 维；k 为系统输入、输出变量的观测数据组数；n 为系统参数的个数，一般来说，$k \gg n$；$\boldsymbol{\varepsilon}_k$ 为模型噪声向量，即预报值与实测值之间的误差，k 维，因为估计的参数和预报值都是对真实系统的一种逼近，凡是系统估计模型都有这个误差的存在。

对于任何水文预报系统，只要将系统的预报模型的数学形式转换成式(6-6)的形式，就可以实现参数的最小二乘估计。

确认模型参数的估计结果是"最优"的最小二乘准则是：用估计的模型参数还原率定系统的输出估计值与已知的实测值的误差平方总和达到最小。相应的估计参数 $\hat{\boldsymbol{\theta}}$ 就称为最小二乘估计值。这种求解模型参数的方法就称为最小二乘估计法。由此可知，最小二乘估计准则的目标函数记为

$$E\{\boldsymbol{\theta}\} = \sum_{i=1}^{k} e_i^2 = \boldsymbol{e}_k^{\mathrm{T}} \boldsymbol{e}_k = \min \qquad (6\text{-}7)$$

一个运行中的实时预报系统，当每增加一组新观测数据后系统企图进行参数变化计算时，如果只是使用离线最小二乘估计，系统就不能利用新数据信息获得最新的系统输入矩阵，而根据历史数据离线求出的模型参数在系统运行一段时间后已经无法适应现在的情况，也就无法对当前时刻的输出作出准确预报。这就需要使用递推最小二乘法进行模型参数估计。

递推最小二乘法的原理是根据当前时刻输入与输出的信息给现时预报误差一定权重，用来校正模型参数或模型预报值，实现模型预报的实时校正。递推最小二乘法理论完善，方法简便，预报结果较好，是动态参数在线识别的主要方法。根据实时校正时所利用的误差序列的长短，递推最小二乘估计可以分为以下几类：一是无限记忆在线最小二乘估计，二是有限记忆递推最小二乘估计，三是衰减记忆递推最小二乘估计和时变遗忘因子递推最小二乘估计。

衰减记忆最小二乘估计就是将无限最小二乘目标函数的等权结构改为加权结构来实现加权递推计算。将等权目标函数式(6-7)改写为

$$E\{\boldsymbol{\theta}\} = \sum_{i=1}^{k} \rho^{k-i} e_i^2 \tag{6-8}$$

式中：ρ 为加权因子，$0 < \rho \leqslant 1$，若 $\rho = 1$，就是等权情况。

加权最小二乘法在更高层次上概括了普通等权方法。

从式（6-8）可知，当 $i = k$ 时，即资料序列当中（$i = 1 \sim k$）当前时刻最新一组数据所求出的残差 ε_k 的权重 $\rho^{k-k} = 1$ 为最大，k 逐个向前减小时，ε_k 的权重则从 $\rho, \rho^2, \rho^3, \cdots, \rho^{k-1}$ 逐个依次减小，由于减少趋势是呈指数次方关系，ρ 的大小对于权重的衰减速度影响很大。

ρ 的大小对系统估计存在着影响，有关数据显示，当 $\rho = 0.6$ 时，在最小二乘估计中只有不超过 9 组的数据起作用；当 $\rho = 0.9$ 时，起作用的数据有 30 ~ 40 组；当 $\rho = 0.99$ 时，有 400 多组数据起作用；当 $\rho = 0.999$ 时可记忆到 3 000 多组数据；当 $\rho = 0.999\,9$ 时可以记忆的数据达到万组以上。

衰减记忆最小二乘估计反映了在用加权和目标函数进行系统参数估计时，离当前时刻越久远的资料，即 $k - i$ 越大时，其计算的残差 ε_k 作用越微小。所谓"衰减记忆"，即是指系统记忆历史资料的能力是随时间的增加而逐步衰减的。

当观测数据从第 k 组向第 $k + 1$ 组递推时，按照式（6-8）的原理，最新观测数据 $\boldsymbol{x}_{k+1}$ 和 $\boldsymbol{y}_{k+1}$ 的权重为 1，过往观测资料 $\boldsymbol{x}_k$、$\boldsymbol{y}_k$ 需要乘一个 ρ 来衰减其权重，此时的第 k 组数据计算中，假定 $\boldsymbol{X}_k$ 中各行向量已经用 ρ^m（$m = k - i$）加乘过，这里仅讨论从 $\boldsymbol{X}_k$ 到 $\boldsymbol{X}_{k+1}$ 的递推情形，记

$$\boldsymbol{X}_{k+1} = \begin{bmatrix} \rho \boldsymbol{X}_k \\ \boldsymbol{x}_{k+1}^{\mathrm{T}} \end{bmatrix}, \quad \boldsymbol{y}_{k+1} = \begin{bmatrix} \rho \boldsymbol{y}_k \\ \boldsymbol{y}_{k+1} \end{bmatrix}$$

定义衰减因子 $\lambda = \rho^2$，$0 < \lambda < 1$，则衰减记忆最小二乘估计的递推公式为

$$\boldsymbol{G}_{k+1} = \boldsymbol{P}_k \boldsymbol{x}_{k+1} (\lambda + \boldsymbol{x}_{k+1}^{\mathrm{T}} \boldsymbol{P}_k \boldsymbol{x}_{k+1})^{-1} \tag{6-9}$$

$$\boldsymbol{P}_{k+1} = \frac{1}{\lambda} (\boldsymbol{P}_k - \boldsymbol{G}_{k+1} \boldsymbol{x}_{k+1}^{\mathrm{T}} \boldsymbol{P}_k) \tag{6-10}$$

$$\hat{\boldsymbol{\theta}}_{k+1} = \hat{\boldsymbol{\theta}}_k + \boldsymbol{G}_{k+1} (\boldsymbol{y}_{k+1} - \boldsymbol{x}_{k+1}^{\mathrm{T}} \hat{\boldsymbol{\theta}}_k) \tag{6-11}$$

式（6-9）~式（6-11）就是递推计算过程。注意到，当 $\lambda = 1$ 时，该递推公式即是无限记忆最小二乘估计的递推公式。衰减因子 λ 值的大小直接影响着记忆衰减的快慢。λ 取值大小与有限记忆最小二乘法中的记忆长度 M 的长短相仿，当 λ 取值偏小时，会出现估计的参数跳动现象，当 λ 取值偏大时，系统对参数变化跟踪能力变弱。

采用前文建立的线性动态系统模型作为吴龙区间和龙潼区间含沙量过程的预报模型，数学方程见式（6-5）。模型的输出记为 $\boldsymbol{y}_k$，输入记为 $\boldsymbol{X}_k$，模型参数记为 $\boldsymbol{A}$，模型噪声记为 $\boldsymbol{\varepsilon}_k$，表示为

$$\boldsymbol{y}_k = \boldsymbol{X}_k \boldsymbol{A} + \boldsymbol{\varepsilon}_k \tag{6-12}$$

其中对于龙门站来说，有

$$\boldsymbol{y}_k = \begin{bmatrix} Q_{s龙1} \\ Q_{s龙2} \\ \vdots \\ Q_{s龙k} \end{bmatrix}, \quad \boldsymbol{A} = \begin{bmatrix} a_1 \\ a_2 \\ \vdots \\ a_6 \end{bmatrix}, \quad \boldsymbol{\varepsilon}_k = \begin{bmatrix} \varepsilon_1 \\ \varepsilon_2 \\ \vdots \\ \varepsilon_k \end{bmatrix}$$

$$\boldsymbol{X}_k = \begin{bmatrix} Q_{1,s1} & Q_{1,s2} & Q_{1,s3} & \overline{P}_{1,1} & \overline{P}_{2,2} & \overline{P}_{3,3} \\ Q_{2,s1} & Q_{2,s2} & Q_{2,s3} & \overline{P}_{2,1} & \overline{P}_{2,2} & \overline{P}_{2,3} \\ \vdots & \vdots & \vdots & \vdots & \vdots & \vdots \\ Q_{k,s1} & Q_{k,s2} & Q_{k,s3} & \overline{P}_{k,1} & \overline{P}_{k,2} & \overline{P}_{k,3} \end{bmatrix}$$

对于潼关站来说,则有

$$\boldsymbol{y}_k = \begin{bmatrix} Q_{s潼1} \\ Q_{s潼2} \\ \vdots \\ Q_{s潼k} \end{bmatrix}, \quad \boldsymbol{A} = \begin{bmatrix} a_1 \\ a_2 \\ a_3 \\ a_4 \end{bmatrix}, \quad \boldsymbol{\varepsilon}_k = \begin{bmatrix} \varepsilon_1 \\ \varepsilon_2 \\ \vdots \\ \varepsilon_k \end{bmatrix}$$

$$\boldsymbol{X}_k = \begin{bmatrix} Q_{1,s龙} & Q_{1,s华} & Q_{1,s河} & \overline{P}_{1,4} \\ Q_{2,s龙} & Q_{2,s华} & Q_{2,s河} & \overline{P}_{2,4} \\ \vdots & \vdots & \vdots & \vdots \\ Q_{k,s龙} & Q_{k,s华} & Q_{k,s河} & \overline{P}_{k,4} \end{bmatrix}$$

确定了系统模型为线性结构后,就可以直接使用衰减记忆最小二乘递推公式(6-9)~式(6-11)来估计系统模型参数。衰减因子采用0.98,在递推计算中,系统初始参数 $\boldsymbol{A}_0$ 先采用龙门站和潼关站的率定场次相关数据进行率定。预报过程中,根据系统获得的当前时刻的信息,逐时段递推计算修正模型参数,将校正后的模型参数用于下一时刻的模型预报中。

经率定,龙门站和潼关站的含沙量线性动态系统模型各参数的初始值如表6-1所示,其中 $a_i(i = 1 \sim 6)$ 为龙门站预报因子的初始参数, $b_i(i = 1 \sim 4)$ 为潼关站预报因子的初始参数。

表6-1 线性动态系统模型各参数初始取值

参数	取值	参数	取值
a_1	0.441 1	a_6	− 1.026 5
a_2	0.189 3	b_1	0.282 7
a_3	− 1.351 9	b_2	0.805 9
a_4	5.374 2	b_3	0.322 6
a_5	24.364 6	b_4	8.535 9

3. 模拟与预报结果分析

龙门站模拟检验结果和预报检验结果分别见表6-2和表6-3,潼关站模拟检验结果和预报检验结果分别见表6-4和表6-5;龙门站验证场次含沙量预报过程线与实测过程线的拟合程度比较见图6-3~图6-8,潼关站验证场次含沙量预报过程线与实测过程线的拟合程度比较见图6-9~图6-14。

表 6-2　龙门站率定场次模型模拟结果(线性动态系统模型)

洪号	实测沙峰 (kg/m³)	预报沙峰 (kg/m³)	相对误差 (%)	峰现滞时 (h)	确定性系数
19800629	465	293	− 37	− 6	− 0.53
19800820	185	212	15	− 8	0.11
19870824	373	338	− 9	20	− 0.30
19810815	237	301	27	10	− 4.25
19840703	71	102	42	− 19	− 0.37
19940803	303	304	0	0	0.80
19950715	478	446	− 7	7	0.37
19960809	390	213	− 45	23	− 0.55
20000704	264	337	28	− 7	− 0.52
20040701	115	85	− 26	− 24	− 1.80
19880713	438	345	− 21	− 8	0.16
19910727	261	260	− 1	− 4	0.76
19990711	340	238	− 30	− 2	0.70
20050702	177	171	− 4	0	0.83
20050719	220	147	− 33	0	0.57

表 6-3　龙门站验证场次模型检验结果(线性动态系统模型)

洪号	实测沙峰 (kg/m³)	预报沙峰 (kg/m³)	相对误差 (%)	峰现滞时 (h)	确定性系数
19810704	292	388	33	− 2	0.08
19950804	344	228	− 34	2	0.09
19980712	441	298	− 32	26	0.39
19880804	491	340	− 31	7	− 0.65
19970729	356	317	− 11	2	0.28
20040728	308	265	− 14	− 10	− 0.85

表6-4　潼关站率定场次模型模拟结果(线性动态系统模型)

洪号	实测沙峰 (kg/m³)	预报沙峰 (kg/m³)	相对误差 (%)	峰现滞时 (h)	确定性系数
19810704	79	78	− 1	6	0.39
19820729	63	128	100	− 2	− 9.05
19830815	73	65	− 11	11	0.31
19840704	49	42	− 13	90	0.16
19880815	87	117	34	− 16	− 0.30
19890722	224	131	− 42	− 77	− 2.01
19920809	293	185	− 37	− 21	0.36
19930716	164	93	− 43	− 1	0.57
19930731	162	181	12	6	− 0.18
19940722	169	231	37	24	− 0.47
19890811	70	71	2	− 13	− 1.46
19940810	339	271	− 20	8	0.28
20040728	108	88	− 18	− 4	− 3.70

表6-5　潼关站验证场次模型检验结果(线性动态系统模型)

洪号	实测沙峰 (kg/m³)	预报沙峰 (kg/m³)	相对误差 (%)	峰现滞时 (h)	确定性系数
19800629	203	189	− 7	6	0.74
19870824	151	189	25	11	− 0.03
19940706	425	338	− 20	− 4	0.68
19950804	248	204	− 18	− 14	− 0.35
19900710	134	119	− 12	9	− 2.58
20030825	261	182	− 30	8	0.70

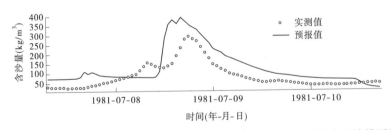

图6-3　龙门站"19810704"洪水实测和预报含沙量过程线(线性动态系统模型)

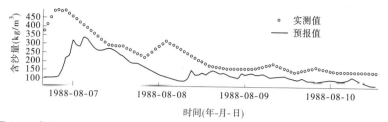

图 6-4　龙门站"19880804"洪水实测和预报含沙量过程线（线性动态系统模型）

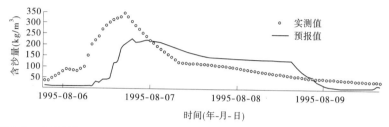

图 6-5　龙门站"19950804"洪水实测和预报含沙量过程线（线性动态系统模型）

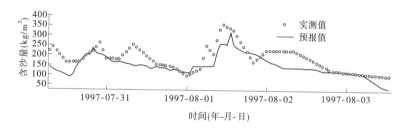

图 6-6　龙门站"19970729"洪水实测和预报含沙量过程线（线性动态系统模型）

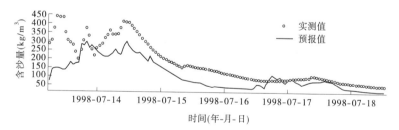

图 6-7　龙门站"19980712"洪水实测和预报含沙量过程线（线性动态系统模型）

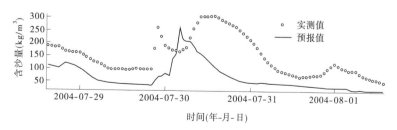

图 6-8　龙门站"20040728"洪水实测和预报含沙量过程线（线性动态系统模型）

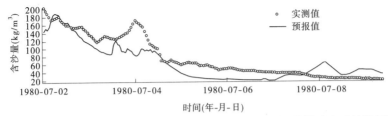

图6-9　潼关站"19800629"洪水实测和预报含沙量过程线（线性动态系统模型）

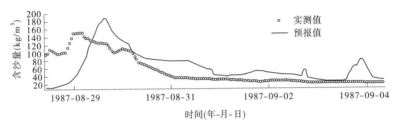

图6-10　潼关站"19870824"洪水实测和预报含沙量过程线（线性动态系统模型）

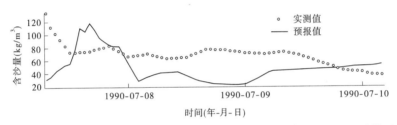

图6-11　潼关站"19900710"洪水实测和预报含沙量过程线（线性动态系统模型）

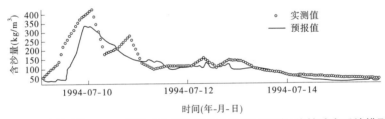

图6-12　潼关站"19940706"洪水实测和预报含沙量过程线（线性动态系统模型）

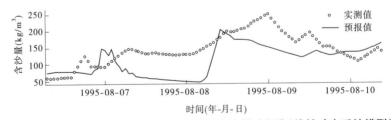

图6-13　潼关站"19950804"洪水实测和预报含沙量过程线（线性动态系统模型）

由以上图表可以看出：所建立的线性动态系统模型能给出含沙量过程整体变化趋势的模拟与预报，但预报精度并不理想，例如：龙门站和潼关站率定场次和验证场次的沙峰值相对误差较大，近一半误差超过20%，峰现滞时也较大；龙门站"19940803"、

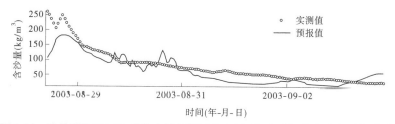

图 6-14 潼关站"20030825"洪水实测和预报含沙量过程线(线性动态系统模型)

"19910727"和"20050702"三场洪水确定性系数在 0.8 以上,其余场次则较差;潼关站有 7 场率定场次和 3 场验证场次为负数。

6.2.1.3 BP 神经网络模型

1.预报模型数学表达

BP 神经网络是基于误差逆传播学习算法(BP 算法)的前馈型网络。当 BP 神经网络的神经元的传递函数采用 S 型函数,其输出量就是 0 ~ 1 的连续量,可以实现从输入到输出的任意非线性映射。BP 神经网络特有的"模式顺传播"和"误差逆传播"的模式使得它成为目前应用最为广泛的神经网络模型。

一个三层 BP 神经网络模型由输入层、隐含层和输出层组成,同层神经元之间没有连接,不同层神经元之间前向连接,其拓扑结构如图 6-15 所示。

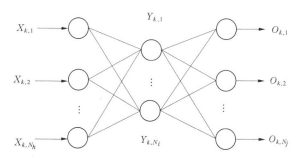

图 6-15 三层 BP 人工神经网络模型

图 6-15 所示的网络结构中,每一个神经元用一个节点表示,输入层含有 N_h 个节点,与 BP 网络可感知的 N_h 个输入相对应,样本数据输入值为 $x_{k,h}(k = 1,2,\cdots,N_k;h = 1,2,\cdots,N_h)$, N_k 为样本容量;隐含层节点数目可以根据需要进行自行设置,输入层与隐含层连接权值为 $\omega_{h,i}(h = 1,2,\cdots,N_h;i = 1,2,\cdots,N_i)$,隐含层的阈值为 $\theta_i(i = 1,2,\cdots,N_i)$,隐含层节点输出值为 $y_{k,i}(k = 1,2,\cdots,N_k;i = 1,2,\cdots,N_i)$;输出层含 N_j 个节点,对应于 BP 网络的 N_j 个响应输出,隐含层与输出层连接权值为 $\nu_{i,j}(i = 1,2,\cdots,N_i;j = 1,2,\cdots,N_j)$,输出层阈值为 $\varphi_j(j = 1,2,\cdots,N_j)$,输出层节点输出为 $O_{k,j}(k = 1,2,\cdots,N_k;j = 1,2,\cdots,N_j)$,样本的期望输出为 $d_{k,j}(k = 1,2,\cdots,N_k;j = 1,2,\cdots,N_j)$ 。隐含层节点的传递函数为

$$y_{k,i} = f\left[\sum_{h=1}^{N_h}(\omega_{hi} \cdot x_{k,h}) + \theta_i\right] \quad (k = 1,2,\cdots,N_k;i = 1,2,\cdots,N_i) \quad (6-13)$$

输出层节点的传递函数为

$$O_{k,j} = f\left(\sum_{i=1}^{N_i} \nu_{ij} \cdot y_{k,i} + \varphi_j\right) \quad (k = 1,2,\cdots,N_k; j = 1,2,\cdots,N_j) \tag{6-14}$$

其中,传递函数 f 为 S 型函数,即 $y = 1/(1 + e^{-x})$。

2. 预报模型结构与参数确定

BP 神经网络模型的学习过程归结起来为 4 个部分:"模式顺传播"→"误差逆传播"→"记忆训练"→"学习收敛"。网络的输入模式由输入层经过隐含层逐层处理并计算每个节点的实际输出,称为"模式顺传播"过程;网络的期望输出与实际输出之差的误差信号由输出层向隐含层再到输入层逐层递归计算,由此对各层节点之间的连接权值和阈值进行修正,这个过程称为"误差逆传播"过程;以上两个过程反复交替的过程称为"记忆训练"过程;网络的全局误差最终趋于最小值的过程称为"学习收敛"过程。

一个多输入、单输出的三层 BP 神经网络的经典学习过程如下:

(1)样本的归一化处理。采用 S 型传递函数的 BP 神经网络中,非线性函数的值域都在 $[0,1]$,同时为消除不同量纲影响,就使得网络输入值和输出值都在这个区间内,这样便于样本训练。所以,要对样本数据的输入值和输出值进行归一化处理,采用的归一化公式如下:

$$x = \frac{x - x_{\min}}{x_{\max} - x_{\min}} \tag{6-15}$$

归一化后的输入、输出样本分别为

$$\{x_{k,h}, d_{k,j} \mid k = 1,2,\cdots,N_k; h = 1,2,\cdots,N_h; j = 1,2,\cdots,N_j\}$$

式中: N_k 为样本容量。

(2)网络状态初始化。用随机数对网络的连接权值 $\{\omega_{h,i}\}$、$\{\nu_{i,j}\}$ 和阈值 $\{\theta_i\}$、$\{\varphi_j\}$ 在 $(-1,1)$ 区间上赋予初值。

(3)置 $k = 1$,把训练样本学习模式对 $(x_{k,h}, d_{k,j})$ 提供给网络系统。

(4)把训练样本输入值作为输入层单元的输出 $\{x_{k,h}\}$,用输入层与隐含层之间的连接权值 $\{\omega_{h,i}\}$ 和隐含层的阈值 $\{\theta_i\}$,计算隐层各节点的输入 $\{s_{k,i}\}$、输出 $\{y_{k,i}\}$。

$$s_{k,i} = \sum_{h=1}^{N_h} (\omega_{h,i} \cdot x_{k,h}) + \theta_i \tag{6-16}$$

$$y_{k,i} = 1/(1 + e^{-x_{k,i}}) \tag{6-17}$$

(5)用隐含层的输出 $\{y_{k,i}\}$、隐含层与输出层之间的连接权值 $\{\nu_{i,j}\}$ 和输出层的阈值 $\{\varphi_j\}$,计算输出层各节点的输入 $\{z_{k,j}\}$、输出 $\{O_{k,j}\}$:

$$z_{k,j} = \sum_{i=1}^{N_i} (\nu_{i,j} \cdot y_{k,i}) + \varphi_j \tag{6-18}$$

$$O_{k,j} = 1/(1 + e^{-z_{k,j}}) \tag{6-19}$$

(6)根据训练样本的期望输出 $d_{k,h}$ 和输出层的输出 $\{O_{k,j}\}$,计算输出层各节点所收到的总输入变化时单样本点误差 E_k 的变化率:

$$\frac{\partial E_k}{\partial z_{k,j}} = O_{k,j}(1 - O_{k,j})(O_{k,j} - d_{k,j}) \tag{6-20}$$

（7）根据误差变化率 $\dfrac{\partial E_k}{\partial z_{k,j}}$，隐含层到输出层的连接权值 $\{v_{i,j}\}$ 及隐含层的输出 $y_{k,i}$，计算隐含层各节点所收到的总输入变化时单样本点误差的变化率：

$$\frac{\partial E_k}{\partial s_{k,l}} = y_{k,i}(1 - y_{k,i}) \sum_{j=1}^{N_j} \left(\frac{\partial E_k}{\partial z_{k,j}} g v_{i,j} \right) \tag{6-21}$$

（8）修正隐含层到输出层各连接的网络权值和阈值：

$$v_{i,j}^{t+1} = v_{i,j}^t - \eta \frac{\partial E_k}{\partial z_{k,j}} y_{k,i} \tag{6-22}$$

$$\varphi_j^{t+1} = \varphi_j^t - \eta \frac{\partial E_k}{\partial z_{k,j}} \tag{6-23}$$

修正输入层到隐含层各连接的网络权值和阈值：

$$\omega_{h,i}^{t+1} = \omega_{h,i}^t - \eta \frac{\partial E_k}{\partial s_{k,i}} x_{k,h} \tag{6-24}$$

$$\theta_i^{t+1} = \theta_i^t - \eta \frac{\partial E_k}{\partial s_{k,i}} \tag{6-25}$$

式中：t 为修正次数；η 为学习速率，$\eta \in (0,1)$，η 越大则算法收敛越快，但越不稳定，可能会出现振荡，反之亦然。

（9）置 $k = k + 1$，取训练样本学习模式对 $(x_{k,h}, d_{k,j})$ 提供给网络，转步骤（4），直至 N_k 个模式对全部训练完毕。

（10）重复步骤（3）至步骤（9），直到网络全局误差函数：

$$E = \frac{1}{2} \sum_{k=1}^{N_k} \sum_{j=1}^{N_j} (O_{k,j} - d_{k,j})^2 \tag{6-26}$$

小于预先设定的误差最小值或学习次数大于预先设定的最大值，结束学习。

上述计算过程中，步骤（4）至步骤（5）为"模式顺传播"过程，步骤（6）至步骤（8）为"误差逆传播"过程；步骤（9）至步骤（10）为"记忆训练"和"学习收敛"过程。

本节在经典 BP 算法的基础上将采用遗传算法和动量 – 学习率自适应调整算法来提高预报精度和效率。

采用遗传算法可以有效优化网络初始权重，避免网络训练落入局部最小点，从而提高网络的拟合精度。遗传算法优化网络的主要内容有：染色体的表达、目标函数和适应度函数的定义、选择运算、交叉运算、变异运算等。

标准的 BP 算法常常使学习过程发生振荡，动量法降低了网络对误差曲面局部细节的敏感性，有效地抑制网络陷于局部极小。其改进算法如下：

$$W(k+1) = W(k) + \alpha [(1 - \eta)D(k) + \eta D(k-1)] \tag{6-27}$$

$$D(k) = \frac{-\partial E}{\partial w(k)} \tag{6-28}$$

自适应调整学习率有利于缩短学习时间。标准 BP 算法收敛速度慢的一个重要原因是学习率选择不当，因此出现了自适应调整学习率的改进算法：

$$W(k+1) = W(k) + \alpha(k)D(k) \tag{6-29}$$

$$\alpha(k) = 2^{\lambda}\alpha(k-1) \tag{6-30}$$

$$\lambda = \mathrm{sgn}\left[D(k)D(k-1)\right] \tag{6-31}$$

式中：$W(k)$ 为 k 时刻的权重矩阵；$D(k)$ 为 k 时刻的负梯度；α 为学习率，$\alpha > 0$；η 为动量因子，$0 \le \eta < 1$。

本书采用三层 BP 神经网络模型进行龙门站和潼关站的含沙量过程预报，即由输入层、隐含层和输出层组成的误差逆传播算法的前馈型神经网络模型进行预报。采用与前文线性动态系统模型相同的模型输入和模型输出，即龙门站含沙量作为输出的 BP 神经网络有 6 个输入神经元，分别为 $Q_{s1}(t-20)$、$Q_{s2}(t-21)$、$Q_{s3}(t-17)$、$\overline{P}_{48,1}(t-23)$、$\overline{P}_{48,2}(t-21)$、$\overline{P}_{48,3}(t-18)$；潼关站含沙量作为输出的 BP 神经网络有 4 个输入神经元，分别为 $Q_{s龙}(t-25)$、$Q_{s华}(t-22)$、$Q_{s河}(t-20)$、$\overline{P}_{48,4}(t-20)$。

BP 神经网络模型隐含层设为一层。隐含层神经元数目根据资料特点、输入层神经元个数和输出层神经元个数来设置。如果隐含层神经元数目太多，会导致训练时间过长且容错性差，使得网络泛化能力下降，对新的模式则不能识别；若神经元数目过少，会导致网络不收敛，网络训练不够。目前尚无确定隐含层神经元数目的指导理论，大都采用试算法。通过试算，本书构建的龙门站 BP 神经网络模型的隐含层设 10 个神经元，潼关站 BP 神经网络模型的隐含层设为 6 个神经元。

网络输入层到隐含层、隐含层到输出层，均采用 S 型函数 $y = 1/(1 + e^{-x})$ 作为传递函数。本次建模将期望误差设为 0.000 1，最大学习次数设为 100 000 次，学习速率设为 0.01，动量因子取 0.9。

3．模型率定与预报结果分析

与线性动态系统模型选用一样的实测洪水资料作为训练样本。将吴龙区间选取的 21 场洪水资料分为两组：第一组为前 15 场洪水资料，作为网络训练样本；第二组为后 6 场洪水资料，作为模型检验样本。对于龙潼区间，选取了 19 场洪水资料，其中前 13 场作为网络训练样本，后 6 场作为模型检验样本。龙门站模拟检验结果和预报检验结果分别见表 6-6 和表 6-7，潼关站模拟检验结果和预报检验结果分别见表 6-8 和表 6-9；龙门站验证场次含沙量预报过程线与实测过程线的拟合程度比较见图 6-16 ~ 图 6-21，潼关站验证场次含沙量预报过程线与实测过程线的拟合程度比较见图 6-22 ~ 图 6-27。

表 6-6 龙门站率定场次模型模拟检验结果（BP 模型）

洪号	实测沙峰（kg/m³）	预报沙峰（kg/m³）	相对误差（%）	峰现滞时（h）	确定性系数
19800629	465	461	−1	0	−0.22
19800820	185	113	−39	−8	0.21
19870824	373	264	−29	−1	0.59
19810815	237	295	25	−4	−0.21
19840703	71	44	−39	21	−0.96

洪号	实测沙峰 (kg/m³)	预报沙峰 (kg/m³)	相对误差 (%)	峰现滞时 (h)	确定性系数
19940803	303	230	−24	−7	0.81
19950715	478	478	0	4	0.71
19960809	390	249	−36	6	−0.66
20000704	264	223	−15	3	0.74
20040701	115	91	−21	−23	−0.53
19880713	438	408	−7	−8	0.42
19910727	261	227	−13	5	0.65
19990711	340	100	−71	2	−0.89
20050702	177	201	14	0	0.88
20050719	262	208	−5	2	0.67

表 6-7　龙门站验证场次模型预报检验结果(BP 模型)

洪号	实测沙峰 (kg/m³)	预报沙峰 (kg/m³)	相对误差 (%)	峰现滞时 (h)	确定性系数
19810704	292	363	24	8	−1.06
19980712	441	456	4	11	−0.51
19950804	344	445	29	0	0.17
19880804	491	442	−10	5	−1.20
19970729	356	141	−60	3	−3.49
20040728	308	311	1	−6	−1.25

表 6-8　潼关站率定场次模型模拟检验结果(BP 模型)

洪号	实测沙峰 (kg/m³)	预报沙峰 (kg/m³)	相对误差 (%)	峰现滞时 (h)	确定性系数
19810704	79	59	−25	6	−0.73
19820729	63	62	−4	18	0.02
19830815	73	84	14	−6	0.33
19840704	49	72	47	12	−2.02
19880815	87	97	10	18	−0.11
19890722	224	94	−58	−22	−0.49

洪号	实测沙峰 (kg/m³)	预报沙峰 (kg/m³)	相对误差 (%)	峰现滞时 (h)	确定性系数
19920809	292	153	−48	−21	0.15
19930716	164	63	−62	−8	0.16
19930731	162	108	−33	33	0.47
19940722	169	145	−14	20	0.35
19890811	70	53	−24	−31	0.24
19940810	339	311	−8	−7	0.88
20040728	108	86	−20	−3	−4.07

表 6-9　潼关站验证场次模型预报检验结果(BP 模型)

洪号	实测沙峰 (kg/m³)	预报沙峰 (kg/m³)	相对误差 (%)	峰现滞时 (h)	确定性系数
19800629	203	156	−23	6	0.41
19870824	151	88	−41	11	−0.10
19940706	425	325	−24	−1	0.34
19950804	248	123	−50	−14	−2.38
19900710	134	113	−16	10	−0.06
20030825	264	122	−53	6	0.30

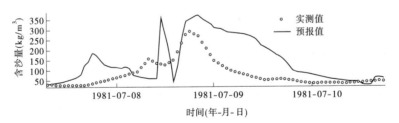

图 6-16　龙门站"19810704"洪水实测和预报含沙量过程线(BP 模型)

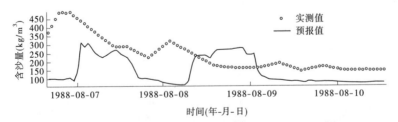

图 6-17　龙门站"19880804"洪水实测和预报含沙量过程线(BP 模型)

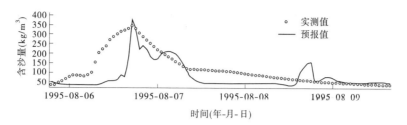

图 6-18　龙门站"19950804"洪水实测和预报含沙量过程线(BP 模型)

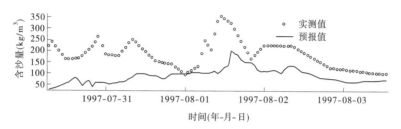

图 6-19　龙门站"19970729"洪水实测和预报含沙量过程线(BP 模型)

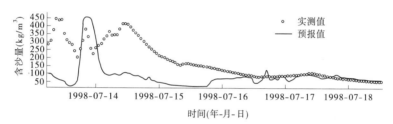

图 6-20　龙门站"19980712"洪水实测和预报含沙量过程线(BP 模型)

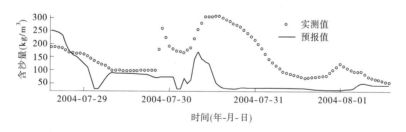

图 6-21　龙门站"20040728"洪水实测和预报含沙量过程线(BP 模型)

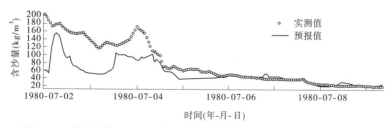

图 6-22　潼关站"19800629"洪水实测和预报含沙量过程线(BP 模型)

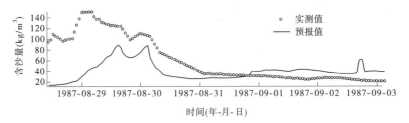

图 6-23   潼关站"19870824"洪水实测和预报含沙量过程线(BP 模型)

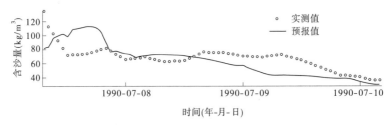

图 6-24   潼关站"19900710"洪水实测和预报含沙量过程线(BP 模型)

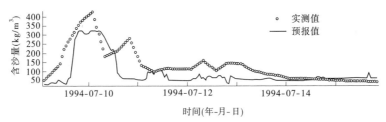

图 6-25   潼关站"19940706"洪水实测和预报含沙量过程线(BP 模型)

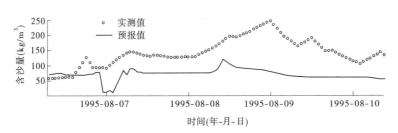

图 6-26   潼关站"19950804"洪水实测和预报含沙量过程线(BP 模型)

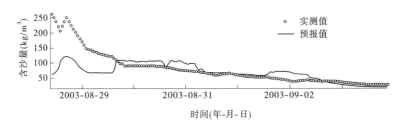

图 6-27   潼关站"20030825"洪水实测和预报含沙量过程线(BP 模型)

由以上图表反映的结果可以看出:整体上,所建立的 BP 神经网络模型对含沙量过程的变化趋势作出模拟与预报,但预报精度需进一步提高,例如,龙门站和潼关站率定场次和验证场次的沙峰值相对误差较大,峰现滞时也较大,龙门站率定场次的确定性系数有"19940803"、"20000704"和"20050702"3 场洪水达到 0.80 左右,其余场次较低,有 6 场率定场次确定性系数为负数,验证场次的确定性系数则普遍较差,潼关站有 4 场率定场次和3 场验证场次确定性系数为负数。

6.2.2　含沙量过程预报不平衡输沙模型

本节将从泥沙动力学角度,建立以泥沙动力学为基础的适用于预报的水力学预报模型,利用预报的洪水资料和实测上断面含沙量过程预报下断面含沙量过程。需要说明的是,在流量过程预报中考虑了区间支流洪水的加入,但在泥沙预报中只选择河段起始控制站的资料进行含沙量预报,忽略了区间支流含沙量的影响,因此难免带来误差。

6.2.2.1　洪水过程预报模型

天然河流中的洪水演算,是一个在学术上及应用上都具有重要意义的研究课题。河道洪水演算有水文学、水力学两种方法,水力学法求解圣维南方程组需详尽资料,计算烦琐;水文学法在资料缺乏或无须了解河道断面间水文情势时,常以水量平衡方程代替连续方程、以槽蓄方程代替动力方程来简化求解圣维南方程组。在水文学中,马斯京根法是河道洪水演算中广泛应用的方法,其模型如下:

$$\begin{cases} Q_2 = C_0 I_2 + C_1 I_1 + C_2 Q_1 \\ C_0 = (-Kx + 0.5\Delta t)/(K - Kx + 0.5\Delta t) \\ C_1 = (Kx + 0.5\Delta t)/(K - Kx + 0.5\Delta t) \\ C_2 = (K - Kx - 0.5\Delta t)/(K - Kx + 0.5\Delta t) \end{cases} \quad (6\text{-}32)$$

式中:C_0、C_1、C_2 为流量演算系数;I_1、I_2 分别为计算时段始、末的河段入流量,$\mathrm{m^3/s}$;Q_1、Q_2分别为计算时段始、末的河段出流量,$\mathrm{m^3/s}$;K 为蓄量常数,相当于洪水波在河段中的传播时间;x 为流量比重系数,主要与洪水波的坦化变形程度有关;Δt 为计算时段长。

马斯京根法是河段流量演算方程经简化后的线性有限解法,它要求参数 K、x 为常量,也要求流量在计算时段内和沿程变化呈直线分布。因此,演算时段 Δt 既不可太大,也不可太小。Δt 太大则流量在 Δt 时段内不呈直线变化,Δt 太小则会不符合流量沿程呈直线分布的要求,一般情况演算时段 Δt 应等于或接近 K 值。

分段马斯京根连续演算法是 1962 年河海大学赵人俊教授提出的,即将研究河道长 L分成 n 段,令每段的 K 值都相等,选定 Δt,给定 K、x,有

$$\begin{cases} n = \dfrac{K}{K_l} = \dfrac{K}{\Delta t} \\ L_l = \dfrac{L}{n} \\ x_l = \dfrac{1}{2} - \dfrac{n(1 - 2x)}{2} \end{cases} \quad (6\text{-}33)$$

式中:n 为分段数;L 为河长;L_l 为分段河长;K_l 为分段蓄量常数;x_l 为分段流量比重系数。

分段马斯京根法的关键需要知道每段初始出流 Q_1,考虑到场次洪水在演算初始时刻流量都处于涨洪的前期,河道蓄水不大,所以采用线性插值法来确定各分段初始流量。

由于黄河中游吴潼区间河段长,支流多,洪水陡涨陡落,且受支流影响大的特点,对该区间洪水的预报难度较大,精度较低。马斯京根分段连续演算法能很好地处理这个问题,并能将区间的支流加入预报,极大地提高了预报的精度。

有支流的河道洪水演算时,在水文学上有先合后演法和先演后合法。先合后演法是先对河段各个支流断面洪水依次在干流上进行线性叠加,在出流断面上建立马斯京根模型推求河段的出流过程;先演后合法是对演算河段干、支流分别建立马斯京根演算模型,推求出各河段洪水出流过程后,在出流断面进行线性叠加求得出流过程。基于河段洪水受支流影响较大,采用先合后演法将河段支流加入洪水演算。

选定 Δt,给定 K、x 的范围,确定对应 K 的分段数 n、分段初始流量,分别从吴堡、龙门依次运用马斯京根法进行洪水演算,在进行下一分段演算之前确定是否加入支流流量。首先根据分段数 n 确定各分段点的位置,再分别根据各支流离吴堡、龙门站的距离对比各个分段点离吴堡、龙门的距离确定支流的位置,假设支流 a 位于第 b 和 $b+1$ 个分段点之间,比较支流 a 相对第 b 和 $b+1$ 个分段点的距离,如果支流 a 更靠近第 b 个分段点,那么第 b 次演算结束后加入该支流作为第 $b+1$ 次演算的入流;反之,则加入到第 $b+2$ 次演算的入流中。若该支流 a 正好与分段节点 b 重合,那么支流加入到第 $b+1$ 次演算的入流中,并进行下一时段的计算。

通过对河段 1980~2000 年的洪水进行分析,洪峰传播时间在吴龙、龙潼区间分别为 10~18 h,15~23 h。根据蓄量常数 K 的物理意义,初拟 K 为 10~18、15~23,Δt 为 1 h,n 为 10~18、15~23,x 为不大于 0.5 的任意数。支流处理详见表 6-10、表 6-11。

表 6-10　吴龙区间支流洪水处理统计

分段数	吴堡到各站间分段点								
	后大成	裴沟	白家川	延川	大宁	甘谷驿	新市河	大村	吉县
10	0	1	3	5	6	6	7	8	8
11	0	1	3	5	7	7	8	9	9
12	0	2	3	6	8	8	9	10	10
13	0	2	3	6	8	8	10	10	11
14	0	2	4	7	9	9	10	11	12
15	0	2	4	7	9	10	11	12	13
16	0	2	4	8	10	10	12	13	13
17	0	2	4	8	11	11	13	14	14
18	0	2	5	9	11	12	13	14	15

表6-11　龙潼区间支流洪水处理统计

分段数	龙门到各站间分段点			
	龙门	河津	华县	潼关
15	0	2	14	15
16	0	2	15	16
17	0	2	16	17
18	0	3	17	18
19	0	3	18	19
20	0	3	19	20
21	0	3	20	21
22	0	3	21	22
23	0	2	14	15

在1980~2000年的场次洪水中,吴龙、龙潼区间满足计算条件的分别有30场和20场洪水,用这些场次的洪水采用试算法进行参数率定,结果见表6-12、表6-13。

表6-12　吴龙区间洪水过程模拟参数率定统计

洪号	吴堡洪峰流量(m^3/s)	K	x	确定性系数 D_c	总水量相对误差 $\delta(\%)$	洪峰滞时 $\Delta h(h)$
19800329	3 370	15 ~ 18	0.10 ~ 0.40	0.84	−3.91	−2
19801007	3 420	16 ~ 18	0.10 ~ 0.50	0.76	−3.31	−2
19810323	3 470	10 ~ 18	0.10 ~ 0.50	0.75	1.42	−13
19810701	4 143.33	12 ~ 18	0.10 ~ 0.50	0.84	−11.06	−1
19810723	6 036.66	14 ~ 17	0.10 ~ 0.30	0.80	−4.50	−1
19810806	4 870	14 ~ 18	0.10 ~ 0.40	0.89	0.61	−1
19820730	4 730	14 ~ 18	0.10 ~ 0.50	0.81	−7.81	−1
19830804	5 460	12 ~ 17	0.10 ~ 0.50	0.89	3.83	−2
19840331	3 340	14 ~ 18	0.10 ~ 0.50	0.92	1.18	−1
19840630	4 100	14 ~ 18	0.10 ~ 0.50	0.93	−2.77	0
19840729	6 700	13 ~ 17	0.10 ~ 0.50	0.85	3.00	−1
19850709	3 320	16 ~ 18	0.10 ~ 0.40	0.85	3.66	−1
19850917	4 040	10 ~ 18	0.10 ~ 0.50	0.91	1.96	−4
19860328	3 300	14 ~ 18	0.10 ~ 0.50	0.83	2.68	−3
19860703	3 860	13 ~ 18	0.10 ~ 0.50	0.89	−2.69	−3

洪号	吴堡洪峰流量（m³/s）	K	x	确定性系数 D_c	总水量相对误差 δ（%）	洪峰滞时 Δh（h）
19890721	12 400	13 ~ 15	0.10 ~ 0.40	0.77	−12.74	−4
19890911	3 300	15 ~ 17	0.10 ~ 0.50	0.75	−3.75	−2
19900317	3 000	15 ~ 18	0.10 ~ 0.30	0.80	0.30	−3
19910721	4 440	15 ~ 18	0.10 ~ 0.50	0.87	−1.86	−2
19920808	9 340	12 ~ 15	0.10 ~ 0.45	0.81	2.14	−2
19930318	3 220	13 ~ 17	0.10 ~ 0.40	0.74	0.69	−2
19940707	4 270	15 ~ 18	0.10 ~ 0.50	0.91	−7.21	1
19940803	6 310	11 ~ 18	0.10 ~ 0.50	0.87	−16.26	−3
19950728	7 600	13 ~ 18	0.10 ~ 0.50	0.93	0.25	−1
19960330	3 750	14 ~ 16	0.10 ~ 0.50	0.67	−2.37	−2
19960809	8 640	12 ~ 14	0.10 ~ 0.50	0.79	−12.93	−2
19970319	3 550	13 ~ 18	0.10 ~ 0.50	0.92	3.13	−3
19970729	4 400	15 ~ 16	0.10 ~ 0.50	0.73	−2.65	−3
19980312	3 030	15 ~ 18	0.10 ~ 0.50	0.79	−6.49	7
19980713	6 000	12 ~ 15	0.10 ~ 0.30	0.74	−2.30	−1

表 6-13　龙潼区间洪水过程模拟参数率定统计

洪号	龙门洪峰流量（m³/s）	K	x	确定性系数 D_c	总水量相对误差 δ（%）	洪峰滞时 Δh（h）
19810324	4 140	15 ~ 19	0.10 ~ 0.35	0.86	−3.80	−7
19810702	6 400	15 ~ 19	0.10 ~ 0.50	0.82	−1.41	−5
19810720	5 200	15 ~ 19	0.10 ~ 0.30	0.734	−6.60	−6
19820729	5 050	15 ~ 21	0.10 ~ 0.32	0.88	−4.91	18
19830804	4 900	17 ~ 19	0.10 ~ 0.30	0.25	−10.06	−5
19840729	5 860	17 ~ 18	0.10 ~ 0.30	0.48	−12.17	−12
19850806	6 720	16 ~ 19	0.10 ~ 0.35	0.80	−3.61	−3
19850909	3 960	19 ~ 23	0.10 ~ 0.20	0.45	−15.17	2
19860718	3 520	18 ~ 23	0.10 ~ 0.50	0.91	−5.84	1
19870823	6 840	16 ~ 20	0.10 ~ 0.50	0.91	−9.20	0
19880804	10 200	15 ~ 17	0.10 ~ 0.30	0.78	3.84	−5

洪号	龙门洪峰流量（m³/s）	K	x	确定性系数 D_c	总水量相对误差 δ（%）	洪峰滞时 Δh（h）
19890722	8 300	15 ~ 19	0.10 ~ 0.30	0.89	5.99	− 19
19910722	4 590	19 ~ 23	0.10 ~ 0.26	0.89	7.19	0
19940707	4 780	17 ~ 20	0.10 ~ 0.50	0.89	0.89	0
19940805	10 600	17 ~ 18	0.10 ~ 0.30	0.75	6.86	0
19950717	7 860	18 ~ 20	0.10 ~ 0.25	0.72	3.15	0
19960801	11 100	17 ~ 21	0.10 ~ 0.30	0.89	− 0.45	1
19970730	5 750	17 ~ 20	0.10 ~ 0.30	0.83	− 8.05	2
19980313	3 200	15 ~ 23	0.10 ~ 0.50	0.95	4.85	− 4
19980712	7 160	16 ~ 19	0.10 ~ 0.20	0.87	− 12.87	1

为便于预报,将率定的结果分别按照吴堡、龙门的洪峰流量的大小进行分级,不同的洪峰对应不同的参数值,避免了参数率定不稳定的问题,其结果如下:

洪水过程参数率定阶段满足条件的洪水场次较多,使得参数率定结果可信度大大提高,为模拟预报阶段奠定了很好的基础。表 6-14、表 6-15 表明在研究河段上各参数随吴堡、龙门洪峰变化明显,故按照各洪峰大小对洪水进行分级,每个级别内的洪水的参数相对稳定,预报较方便。

表 6-14　吴龙区间洪水过程模拟分级参数统计

吴堡洪峰流量（m³/s）	K	x
3 000 ~ 4 000	17	0.30
4 000 ~ 5 000	16	0.40
5 000 ~ 7 000	15	0.30
7 000 ~ 9 000	14	0.40
≥9 000	15	0.35

表 6-15　龙潼区间洪水过程模拟分级参数统计

龙门洪峰流量（m³/s）	K	x
3 000 ~ 4 000	21	0.10
4 000 ~ 5 000	19	0.10
5 000 ~ 9 000	18	0.10
≥9 000	17	0.10

6.2.2.2 不平衡输沙模型

水流挟沙力是指一定水力因素的单位水体所能挟带的悬移质泥沙数量,反映了河床处于冲淤平衡状态下,水流挟带泥沙能力的综合性指标。张瑞瑾整理了大量的长江、黄河及若干水库、渠道和室内水槽试验的资料后,得到了如下水流挟沙力公式:

$$
\begin{cases}
S_* = k\left(\dfrac{v^3}{gR\omega}\right)^m \\[2mm]
A = Bh \\[2mm]
V = \dfrac{Q}{A} = \dfrac{Q}{Bh}
\end{cases}
\tag{6-34}
$$

式中: S_* 为水流断面挟沙力; V 为断面平均流速; Q 为河道断面流量; A 为断面面积; B 为断面河宽; h 为断面平均河深; R 为水力半径; g 为重力加速度; ω 为泥沙沉速; k 和 m 为经验系数。

其中, B、h 和 ω 可通过水文年鉴上的实测资料求得,为方便研究,令 $R = h$,则有

$$
\rho_{*L} = \frac{S_{*\pm} + S_{*\top}}{2}
\tag{6-35}
$$

式中: ρ_{*L} 为河道挟沙力,等于上、下断面挟沙力的平均值; $S_{*\pm}$ 为上断面挟沙力; $S_{*\top}$ 为下断面挟沙力。

窦国仁(1963)最早提出了在矩形均匀断面条件下的不平衡输沙率公式,兹引述如下,悬移质输沙方程为

$$
\frac{\partial \rho}{\partial t} + U_L \frac{\partial \rho}{\partial x} = -\alpha \frac{\omega}{h}(\rho - \rho_*)
\tag{6-36}
$$

式中: ρ 为悬移质含沙量; U_L 为平均流速; ω 为垂线泥沙沉速; α 为泥沙恢复饱和系数; ρ_* 为垂线平均水流挟沙能力; h 为水深。

天然河道中,在恒定流条件下将式(6-36)沿垂线积分,并采用床面泥沙扩散率和沉降率为零的条件,得

$$
q \frac{d\rho}{dx} = \omega(\alpha\rho - \alpha_k\rho_*)
\tag{6-37}
$$

式中: α 为底部含沙浓度与断面平均含沙浓度的比值; α_k 为底部饱和含沙浓度与断面平均含沙浓度的比值。

假定 $\alpha = \alpha_k$,即为式(6-36)中的恢复饱和系数,则式(6-37)改写成

$$
q \frac{d(\rho - \rho_*)}{dx} = -\alpha\omega(\rho - \rho_*) - q \frac{d\rho_*}{dx}
\tag{6-38}
$$

对式(6-38)积分可得

$$
\rho_{\top} = \rho_{*\top} + (\rho_{\pm} - \rho_{*\pm})e^{\frac{-\alpha\omega L}{q}} + \frac{q}{\alpha\omega L}\left(1 - e^{\frac{-\alpha\omega L}{q}}\right)
\tag{6-39}
$$

式中: $\rho_{\pm}$、$\rho_{\top}$ 分别为河道上、下断面含沙量; $\rho_{*\pm}$、$\rho_{*\top}$ 分别为河道上、下断面挟沙力。

考虑河段长 L 数值较大且为常数,并为预报使用方便,将式(6-39)中最后一项省略,并加以改进得:

$$
\rho_{\top} = \rho_{*L} + (\rho_{\top} - \rho_{*L})e^{\frac{-\alpha\omega L}{q}}
\tag{6-40}
$$

式中：ρ_{*L} 为河道挟沙力，等于上、下断面挟沙力的平均值；q 为河道平均流量；其他参数意义同前，但 α 不是严格意义上的恢复饱和系数。

式(6-40)即可作为含沙量过程预报模型，它表示出口断面的含沙量与河道的输沙能力及河道泥沙饱和差有关，令

$$\eta = e^{\frac{-\alpha\omega L}{q}} \qquad\qquad (6\text{-}41)$$

在天然条件下，不同的来水来沙条件使河流泥沙恢复饱和所需要的时间不同，因此在给定河流长度下，河流恢复饱和的程度是变化的。η 为表征河道输沙恢复饱和程度的系数，当 $\eta = 0$ 时，水流为不平衡输沙状态；当 $\eta = 1$ 时，水流为平衡输沙状态。所以，η 的取值范围为 $0 \sim 1$，越接近 1，河流输沙就越接近饱和。

由以上模型结构可知，不平衡输沙模型主要涉及河长 L、河宽 B、沉速 ω、参数 m、传播时间 T、饱和系数 α 和参数 k 等。其中，河长 L、河宽 B 是从水文年鉴上的大断面资料上获取的，传播时间 T 为根据泥沙场次对应的洪水率定的传播时间，k 和 m 为经验系数，一般 k 取 $0.03 \sim 0.1$，m 取 $0.92 \sim 1.1$，本书取 $m = 0.97$，k 通过实测资料率定。悬移质泥沙颗粒级配影响水流中泥沙颗粒的沉速和浑水的黏性，从而影响泥沙的输送，是影响洪水含沙量的一个重要因素，在本次建立含沙量预报模型时只考虑其对泥沙沉速 ω 的影响，沉速 ω 直接从悬移质泥沙颗粒级配表中读取。

饱和恢复系数反映了悬移质不平衡输沙时，含沙量向水流挟沙力靠近的恢复程度的速率。对于 α 的取值，一般认为既与来水来沙条件有关，也与河床断面形态有关，是一个十分复杂的参数，它在河床变形计算中起着很大的作用，但对具体如何取值，目前还没有统一的规定，本节 α 的值通过参数率定获取。

根据洪水预报的结果，将预报得到的洪水过程和实测上断面含沙量过程资料分别对龙门和潼关进行含沙量过程预报。$1980 \sim 2000$ 年吴龙、龙潼区间所有洪水场次中满足始末站都有含沙量过程资料的分别有 20 场和 13 场，运用这些场次的预报洪水过程和起始站实测含沙量过程，采用试算法进行不平衡输沙模型参数率定。建立模型对不同 α、k 的各种组合进行含沙量过程模拟，筛选拟合比较精确的参数取值区间，优选参数见表6-16、表6-17。

表6-16　吴龙区间含沙量过程模拟参数率定统计

沙号	洪峰 （m^3/s）	沙峰 （kg/m^3）	α	k	确定性 系数 D_c	总沙量相对 误差 $\delta(\%)$	沙峰滞时 $\Delta h(h)$
19800329	3 370	24.7	$0.03 \sim 0.14$	$0.08 \sim 0.10$	-1.77	-3.10	3
19810322	5 330	27.8	$0.03 \sim 0.13$	$0.04 \sim 0.08$	-1.24	8.04	18
19810723	6 040	134	$0.03 \sim 0.10$	$0.07 \sim 0.10$	-3.46	-8.22	18
19810806	4 870	180	$0.03 \sim 0.05$	$0.03 \sim 0.10$	-1.98	-7.69	12
19820730	4 730	185	$0.03 \sim 0.30$	$0.03 \sim 0.10$	0.19	-24.41	-3
19830804	5 460	54	$0.18 \sim 0.30$	$0.03 \sim 0.06$	-2.57	-13.19	-11
19840729	6 700	94.7	$0.26 \sim 0.30$	$0.03 \sim 0.05$	-2.11	-1.28	71

沙号	洪峰 (m³/s)	沙峰 (kg/m³)	α	k	确定性 系数 D_c	总沙量相对 误差 δ(%)	沙峰滞时 Δh(h)
19850709	3 320	38	0.03	0.05 ~ 0.10	- 0.25	- 18.75	8
19850917	4 040	23.8	0.03	0.10	0.14	- 19.89	- 140
19860703	3 860	68.9	0.03 ~ 0.3	0.03 ~ 0.10	- 2.66	- 78.75	22
19880804	9 000	439	0.03	0.03 ~ 0.10	- 2.11	- 27.69	28
19900317	3 000	12.7	0.03	0.03 ~ 0.10	- 2.57	- 16.52	13
19920725	3 960	141	0.04 ~ 0.07	0.04 ~ 0.10	- 2.44	- 3.18	7
19940707	4 270	169	0.03	0.03 ~ 0.10	- 1.40	- 41.31	5
19940803	6 310	235	0.03	0.03 ~ 0.10	- 0.63	- 63.02	- 11
19950728	7 600	316	0.03 ~ 0.05	0.03 ~ 0.10	- 0.22	- 12.49	15
19950903	3 360	183	0.03	0.03 ~ 0.10	- 2.19	- 50.70	- 14
19960330	3 750	24.5	0.03 ~ 0.07	0.03 ~ 0.10	- 1.54	- 28.82	1
19960809	8 640	336	0.03 ~ 0.30	0.03 ~ 0.10	0.30	- 36.97	4
19970729	4 400	323	0.03 ~ 0.07	0.03 ~ 0.10	- 4.27	- 54.16	2

表 6-17　龙潼区间含沙量过程模拟参数率定统计

沙号	洪峰 (m³/s)	沙峰 (kg/m³)	α	k	确定性 系数 D_c	总沙量相对 误差 δ(%)	沙峰滞时 Δh(h)
19810324	4 140	20.8	0.03 ~ 0.10	0.03 ~ 0.05	0.43	2.14	9
19810702	6 400	292	0.04 ~ 0.14	0.03 ~ 0.10	- 0.71	- 5.41	1
19810723	5 200	107.95	0.03 ~ 0.10	0.03 ~ 0.10	- 1.39	9.55	8
19820730	5 050	220	0.07 ~ 0.18	0.03 ~ 0.10	- 0.31	5.47	11
19830804	4 900	26.3	0.03 ~ 0.30	0.03 ~ 0.10	- 0.62	- 3.06	25
19840729	5 860	106	0.03 ~ 0.30	0.03 ~ 0.10	- 0.59	- 48.43	- 8
19850917	3 960	105	0.03 ~ 0.20	0.03 ~ 0.10	- 2.15	- 36.80	5
19860718	3 520	52.7	0.04 ~ 0.11	0.03 ~ 0.10	0.15	- 4.38	- 30
19940805	10 600	335	0.15 ~ 0.30	0.03 ~ 0.10	- 4.71	19.40	3
19950728	7 860	212	0.08 ~ 0.23	0.03 ~ 0.10	- 4.07	13.26	2
19960809	11 100	390	0.03 ~ 0.16	0.03 ~ 0.10	0.09	- 17.39	0
19970730	5 750	355	0.03 ~ 0.20	0.03 ~ 0.10	- 3.25	- 84.33	3
19980313	3 200	66.5	0.09 ~ 0.13	0.03 ~ 0.10	- 5.93	3.03	- 41

为了便于预报应用,将率定的结果分别按照吴堡、龙门的沙峰的大小进行分级,不同的沙峰区间对应不同的参数值,解决了参数率定不稳定的问题,其结果如下:

由于率定阶段的场次水沙资料较多,使得参数率定结果可信度大大提高。表 6-18、表 6-19表明,模型参数随沙峰变化较明显,故按照各沙峰大小对含沙量过程预报的参数进行分级,每个级别内的参数相对稳定,以便预报使用。

表 6-18　吴龙区间含沙量过程模拟分级参数统计

吴堡沙峰(kg/m³)	α	k
<50	0.03	0.10
50~100	0.30	0.03
100~150	0.06	0.10
>150	0.03	0.10

表 6-19　龙潼区间含沙量过程模拟分级参数统计

吴堡沙峰(kg/m³)	α	k
<50	0.03	0.03
50~100	0.10	0.10
100~150	0.03	0.10
150~300	0.10	0.03
>300	0.15	0.10

采用2001~2007 年实测洪水、含沙量资料对率定好的各个参数进行检验,期间吴堡站洪峰流量超过 3 000 m³/s 的洪水只有 3 场,在这 3 场洪水过程中同时有实测含沙量过程的都只有 2 场,运用这 3 场洪水过程检验马斯京根法流量演算法参数,再用有含沙过程的 2 场预报洪水过程和含沙量过程检验不平衡输沙模型的参数的合理性。吴龙区间预报场次的各个参数统计见表 6-20、表 6-21,同时作出相应的洪水、含沙量实测和预报过程的对比图,如图 6-28~图 6-30 所示。

表 6-20　吴龙区间洪水预报模型中参数统计

洪号	洪峰流量 （ m³/s ）	K	x	确定性系数 D_c	总水量相对误差 δ(%)	洪峰滞时 Δh(h)
20010321	3 000	17	0.40	0.84	−5.41	−1.0
20030730	9 400	13	0.35	0.80	4.80	0.0
20070320	3 080	17	0.40	0.89	6.32	−6.0

表 6-21　吴龙区间含沙量过程预报模型中参数统计

沙号	洪峰 （ m³/s ）	沙峰 （ kg/m³ ）	α	k	确定性系数 D_c	总沙量相对误差 δ(%)	沙峰滞时 Δh(h)
20030802	9 400	114	0.06	0.10	−2.89	17.60	46
20070326	3 080	37	0.03	0.10	−59.09	321.01	22

采用2001~2007 年实测洪水流量、含沙量资料对率定好的各个参数进行检验,期间龙门站洪峰流量超过 3 000 m³/s 的洪水只有 7 场,在这 7 场洪水过程中,同时有实测含沙量过程的都只有 2 场,运用这 3 场洪水过程检验马斯京根法流量演算法参数,再用有含沙

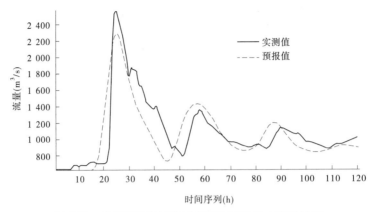

图 6-28 龙门站"20010321"实测和预报洪水流量过程

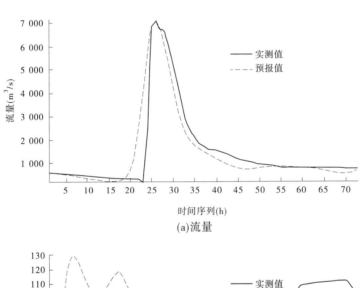

(a)流量

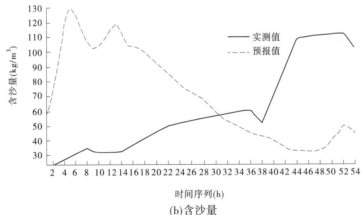

(b)含沙量

图 6-29 龙门站"20030730"实测和预报洪水流量、含沙量过程线

过程的 2 场预报洪水过程和含沙量过程检验不平衡输沙模型的参数的合理性。龙潼区间预报场次的各个参数统计见表 6-22、表 6-23,同时做出相应的洪水流量、含沙量实测和预报过程的对比图,如图 6-31 ~ 图 6-37 所示。

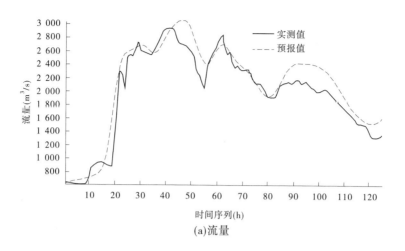

(a)流量

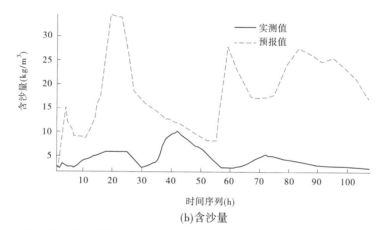

(b)含沙量

图 6-30　龙门站"20070320"实测和预报洪水流量、含沙量过程线

表 6-22　龙潼区间洪水预报模型中参数统计

洪号	洪峰流量 (m³/s)	K	x	确定性系数 D_c	总水量相对 误差 $\delta(\%)$	洪峰滞时 $\Delta h(h)$
20010819	3 400	21	0.10	0.92	0.45	+4.0
20020704	4 580	19	0.10	0.89	9.13	-4.0
20030730	7 097	18	0.10	-2.20	58.54	+11
20030824	3 170	21	0.10	0.85	-3.48	+5.0
20060825	3 220	21	0.10	0.86	-6.15	+2.0
20060919	3 670	21	0.10	0.73	-3.88	+3
20070321	3 000	21	0.10	0.85	3.24	+3

表 6-23　龙潼区间含沙量过程预报模型中参数统计

沙号	洪峰 (m³/s)	沙峰 (kg/m³)	α	x	确定性系数 D_c	总沙量相对 误差 $\delta(\%)$	沙峰滞时 $\Delta h(h)$
20030730	7 097	112	0.03	0.10	-2.16	-40.80	3
20070321	3 000	10	0.03	0.03	-7.16	-73.13	-12

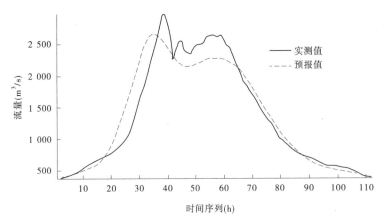

图 6-31　潼关站"20010819"实测和预报洪水过程线

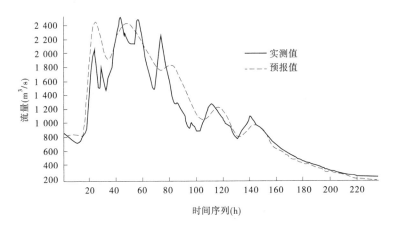

图 6-32　潼关站"20020704"实测和预报洪水过程线

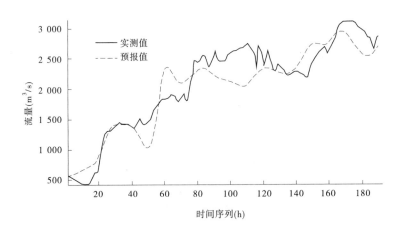

图 6-33　潼关站"20030824"实测和预报洪水过程线

由表 6-20、表 6-22 可知,模拟预报阶段的 10 场洪水确定性系数都在 0.7 以上,洪水

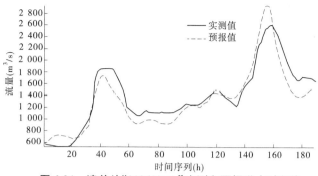

图 6-34　潼关站"20060825"实测和预报洪水过程线

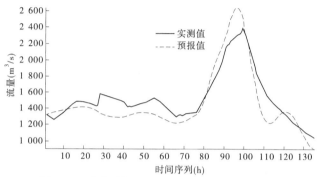

图 6-35　潼关站"20060919"实测和预报洪水过程线

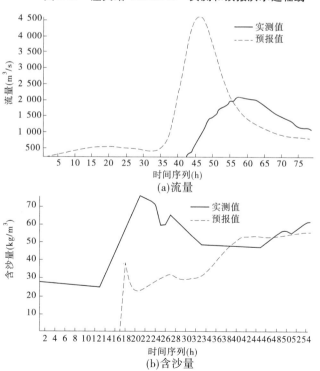

(a)流量

(b)含沙量

图 6-36　潼关站"20030730"实测和预报洪水流量、含沙量过程线

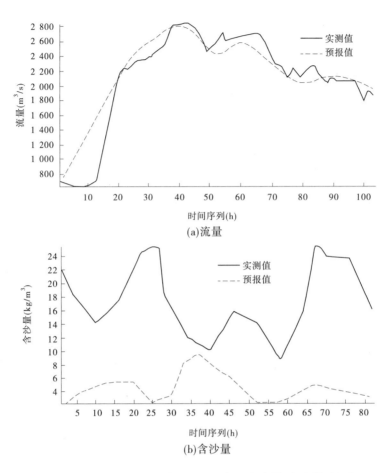

图 6-37 潼关站"20070321"实测和预报洪水流量、含沙量过程线

总量相对误差都在 10% 以内,峰现时间差都比较小,洪水过程模拟精度较高,能够较好地反映上游及各支流实际来水情况。参照洪水过程预报许可误差的思路,洪水过程输沙总量用相对误差来描述。相对误差小于等于 20% 为合格。由表 6-16、表 6-17 可知,在含沙量过程参数率定阶段,33 场含沙量过程中有 21 场的总量相对误差小于 20% ,合格率为 63.6% ,但在含沙量预报过程中,4 场含沙量过程中只有 1 场满足条件,分析原因,可能由于这几场含沙量过程中的支流的含沙量很大,对干流含沙量过程产生了很大的影响,而在含沙量过程预报中忽略了支流含沙量的影响,这将不可避免地带来了误差。

6.3   实时校正模型

现有的水文预报模型在建模时都是对客观水文现象的主要规律进行了概化,考虑主要因素,忽略次要因素,这就使得模型存在一定的误差。无论是采用水文学预报模型还是采用水动力学预报模型,预报方案都是根据历史实测资料制订的,模型的参数或反映的规律都是在历史资料情况下而言的最优取值或关系,当用于实际作业预报时,模型的预报值就会与实测值产生偏差。

在实际作业预报中,如果利用预报过程中得到的最新信息(新息),对预报模型的参数或预报模型的预报结果进行适当的修正,预报精度将得到提高,这就需要引入实时校正模型。

6.3.1 实时校正原理

实时校正是在实时水文预报时,根据预报过程中不断获得的新息与预报值之间的误差,对预报模型的参数、状态向量或模型预报值进行修正,使预报误差减小,提高预报精度。实时校正技术是实时预报系统的核心部分。没有实时校正技术的水文预报模型,预报误差会随着预报时间的推移而积累,使模型预报精度大大降低。要使用实时校正技术进行模型误差的校正,就要先分清楚误差的来源和可以采用的实时校正方法。

6.3.1.1 预报误差的来源

预报误差的来源主要有以下几个方面:

(1)资料误差。实测流量、水位、含沙量、降雨等水文要素及流域植被、土壤、河道水力要素等资料都是水文预报模型结构建立和参数率定的基础。但受自然条件、仪器精密程度及观测技术等条件的影响,观测的数据资料都存在一定的误差;在使用观测的流量(或水位)进行流量(水位)—水位(流量)关系转换时,会受到转换资料的代表性和河道特性的影响而产生一定误差;当使用测站资料代表整个研究区域水文要素情况时,也会产生一定误差。

(2)模型结构误差。水文模型建立在对实际流域概化的基础上,在模型预报因子的选择上是只考虑主要因素,忽略次要因素;人为地将天然水文循环系统的各环节分离开,并分别进行简化;水文因素之间的相互影响及水文循环中的一些规律,采用简化了的数学函数关系来表示。模型的这些不完善性所引起的误差就是模型的结构误差。

(3)模型参数误差。各类参数率定方法率定出来的模型参数,往往反映的都是以往资料情况下平均而言的最优关系,它不可能对任意断面、任意时刻作出完全对应的反映。不论采用任何模型率定方法或技术,率定的模型参数与真值之间总是存在有偏差,这就是模型参数误差。

(4)预见期降雨引起的误差。目前,水文预报降雨因素都是以测站测量到的雨量为依据的,没有考虑预见期内降雨对模型预报值的影响,从而引起了较大的预报误差。随着预见期的增加,研究区间未考虑到的降雨增加,对预报值的影响也增大。为了提高预报精度,需要借助于未来短期定量降雨预报,而未来降雨预报具有不确定性,这就会引起水文预报模型的预报误差。

(5)系统初始状态的误差。水文预报系统模型在预报的初始时刻需要给参数等赋予初始值。在统计学模型中,由于初始时刻没有前时段数据来率定模型参数等的初始值,都是以历史资料率定出的参数等作为预报模型的初始参数,或是采用一个区间范围内的随机数;概念型模型,对于系统的初始状态又不完全了解。这些都会引起模型预报值与实际值的偏差。不过鉴于水文预报是连续性的,一些预报方法或校正方法会对模型作出调整,所以这种误差不是主要误差。

（6）人类活动影响引起的误差。随着国家水利事业的发展,一些大型水利工程的建设,流域下垫面、河道情况,甚至流域气候、水文要素等都发生了改变。这些条件与开始时期建立水文预报模型的初始条件产生了偏差,则预报值与实测值之间就会存在误差。根据人类活动与水利工程对预报模型带来的影响,有的预报模型需要根据现在的条件来修改模型参数,有的预报模型甚至需要改变模型结构。

6.3.1.2　实时校正方法

实时校正的方法有很多,其中有最小二乘自适应校正模型、误差自回归模型、卡尔曼滤波法等。

最小二乘自适应实时校正模型根据系统当前时刻的信息和过去时刻的实测值,采用递推最小二乘法对系统参数进行最优估计,使系统预报误差平方和达到最小的情况下,对当前时刻的输出作出最优预报。误差自回归模型是通过分析预报值与实测值之间的误差序列的变化规律来建立校正模型。卡尔曼滤波法是采用一个状态方程和一个量测方程来完整地描述线性动态过程型为分析对象,根据系统模型和实际观测量,以现代随机估计理论为基础,对系统状态向量作出无偏最小方差的递推估计。

本节采用误差自回归模型与所建立的含沙量过程预报模型进行耦合,实现含沙量过程的实时校正预报。

6.3.2　误差自回归模型

自回归模型是水文气象中应用比较广泛的模型,该模型不仅适宜于一些变化过程缓慢的水文要素的预报,例如水位变化、受地下水或河网蓄水量等支配的洪水预报、退水段或涨水段变化缓慢的河道洪水预报等,而且在水文实时校正中也被广泛使用。实时校正中比较常用的时间序列模型为误差自回归模型,是通过分析预报值与实测值之间的误差序列的变化规律来建立校正模型。

6.3.2.1　模型结构与参数

预报模型输出的预报值和实测值之差是一系列随时间连续变化的随机变量,称为误差序列。模型的误差序列都存在一定的相关性,因此可以通过时间序列分析的方法来寻找误差序列之间的变化规律,这就需要建立误差自回归模型。

误差自回归模型是通过对预报过程中输出的误差序列进行自回归分析,采用已有的前若干时段的误差值作为误差自回归模型的输入,预报未来的误差值。其表达式可写为

$$\rho(k) = \varphi_1\rho(k-1) + \varphi_2\rho(k-2) + \cdots + \varphi_n\rho(k-n) \tag{6-42}$$

式中:n 为模型阶数;$\varphi_1,\varphi_2,\cdots,\varphi_n$ 为模型参数;$\rho(k-1),\rho(k-2),\cdots,\rho(k-n)$ 为误差的样本值。

采用样本自相关函数代替总体来估计参数 φ ,则式(6-42)可写为

$$r_k = \varphi_1 r_{k-1} + \varphi_2 r_{k-2} + \cdots + \varphi_n r_{k-n} \tag{6-43}$$

其中,r_k 可以通过实际水文过程的离散点数据资料,由式(6-47)求出:

$$r_k = \frac{\sum\limits_{i=k+1}^{N} x_i x_{i-k}}{\sum\limits_{i=k+1}^{N} x_{i-k}^2} \tag{6-44}$$

模型参数 φ 可以采用递推公式求解,即由自回归模型中已知的低阶参数递推求得高阶参数。设 $\varphi(i,j)$ 表示 i 阶自回归模型中的第 j 个参数,则递推公式可写为

$$\begin{cases} \varphi(1,1) = r(1) \\ \varphi(n+1,n+1) = \dfrac{r(n+1) - \sum\limits_{j=1}^{N} \varphi(n,j)r(n-j+1)}{1 - \sum\limits_{j=1}^{N} \varphi(n,j)r(j)} \\ \varphi(n+1,j) = \varphi(n,j) - \varphi(n+1,n+1)\varphi(n,n-j+1) \end{cases} \tag{6-45}$$

6.3.2.2 模型率定

实时校正模型的类型确定后,还要对模型结构,即阶数和模型参数进行率定。对于自回归模型,确定模型阶数最常用的方法有以下几种。

1. 最终预测误差准则

该方法由赤池于 1969 年从 AR 模型导出,他研究了一步预测误差 $V(n)$ 的统计性质,提出以总体预测误差方差最小时的阶数作为 AR 模型的最优阶数。

假设实测序列为 $\{y_t\}$,根据 AR 模型 t 时刻前各个时刻的输入,计算得出的预报序列为 $\{\hat{y}_t\}$,得到一步预测误差的总和为 $V(n)$,其表达式为

$$V(n) = \sum_{i=1}^{N} (y_i - \hat{y}_i)^2 \quad (n = 1,2,\cdots) \tag{6-46}$$

式中:n 为模型的阶数;N 为建模样本总数。

当样本总数 N 趋于无限大时,$V(n)$ 数学期望逐渐趋于 $\left[1 + \left(\dfrac{n}{N}\right)\right]\sigma_e^2$,这里,$\sigma_e^2$ 为预测误差的总体均方误差,可以用 $\left(1 - \dfrac{n}{N}\right)^{-1}V(n)$ 作为渐进无偏估计值,此时模型总体的预测误差方差 FPE 的估计为

$$FPE(n) = \frac{1 + \dfrac{n}{N}}{1 - \dfrac{n}{N}}V(n) = \min \quad (n = 1,2,\cdots) \tag{6-47}$$

可知,该估计是以总体预测误差方差最小为准,称为最终预测误差准则。

2. AIC 准则

1971 年,赤池进一步提出优选模型结构参数的准则——信息理论准则(简称 AIC 准则),用来优选模型的阶。定义为

$$AIC(n) = -2\ln[\hat{\theta}(n)] + 2q = \min \tag{6-48}$$

式中:n 为模型阶数;$\ln[\hat{\theta}(n)]$ 为 n 阶模型参数的模拟误差的似然函数对数估计值;q 为模型独立参数个数。

6.3.2.3 误差自回归校正模型应用

采用预报加校正技术的途径进行含沙量过程预报,即在已建好的含沙量过程预报模型基础上再加入一个误差自回归模型,通过误差时序变化规律的分析,预报模型的输出进行逐时段修正。

前文中已经建立了吴龙区间和龙潼区间含沙量过程的线性动态系统、人工神经网络预报模型以及不平衡输沙预报模型,由于不平衡输沙模型中对于龙门站和潼关站泥沙场次的选取与线性动态系统及 BP 神经网络模型不一致,所以在本部分仅将误差自回归实时校正模型与线性动态系统、人工神经网络两种含沙量预报模型相结合。如前所述,这两个模型的输入均为实测资料,包括吴龙区间各分区实测的前期输沙率过程 Q_{s1}、Q_{s2}、Q_{s3} 和相应的面平均累积雨量 $\overline{P}_1$、$\overline{P}_2$、$\overline{P}_3$;龙潼区间实测的前期含沙量过程 $S_龙$、$S_华$、$S_河$ 和面平均累积雨量资料 $\overline{P}_4$。

1. 实时校正模型结构确定

设龙门站实测含沙量序列为 $\{Q'_{s龙}(i), i = 1,2,\cdots,t\}$,预报含沙量序列为 $\{\hat{Q}_{s龙}(i), i = 1,2,\cdots,t\}$,则实测值序列与预报值序列之间建立误差序列 $\{e(j), j = t+1,\cdots,n\}$,其中 $e = Q'_{s龙} - \hat{Q}_{s龙}$。

设潼关站实测含沙量序列为 $\{Q'_{s潼}(i), i = 1,2,\cdots,t\}$,预报含沙量序列为 $\{\hat{Q}_{s潼}(i), i = 1,2,\cdots,t\}$,则实测值序列与预报值序列之间建立误差序列 $\{\varepsilon(j), j = t+1,\cdots,n\}$,其中 $\varepsilon = Q'_{s潼} - \hat{Q}_{s潼}$。

根据误差序列存在的自相关性,可分别建立龙门站和潼关站的误差自回归(AR)模型,表达式可写为

$$\hat{e}(t) = a_0 + a_1 e(t-1) + a_2 e(t-2) + \cdots + a_n e(t-n) \tag{6-49}$$

$$\hat{\varepsilon}(t) = b_0 + b_1 \varepsilon(t-1) + b_2 \varepsilon(t-2) + \cdots + b_n \varepsilon(t-n) \tag{6-50}$$

式中:$\hat{e}(t)$、$\hat{\varepsilon}(t)$ 分别为 e、ε 的估计值;n 为模型阶数;$a_0, a_1, \cdots, a_n$ 和 $b_0, b_1, \cdots, b_n$ 分别为龙门站和潼关站误差自回归模型的自回归系数。

模型自回归阶数采用最终预测误差准则确定,最终模型阶数取 6 阶。

因此,龙门站和潼关站的含沙量过程的实时预报值计算公式分别为

$$S_龙(t) = \hat{S}_龙(t) + \hat{e}(t) \tag{6-51}$$

$$S_潼(t) = \hat{S}_潼(t) + \hat{\varepsilon}(t) \tag{6-52}$$

式中:$\hat{S}_龙(t)$ 为龙门站含沙量预报值;$\hat{e}(t)$ 为其预报误差估计值;$S_龙(t)$ 为龙门站最终的含沙量实时校正值;潼关站的符号意义相同。

为了使误差校正的预见期与预报的预见期相吻合,采用如下方法进行预见期内的实时校正:根据建立好的误差自回归模型,利用其前若干时刻的预报误差值,可估计出预报初始时刻 t 的误差值 ε_t,将 ε_t 代入误差自回归方程递推出 $t+1$ 时刻的误差值 ε_{t+1},如此递推下去,即可得到预见期内各时刻的误差值的估计,然后将各时刻的误差值与其预报值相加,便可获得预见期内的校正结果。

2. 实时校正预报结果

1) 线性动态系统模型结果

龙门站和潼关站率定场次含沙量过程模拟的校正前和校正后结果分别见表 6-24 和

表6-26,其检验场次含沙量过程预报的校正前和校正后结果分别见表6-25 和表6-27,表中"校正前"是指已经过最小二乘自适应算法估计线性预报系统模型参数后的预报值。龙门站和潼关站的检验场次含沙量过程校正前、后过程线与实测过程线的拟合程度分别见图6-38 ~图6-49,图中"预报值"表示线性预报模型经过递推最小二乘算法后的预报值,"校正值"则表示其再经过误差自回归模型校正后的值。

表6-24　龙门站率定期模型模拟校正前、后结果(线性动态系统模型)

洪号	实测沙峰(kg/m³)	预报沙峰(kg/m³)		相对误差(%)		峰现滞时(h)		确定性系数	
		校正前	校正后	校正前	校正后	校正前	校正后	校正前	校正后
19800629	465	293	331	−37	−29	−6	−4	−0.53	−0.04
19800820	185	212	208	15	13	−8	−8	0.11	0.43
19870824	373	338	371	−9	−1	20	19	−0.30	−0.11
19810815	237	301	292	27	23	10	7	−4.25	−1.72
19840703	71	102	67	44	−6	−19	−16	−0.37	−1.44
19940803	303	304	266	0	−12	0	0	0.80	0.84
19950715	478	446	471	−7	−1	7	11	0.37	0.53
19960809	390	213	255	−45	−35	23	23	−0.55	−0.95
20000704	264	337	356	28	35	−7	−7	−0.52	−0.62
20040701	115	85	50	−26	−57	−24	−13	−1.80	−1.11
19880713	438	345	392	−21	−11	−8	−2	0.16	0.51
19910727	261	260	214	−1	−18	−4	12	0.76	0.64
19990711	340	238	273	−30	−20	−2	−2	0.70	0.90
20050702	177	171	175	−4	−1	0	0	0.83	0.87
20050719	220	147	217	−33	−1	0	0	0.57	0.89

表6-25　龙门站检验期模型预报校正前、后结果(线性动态系统模型)

洪号	实测沙峰(kg/m³)	预报沙峰(kg/m³)		相对误差(%)		峰现滞时(h)		确定性系数	
		校正前	校正后	校正前	校正后	校正前	校正后	校正前	校正后
19810704	292	388	402	33	38	−2	−2	0.08	0.10
19950804	344	228	252	−34	−27	2	2	0.09	0.30
19980712	441	298	336	−32	−24	26	11	0.39	0.45
19880804	491	340	393	−31	−20	7	7	−0.65	0.01
19970729	356	317	405	−11	14	2	2	0.28	0.28
20040728	308	265	283	−14	−8	−10	−10	−0.85	−0.10

表 6-26　潼关站率定期模型预报校正前、后结果(线性动态系统模型)

洪号	实测沙峰 (kg/m³)	预报沙峰(kg/m³)		相对误差(%)		峰现滞时(h)		确定性系数	
		校正前	校正后	校正前	校正后	校正前	校正后	校正前	校正后
19810704	79	78	101	-1	28	6	2	0.39	0.31
19820729	63	128	129	103	105	-2	-2	-9.05	-4.98
19830815	73	65	77	-11	5	11	11	0.31	0.52
19840704	49	42	47	-13	-5	90	90	0.16	0.30
19880815	87	117	124	34	42	-16	-16	-0.30	0.05
19890722	224	131	127	-42	-44	-77	-77	-2.01	-1.56
19920809	293	185	232	-37	-21	-21	-52	0.36	0.61
19930716	164	93	105	-43	-36	-1	15	0.57	0.67
19930731	162	181	204	12	26	6	6	-0.18	0.13
19940722	169	231	210	37	24	24	32	-0.47	0.21
19890811	70	71	70	2	0	-13	-13	-1.46	0.73
19940810	339	271	291	-20	-14	8	-13	0.28	0.47
20040728	108	88	92	-18	-15	-4	-4	-3.70	-1.56

表 6-27　潼关站检验期模型预报校正前、后结果(线性动态系统模型)

洪号	实测沙峰 (kg/m³)	预报沙峰(kg/m³)		相对误差(%)		峰现滞时(h)		确定性系数	
		校正前	校正后	校正前	校正后	校正前	校正后	校正前	校正后
19800629	203	189	192	-7	-5	6	6	0.74	0.86
19870824	151	189	199	25	32	11	11	-0.03	0.23
19940706	425	338	371	-20	-13	-4	-4	0.68	0.71
19950804	248	204	264	-18	6	-14	-14	-0.34	0.14
19900710	134	119	123	-12	-8	9	9	-2.58	-1.96
20030825	261	182	195	-30	-25	8	13	0.70	0.74

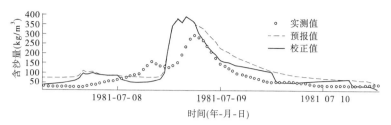

图 6-38　龙门站"19810704"洪水实测、预报、校正后含沙量过程线（线性动态系统模型）

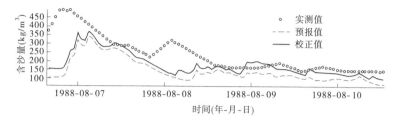

图 6-39　龙门站"19880804"洪水实测、预报、校正后含沙量过程线（线性动态系统模型）

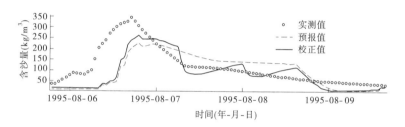

图 6-40　龙门站"19950804"洪水实测、预报、校正后含沙量过程线（线性动态系统模型）

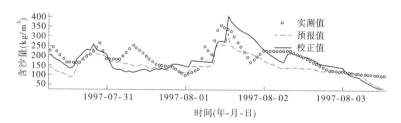

图 6-41　龙门站"19970729"洪水实测、预报、校正后含沙量过程线（线性动态系统模型）

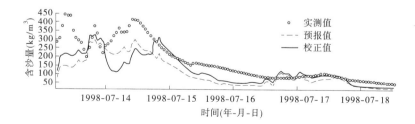

图 6-42　龙门站"19980712"洪水实测、预报、校正后含沙量过程线（线性动态系统模型）

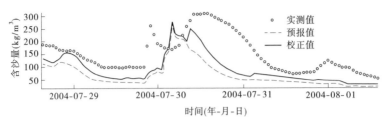

图 6-43　龙门站"20040728"洪水实测、预报、校正后含沙量过程线（线性动态系统模型）

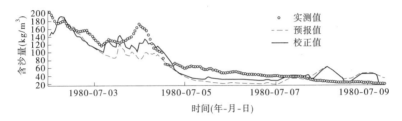

图 6-44　潼关站"19800629"洪水实测、预报、校正后含沙量过程线（线性动态系统模型）

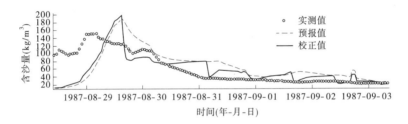

图 6-45　潼关站"19870824"洪水实测、预报、校正后含沙量过程线（线性动态系统模型）

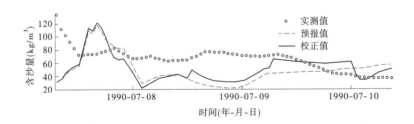

图 6-46　潼关站"19900710"洪水实测、预报、校正后含沙量过程线（线性动态系统模型）

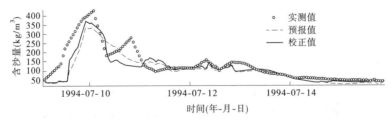

图 6-47　潼关站"19940706"洪水实测、预报、校正后含沙量过程线（线性动态系统模型）

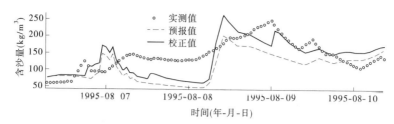

图 6-48 潼关站"19950804"洪水实测、预报、校正后含沙量过程线(线性动态系统模型)

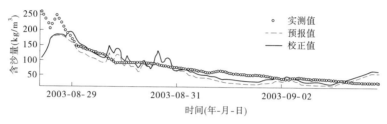

图 6-49 潼关站"20030825"洪水实测、预报、校正后含沙量过程线(线性动态系统模型)

由以上图表反映的结果可以看出,经过误差自回归校正后,龙门站和潼关站的沙峰值、沙峰滞时、确定性系数均有所提高。其中,龙门站有 10 场率定场次和 3 场验证场次、潼关站有 6 场率定场次和 4 场验证场次沙峰相对误差在 20% 以内,大多数场次的确定性系数都得到提高。

2)BP 神经网络预报模型实时校正预报结果

龙门站和潼关站率定场次含沙量过程模拟的校正前和校正后结果分别见表 6-28 和表 6-30,其检验场次含沙量过程预报的校正前和校正后结果分别见表 6-29 和表 6-31。龙门站和潼关站的检验场次含沙量过程校正前、后过程线与实测过程线的拟合程度分别见图 6-50 ~ 图 6-61。

表 6-28 龙门站率定期模型预报校正前、后结果(BP 模型)

洪号	实测沙峰 (kg/m³)	预报沙峰(kg/m³)		相对误差(%)		峰现滞时(h)		确定性系数	
		校正前	校正后	校正前	校正后	校正前	校正后	校正前	校正后
19800629	465	461	413	−1	−11	0	2	−0.22	−0.05
19800820	185	113	125	−39	−32	−8	−8	0.21	0.52
19870824	373	264	308	−29	−17	−1	10	0.59	0.60
19810815	237	295	269	25	13	−4	−4	−0.21	−0.59
19840703	71	44	61	−39	−15	21	−15	−0.96	−0.08
19940803	303	230	288	−24	−5	−7	−6	0.81	0.92
19950715	478	478	509	0	7	4	1	0.71	0.86
19960809	390	249	261	−36	−33	6	17	−0.66	−0.72
20000704	264	223	306	−15	16	3	−22	0.74	0.74

洪号	实测沙峰（kg/m³）	预报沙峰（kg/m³）		相对误差（%）		峰现滞时（h）		确定性系数	
		校正前	校正后	校正前	校正后	校正前	校正后	校正前	校正后
20040701	115	91	109	− 21	− 5	− 23	− 16	− 0.53	− 0.35
19880713	438	408	414	− 7	− 6	− 8	1	0.42	0.56
19910727	261	227	250	− 13	− 6	5	− 7	0.65	0.59
19990711	340	100	144	− 71	− 58	2	15	− 0.89	− 0.17
20050702	177	201	171	14	− 3	0	0	0.88	0.49
20050719	262	208	212	− 5	− 3	2	0	0.67	0.35

表 6-29　龙门站检验期模型预报校正前、后结果（BP 模型）

洪号	实测沙峰（kg/m³）	预报沙峰（kg/m³）		相对误差（%）		峰现滞时（h）		确定性系数	
		校正前	校正后	校正前	校正后	校正前	校正后	校正前	校正后
19810704	292	363	365	24	25	8	0	− 1.06	− 0.20
19980712	441	456	474	3	7	11	11	− 0.51	− 0.60
19950804	344	445	478	29	39	0	0	0.17	0.17
19880804	491	442	483	− 10	− 1	5	5	− 1.20	− 1.17
19970729	356	141	209	− 60	− 41	3	3	− 3.49	− 1.86
20040728	308	311	321	1	4	− 6	− 6	− 1.24	− 1.47

表 6-30　潼关站率定期模型预报校正前、后结果（BP 模型）

洪号	实测沙峰（kg/m³）	预报沙峰（kg/m³）		相对误差（%）		峰现滞时（h）		确定性系数	
		校正前	校正后	校正前	校正后	校正前	校正后	校正前	校正后
19810704	79	59	70	− 25	− 11	6	6	− 0.73	− 0.13
19820729	63	62	68	− 2	8	18	12	0.02	− 0.02
19830815	73	84	94	15	29	− 6	− 9	0.33	0.23
19840704	49	72	76	47	54	12	12	− 2.02	− 1.03
19880815	87	97	111	10	27	18	18	− 0.11	0.37
19890722	224	94	129	− 58	− 43	− 22	− 13	− 0.49	− 0.05
19920809	292	153	203	− 48	− 31	− 21	− 18	0.15	0.56
19930716	164	63	81	− 62	− 50	− 8	10	0.16	0.32
19930731	162	108	160	− 33	− 2	33	− 10	0.47	0.67
19940722	169	145	193	− 14	15	20	20	0.35	0.64
19890811	70	53	63	− 24	− 10	− 31	9	0.24	0.43
19940810	339	311	362	− 8	7	− 7	− 10	0.88	0.65
20040728	108	86	95	− 20	− 12	− 3	22	− 4.07	− 1.45

表 6-31　潼关站检验期模型预报校正前、后结果(BP 模型)

洪号	实测沙峰 (kg/m³)	预报沙峰(kg/m³)		相对误差(%)		峰现滞时(h)		确定性系数	
		校正前	校正后	校正前	校正后	校正前	校正后	校正前	校正后
19800629	203	156	159	−23	−21	6	6	0.41	0.65
19870824	151	88	117	−41	−22	11	12	−0.10	0.19
19940706	425	325	346	−24	−19	−1	−7	0.34	0.40
19950804	248	123	160	−50	−36	−14	−14	−2.38	−1.17
19900710	134	113	118	−16	−12	10	10	−0.06	−0.10
20030825	264	122	143	−53	−45	6	32	0.30	0.40

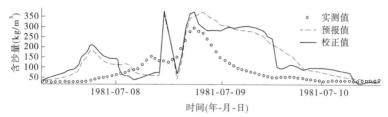

图 6-50　龙门站"19810704"洪水实测、预报、校正后含沙量过程线(BP 模型)

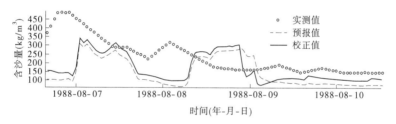

图 6-51　龙门站"19880804"洪水实测、预报、校正后含沙量过程线(BP 模型)

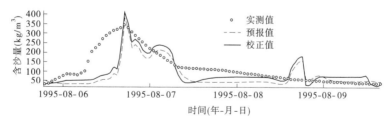

图 6-52　龙门站"19950804"洪水实测、预报、校正后含沙量过程线(BP 模型)

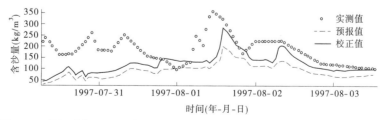

图 6-53　龙门站"19970729"洪水实测、预报、校正后含沙量过程线(BP 模型)

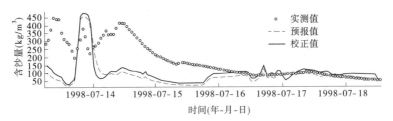

图 6-54　龙门站"19980712"洪水实测、预报、校正后含沙量过程线（BP 模型）

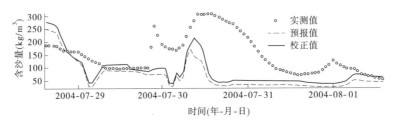

图 6-55　龙门站"20040728"洪水实测、预报、校正后含沙量过程线（BP 模型）

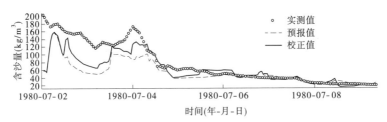

图 6-56　潼关站"19800629"洪水实测、预报、校正后含沙量过程线（BP 模型）

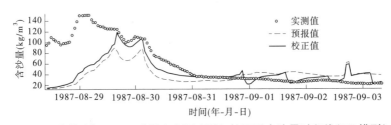

图 6-57　潼关站"19870824"洪水实测、预报、校正后含沙量过程线（BP 模型）

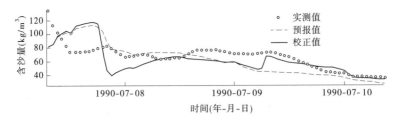

图 6-58　潼关站"19900710"洪水实测、预报、校正后含沙量过程线（BP 模型）

由以上图表反映的结果可以看出：经过误差自回归校正后，BP 神经网络含沙量预报模型的精度整体上有较大提高。具体而言，龙门站率定场次除"19880804"、"19980712"和"20040728"场次洪水的沙峰相对误差大于 20% 外，其余均在 20% 以内；验证场次除

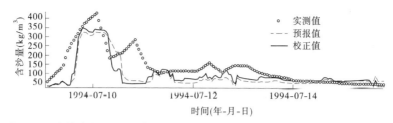

图 6-59　潼关站"19940706"洪水实测、预报、校正后含沙量过程线(BP 模型)

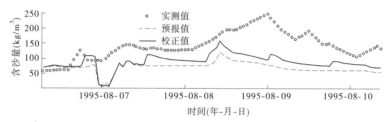

图 6-60　潼关站"19950804"洪水实测、预报、校正后含沙量过程线(BP 模型)

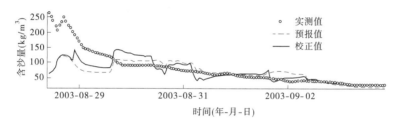

图 6-61　潼关站"20030825"洪水实测、预报、校正后含沙量过程线(BP 模型)

"19800820"、"19960809"、"19990711"场次洪水的沙峰相对误差大于 20% 外,其余均在 20% 以内;同样,潼关站有 7 场率定场次和 2 场验证场次沙峰值相对误差在 20% 以内。但不管是龙门站还是潼关站,校正前后含沙量峰现时间差别都不大,校正效果并不明显。

6.4　多模型综合技术

上文所给出的不同泥沙预报模型都是从某一方面对客观的泥沙物理过程进行概化描述,因此对于同样的输入,不同的模型会给出不同的预报结果。实践表明,没有哪个模型能够在任何情况下提供始终优于其他模型的预报结果,所以采取某种合成预报方案综合不同的模型在相同的输入条件下进行"并行"运算,可以发挥不同模型的优势,弥补单个模型对特定状况预测不准的缺陷,提供更稳健及精度更高的预报结果。

多模型综合预报的基本思路就是以 n 种预报方法的预报结果作为自变量,以相应的实际观测的泥沙含量为因变量,建立综合预报方程: $Y = \sum_{i}^{n} \phi_i Y_i$,其中, Y_i 为第 i 种预报模型的预报值($i = 1, \cdots, n$), ϕ_i 为综合模型系数, Y 为合成预报值。显然,如何估计系数 ϕ_i 是综合预报的关键。目前对于模型综合已经出现了很多比较成熟的方法,例如简单平均法、加权平均法、神经网络和模糊推理法等。近年来发展起来的贝叶斯模型平均法

(Bayesian Model Averaging, BMA)在水文和气象等模型综合中得到广泛的应用,取得了较好的效果。

在本书中采用 BMA 多模型耦合预报技术,对不同模型的预报结果进行综合,提供精度较高的预报结果。

6.4.1 贝叶斯模型平均法(BMA)的基本原理

贝叶斯模型平均法是一种基于贝叶斯理论将模型本身的不确定性考虑在内的统计分析方法。它以实测样本隶属于某一模型的后验概率作为权重,对各模型预报变量的后验分布进行加权平均,获得综合预报变量的概率密度函数或分布函数,根据概率分布函数,不仅可以提供如常规模型一样的定值预报,同时也可以提供概率预报,或对定值预报结果的不确定性作出评价,获得更丰富的预报信息。

用 y 表示预报变量,$D_{obs} = \{y_1, y_2, \cdots, y_T\}$ 代表实测含沙量样本序列,$M = \{M_1, M_2, \cdots, M_k\}$ 代表所有选用的含沙量预报模型组成的模型空间。但是哪一个模型是最佳模型事先并不知道,即模型的选择存在着不确定性。根据贝叶斯模型平均法,在给定样本 D_{obs} 的情况下,综合预报变量 y 的后验概率密度函数为

$$p(y|D_{obs}) = \sum_{i=1}^{k} P(M_i|D_{obs}) p(y|M_i, D_{obs}) \tag{6-53}$$

式中:$p(y|M_i, D_{obs})$ 为在给定样本 D_{obs} 和模型 M_i 的条件下预报变量 y 的后验概率密度函数;$P(M_i|D_{obs})$ 为在给定数据 D_{obs} 的情况下模型 M_i 为最优模型的概率。

因此,基于 BMA 框架的预报变量 y 的合成预报实际上是以后验模型概率 $P(M_i|D_{obs})$ 为权重,对所有模型的后验分布 $p(y|M_i, D_{obs})$ 进行加权平均。其效果属于变权估计,即权重将随着模型预报精度的改变而发生变化,近期预报精度越高的模型将被赋予越大的权重;反之亦然,从而提高综合模型的实时预报精度。

根据式(6-53),综合预报变量 y 的点估计均值和方差分别为

$$E(y|D_{obs}) = \sum_{i=1}^{k} P(M_i|D_{obs}) \int_{-\infty}^{+\infty} y p(y|M_i, D_{obs}) \mathrm{d}y = \sum_{i=1}^{k} w_i \eta_i \tag{6-54}$$

$$\mathrm{var}(y|D_{obs}) = \sum_{i=1}^{k} w_i \left(\eta_i - \sum_{i=1}^{k} w_i \eta_i \right)^2 + \sum_{i=1}^{k} w_i \sigma_i^2 \tag{6-55}$$

式中:$w_i = P(M_i|D_{obs})$;η_i、σ_i^2 分别为在给定数据 D_{obs} 和模型 M_i 的条件下,预报变量 y 的期望值、方差。

因此,BMA 中预报变量 y 的均值是以 w_i 为权重,对各模型 η_i 进行加权的一个平均值;方差由两部分组成,即 $\sum_{i=1}^{k} w_i \left(\eta_i - \sum_{i=1}^{k} w_i \eta_i \right)^2$ 反映模型选择误差(模型间误差),$\sum_{i=1}^{k} w_i \sigma_i^2$ 表示模型本身的预报误差(模型内误差)。

综合预报的结果是以概率密度函数或分布函数的形式表示的,因此不仅可以给出传统的均值预报结果,还可以作出变量的概率预报。根据各预报模型的权重 $\{w_1, \cdots, w_k\}$ 随机抽选出一个模型 i,然后利用模型 i 预报量的概率密度函数 $p(y|M_i, D_{obs})$ 随机产生一

个预报流量值 Q_1，反复抽样 m 次得到某一时间点上预报的流量系列 $Q_1,\cdots,Q_m$，对系列进行统计，除了获得预报流量的点估值(如期望估计值,也称为贝叶斯估计值);同时可得到某一置信水平下的置信区间估计,对流量估计的不确定性作出定量评价。

从以上贝叶斯模型平均法的基本原理中可以看出,贝叶斯模型平均法不仅能综合各模型的优势,提供精度较高的均值预报,还能给出可靠的概率水义预报,定量地评价模型结构不确定性对预报的影响。

6.4.2 正态分位数转化

通过式(6-53)应用实测和模型预报的时序资料计算综合预报变量的概率分布,其形式很复杂,计算比较困难。因此,采用亚高斯模型(meta-gaussian)对实测和各模型计算的样本进行正态分位数变换(Normal Quantile Transform, NQT),根据变换后的近似正态分布序列建立式(6-53)的关系,再通过反变换得到原始变量空间的对应关系,以简化计算的过程。

令 Q 表示标准正态分布函数,则实测序列 y_t、模型 M_i 预报的序列 f_{it} 转换后的正态分位数序列分别为

$$y'_t = Q^{-1}(\Gamma(y_t)) \quad (t = 1,\cdots,T) \tag{6-56}$$

$$f'_{it} = Q^{-1}(\phi(f_{it})) \quad (t = 1,2,\cdots,T) \tag{6-57}$$

式中: T 为时间序列长度; y'_t、f'_{it} 分别为 y_t、f_{it} 的正态分位数;Γ、ϕ 分别为 y_t、f_{it} 的边缘分布函数。

由于 Weibull 分布在工程领域中有着十分广泛的应用,它具有递增和递减的失效率,符合在实际应用中碰到的失效问题。所以,在这里边际分布选用三参数 Weibull 分布,其概率密度函数为

$$\text{wb}(s;\zeta,\beta,\delta) = -\frac{\delta}{\beta}\left(\frac{s-\zeta}{\beta}\right)^{\delta-1}\exp\left[-\left(\frac{s-\zeta}{\beta}\right)^{\delta}\right] \quad (\zeta < s < +\infty) \tag{6-58}$$

响应的分布函数为

$$F(s) = P(S < s) = \exp[-\{(x-\zeta)/\beta\}^{\delta}] \tag{6-59}$$

式中: β、δ 和 ζ 分别为尺度参数、形状参数和位置参数。

由于存在三个参数,使得三参数 Weibull 分布的参数估计有一些困难。现在运用比较广泛的参数估计方法有极大似然法、双线性回归法、相关系数优化法、灰度法、线性矩法以及概率权重矩法等。在本书中将采用线性矩法,其定义为

线性矩: $$\lambda_r = \int_0^1 x(u)P^*_{r-1}(u)\,\mathrm{d}u \tag{6-60}$$

$$L - C_v : \tau = \frac{\lambda_2}{\lambda_1} \tag{6-61}$$

其他(L – 矩比): $$\tau_r = \frac{\lambda_r}{\lambda_2} \quad (r = 3,4,\cdots) \tag{6-62}$$

式中: λ_r 为 r 阶线性矩。

根据概率权重矩的定义,线性矩可以写为

$$\begin{aligned}
\lambda_1 &= \beta_0 \\
\lambda_2 &= 2\beta_1 - \beta_0 \\
\lambda_3 &= 6\beta_2 - 6\beta_1 + \beta_0 \\
\lambda_4 &= 20\beta_3 - 30\beta_2 + 12\beta_1 - \beta_0 \\
&\ \ \vdots
\end{aligned} \tag{6-63}$$

将含沙量序列样本从小到大排列,即

$$x_{1:n} \leqslant x_{2:n} \leqslant \cdots \leqslant x_{n:n}$$

式中: n 为序列样本数。

此时,式(6-63)中 β_r 的估计值为

$$\beta_r = n^{-1} \binom{n-1}{r}^{-1} \sum_{j=r+1}^{n} \binom{j-1}{r} x_{j:n} \tag{6-64}$$

式中: $\binom{n-1}{r}$ 为 $n-1$ 个元素中取 r 个的组合运算。

对于 Weibull 分布,可以根据下述关系由线性矩计算其 3 个参数 δ、β、ζ:

$$\delta = 1/m, \qquad \beta = -\alpha/m, \qquad \zeta = \lambda_1 - \alpha[1 - \Gamma(1+m)]/m - \beta \tag{6-65}$$

其中

$$\begin{cases} m \approx 7.859c + 2.9554c^2 \\[2mm] c = \dfrac{2}{3 + \tau_3} - \dfrac{\lg 2}{\lg 3} \\[2mm] \alpha = \dfrac{\lambda_2 m}{(1 - 2^{-m})\Gamma(1+m)} \end{cases} \tag{6-66}$$

6.4.3　高斯混合模型及其参数估计

6.4.3.1　高斯混合模型

假设进行正态分位数转换后的实测变量 y_t' 与模型计算变量 f_{it}' 满足如下的线性关系:

$$y_t' = a_i f_{it}' + b_i + \Theta_i \quad (i = 1, 2, \cdots, k; t = 1, 2, \cdots, T) \tag{6-67}$$

式中: a_i、b_i 为参数; Θ_i 为不依赖于 f_{it}' 的残差系列,且假设服从正态分布, $\Theta_i \sim N(0, \sigma_i^2)$ 。

由式(6-71)可知, y_t' 为已知 f_{it} 条件下的正态分布:

$$y_t' \mid M_i, D_{obs}' \sim N(a_i f_{it}' + b_i, \sigma_i^2) \tag{6-68}$$

式中: D_{obs}' 为正态转换后的实测数据集。

由于式(6-60)和式(6-61)中 NQT 变换的唯一性,所以就可以将式(6-57)转换为通过概率 $w_i = P(M_i | D_{obs}')$ 来反映不同的高斯成分在综合预报中所起的作用,称为高斯混合模型:

$$\begin{aligned}
p(y' \mid D_{obs}') &= \sum_{i=1}^{k} P(M_i \mid D_{obs}') p(y' \mid M_i, D_{obs}') \\
&= \sum_{i=1}^{k} w_i B_i(y')
\end{aligned} \tag{6-69}$$

式中：$B_i(y')$ 为期望值是 $a_if_i' + b_i$、方差为 σ_i^2 的高斯分布（正态分布），$i = 1,2,\cdots,k$，其概率密度函数为

$$B_i(y') = \frac{1}{\sqrt{2\pi}\sigma_i}\exp\left\{-\frac{[y' - (a_if_i' + b_i)]^2}{2\sigma_i^2}\right\} \tag{6-70}$$

6.4.3.2 期望最大化（EM）算法推求高斯模型的参数

根据上文所述，高斯混合模型需要确定的参数是 $\theta = \{w_i,a_i,b_i,\sigma_i^2,i = 1,2,\cdots,k\}$。最大似然估计（MLE：Maximum Likelihood Estimation）法是最常用和最有效的估计方法之一，它是利用若干个观测值来估计该参数的方法。

假定有 N 个相互独立且服从 $g(\frac{y}{\theta})$ 分布的样本，那么联合密度函数可以表示为

$$g\left(\frac{Y}{\theta}\right) = \prod_{i=1}^{N}g\left(\frac{y_i}{\theta}\right) = L\left(\frac{\theta}{Y}\right) \tag{6-71}$$

函数 $L(\frac{\theta}{Y})$ 称为似然函数。似然函数认为是由观察向量 D_{obs} 确定的参数 θ 的函数。

在最大化问题中，目标是找到使 L 最大化的参数 $\hat{\theta}$。然而在一般的情况下，最大化时用 $\ln(L(\theta/Y))$ 来代替，即：

$$\hat{\theta} = \arg\max_{\theta}\ln(L(\theta/Y)) \tag{6-72}$$

式（6-72）实际上表达的是一个求极值的问题。很多情况下，直接求解式（6-72）非常困难，所以需要找到相应的解决方法。期望最大化（EM）算法就是一种通过迭代方法渐近求解参数最大似然估计的方法。

EM 算法是统计学上一种重要的参数估计方法，是 1977 年由 A. P. Dempster 等首次提出，是一种利用不完备的观测数据求解极大似然估计的迭代算法。它在很大程度上降低了极大似然估计的算法复杂度，但其性能与极大似然估计相近，具有很好的适用价值。下面简单地介绍一下这个算法。

对于给定 T 个观测值 D'_{obs} 的高斯混合模型，其对数似然函数表述为

$$\ln(L(\theta|D'_{obs})) = \ln p(D'_{obs}|\theta) = \sum_{t=1}^{T}\ln\left(\sum_{i=1}^{k}w_iB_i(y'_t)\right) \tag{6-73}$$

采用期望最大化（EM）算法估计使式（6-73）达到最大的参数 θ。EM 是一种求解极大似然估计的迭代算法，迭代过程可分成以下两个步骤：第 1 步称为"E 步"，即根据上一步的结果来估算完全数据集似然函数的期望值；第 2 步称为"M 步"，即估计使完全数据集似然函数期望最大化的参数；然后重复这两个步骤直至迭代收敛。设 $\theta^{(Iter)}$ 为第 $Iter$ 次迭代步骤所估计的参数向量，EM 算法流程简介如下：

（1）初始化：给出高斯混合密度函数中的参数初始值 $\theta^0 = [\{w_i^0,a_i^0,b_i^0,\sigma_i^0, i = 1,2,\cdots,k\}]$，可取：$w_i^0 = \frac{1}{k}$，$a_i^0 = 1.000$，$b_i^0 = 0.000$，$\sigma_i^{2(0)} = \frac{1}{T}\sum_{t=1}^{T}(y'_t - a_i^0f_{it}' - b_i^0)^2$

（2）计算似然函数：

$$l(\theta^{Iter}) = \sum_{t=1}^{T} \ln\left(\sum_{i=1}^{k} w_i B_i(y_t')\right) \tag{6-74}$$

（3）E 步：

令 $Iter = Iter + 1$，$l = 1,2,\cdots,k$ 和 $t = 1,2,\cdots,T$，计算：

$$p(l|y_t',\theta^{(Iter-1)}) = \frac{B_l(y_t')}{\sum\limits_{i=1}^{k} B_i(y_t')} \tag{6-75}$$

（4）M 步：

更新参数 w_l^{Iter}、a_l^{Iter}、b_l^{Iter} 和方差 $\sigma_l^{2(Iter)}$：

$$w_l^{Iter} = \sum_{t=1}^{T} \frac{1}{T} p(l|y_t',\theta^{(Iter-1)})$$

$$a_l^{Iter} = \frac{\left[\sum\limits_{t=1}^{T} y_t' f_{lt}' p(l|y_t',\theta^{(Iter-1)})\right] \cdot \left[\sum\limits_{t=1}^{T} p(l|y_t',\theta^{(Iter-1)})\right] - \left[\sum\limits_{t=1}^{T} y_t' p(l|y_t',\theta^{(Iter-1)})\right] \cdot \left[\sum\limits_{t=1}^{T} f_{lt}' p(l|y_t',\theta^{(Iter-1)})\right]}{\left[\sum\limits_{t=1}^{T} f_{lt}'^2 p(l|y_t',\theta^{(Iter-1)})\right] \cdot \left[\sum\limits_{t=1}^{T} p(l|y_t',\theta^{(Iter-1)})\right] \cdot \left[\sum\limits_{t=1}^{T} f_{lt}' p(l|y_t',\theta^{(Iter-1)})\right]^2}$$

$$b_l^{Iter} = \frac{\sum\limits_{t=1}^{T} y_t' p(l|y_t',\theta^{(Iter-1)}) - \sum\limits_{t=1}^{T} a_l f_{lt}' p(l|y_t',\theta^{(Iter-1)})}{\sum\limits_{t=1}^{T} p(l|y_t',\theta^{(Iter-1)})}$$

$$\sigma_l^{2(Iter)} = \frac{\sum\limits_{t=1}^{T} (y_t' - a_l f_{lt}' - b_l)^2 p(l|y_t',\theta^{(Iter-1)})}{\sum\limits_{t=1}^{T} p(l|y_t',\theta^{(Iter-1)})} \tag{6-76}$$

（5）收敛判断。

若 $|l(\theta^{Iter}) - l(\theta^{Iter-1})|$ 小于或等于预先设定的阈值，则停止迭代，认为 w_l^{Iter}、a_l^{Iter}、b_l^{Iter} 和 σ_i^{Iter} 即为估计的参数值；否则返回到步骤（3），重新进行迭代，直到满足要求。

采用以上所述的 EM 算法估计出参数 $\theta = \{w_i, a_i, b_i, \sigma_i^2, i = 1,2,\cdots,k\}$，可得到各预报模型的权重值。根据估计出的各参数值，就可在正态变量空间中构造基于 BMA 的水文模型合成概率预报模型。在正态空间中预报后，再实施反变换就可以得到原始空间的预报结果，除提供均值预报结果外还可通过置信区间估计等对与预报的不确定性作出定量评价。

贝叶斯模型平均法本质上是一种 model-free 的多模型综合方法，不涉及所要综合的预报模型的内部结构、参数等问题，可以应用于任何形式模型的综合问题，有相当好的适用性，且能提供精度较高的综合预报结果及其不确定性评估。

6.4.4　基于 BMA 的模型综合预报成果

由于不平衡输沙模型中对龙门站和潼关站泥沙场次的选取与线性动态系统及 BP 神经网络模型不一致，所以本书仅采用贝叶斯模型平均将线性动态预报模型、BP 神经网络预报模型这两种模型进行综合。

龙门站和潼关站经过 BMA 综合后的预报结果，见表 6-32 ～ 表 6-35 及图 6-62 ～

图 6-73。

表 6-32　龙门站率定场次 BMA 均值预报值和 90% 置信区间预报值

洪号	实测沙峰 （kg/m^3）	BMA 均值 预报沙峰 （kg/m^3）	相对误差 （%）	90% 置信 区间 （kg/m^3）	峰现滞时 （h）	确定性 系数
19800629	465	316	−32	[199,513]	−2	−0.02
19800820	185	164	−11	[80,277]	−8	0.75
19870824	373	250	−33	[136,408]	20	0.38
19810815	237	186	−21	[115,364]	−4	−0.29
19840703	71	72	1	[36,132]	−15	−0.45
19940803	303	252	−17	[134,404]	0	0.91
19950715	478	432	−10	[258,640]	11	0.72
19960809	390	198	−49	[88,299]	17	−0.67
20000704	264	231	−12	[151,441]	−7	0.44
20040701	115	76	−34	[34,121]	−23	−0.05
19880713	438	367	−16	[207,550]	−2	0.61
19910727	261	210	−20	[103,335]	−7	0.67
19990711	264	231	−12	[96,319]	−7	0.44
20050702	115	76	−34	[87,296]	−23	−0.05
20050719	438	367	−16	[111,353]	−2	0.61

表 6-33　龙门站验证场次 BMA 均值预报值和 90% 置信区间预报值

洪号	实测沙峰 （kg/m^3）	预报沙峰 （kg/m^3）	相对误差 （%）	90% 置信 区间（kg/m^3）	峰现滞时 （h）	确定性 系数
19810704	292	351	20	[200,537]	−1	0.33
19950804	344	303	−12	[165,468]	0	0.30
19980712	441	361	−18	[212,558]	11	−0.01
19880804	491	392	−20	[189,515]	7	−0.49
19970729	356	286	−20	[176,491]	2	−0.44
20040728	308	244	−21	[118,371]	−7	−0.98

表 6-34　潼关站率定场次 BMA 均值预报值和 90% 置信区间预报值

洪号	实测沙峰 （kg/m³）	预报沙峰 （kg/m³）	相对误差 （%）	置信区间 （kg/m³）	峰现滞时 （h）	确定性 系数
19810704	79	74	−6	[26,182]	6	0.18
19820729	63	74	15	[26,182]	−2	0.03
19830815	73	66	−9	[24,168]	−6	0.66
19840704	49	56	13	[21,146]	12	0.17
19880815	87	81	−8	[29,196]	21	0.56
19890722	224	94	−58	[34,222]	−13	−0.86
19920809	292	175	−40	[70,360]	−17	0.41
19930716	164	78	−53	[28,190]	11	0.45
19930731	162	145	−10	[56,312]	−10	0.48
19940722	169	159	−6	[62,335]	20	0.54
19890811	70	60	−14	[22,155]	9	0.36
19940810	339	256	−24	[113,487]	−12	0.62
20040728	108	78	−28	[28,190]	22	−1.90

表 6-35　潼关站验证场次 BMA 均值预报值和 90% 置信区间预报值

洪号	实测沙峰 （kg/m³）	预报沙峰 （kg/m³）	相对误差 （%）	置信区间 （kg/m³）	峰现滞时 （h）	确定性 系数
19800629	203	144	−29	[55,309]	6	0.66
19870824	151	115	−24	[42,259]	11	0.23
19940706	425	274	−36	[123,514]	−1	0.39
19950804	248	164	−34	[64,342]	−14	−0.89
19900710	134	103	−23	[37,239]	9	−0.66
20030825	264	135	−48	[51,294]	12	0.51

　　从以上图表可以看出：经过 BMA 方法综合后的含沙量过程预报，虽然其精度并不能保证一场洪水中的每一时段均比线性动态系统或比 BP 神经网络或线性动态系统模型的精度高（包括沙峰），但是综合整场含沙量过程来看，BMA 方法一般能提供更高精度的预报结果，反映在确定性系数上，BMA 综合后的均值预报总体上优于单个预报模型。同样的，BMA 方法并不能保证对每场含沙量过程的预报精度都高于单个模型，但是从综合多场次洪水含沙量过程的结果看，BMA 方法的预报精度一般会有所提高；例如龙门站 6 场验证场次中，有 5 场沙峰相对误差在 20% 以内，剩余 1 场沙峰相对误差是 21%，基本全部满足沙峰预报精度要求，较单个预报模型的预报结果更为理想。

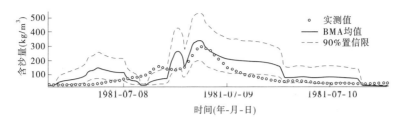

图 6-62　龙门站"19810704"洪水实测和 BMA 均值预报含沙量过程线

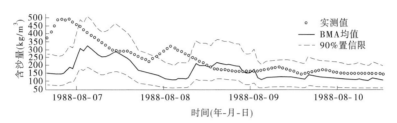

图 6-63　龙门站"19880804"洪水实测和 BMA 均值预报含沙量过程线

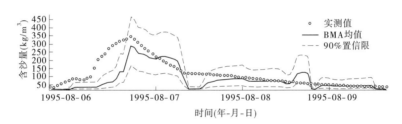

图 6-64　龙门站"19950804"洪水实测和 BMA 均值预报含沙量过程线

图 6-65　龙门站"19970729"洪水实测和 BMA 均值预报含沙量过程线

图 6-66　龙门站"19980712"洪水实测和 BMA 均值预报含沙量过程线

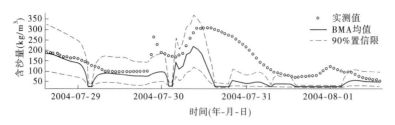

图 6-67　龙门站"20040728"洪水实测和 BMA 均值预报含沙量过程线

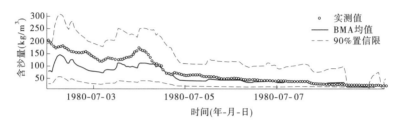

图 6-68　潼关站"19800629"洪水实测和 BMA 均值预报含沙量过程线

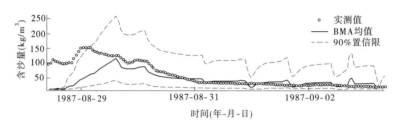

图 6-69　潼关站"19870824"洪水实测和 BMA 均值预报含沙量过程线

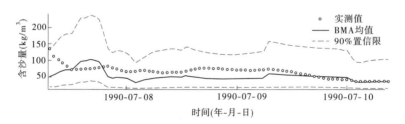

图 6-70　潼关站"19900710"洪水实测和 BMA 均值预报含沙量过程线

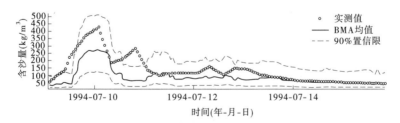

图 6-71　潼关站"19940706"洪水实测和 BMA 均值预报含沙量过程线

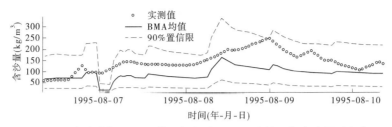

图 6-72　潼关站"19950804"洪水实测和 BMA 均值预报含沙量过程线

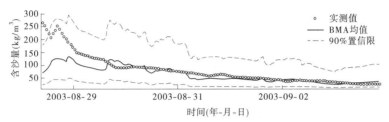

图 6-73　潼关站"20030815"洪水实测和 BMA 均值预报含沙量过程线

6.5　含沙量预报系统开发

6.5.1　系统集成

系统集成是根据研究的目标与任务,按照系统开发标准,将各组成要素或子系统按照一定的方法组合形成为一个有机整体,生成系统的全过程。一般意义上的系统集成技术包括硬件集成、软件集成、网络集成和平台集成等具体技术。本系统属于应用软件系统,因此系统集成属于软件集成的范畴,根据系统开发内容和关键技术,本软件系统主要包括数据层、模型层和应用层三个层面,实现数据、模型和应用程序的集成,如图 6-74 所示。

6.5.1.1　集成目标

含沙量预报系统集成的目的是将开发的含沙量过程统计预报模型(包括线性动态模型和 BP 神经网络模型)采用计算机软件等技术进行有效整合,形成一套完整的龙门站及潼关站的含沙量过程预报软件系统。该预报系统能够依据实时雨、水、沙情信息等,在计算机上快速进行龙门和潼关站的含沙量过程预报计算,为实现黄河中下游干流水库调度、洪水资源化以及下游变动河床水位预报提供科学、快捷、全面的技术支持。

6.5.1.2　集成方法

系统集成是系统软件开发的重要环节,其任务是根据系统目标,将多平台开发的各功能子系统有机地组织成一体化的子系统。集成内容包括系统功能模块组织、接口开发和数据库管理,以及信息表达效果设计和系统安全管理等。

龙门站及潼关站含沙量过程预报系统由多个子系统组成,为使系统结构合理、功能齐全、便于调整扩展,系统强调结构化、模块化、标准化,做到界面清晰、接口标准、连接畅通,达到完整性与灵活性的较佳结合,最终实现系统的有效集成。采用目前 GIS 业界最为著名的组件式 GIS 开发产品 ArcObjects 及 Microsoft SQL Server 2000 数据库技术,让系统运

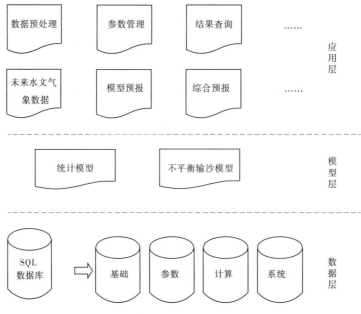

图 6-74　系统集成构架

行稳定可靠、信息交互安全高效、GIS 查询及系统维护更加便捷。按照系统工程的方法，采用模块式开发，实现系统集成，建立面向管理的含沙量过程预报信息管理系统。

6.5.2　专业数据库

龙门站及潼关站含沙量过程预报系统数据库基本是依据系统研究区域实际情况新建的数据库表，所采用的数据库为 Microsoft SQL Server 2000 数据库。现对系统新建的数据库进行如下说明。

6.5.2.1　数据库组成

按照内容划分，系统新建的数据库表可以分为以下四类（详见 6.5.2.2　数据库表结构中所述）：

（1）基础信息表。

（2）实测信息表。

（3）参数信息表。

（4）计算结果表。

6.5.2.2　数据库表结构

1.基础信息表

基础信息表包括用户信息表和流域分区站点信息表。

（1）用户信息表（UserInfo）。

ID	用户名称	用户身份	用户密码	注册时间
1	a	管理员	a	2011-1-1 0:00:0:
22	s	用户	s	2012-8-14 9:29:|
23	f	用户	f	2012-8-14 9:29::

以上信息主要反应当前系统的用户信息,有哪些用户,用户身份以及用户密码等。

字段名	类型及长度	空值	单位	主键	字段说明
ID	数字	否		Y	用户序号
用户名称	文本	否			用户名称
用户身份	文本	否			用户身份
用户密码	文本	否			用户密码
注册时间	日期	否			用户注册时间

（2）流域分区信息表（StationInfo）。

ID	BNNM	STCD	STNM	STCLS	FQNM	Note
1	WL	40630150	吴堡	P	A	\<NULL\>
2	WL	40632350	后大成	P	A	\<NULL\>
3	WL	40632450	河底	P	A	\<NULL\>
15	WL	40634750	交口	P	A	\<NULL\>
16	WL	40638050	吊沟	P	B	\<NULL\>
29	WL	40639200	壶口	P	B	\<NULL\>
67	LT	40926050	潼关	P	A	\<NULL\>
68	LT	40920550	西马坪	P	A	\<NULL\>
71	LT	40921250	尊村	P	A	\<NULL\>

该信息为项目必需,主要用于存储各个子流域的分区信息,即每个分区包括哪些雨量站、水文站。它反映了整个系统进行预报所要输入的资料信息。

字段名	类型及长度	空值	单位	主键	字段说明
ID	数字	否			站点序号
BNNM	文本	否		Y	子流域标识
STCD	文本	否		Y	测站代码
STNM	文本	否			测站名称
STCLS	文本	否			测站类型
FNQM	文本	否		Y	分区标识
Note	文本				备注信息

2. 实测信息表

实测信息表包括降雨站点资料表、流量站点资料表和含沙量站点资料表。

（1）降雨站点资料表（PreDate）。

STCD	STNM	TM	Pre
40630150	吴堡	2007-7-20 21:00:00	0
40630150	吴堡	2007-7-20 22:00:00	0
40630150	吴堡	2007-7-20 23:00:00	0
40630150	吴堡	2007-7-21	0
40630150	吴堡	2007-7-21 1:00:00	0
40630150	吴堡	2007-7-21 2:00:00	0
40630150	吴堡	2007-7-21 3:00:00	0
40630150	吴堡	2007-7-21 4:00:00	0
40630150	吴堡	2007-7-21 5:00:00	0
40630150	吴堡	2007-7-21 6:00:00	0
40630150	吴堡	2007-7-21 7:00:00	0

该表中保存流域内雨量站的降雨资料,资料的时间步长为 1 h。

字段名	类型及长度	空值	单位	主键	字段说明
STCD	文本	否		Y	雨量站编号
STNM	文本	否			雨量站名称
TM	时间	否		Y	时间
Pre	数字	否	mm		降雨量

(2)流量站点资料表(DisDate)。

STCD	STNM	TM	Dis
40104000	吴堡	1980-6-29 8:00:(	877
40104000	吴堡	1980-6-29 9:00:(	950
40104000	吴堡	1980-6-29 10:00	940
40104000	吴堡	1980-6-29 11:00	1150
40104000	吴堡	1980-6-29 12:00	1410
40104000	吴堡	1980-6-29 13:00	1200
40104000	吴堡	1980-6-29 14:00	879
40104000	吴堡	1980-6-29 15:00	822
40104000	吴堡	1980-6-29 16:00	850
40104000	吴堡	1980-6-29 17:00	879
40104000	吴堡	1980-6-29 18:00	1300

该表中保存流域内水文站的流量资料,资料的时间步长为 1 h。

字段名	类型及长度	空值	单位	主键	字段说明
STCD	文本	否		Y	流量站编号
STNM	文本	否			流量站名称
TM	时间	否		Y	时间
Dis	数字	否	m^3/s		流量

(3)含沙量站点资料表(SedDate)。

STCD	STNM	TM	Sed
40104000	吴堡	2007-7-22 18:00:00	1.71
40104000	吴堡	2007-7-22 19:00:00	1.71
40104000	吴堡	2007-7-22 20:00:00	1.73
40104000	吴堡	2007-7-22 21:00:00	1.87
40104000	吴堡	2007-7-22 22:00:00	2.01
40104000	吴堡	2007-7-22 23:00:00	2.15
40104000	吴堡	2007-7-23	2.29
40104000	吴堡	2007-7-23 1:00:00	2.43
40104000	吴堡	2007-7-23 2:00:00	2.57
40104000	吴堡	2007-7-23 3:00:00	2.79
40104000	吴堡	2007-7-23 4:00:00	3

该表中保存流域内水文站的含沙量资料,资料的时间步长为 1 h。

字段名	类型及长度	空值	单位	主键	字段说明
STCD	文本	否		Y	水文站编号
STNM	文本	否			水文站名称
TM	时间	否		Y	时间
Sed	数字	否	kg/m^3		含沙量

3. 参数信息表

参数信息表包括单一泥沙预报模型参数表和 BMA 综合预报模型参数表。

（1）单一泥沙预报模型参数表（Para）。

ID	BNNM	MDNM	PARNM	ROW	COL	Value_Latest	Modified_Time
198	LT	BP神经网络模型	M1	1	1	487	2012-8-28 21:59
199	LT	BP神经网络模型	M1	1	2	91.1	2012-8-28 21:59
200	LT	BP神经网络模型	M1	1	3	802	2012-8-28 21:59
201	LT	BP神经网络模型	M1	1	4	8.8888	2012-8-28 21:59
202	LT	BP神经网络模型	M1	2	1	0	2012-8-28 21:59
203	LT	BP神经网络模型	M1	2	2	0	2012-8-28 21:59
204	LT	BP神经网络模型	M1	2	3	0	2012-8-28 21:59
205	LT	BP神经网络模型	M1	2	4	0	2012-8-28 21:59
206	LT	BP神经网络模型	M2	1	1	468	2012-8-28 21:59
207	LT	BP神经网络模型	M2	2	1	8.66	2012-8-28 21:59
185	LT	BP神经网络模型	Q1	1	1	.6124	2012-8-28 21:59
186	LT	BP神经网络模型	Q1	2	1	-.4659	2012-8-28 21:59
187	LT	BP神经网络模型	Q1	3	1	-.3819	2012-8-28 21:59
188	LT	BP神经网络模型	Q1	4	1	-.7225	2012-8-28 21:59
189	LT	BP神经网络模型	Q1	5	1	.3645	2012-8-28 21:59
190	LT	BP神经网络模型	Q1	6	1	-.2775	2012-8-28 21:59
197	LT	BP神经网络模型	Q2	1	1	-1.1319	2012-8-28 21:59
161	LT	BP神经网络模型	W1	1	1	-.1234	2012-8-28 21:59
162	LT	BP神经网络模型	W1	1	2	.1995	2012-8-28 21:59
163	LT	BP神经网络模型	W1	1	3	-.8829	2012-8-28 21:59

该表（Para）保存有各个单一泥沙预报模型率定后的参数。

字段名	类型及长度	空值	单位	主键	字段说明
ID	数字	否			参数序号
BNNM	文本	否		Y	子流域标识
MDNM	文本	否		Y	模型名称
PARNM	文本	否			参数名称
ROW	数字	否		Y	行标识
COL	数字	否		Y	列标识
Value_Latest	数字	否			参数值
Modified_Time	时间	否			修改时间

（2）BMA 综合预报模型参数表。

BMA 综合预报模型参数表包括威布尔分布参数表和高斯混合模型参数表。

①威布尔分布参数表（ParWeibull）。

ID	BNNM	MDNM	Zeta	Beta	Delta
7	LT	BP神经网络模型	24.0724	14.7767	1.5399
8	LT	不平衡输沙模型	-103.1302	139.279	12.9778
5	LT	实测序列	3.2029	44.7676	3.774
6	LT	线性动态系统模型	10.938	37.2069	2.819
3	WL	BP神经网络模型	34.4533	67.0891	.7711
4	WL	不平衡输沙模型	-4.1245	117.5257	1.0082
1	WL	实测序列	23.9567	88.3455	.8931
2	WL	线性动态系统模型	-13.5614	131.0033	1.3946

该表(ParWeibull)保存有各个单一泥沙预报模型模拟系列的边缘分布的参数。

字段名	类型及长度	空值	单位	主键	字段说明
ID	数字	否			参数序号
BNNM	文本	否		Y	子流域标识
MDNM	文本	否		Y	模型名称
Zeta	数字	否			ζ 参数
Beta	数字	否			β 参数
Delta	数字	否			δ 参数

②高斯混合模型参数表(ParGaosi)。

ID	BNNM	MDNM	w	a	b	var
5	LT	BP神经网络模型	.3372	.0257	-.0499	1.2243
6	LT	不平衡输沙模型	.3372	.0937	-.0284	1.2149
4	LT	线性动态系统模型	.3338	.5272	-.0049	.6722
2	WL	BP神经网络模型	.3291	.9502	-.037	.1821
3	WL	不平衡输沙模型	.3291	1.0095	-.0779	.1863
1	WL	线性动态系统模型	.325	.7479	-.1788	.4471

该表(ParGaosi)保存有高斯混合模型的参数。

字段名	类型及长度	空值	单位	主键	字段说明
ID	数字	否			参数序号
BNNM	文本	否		Y	子流域标识
MDNM	文本	否		Y	模型名称
W	数字	否			权重
a	数字	否		Y	a 参数
b	数字	否		Y	b 参数
Var	数字	否			方差

4.计算结果表

计算结果表包括单一泥沙预报模型的率定与验证结果表及 BMA 综合模型的率定与验证结果表。

(1)单一泥沙预报模型的率定结果表(ResultLD)和验证结果表(ResultYZ)。

BNNM	CCNM	STNM	TM	S_obs	S_fore	S_rls	S_ne	S_bp	S_rcl	S_rc
LT	19860629	潼关站	1980-7-3 9:00:00	129.667	91.721	92.036	⟨NULL⟩	51.178	130.069	129.534
WL	19820729	龙门站	1982-8-3 8:00:00	94.9	208.236	165.39	⟨NULL⟩	124.681	96.506	96.589
LT	19860629	潼关站	1980-7-4 16:00:00	66.333	70.729	70.959	⟨NULL⟩	50.675	66.265	66.822
LT	19860629	潼关站	1980-7-5 5:00:00	63.375	30.122	30.218	⟨NULL⟩	49.263	62.552	63.75
LT	19860629	潼关站	1980-7-5 17:00:00	51.3	23.599	23.699	⟨NULL⟩	48.84	50.845	52.145
LT	19860629	潼关站	1980-7-6 5:00:00	46.45	22.621	22.723	⟨NULL⟩	48.611	45.862	47.136
LT	19860629	潼关站	1980-7-6 18:00:00	39.633	20.391	20.486	⟨NULL⟩	48.53	39.436	40.455
LT	19860629	潼关站	1980-7-7 17:00:00	31.85	33.489	33.753	⟨NULL⟩	49.326	33.351	33.464
LT	19860629	潼关站	1980-7-8 10:00:00	22.417	32.31	32.544	⟨NULL⟩	49.256	21.434	23.627
LT	19860629	潼关站	1980-7-8 15:00:00	22.208	29.224	29.434	⟨NULL⟩	49.088	22.764	23.512
LT	19860629	潼关站	1980-7-9 5:00:00	18.825	30.592	30.748	⟨NULL⟩	49.364	19.39	20.206
LT	19860629	潼关站	1980-7-9 14:00:00	19.15	30.481	30.638	⟨NULL⟩	49.338	19.689	20.516
WL	19820814	龙门站	1982-8-17 14:00:00	102.476	102.548		⟨NULL⟩	119.914	36.198	49.759
WL	19820814	龙门站	1982-8-17 16:00:00	37.3	81.612	81.244	⟨NULL⟩	118.525	33.957	44.557
WL	20000704	龙门站	2000-7-8 17:00:00	215.4	105.311	102.391	⟨NULL⟩	151.958	158.258	183.484
WL	20000704	龙门站	2000-7-11 3:00:00	46.4	75.636	73.028	⟨NULL⟩	134.275	59.076	96.06
WL	19830904	龙门站	1983-9-6 5:00:00	71.818	203.831	183.26	⟨NULL⟩	124.248	66.693	73.068

字段名	类型及长度	空值	单位	主键	字段说明
BNNM	文本	否		Y	水文站编号
CCNM	文本	否		Y	泥沙场次编号
STNM	文本	否		Y	水文站名称
TM	时间	否		Y	时间
S_obs	数字		kg/m³		实测值
S_fore	数字		kg/m³		线性预报值
S_rls	数字		kg/m³		RLS修正值
S_ne	数字		kg/m³		不平衡输沙模型预报值
S_rc1	数字		kg/m³		校正后的值
S_bp	数字		kg/m³		BP网络模型预报值
S_rc	数字		kg/m³		校正后的值

（2）BMA综合预报模型的率定结果表（ResultBmaLD）和验证结果表（ResultBmaYZ）。

BNNM	CCNM	STNM	TM	S_obs	S_ave	S5	S95
LT	19810704	潼关站	1981-7-2 21:00:00	19.4	43.453	23.097	62.735
LT	19810704	潼关站	1981-7-2 22:00:00	18.1	44.261	24.502	62.745
LT	19810704	潼关站	1981-7-2 23:00:00	16.8	44.987	22.129	64.978
LT	19810704	潼关站	1981-7-3	15.5	42.302	21.143	61.538
LT	19810704	潼关站	1981-7-3 1:00:00	14.2	41.106	21.309	60.485
LT	19810704	潼关站	1981-7-3 2:00:00	12.9	40.671	20.94	62.06
LT	19810704	潼关站	1981-7-3 3:00:00	13.2	40.26	20.45	59.736
LT	19810704	潼关站	1981-7-3 4:00:00	13.5	39.865	19.713	61.916
LT	19810704	潼关站	1981-7-3 5:00:00	13.8	39.479	20.063	60.177
LT	19810704	潼关站	1981-7-3 6:00:00	14.1	39.1	20.074	60.888
LT	19810704	潼关站	1981-7-3 7:00:00	14.4	39.112	17.59	60.605
LT	19810704	潼关站	1981-7-3 8:00:00	14.7	39.127	18.876	60.614
LT	19810704	潼关站	1981-7-3 9:00:00	15.6	39.264	19.052	62.564
LT	19810704	潼关站	1981-7-3 10:00:00	16.5	39.059	18.737	59.685
LT	19810704	潼关站	1981-7-3 11:00:00	17.4	38.855	17.81	61.716
LT	19810704	潼关站	1981-7-3 12:00:00	18.3	38.653	16.792	61.115

字段名	类型及长度	空值	单位	主键	字段说明
BNNM	文本	否		Y	水文站编号
CCNM	文本	否		Y	泥沙场次编号
STNM	文本	否		Y	水文站名称
TM	时间	否		Y	时间
S_obs	数字		kg/m³		实测值
S_ave	数字		kg/m³		BMA预报值
S5	数字		kg/m³		90%区间下限
S95	数字		kg/m³		90%区间上限

（3）含沙量预报结果表（ResultFore）。

BNNM	STNM	TM	S1	S2	S3	S_ave	S5	S95
WL	龙门	1980-6-30 19:00:00	269.162	386.244	409.046	195.978	60.397	425.327
WL	龙门	1980-7-2 5:00:00	119.249	109.924	111.208	91.499	44.541	198.858
WL	龙门	1980-6-30 14:00:00	306.724	397.689	447.738	258.144	68.952	530.602
WL	龙门	1980-6-30 21:00:00	331.514	351.062	347.986	172.264	49.848	383.151
WL	龙门	1980-6-30 22:00:00	287.5	390.648	422.984	170.735	51.703	371.732
WL	龙门	1980-6-29 17:00:00	188.824	366.832	359.639	222.944	110.45	410.956
WL	龙门	1980-6-30 5:00:00	96.273	199.549	217.352	302.783	95.763	581.936
WL	龙门	1980-7-1 4:00:00	140.752	144.392	162.144	145.262	45.919	322.501
WL	龙门	1980-7-2 2:00:00	295.467	379.295	437.339	95.424	45.718	213.477
WL	龙门	1980-6-31 21:00:00	143.6	91.139	81.779	258.19	108.598	486.59
WL	龙门	1980-6-29 22:00:00	137.876	95.937	78.589	260.324	108.544	453.379
WL	龙门	1980-6-30 8:00:00	97.686	189.609	206.547	290.623	101.278	581.675
WL	龙门	1980-7-1 6:00:00	243.535	387.975	409.68	140.685	40.76	325.101
WL	龙门	1980-7-1 10:00:00	355.743	357.091	320.5	138.378	52.551	270.927
WL	龙门	1980-7-1 19:00:00	306.126	380.24	427.648	108.989	50.943	227.766
WL	龙门	1980-7-1 23:00:00	145.457	92.813	80.198	99.093	45.877	210.305
WL	龙门	1980-7-2 7:00:00	134.063	92.842	93.701	90.624	41.447	200.478
WL	龙门	1980-7-1 2:00:00	327.937	370.432	372.953	155.038	47.544	344.776

字段名	类型及长度	空值	单位	主键	字段说明
BNNM	文本	否		Y	水文站编号
STNM	文本	否		Y	水文站名称
TM	时间	否		Y	时间
S1	数字		kg/m^3		线性模型预报值
S2	数字		kg/m^3		BP 网络模型预报值
S3	数字		kg/m^3		不平衡输沙模型预报值
S_ave	数字		kg/m^3		BMA 预报值
S5	数字		kg/m^3		90% 区间下限
S95	数字		kg/m^3		90% 区间上限

6.5.3 开发工具和运行环境

含沙量预报系统运行在 Windows 2000/XP 环境下,也可在 Windows 98 环境下运行,数据库采用 Microsoft SQL Server 2000。

开发工具如下:

(1) Windows XP。

(2) ArcGIS 9. x。

(3) ArcObjects 组件技术。

(4) Microsoft SQL Server 2000。

(5) Microsoft VB. NET。

系统硬件环境与软件环境:

硬件环境:硬盘要 10 GB 以上,CPU 要求在 Pentium 41.7 GB 以上,内存最好大于 512 MB, 最好能有独立显卡、一个光驱。

软件环境:操作系统为 Windows XP 或 Windows 2000;数据库采用 Microsoft SQL Server 2000。

含沙量预报系统可以脱离 ArcGIS 桌面系统独立运行,因此不需要安装价格昂贵的 ArcGIS – Desktop。

6.5.4 系统主要功能介绍

含沙量预报系统由系统管理、模型率定及验证、含沙量过程预报、实时校正、BMA 综合预报、信息管理和帮助共 6 个模块组成,各部分功能如下。

6.5.4.1 系统管理

系统管理模块(操作界面见图 6-75)负责数据库的备份和恢复、不同级别用户的建立和删除、系统操作日志的管理,方便用户对本系统运行所需要的数据库进行维护,是本系统正常运行的基础模块。

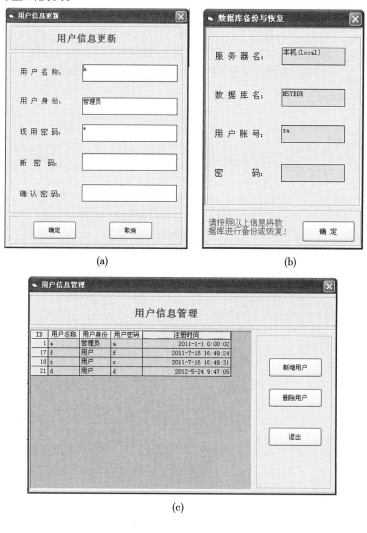

图 6-75　系统管理操作界面

6.5.4.2 模型率定及验证

模型率定及验证模块(操作界面见图 6-76)主要负责吴龙区间和龙潼区间率定年份和验证年份的选取,用户可根据需求选取不同年份对模型参数进行率定及验证,提供率定结果查看。

(a)

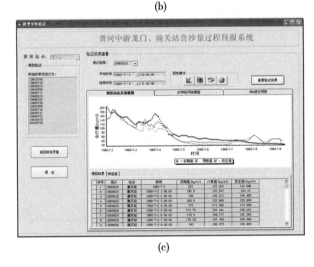

(b)

(c)

图 6-76　模型率定及验证操作界面

模型参数主要包括：

（1）线性动态系统模型参数：线性动态回归方程的各系数。

（2）BP 神经网络模型参数：每个神经元的权值和阈值。

用户完成参数率定,可对此套参数进行确认并进行参数验证。首先可根据选取的率定场次进行模型的还原计算,再根据选取的验证场次,进行模型验证。

6.5.4.3 含沙量过程预报

含沙量过程预报模块(操作界面见图6-77)主要包括未来气象水文资料输入、龙门站和潼关站的含沙量过程预报统计模型(包括线性动态系统模型和BP神经网络模型)和不平衡输沙模型。含沙量过程预报可以实现实时预报和预报结果查询的功能。

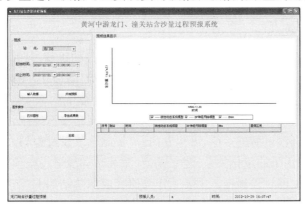

图6-77 含沙量过程预报操作界面

6.5.4.4 实时校正

实时校正模块包括递推最小二乘自适应校正方法和误差自回归校正方法。递推最小二乘自适应校正方法通过与线性预报模型耦合以达到校正线性回归方程系数,误差自回归校正方法则与本书所述三种含沙量过程预报模型耦合以达到实时校正的功能。该模块嵌合在含沙量过程预报模块中。

6.5.4.5 BMA 综合预报

BMA 综合预报模块(操作界面见图6-78)主要用于对由所建三种预报模型产生的预报结果进行贝叶斯综合预报。

图6-78 BMA 综合预报操作界面

6.5.4.6　信息管理和帮助

信息管理和帮助模块主要介绍黄河中游吴潼区间的流域概况和主要水文站点信息，提供该系统详细的电子帮助并详细记载本系统的功能、操作步骤和使用方法。

6.6　结论与建议

6.6.1　主要研究成果

黄河泥沙影响因素众多、变化复杂，加大了泥沙预报的难度，特别是对泥沙过程的预报，目前在实际应用中尚无有效的方法与模型。随着黄河治理开发的深入，为满足黄河下游防洪、调水调沙、小北干流放淤等治黄措施的需求，急需开展黄河中下游、干支流主要断面含沙量过程的预报研究。本项目通过研究吴龙区间泥沙输移规律，探讨龙门—潼关、华县—潼关河段洪水含沙量演进规律，量化龙门、潼关站含沙量过程与入流站洪水含沙量过程、区间降雨等影响因子的量化关系，建立龙门、潼关站含沙量过程预报模型，实现吴潼区间主要站洪水含沙量的过程预报。主要工作与研究成果总结如下：

（1）基础资料收集、分析和整理。

本章工作涉及资料众多，包括各类电子地图资料、水文气象资料、历史洪水资料等。通过向有关资料部门收集调阅、实地调查等方法，收集了1980～2005年，黄河中游河道主要控制断面吴堡站、龙门站、华县站，以及吴龙区间、龙潼区间的场次洪水、泥沙及降雨资料；在此基础上，对大量不同来源、不同精度、不同采样时间的资料进行去伪存真、去粗存精、相互比对校核、校正分析等工作，确保了资料的准确性和可靠性。

（2）专用数据库建设。

对分析整理后的基础资料，按照泥沙预报需求，结合数据库开发技术，对专用数据库表进行了设计及开发，形成服务于本次泥沙过程预报的专用数据库。

①基础信息表。主要包括研究区域基本信息表，雨量站、水文站信息表等。

②实测信息表。主要包括吴龙区间各分区的合成含沙量和面平均降雨量表、龙潼区间各主要水文站的含沙量和面平均降雨量表、吴龙区间和龙潼区间所选取的洪水场次等。

③参数信息表。主要包括各个模型参数表等。

④计算结果表。主要包括亚高斯转换结果表、不同模型预报值表和BMA综合预报值表等。

（3）研究区概化及关键预报因子识别。

黄河流域中游面积大，支流众多，水沙组成条件复杂多样，面向实际工作预报需求，需要对研究区域进行适当概化，以简化模型结构，方便应用。本章根据黄河中游区各支流的空间拓扑关系、泥沙组成特性及实际应用中资料的可获性，将吴堡—龙门区间概化为3个分区，将龙门—华县—潼关概化为1个大区。

在每一分区中，根据形成预报断面泥沙的物理成因，结合统计分析技术，对预报因子进行了识别与筛选。结果表明，支流含沙量或输沙率、水沙传播时间、一定时段的累积降雨量是下游预报断面含沙量的关键影响因素；通过进一步的统计分析，最终确定了龙门站及潼关站的预报因子。

（4）龙门站及潼关站含沙量过程预报模型构建。

面向理论探讨与实际应用相结合的目标，本章研发了统计预报模型和水文学预报模型，其中统计预报模型包括线性动态系统模型和 BP 神经网络模型，水文学模型采用基于马斯京根河道流量演算的不平衡输沙模型。根据 1980～2005 年的场次水沙资料，对 3 个模型进行了率定与检验。在此基础上，采用误差自回归算法，建立了实时校正模型，对预报结果进行校正，取得了较好的预报效果。考虑到单个模型都是从某一侧面对泥沙物理过程的概化，为发挥不同模型的优势，采用了基于贝叶斯理论的多模型综合技术（BMA），将单个模型预报结果进行合成，以进一步提高预报精度及稳定性；而且，由于 BMA 方法得到的是每个时刻预报变量的概率分布，所以通过综合预报技术，不仅可以提供常规意义下的定值预报结果（例如可以采用各时刻预报变量概率分布的期望值），而且可以通过构建置信区间对定值预报结果的不确定性作出评价，使预报信息更加丰富。

（5）龙门站及潼关站含沙量过程预报软件系统开发。

采用 VB.NET、SQL Server 及 GIS 软件二次开发技术，按照模块式开发模式，建立了黄河龙门站和潼关站的含沙量过程预报软件系统。系统主要实现了含沙量过程线性动态系统模型、BP 神经网络模型以及不平衡输沙模型的实时预报功能，同时提供了模型参数的率定与验证模块，为后续模型参数的完善与评价提供了可能；系统还提供了诸如人机交互、基础信息查询、实时数据录入、校验、修改，预报结果图表显示及输出等众多辅助功能。

综上所述，本章为实现龙门站和潼关站含沙量过程的实时预报开展了一些探索性的研究工作，为今后进一步提高含沙量预报精度，实现黄河中下游干流水沙科学调度与管理，奠定了一定的技术基础。

6.6.2　问题及建议

通过本章的研究，初步建立了龙门站和潼关站含沙量过程的实时预报系统，但总的看来，预报精度尚有待进一步提高。提高含沙量过程预报精度的途径主要包括两个方面：一是发展更能反映河道产沙输沙物理机制的模型方法，二是满足模型运行所需的资料条件。目前，从黄河泥沙过程预报研究的态势看，偏重理论的研究较多，成功应用的模型与方法较少，而且较成功的研究大都是针对无支流汇入的较小流域。为建立能够有效应用于黄河干流站的含沙量过程预报方法体系，根据本章研究，未来可以在以下方面作进一步探讨：

（1）致洪致沙因子的确定。

在吴堡—龙门—潼关区间水沙机制认识尚不全面和水文实时观测尚不完善的情况下，本章建立了相对简单宏观的含沙量过程预报模型，对复杂的水沙规律进行了简化及概括。但吴堡—龙门—潼关区间的泥沙过程，与区间的下垫面特性、暴雨特性、降雨径流关系、水土保持措施、工程运用等众多因素有关，因此进一步分析致洪致沙因素，研究吴潼区间的水沙规律，基于水沙机制来建立含沙量过程的预报模型，将是提高含沙量过程预报精度的主要途径。

（2）支流泥沙传播时间问题。

泥沙颗粒在流体作用下经历起动、翻滚、跳跃、悬浮、输移和沉降等过程，与洪水传播有本质区别，所以从物理成因角度确定泥沙传播时间有很大难度。且根据研究区历史水沙资料显示，洪峰与沙峰的峰现时差无明显的规律，如果单纯依据洪水传播时间来代替泥沙传播时间并不是有效方法。本章利用各支流站与干流站的沙峰峰现时差，并适当考虑了洪峰传播时间，来确定预报方程输沙滞时因子，该处理方法是经验性的，未来需要加强具有物理基础的针对性研究。

（3）降雨产沙机制与模拟模型。

流域产沙与降雨有着紧密的联系，故建立一套成熟实用的降雨产沙模型至关重要。目前国内外学者研发的降雨产沙模型主要有：Negev 于 1967 年提出的基于 Stanford 产汇流模型的降雨产沙模型；Kub-Ming Li 等提出的 CSU 模型；河海大学赵人俊教授提出的 HUM－1 模型；清华大学学者提出的 THU 模型等。这些产沙模型均在一定程度上考虑了产沙过程中水流和泥沙的耦合，与早先的计算产沙的经验公式比较，物理成因分析有所加强；但与产流比较，产沙更具复杂性，产沙模型的开发及应用仍然比较欠缺。

附录 1 清涧河流域降雨径流 模拟系统使用手册

1 概 况

清涧河流域降雨径流模拟系统是为了深入认识流域水文循环规律,面向洪水过程预报和水沙调节等生产实践的客观需求而开发的水文模拟系统。系统主要包括模型库、参数库、图形用户界面等几个部分。其中,模型库是系统的核心组成部分。系统设计秉承简单易用、结构开放、便于扩展的思想,在 Windows 环境下,采用面向对象的程序设计软件(Delphi 2009)开发完成,系统启动界面见附图 1-1。

开发单位:中国科学院地理科学与资源研究所
黄河水利委员会水文局
版本:V1.0(2012)

附图 1-1 系统启动界面

1.1 系统需求

1.1.1 操作系统

清涧河流域降雨径流模拟系统可运行在 Microsoft Windows 的各个版本下,包括 Windows XP、Windows 7 等平台。

1.1.2 软件需求

系统需安装 Microsoft Office 产品系列中的 Access 数据库应用程序。

1.1.3 硬件需求

清涧河流域降雨径流模拟系统正常运行所要求的硬件配置参考以下标准:
CPU:2.0 GHz 以上;

内存:2 GB 以上。

1.2　快速入门

当用户双击 hydroQ. exe 后,将出现如附图 1-2 所示的系统主界面。主界面共分 5 大区域,即主菜单、工具栏、设置区、系统状态栏和系统进度条。

附图 1-2　系统主界面

系统启动后,只需 3 个简单的步骤,就可以完成用户想进行的一次水文计算。

第一步:在主窗体的"输入输出"页,点击"模型输入"选择输入文件。

第二步:在主窗体的左上方的"水文模型"页,依次选择"水文模型"、"目标函数"、"优化方法"和"功能选择"完成模拟的运行设置,见附图 1-3。

附图 1-3　系统运行设置界面

第三步:在主菜单中"运行"选择相应的功能按钮,即完成所要求的计算内容。

2 主菜单

清涧河流域降雨径流模拟系统的主菜单包括6部分,分别为:"文件"、"视图"、"运行"、"工具"、"设置"和"帮助"。主菜单如附图1-4所示。

2.1 "文件"

"文件"菜单项主要用于文本文件的"新建""保存",以及实现"导入数据"、"导出数据"、"导出参数"、"导入参数"文件等功能,其文件子菜单如附图1-4所示。该栏目下各菜单的功能解释如下:

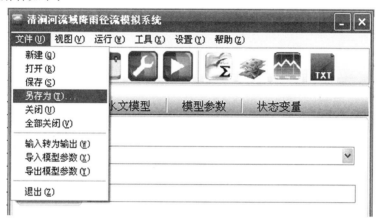

附图1-4 文件子菜单

(1)"新建":新打开一文本文件,"文本视图"的活动页面将处于"文件编辑"状态。

(2)"打开":打开某一文本文件,"文本视图"的活动页面将处于"文件编辑"状态,并显示文件的内容。

(3)"保存":保存对"文件编辑"区中的文件进行的修改。

(4)"另存为…":把"文件编辑"区中的文件以另一个文件名存储。

(5)"导入模型参数":将文本中的参数数据导入到"模型参数"表中的"Default"列。

(6)"导出模型参数":将"模型参数"表中的数据写入指定的文件中,生成参数的文本文件。

(7)"退出":退出当前应用程序。

2.2 "视图"

"视图"(见附图1-5)菜单栏用于控制模型输入或输出相关文件的显示方式,包括图表视图、文本视图和GIS视图等3个子菜单。点击子菜单,则弹出相应的视图窗口。

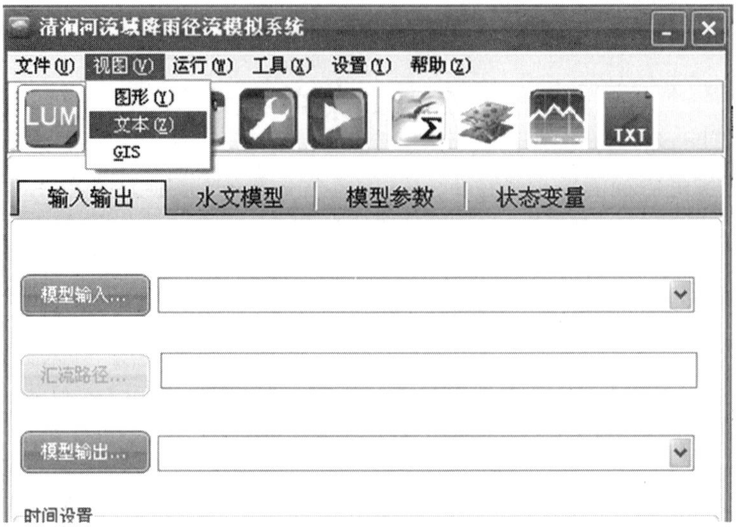

附图1-5　视图菜单栏

2.3　"运行"

"运行"计算菜单(见附图1-6)是系统执行水文模拟计算的最终控制部分。当完成输入输出设置、模型选择等操作后,通过此部分的操作,即可完成最终的模拟计算功能。此菜单中提供的"模型率定"、"模型检验"、"径流预报"、"实时校正"、"河道汇流"、"模型评价"等6项菜单分别完成指定的模拟工作。只有当"水文模型"页的"运行方式"选中某一方式时,相应的子菜单才处于可运行状态。

附图1-6　运行计算菜单

2.4　"工具"

"工具"菜单栏提供了水文模拟计算常用的数据处理功能,如附图1-7所示。主要包括空间插值、数据插补、提取文件等。

附图 1-7　工具菜单

2.5 "设置"

"设置"菜单栏(见附图 1-8)用于设定系统模型的参数。例如优化所有参数、所有参数都不优化、把优化结果变为默认等。同时可设置模型的运行方式。

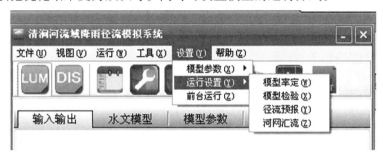

附图 1-8　设置菜单栏

2.6 "帮助"

单击"帮助"菜单栏中的"帮助主题",则显示帮助文件。单击"关于"项,则出现如附图 1-9 所示的画面。

附图 1-9　关于清涧河流域降雨径流模拟系统

3 工具栏

系统主菜单下方的工具包括9个快捷按钮(见附图1-10)。

附图1-10 系统工具栏

3.1 模拟方式选择按钮

是一组选择集总式(LUM)或分布式(DIS)模拟的按钮。当选择分布式模拟时,模型除气象输入信息外,还应给出单元间的汇流路径文件。

3.2 时间设置按钮

是时间设置按钮,点击该按钮可使时间设置处于默认状态值。

3.3 运行设置按钮

点击运行设置按钮可进行模型参数的相关设置:参数是否优化、导入参数等。

3.4 运行按钮

点击运行按钮后,可在其下选择相应的模拟计算功能,包括模型率定、模型检验、径流预报、实时校正、河网汇流和模型评价。

3.5 数据处理按钮

点击数据处理按钮,即可弹开数据处理窗口,以对原始数据进行相应的处理,生成模型所需的输入文件。

3.6 视图按钮组

视图按钮组包括3个按钮,从左到右分别显示 GIS 视图、图表视图和文本视图。

4 运行设置

4.1 "输入输出"设置页

在进行任一个水文模拟计算之前,用户必须在"输入输出"设置页(见附图1-11)进行相关的设置。"输入输出"设置页分为两部分:①设定输入文件和输出文件的路径;②"时间设置":设定模型预热时长、设定模拟起止时间等。

附图 1-11　系统"输入输出"设置页

4.2　"水文模型"设置页

"水文模型"设置页(见附图 1-12)也分为两部分:第一部分包括模型、目标函数、优化方法和功能等的选择和设置;第二部分根据所选功能而同步变化。例如对应与"模型率定"功能,可进一步选择是"常规率定"或者"条件率定"。

附图 1-12　系统"水文模型"设置页

4.3 "模型参数"设置页

"模型参数"设置页(见附图1-13)随所选择的模型而变动,它给出了所对应模型的参数列表,包括"参数名称"、"参数最小值"、"参数最大值"、"参数默认值"、"参数优化值"、"参数是否优化"等字段。其中,"参数默认值"可从文本"导入参数"。"参数优化值"在率定和验证状态下可发生改变。通过菜单栏或工具栏的设置按钮可设置模型参数是否优化或从文本文件导入默认参数值。

输入输出	水文模型	模型参数	状态变量		
Name	Min	Max	Default	Optimized	Selected	Symbol

Name	Min	Max	Default	Optimized	Selected	Symbol
Infiltration Coe	20	400	400	400	True	
Infiltration Sha	0.0001	10	0.0001	0.0001	True	
Baseflow Coef	0.005	1	0.0131	0.005	True	
Interception S	0.0001	5	2.0606	0.0001	True	
Interflow Coef	0.0001	1	0.3143	0.2039	True	
Soil Moisture S	1	500	195.5563	357.515	True	
Recharge Coel	0.0001	1	1	0.2113	True	
Channel Routir	0.1	0.5	0.2359	0.4243	True	
Channel Routir	0.5	10	10	10	True	

附图1-13　系统"模型参数"设置页

4.4 "状态变量"设置页

"状态变量"设置页(见附图1-14)同步给出了所选模型状态变量的初始条件(例如初始土壤水、初始地下水储量等)。在水文条件相对较稳定的地区,模型经过预热,初始条件对模拟结果的影响不大。但水文情势变化较强烈的地区,初始条件则可能对模拟结果有较大的影响。

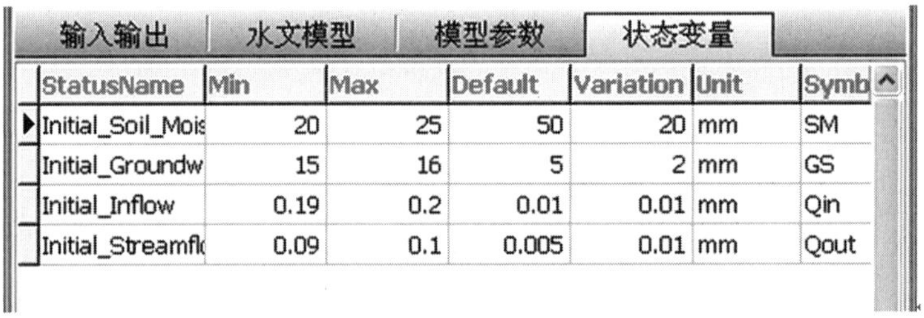

输入输出	水文模型	模型参数	状态变量		
StatusName	Min	Max	Default	Variation	Unit	Symb
Initial_Soil_Mois	20	25	50	20	mm	SM
Initial_Groundw	15	16	5	2	mm	GS
Initial_Inflow	0.19	0.2	0.01	0.01	mm	Qin
Initial_Streamflo	0.09	0.1	0.005	0.01	mm	Qout

附图1-14　系统"状态变量"设置页

5　数据处理工具

系统提供了3个数据处理工具:数据处理工具以生成模型所需的输入文件;空间插值工具以对气象数据进行空间插值,生成分布式模拟所需的数据;遥感地表参数(LAI)的推算。

5.1 "数据处理"工具

"数据处理"工具(见附图1-15)提供"数据提取"、"数据插补"、"数据统计"等基本的数据处理功能,对原始数据进行标准化处理,满足模型的输入需求。

附图1-15 "数据处理"工具

5.2 "空间插值"工具

"空间插值"(见附图1-16)提供了6种空间插值的方法,用户可以进行"单点插值"、"多点插值"(单一时段)和"多点多时插值"。此外,通过"交叉检验",可以比较各插值方法的优劣。

5.2.1 "插值方法"

系统提供的空间插值方法有泰森多边形方法、三角剖分线性插值法、距离反比法、修正距离反比法、梯度距离反比法以及杨大文等推荐的方法。

5.2.2 "单点插值"

单点插值是指根据已知的站点信息,求某一坐标点上的值。

5.2.3 "多点插值"

多点插值是指未知站点的数目多于一个的空间插值过程。

5.2.4 "多点多时插值"

多点多时插值是指对空间上多个未知点、各个时间点上进行空间插值的过程。

5.2.5 "交叉检验"

在已知点中次序设定某一点为未知,应用某一方法对其进行插值,然后与其原来的值

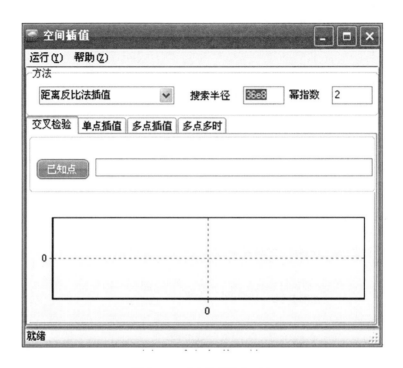

附图 1-16 "空间插值"工具

相比较,以评价插值方法的优劣。

5.2.6 "插值参数"

根据不同的插值方法,必须设定不同的插值参数。搜索半径指的是距离未知点的最大搜索距离。幂指数是插值函数的方次。幂指数 =1 表示线性插值。

5.3 地面参数计算工具

遥感地面参数计算工具(见附图 1-17)基于 NDVI 和地表覆盖类型计算相应区域的叶面积指数,以计算实际蒸散发。

附图 1-17 LAI 计算

6 图文显示

系统提供了 3 种显示模拟预报结果的途径:图表(见附图 1-18)、文本(见附图 1-19)

和 GIS 图（见附图 1-20）。在图表视图下，可以通过对过程线、散点图、流量历时曲线的观察，判断模拟结果的合理性。在文本视图下，可以直接浏览输入输出文件。GIS 视图是基于 MapWindows 开源 GIS 组件开发的简单的空间矢量数据的浏览功能，用以展示分布式水文模拟结果。

6.1 图表显示视图

"图表显示视图"（见附图 1-18）用以绘制"过程线"、"流量历时曲线"或"散点图"。在该视图下，在完成文件定位，设置文件头以及时间序列所在的数据列后，即可通过"添加"按钮生成该序列的过程线或历时曲线。在生成散点图时，则必须同时设置 X 坐标和 Y 坐标对应的数据列。通过双击图形区域，或者双击序列窗口对应的图例可改变图形的显示风格。

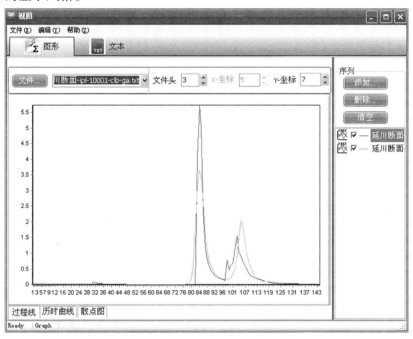

附图 1-18　系统的图表显示视图

6.2 文本显示视图

"文本显示视图"（见附图 1-19）用以显示模型的输入输出文件。可从主菜单的文件菜单栏新建、打开、保存文本文件，也可通过点击鼠标右键进行相关的文本文件操作。

6.3 GIS 显示视图

本版本的"GIS 显示视图"只提供了简单的矢量数据添加、放大缩小等简单的浏览功能（见附图 1-20），主要用以展示分布式模拟的结果。在后续的版本中将增加 GIS 空间分析功能。

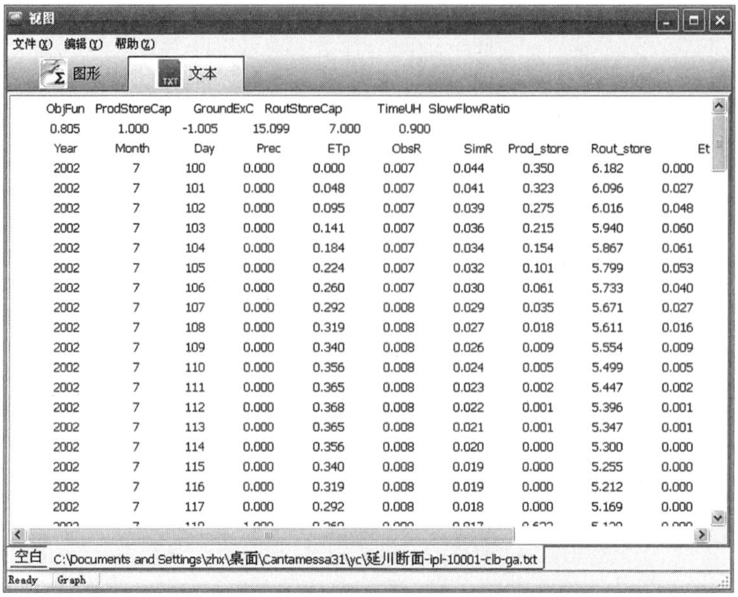

图形　文本

ObjFun	ProdStoreCap	GroundExC	RoutStoreCap		TimeUH	SlowFlowRatio			
0.805	1.000	-1.005	15.099	7.000		0.900			
Year	Month	Day	Prec	ETp	ObsR	SimR	Prod_store	Rout_store	Et
2002	7	100	0.000	0.000	0.007	0.044	0.350	6.182	0.000
2002	7	101	0.000	0.048	0.007	0.041	0.323	6.096	0.027
2002	7	102	0.000	0.095	0.007	0.039	0.275	6.016	0.048
2002	7	103	0.000	0.141	0.007	0.036	0.215	5.940	0.060
2002	7	104	0.000	0.184	0.007	0.034	0.154	5.867	0.061
2002	7	105	0.000	0.224	0.007	0.032	0.101	5.799	0.053
2002	7	106	0.000	0.260	0.007	0.030	0.061	5.733	0.040
2002	7	107	0.000	0.292	0.008	0.029	0.035	5.671	0.027
2002	7	108	0.000	0.319	0.008	0.027	0.018	5.611	0.016
2002	7	109	0.000	0.340	0.008	0.026	0.009	5.554	0.009
2002	7	110	0.000	0.356	0.008	0.024	0.005	5.499	0.005
2002	7	111	0.000	0.365	0.008	0.023	0.002	5.447	0.002
2002	7	112	0.000	0.368	0.008	0.022	0.001	5.396	0.001
2002	7	113	0.000	0.365	0.008	0.021	0.001	5.347	0.001
2002	7	114	0.000	0.356	0.008	0.020	0.000	5.300	0.000
2002	7	115	0.000	0.340	0.008	0.019	0.000	5.255	0.000
2002	7	116	0.000	0.319	0.008	0.019	0.000	5.212	0.000
2002	7	117	0.000	0.292	0.008	0.018	0.000	5.169	0.000
2002	7	118	0.000	0.260	0.000	0.017	0.622	5.120	0.000

空白　C:\Documents and Settings\zhx\桌面\Cantamessa31\yc\延川断面-ipl-10001-clb-ga.txt

Ready　Graph

附图 1-19　系统的文本显示视图

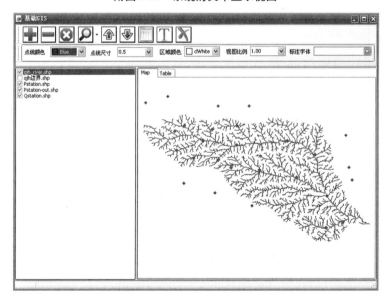

附图 1-20　系统的 GIS 显示视图

7　文件组织方式

本系统所有文件交换格式都为文本文件(∗.txt)。用户可以使用任一处理软件进行数据的组织。常用的软件如 Microsoft 的 Excel、UltraEdit 等。针对不同的模拟需求,"文件系统"主要可分为 4 类,即气象数据输入文件、模型输出文件、汇流路径文件和地面参数文件。

7.1 气象数据输入文件

系统最基本的输入文件格式如附图 1-21 所示,具体包含两部分的内容,一部分为文件头,另一部分为数据区。

Year	Month	Day	Prec	ETp	ObsR
1960	1	1	0.000	0.662	0.007
1960	1	2	0.000	1.694	0.009
1960	1	3	0.000	1.438	0.009
1960	1	4	0.000	2.055	0.010
1960	1	5	0.000	0.952	0.010
1960	1	6	0.000	0.734	0.012
1960	1	7	0.000	0.711	0.012
1960	1	8	0.000	0.728	0.012
1960	1	9	0.000	0.989	0.017
1960	1	10	0.000	0.912	0.020
1960	1	11	0.000	0.891	0.021
1960	1	12	0.000	0.928	0.021
1960	1	13	0.000	0.823	0.021
1960	1	14	0.650	0.818	0.018
1960	1	15	0.000	0.998	0.021
1960	1	16	0.000	1.113	0.021
1960	1	17	0.000	0.921	0.021
1960	1	18	0.000	0.900	0.022
1960	1	19	0.000	0.845	0.023
1960	1	20	0.000	1.040	0.024
1960	1	21	0.000	1.334	0.025
1960	1	22	0.000	0.964	0.027
1960	1	23	0.000	0.625	0.029
1960	1	24	0.000	0.813	0.019
1960	1	25	0.000	0.763	0.021
1960	1	26	0.000	0.920	0.021
1960	1	27	0.000	0.946	0.021
1960	1	28	0.000	0.887	0.019
1960	1	29	0.000	1.055	0.014
1960	1	30	0.000	0.780	0.013
1960	1	31	0.000	1.131	0.014
1960	2	1	0.000	1.069	0.017

附图 1-21　系统水文气象输入文件的基本格式

7.1.1 文件头

文件头是数据文件的说明或标识部分,不参与具体的水文模拟计算,为无效数据区。文件头默认为 1 行。

7.1.2 数据区

数据区是数据文件的核心部分,是水文模拟计算的数据输入源。数据区各列之间以空格分割。数据区各列变量的排序为:年/月/日/降雨/潜在蒸散发/[实测径流]。对于次洪过程模拟其数据区格式为:年/月/日/时/降雨/潜在蒸散发/[实测洪水]。

7.2 模型输出文件

输出文件(见附图 1-22)是包括模型率定、验证已经径流预报的输出,包括文件头和数据区两部分,其文件头给出目标函数值以及率定以后的参数值,数据区可分为时间标识段、原始输入段和模拟结果段等部分。

7.3 汇流路径文件

在分布式模拟中除气象输入文件外,还需要给出单元间的汇流路径。系统的汇流路径文件格式如附图 1-23 所示。该文件包括文件头(1 行)和数据区两部分。数据区第 1 列为编号,第 2 列为径流流出的单元格编号,第 3 列为径流流入的单元格编号,第 4 列为汇流河长。

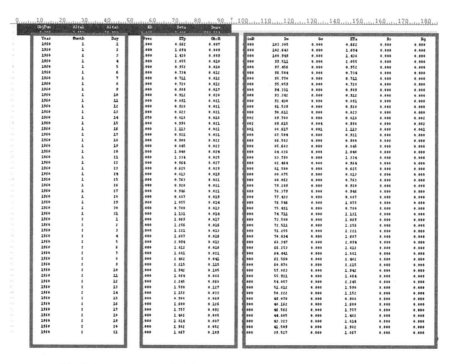

时间标识　　　　　　原始输入　　　　　　　　　模拟结果

附图1-22　系统水文模拟输出文件的基本格式

编号	起始点	终止点	河长(km)
1	1	8	13.2
2	2	4	4.7
3	3	7	7.52
4	5	4	15.24
5	4	6	4.71
6	10	6	7.44
7	6	11	17.36
8	8	7	24.22
9	7	12	11.15
10	11	8	11
11	9	12	5.17
12	13	11	17.33
13	12	17	13.04
14	15	19	7.89
15	16	17	3.12
16	14	18	11.09
17	17	23	13.32
18	20	18	5.51
19	18	19	17.97
20	19	21	13.58
21	22	21	26.04
22	21	23	7.95
23	23	24	1.91
24	24	25	1.22
25	26	24	25.74

附图1-23　汇流路径文件的基本格式

7.4 地面参数文件

地面参数文件(见附图1-24)用以计算 LAI 值,其数据区共10列。第1列为标识列;第2、3列分别为纬度列和经度列;第4列为 NDVI 值;第5～10列为各土地利用类型的面积百分比。

ID	LAT	LONG	NDVI	耕地	林地	草地	水域	城镇	未开发
1	36.65	110.15	0.064	0.49250	0.00000	0.50750	0.00000	0.00000	0.00000
2	36.75	109.95	0.104	0.30213	0.05031	0.64756	0.00000	0.00000	0.00000
3	36.75	110.05	0.080	0.31548	0.05306	0.63146	0.00000	0.00000	0.00000
4	36.75	110.15	0.080	0.26651	0.00000	0.73349	0.00000	0.00000	0.00000
5	36.75	110.25	0.056	0.37846	0.18311	0.43843	0.00000	0.00000	0.00000
6	36.75	110.35	0.048	0.53402	0.37143	0.09455	0.00000	0.00000	0.00000
7	36.85	109.85	0.112	0.59864	0.00190	0.39946	0.00000	0.00000	0.00000
8	36.85	109.95	0.096	0.60916	0.00000	0.39084	0.00000	0.00000	0.00000
9	36.85	110.05	0.072	0.52301	0.02891	0.44808	0.00000	0.00000	0.00000
10	36.85	110.15	0.072	0.44240	0.25105	0.30656	0.00000	0.00000	0.00000
11	36.85	110.25	0.048	0.50535	0.00000	0.49465	0.00000	0.00000	0.00000
12	36.95	109.65	0.096	0.50726	0.49124	0.00150	0.00000	0.00000	0.00000
13	36.95	109.75	0.112	0.53025	0.10261	0.36714	0.00000	0.00000	0.00000
14	36.95	109.85	0.088	0.39864	0.56592	0.03543	0.00000	0.00000	0.00000
15	36.95	109.95	0.088	0.49510	0.00000	0.50490	0.00000	0.00000	0.00000
16	36.95	110.05	0.072	0.38979	0.01812	0.59209	0.00000	0.00000	0.00000
17	36.95	110.15	0.064	0.32934	0.22531	0.44534	0.00000	0.00000	0.00000
18	36.95	110.25	0.040	0.42430	0.20656	0.36914	0.00000	0.00000	0.00000
19	37.05	109.45	0.096	0.43845	0.00000	0.56155	0.00000	0.00000	0.00000
20	37.05	109.55	0.096	0.44906	0.52835	0.02260	0.00000	0.00000	0.00000
21	37.05	109.65	0.112	0.53975	0.24568	0.21458	0.00000	0.00000	0.00000
22	37.05	109.75	0.096	0.26397	0.32764	0.40838	0.00000	0.00000	0.00000
23	37.05	109.85	0.088	0.25800	0.12285	0.61915	0.00000	0.00000	0.00000
24	37.05	109.95	0.064	0.51309	0.03009	0.45682	0.00000	0.00000	0.00000
25	37.05	110.05	0.048	0.39750	0.02405	0.57844	0.00000	0.00000	0.00000
26	37.05	110.15	0.048	0.33020	0.12159	0.54821	0.00000	0.00000	0.00000
27	37.15	109.25	0.096	0.32846	0.09781	0.57373	0.00000	0.00000	0.00000
28	37.15	109.35	0.096	0.40514	0.00000	0.59486	0.00000	0.00000	0.00000
29	37.15	109.45	0.088	0.39940	0.21773	0.38287	0.00000	0.00000	0.00000
30	37.15	109.55	0.080	0.52515	0.03570	0.43914	0.00000	0.00000	0.00000
31	37.15	109.65	0.088	0.69443	0.04135	0.25300	0.00000	0.01121	0.00000
32	37.15	109.75	0.064	0.49103	0.14167	0.34237	0.00000	0.02493	0.00000
33	37.15	109.85	0.056	0.47436	0.06363	0.46201	0.00000	0.00000	0.00000
34	37.15	109.95	0.080	0.34069	0.06818	0.59114	0.00000	0.00000	0.00000
35	37.15	110.05	0.056	0.44565	0.12293	0.43142	0.00000	0.00000	0.00000
36	37.15	110.15	0.056	0.53063	0.02175	0.44762	0.00000	0.00000	0.00000
37	37.25	109.35	0.072	0.38337	0.00000	0.61663	0.00000	0.00000	0.00000
38	37.25	109.45	0.064	0.36692	0.00000	0.63308	0.00000	0.00000	0.00000
39	37.25	109.55	0.064	0.56877	0.17550	0.25573	0.00000	0.00000	0.00000
40	37.25	109.65	0.056	0.49065	0.04759	0.46176	0.00000	0.00000	0.00000
41	37.25	109.75	0.056	0.46105	0.28692	0.25203	0.00000	0.00000	0.00000
42	37.25	109.85	0.072	0.12024	0.83065	0.04911	0.00000	0.00000	0.00000
43	37.25	109.95	0.072	0.48016	0.00967	0.51017	0.00000	0.00000	0.00000

附图1-24 地面参数文件的基本格式

附录 2　以 GIS 为平台的清涧河流域水沙模拟系统使用手册

1　软件概述

1.1　阅读对象

本手册的阅读对象为从事数字流域、水文水资源、水力学及河流动力学等水利及环境相关专业领域的研究人员。TUD – Basin 的全称为 Tsinghua University Digital Basin Modeling System and Software。

1.2　软件简介

TUD – Basin 产品以自主开发的地理信息系统（GIS）平台为基础，耦合集成了多种流域模拟及分析的专业化模块，可对流域进行全方位的信息化分析及管理。TUD – Basin 系统运行在 Window 系列操作系统环境下，采用 C + +、Pascal、Fortran 等语言，结合 MFC 类库及 MPI 函数，在 Visual Studio 集成环境下完全自主开发。该系统支持流域子流域划分、数字河网提取、河网自动编码、流域分布式水沙过程模拟、并行计算等众多功能，用于科学研究及实际流域的水沙过程预报等。

TUD – Basin 软件产品共提供了相关安装使用说明手册——《TUD – Basin 安装使用手册》，为用户提供软件安装流程及遇到问题的解决办法。通过它，用户可以成功安装 TUD – Basin 并能启动样例数据的并行计算，可以熟练操控 TUD – Basin 系统并掌握 TUD – Basin 各子功能模块的性能及作用。

1.3　手册使用说明

使用本手册前，要求用户具有基本的 Windows 操作系统使用经验，如果用户对 Windows 的基本操作使用不熟悉，请参考 Windows 基本操作手册，对于已经熟悉 Windows 操作的用户既可按索引顺序阅读每一章节，也可根据索引中的词条直接获得您所需要的信息进行阅读。

2 运行环境与系统安装

2.1 硬件环境要求

(1)8 核及以上的并行计算机。

(2)最小内存:4 GB。

(3)推荐内存:8 GB 以上。

(4)最小磁盘空间:20 GB。

对于流域水沙过程模拟,计算总规模受流域河网精度、计算时间步长、计算总历时等各种因素的控制,对于大尺度流域的长历时多物理过程模拟,计算量在一般情况下会很大,计算时间也比较长。以上提出的硬件要求是最低配置,建议使用一台或多台具有多核 CPU 的高性能计算机,CPU 性能对并行计算效率影响显著,如果内存和磁盘空间的容量也相应较大,对 TUD – Basin 总体计算效率的提高也大有裨益。

2.2 软件环境要求

(1)Microsoft Windows XP、Microsoft Windows 2003 Server 或更高版本的 Windows 操作系统。

(2)Oracle 9i 或更高版本的 Oracle 数据库管理系统。

(3)Access 2003 或更高版本的 Access 数据库管理系统。

TUD – Basin 系统的开发及运行都是基于 Window 系列的操作系统环境,它的运行在 Windows XP 和 Windows 2003 Server 都经过测试。TUD – Basin 的安装程序打包了 TUD – Basin 一些关键的运行环境,例如 MPICH2、Microsoft . NET Framework 1.1、dbf 数据库驱动,但没有提供 Access 和 Oracle 数据库软件,一方面这两个软件平台容量太大,不方便打包,同时涉及版权问题;另一方面考虑到这两个软件相对专业用户来说比较容易获得,Access 在 Office 软件包里一般都会自行具备,Oracle 从官方网站的相关链接(www. oracle. com)可以免费下载。TUD – Basin 开发和调试一直使用的是 Oracle 9i 数据库,因此下面提供了 Oracle 9i 的详细安装过程及配置方法。这里建议用户能够掌握一些基本的 SQL 语句,则操作和理解 TUD – Basin 会更加方便。

需要着重说明的有两点:①如果用户使用 Windows 64 位的操作系统,例如 Vista,Windows 7,Windows 2003 Server 企业版,Windows 2008 Server 等,需要安装能够支持 64 位的 Oracle 产品,比如 Oracle 11g,因为根据我们的经验,64 位操作系统不支持 Oracle 9i。②Oracle 要安装完整版,不能只安装客户端,需要支持 Visual Stidio,例如安装完 Oracle 11g 后,还需安装从官网上下载的 Oracle Data Access Components for Oracle Client.

2.3 系统安装步骤

2.3.1 Oracle 软件安装

如附图 2-1 所示,"名称"用户可任意填写,"名称"下的"路径"用户仍可任意填写,但不能包括空格字符,否则后续 Oracle 的安装过程会提示报错信息,这也是 Oracle 9i 的一个小缺陷。附图 2-2～附图 2-5 按照对话框默认值,直接点"下一步"即可。

附图 2-1

附图 2-2

　　附图 2-6 中,"全局数据库名"和"SID"可任意填写,但是后续操作过程需要该信息,因此一定要作记录。TUD – Basin 采用通过输入用户名、密码和 SID 的方式来连接 Oracle 数据库(请参见 Oracle 相关知识)。当前计算机节点如何连接到其他计算机上的 Oracle 数据库在后面会提到。

　　附图 2-7～附图 2-9 采用对话框默认值即可。

　　附图 2-10 中需要输入用户指定的口令,为了方便使用和记忆,建议在 Oracle 9i 安装过程中,所有需要输入的相关信息都可以设置为同一个英文名称,例如在手册里都设置为"hydro"。经过附图 2-10 界面操作以后,Oracle 9i 即安装完成。

　　附图 2-11～附图 2-14 显示了在 Oracle 9i 安装完成后,如何创建"Oracle 用户",其中每个用户都对应着各自的用户名和密码。对于上面创建的全局数据库 hydro 来说,它可以拥有很多"用户",但是所有用户享有的 SID 是固定不变的,即上面设置的 hydro。需要

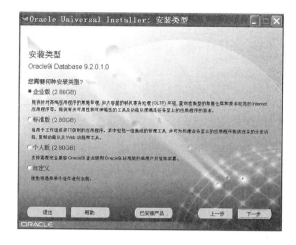

附图 2-3

附图 2-4

附图 2-5

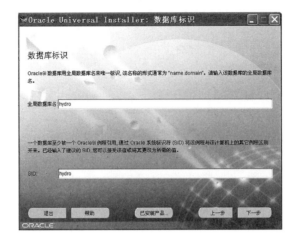

附图 2-6

附图 2-7

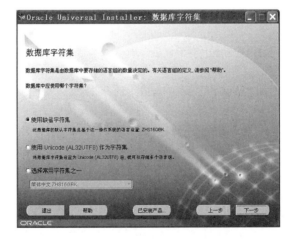

附图 2-8

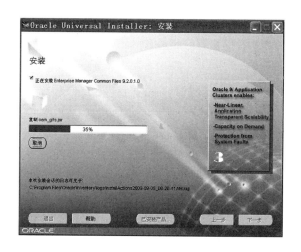

附图 2-9

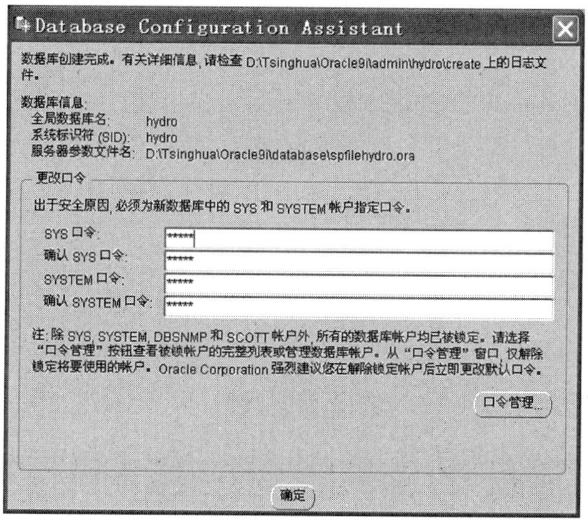

附图 2-10

说明的是,这里设定的 SID——"hydro"是"当前"计算机节点的 Oracle 数据库连接符,在其他计算机上对于该数据库可以拥有不同的 SID。Oracle 的用户与用户之间相互独立,它们拥有不同的表结构和表空间等。

用户创建工作可以通过 Oracle 控制台来完成。如附图 2-11 所示,在操作系统的"开始"菜单—"程序"中,可以打开"Enterprise Manager Console",平台界面如附图 2-12 所示。

附图 2-12 中填写的用户名和口令为 hydro(见附图 2-10),连接身份选择"SYSDBA"。登陆进去后定位到"安全性"—"用户"选项卡,鼠标右键选择"创建",如附图 2-13 所示,在弹出的对话框中设置新用户的用户名、密码,并指定一些新建用户的相关属性(见附图 2-14)。

如附图 2-14 所示,注意设置新建用户 DBA 权限,方便以后操作。

附图 2-15～附图 2-19 显示了"如何实现计算机 A 中的 Oracle 数据库连接到远程计算机 B 中的 Oracle 数据库",注意,计算机 A 和 B 都需要安装 Oracle。因为 TUD – Basin 在

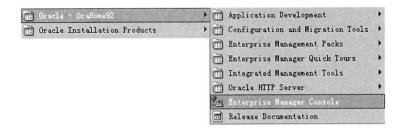

附图 2-11

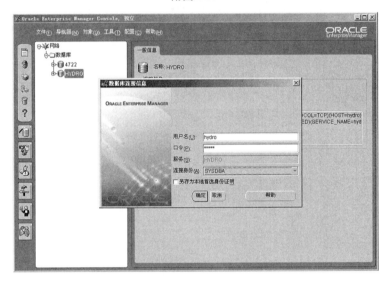

附图 2-12

附图 2-13

并行计算过程中采用的是集总式数据库方案,即使用计算机 A 和 B 的多核 CPU 进行并行

附图 2-14

计算,但各个进程的计算结果最终都输出到同一个 Oracle 数据库(例如计算机 B 中的 Oracle),可以看到,此时就需要实现计算机 A 对计算机 B 的 Oracle 跨库访问和数据传输。

配置工具为 Net Manager,附图 2-15 显示了如何打开该工具。平台界面如附图 2-16 所示,定位到"服务命名"选项卡,点击界面左侧的" + ",出现附图 2-16 中间的对话框,输入 Net 服务名,可任意指定,但不能和该计算机上已有的服务命名重复。该 Net 服务名就是计算机 A 对计算机 B 中 Oracle 数据库的特定标识,即为 TUD – Basin 在计算机 A 中使用到的 SID,通过该 SID,计算机 A 的计算结果可输出到计算机 B 的 Oracle 数据库中。

附图 2-15

附图 2-18 的主机名为计算机 B 的 IP 地址,端口号采用默认。

附图 2-19 中输入的 hydro 为 Oracle 全局数据库名(见附图 2-6),点击"下一步",设置即可完成。

2.3.2 TUD – Basin 软件安装

双击 TUD – Basin 安装程序图标,首先会弹出安装程序的启动界面(见附图 2-20)。

安装程序会自动获取当前电脑的计算机名和公司名,并显示在附图 2-21 中,也可由

附图 2-16

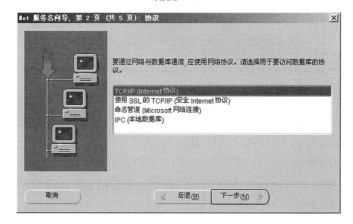

附图 2-17

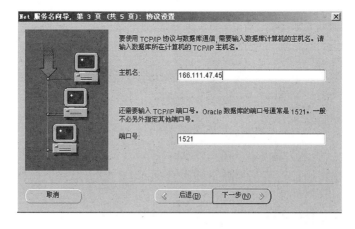

附图 2-18

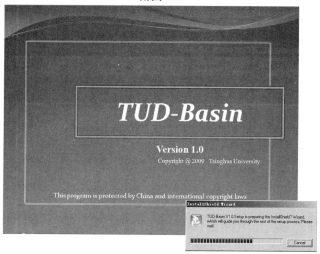

附图 2-19

附图 2-20

附图 2-21

用户任意输入,只有信息填写完整才会进行下一步。

下面即将安装的是 TUD – Basin 依赖的几个运行环境,首先是 Microsoft . NET Framework 1.1 软件包,点击"Next"即可,如附图 2-22 和附图 2-23 所示。

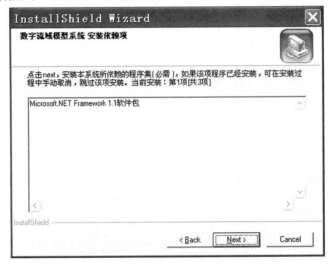

附图 2-22

附图 2-23

附图 2-24 和附图 2-25 显示的是 MPICH2 并行计算软件包的安装,操作十分简单,只需点击"Next"按照要求进行即可。MPICH2 安装完成后,安装程序会自动将 mpiexec. exe 所在文件夹的路径写到系统环境变量中(如果用户单独安装从网上免费下载的 MPICH2 平台,该过程需要手动设置,这里安装程序对该过程进行了自动化处理,可以有效避免用户遗漏设置),同时会弹出附图 2-25 注册对话框,在对话框中输入电脑开机的用户名和密码,要求该用户具有管理员权限,同时对该用户一定要设置开机密码,输入完成后点击"Register",再点击"OK",即可完成 MPICH2 的完整安装和参数配置。

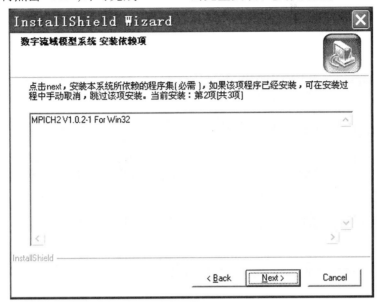

附图 2-24

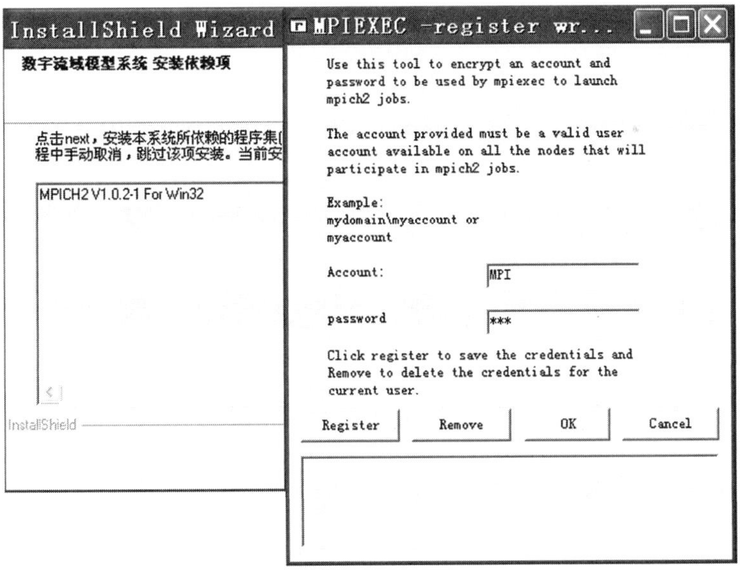

附图 2-25

附图 2-26 ~ 附图 2-28 显示了安装 Visual Fortran 驱动的过程,TUD – Basin 的 GIS 图层文件会使用,如果已经安装过,安装程序会自动跳过。

以上的运行环境安装完成以后,安装程序会进行 TUD – Basin 主体程序的安装过程,操作十分简单,不断点击"Next"即可。安装成功后桌面上会自动创建 TUD – Basin 的快捷

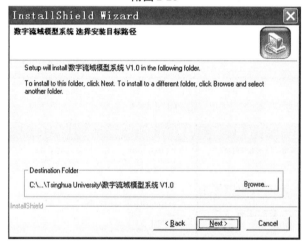

附图 2-26

附图 2-27

附图 2-28

方式,如果想卸载 TUD – Basin,可通过开始菜单的卸载程序进行操作。卸载程序只卸载 TUD – Basin 主体程序,其所依赖的运行环境不会被卸载。

双击桌面上的 TUD – Basin 图标,打开清涧河流域河网图层,如附图 2-29 所示。

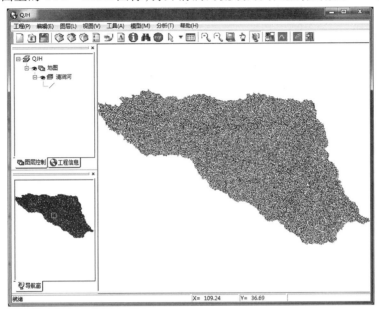

附图 2-29

3　水沙模拟并行计算

3.1　启动方式

本部分提供了并行计算启动的三种方式:GUI 方式、文本方式和控制台方式。附图 2-30是 GUI 方式的启动。

附图 2-30　并行计算 GUI 启动模式

附图 2-31 是并行计算文本方式的启动,中间输出信息在运算过程中保存到自己指定的 1. txt 中。

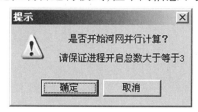

附图 2-31　并行计算文本启动模式

并行计算使用的进程数一定要不小于 3，因为必定存在一个进程负责河网切割和划分，一个进程负责信息中转，至少一个进程负责实际模型计算。附图 2-32 是进程开启数目提示对话框。附图 2-33 是控制台运行模式，但中间信息不会被保存。

附图 2-32　并行计算启动提示对话框

附图 2-33　并行计算控制台运行模式

3.2　参数配置

附图 2-34 参数设置的可视化界面与安装路径下“…\Tsinghua University\TUD – Basin V1.0\bin\MPI”中 FilePath. ini 中的参数是基本对应的，也可以直接修改文本文件，而不通过界面。

在并行计算启动前，需要进行一系列的参数设置，如附图 2-34 所示。多页面参数设置面板点击工具栏的左侧第三个按钮即可弹出。附图 2-34 是时间参数设置面板,通过它设定模型计算的起止时间,设定完后,点击"时间转换"按钮。水文状态存储周期是 Oracle 中 status 表的数据存储周期,默认最小为 1 d。

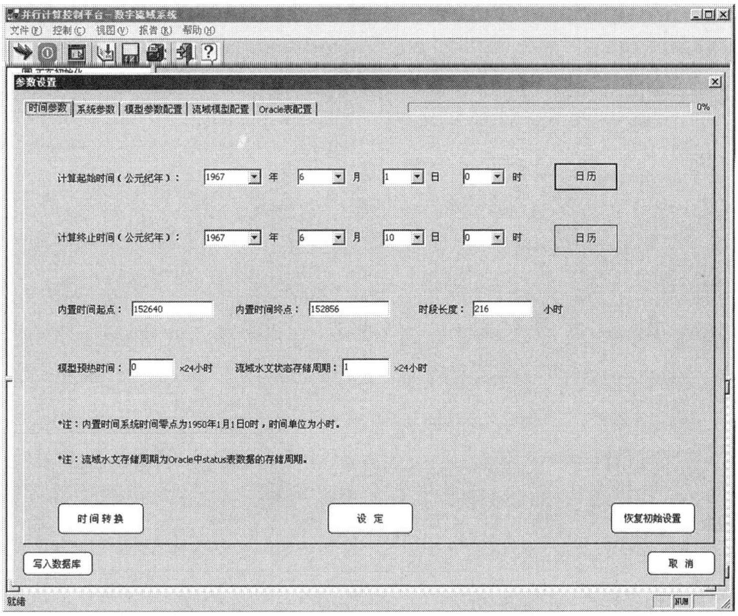

附图 2-34　并行计算时间参数设置界面

附图 2-35 的主要信息包括数据库连接字符串、计算输出周期(时间步长)、并行计算的粒度等,粒度是并行计算中一个子任务包括的河段数目,需要注意的是"雨量数据类型"要和实际的雨量数据库相匹配。

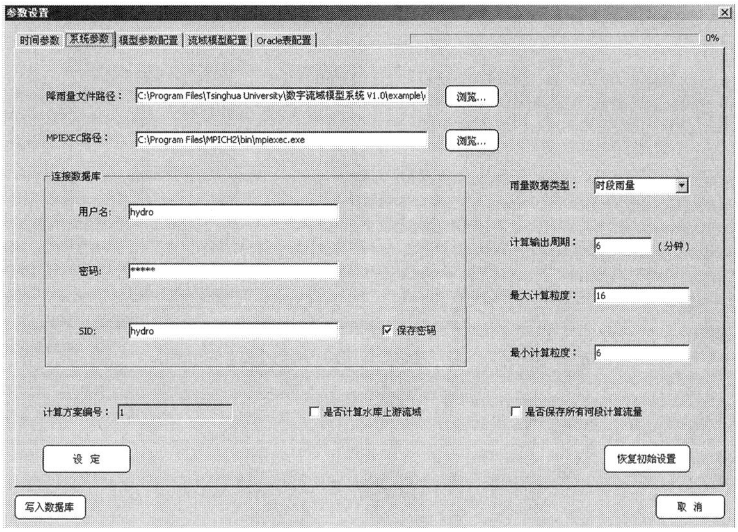

附图 2-35　并行计算系统参数设置界面

下面是模型选择和模型参数配置面板,产流模型包括了黄河水沙模型(见附图 2-36)

和新安江模型(见附图2-37),当选择不同的模型时,会弹出不同的模型参数配置面板,建议融雪模型先选择"NONE",因为现在的融雪模型配置起来还比较复杂,计算起来还不是非常稳定,汇流模型提供了马斯京根和扩散波两种。黄河水沙模型中包括了流域产沙的计算模型,但是通过面板可以设置其计算或者不计算,暂时没有提供单独的产沙模型,因此设置为"NONE"。

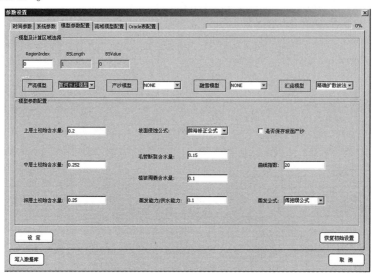

附图2-36　黄河水沙模型设置界面

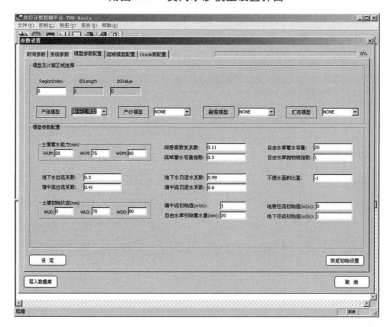

附图2-37　新安江模型参数设置界面

TUD－Basin可以实现不同的子流域选择不同的模型组合来参与计算,即通过附图2-36、附图2-37的"RegionIndex"值来设置,例如设置为1,选择好模型后,点击"设定"

按钮,该部分会显示在"流域模型配置"选项卡中,在切换到"模型参数配置"选项卡,"re-gionindex"设为 0,选择好模型组合后,再点击"设定"按钮,"流域模型配置"选项卡也有相应体现,它的意思是,子流域 1 选择其设定的模型组合进行计算,全流域 0 除了子流域 1 的剩余部分,采用后来设定的模型组合,见 Oracle 数据库中的 BasinModel 表。

附图 2-38 中建立了 些可视化的表,与 Oracle 中的表是 · 对应的,这里只是提供了一个可视化的修改途径,用户可直接通过 SQL 语句修改 Oracle 中的表。parameter 表是黄河水沙模型使用,Definednodes 是设定哪些河段信息最终要保存到数据库,注意:最后要点击"parameter 表初始化配置"右侧的"写入数据库"按钮,才能完成对数据库中这 3 个表的修改,而不能只点击左下角处的"写入数据库"按钮。

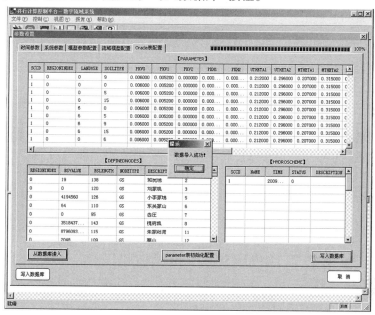

附图 2-38　数据库表的可视化配置

附图 2-39 是设定计算模拟的起止时间等,年月日会被转化为小时(设定完年月日后,需要点击"时间转换"按钮,小时数据才会更新),这里的小时是距离 1950 年 1 月 1 日的小时数。其中,流域水文状态存储周期决定 status 表和 xajstatus 表数据的存储周期。

系统、模型参数等都设定完毕后,点击"写入数据库",此时会弹出附图 2-39 中的"是否要更新雨量数据库?"对话框,如果是第一次导入雨量数据,则点击"是",那么雨量数据会从 Access 数据库(附图 2-35 最上方已经指定了 Access 路径)中导入到 Oracle 中的对应表中(如附图 2-40 中上方显示的进度条,表示雨量数据导入进度),如果 Oracle 中已经具备了雨量数据,则以后操作时,点击"否"即可,那么雨量数据将不再导入(因为可能雨量数据容量较大,导入较慢),而其他参数数据会导入到 Oracle 中的 Hydrousepara 表中(见附图 2-41)。

3.3　执行并行计算

并行计算的设置可以通过附图 2-42 的可视化界面,也可以通过"C:\program files\ts-

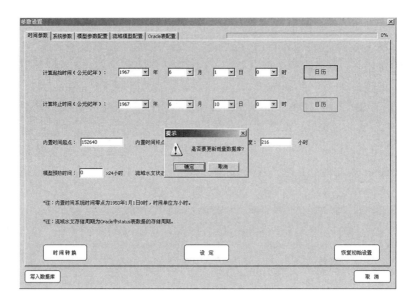

附图 2-39　并行计算参数导入

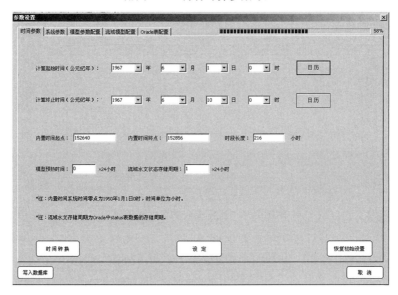

附图 2-40　雨量数据导入

inghua university\数字流域模型系统 v1.0\bin\mpi"下的 configure. ini 文件(见附图 2-43),建议选择后者。可以看到,"4"表示开启进程数目(该值一定要不小于 3),因为有两个功能进程,并不参与实际计算,如果是本机计算,则 IP 地址可以直接写成图中的 127.0.0.1 即可,后面紧跟着 NewRouting. exe 的路径,再之后就是数据库链接的字符串信息。并行计算启动点击附图 2-42 中的"开始"按钮即可。

3.4　计算过程监控

　　附图 2-44 和附图 2-45 显示的是并行计算可视化监控平台,在计算过程中可以对各个

附图2-41 计算参数导入成功对话框

附图2-42 并行计算启动设置(对话框)

计算机节点,乃至各个进程进行实时监控,例如附图2-44,是对功能进程(0号进程)进行的监控,计算时可以显示已计算完成河段数,剩余河段数,已运行时间,剩余时间,以及各种耗时百分比等,附图2-45 显示的是对计算进程(负责实际模型计算的进程)的监控。

附图 2-43　并行计算启动设置（文本）

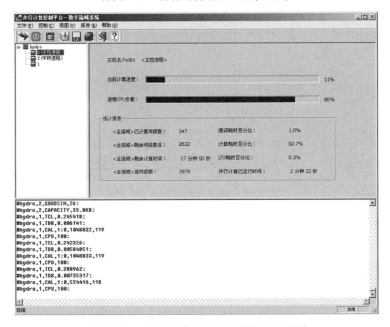

附图 2-44　并行计算"主控进程"的实时监控

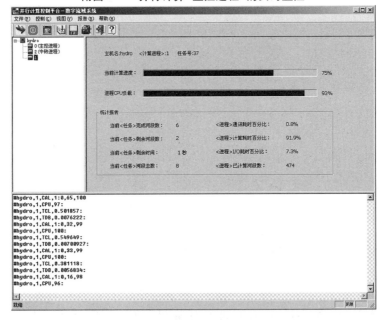

附图 2-45　并行计算"计算进程"的实时监控

3.5 流量计算的结果查询

　　TUD – Basin 提供了流量及含沙量过程的显示模块,通过 GIS 平台可以直接调用,如附图 2-46 所示,设置显示的起止时间,附图 2-47 和附图 2-48 表示了两种显示方式(工具栏倒数第 2 个和第 3 个按钮), 个用来显示用户点击河段的计算过程, 个汇总 dcfincd

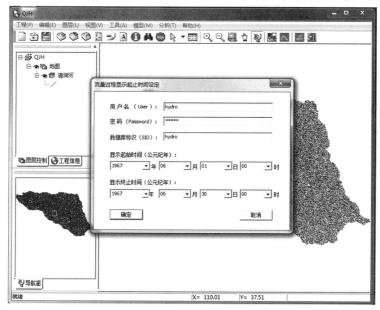

附图 2-46　流量过程查询的时间段设置

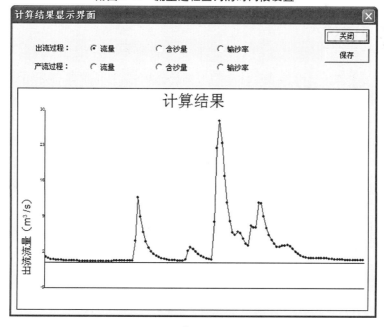

附图 2-47　单河段流量和含沙量过程查询

nodes 表中所有河段的计算过程。用户可以使用 Excel 从 Oracle 的对应表中自行导入计算数据进行分析,也可以通过附图 2-47 和附图 2-48 提供的"保存"功能,将计算结果直接保存为 Excel 可以打开的文件。

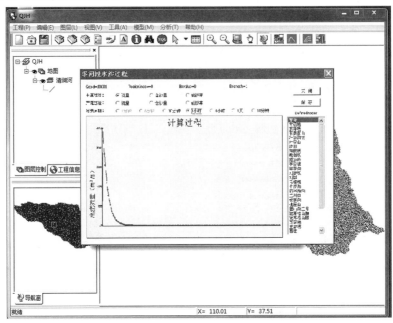

附图 2-48　多河段流量和含沙量过程查询

4　补充说明及计算时注意事项

(1)在"…\tsinghua university\数字流域模型系统 v1.0\example\DataSource\SAMPLE"文件夹下,提供了岔巴沟流域计算的详细样例数据,具体文件描述请参看该文件夹下的"文件内容说明"文档。

(2)在 XP SP3 系统环境下可能会出现如下问题:当 TUD – Basin 安装程序进行 Microsoft. NET Framework 1.1 平台安装时,在"正在注册 System. EnterpriseServices. dll"处长期停止,无法继续完成后续过程安装。解决建议:打开任务管理器,若进程表中出现多个 msiexec. exe,只保留占内存最多的一个 msiexec. exe 进程,其它的删掉,System. EnterpriseServices. dll 注册不了的问题即可解决。

(3)各个计算机节点上 MPICH2 的版本要求一致,如果都是通过 TUD – Basin 安装程序进行安装(不是用户单独下载安装),就不用注意这个问题。

(4)如果要想实现 TUD – Basin 多机联合的并行计算,所有计算机节点要求注册相同的用户名和密码(见附图 2-25),该用户名和密码必须与计算机开机时的用户名和密码一致,同时要求拥有管理员权限。

(5)在 Windows 2003 操作系统下,当在启动并行计算时,遇到"adodb. connection,未找到提供程序,该程序可能未正确安装"的提示信息,这是由于 MPI 注册用户的权限不足造成的。在 Windows 2003 下,对于新建账户需要手动指定权限(与 Windows XP 不同),方法如下:我的电脑—右键—管理,在"用户组"中的 adminstrators—ora_dba,添加新创建的用户,手动输入用户名,并仿照 administrator 账户的权限设定即可。

附录 3　黄河中游龙门、潼关含沙量过程预报系统用户手册

1　概　述

1.1　软件简介

黄河中游龙门、潼关含沙量过程预报系统以黄河中游吴堡到潼关河段主要控制站的含沙量过程预报计算为核心,将开发的线性动态系统模型、BP 神经网络模型并结合误差自回归实时校正模型及 BMA 综合预报模型,采用计算机软件等技术进行有效的整合,形成一套完整的龙门、潼关站含沙量过程预报软件系统。该预报系统能够依据实时降雨和洪水含沙量信息,在计算机上快速地对未来龙门站和潼关站的含沙量过程进行预报计算,为黄河下游防洪、调水调沙及干支流放淤等治黄措施的实施提供技术支持。

系统基于 ESRI 公司的组件式 GIS 开发产品 ArcObjects 进行集成二次开发,以 Microsort Visual Basic 6.0 为开发语言,采用 Microsoft SQL Server 2000 数据库软件进行基础信息数据管理,采用关系型空间数据库模型 GeoDatabase 进行空间信息数据管理。系统由系统管理、数据库管理、参数率定、含沙量实时预报、基础信息、帮助共 6 个模块组成,实现了龙门站和潼关站含沙量过程预报,并可输出各种计算结果且对各种信息提供查询功能。

本用户手册对系统的功能和操作流程进行介绍。

1.2　术语与约定

开始阅读之前用户首先要了解本手册的术语和约定。

键名以大写字母表示,例如 TAB 和 CTRL。

【】中文字:表示窗口中的按钮的名称,例如:【确认】表示确认命令按钮。

『』中文字:表示是窗口中的文字。

""中文字:表示菜单名称和页面名称。

''中文字:表示提示信息。

本系统:黄河中游龙门、潼关站含沙量过程预报系统。

注:说明需要注意的事项。

2　系统开发与运行环境

黄河中游龙门、潼关站含沙量过程预报系统采用客户机/服务器(C/S)体系结构,系统的 GIS 功能采用组件式 GIS 产品 ArcObjects 为开发平台,基础信息数据采用 Microsoft

SQL Server 2000 数据库软件,空间信息数据采用关系型空间数据库模型 GeoDatabase 存储,标准化数据库接口,应用程序的开发语言为 Microsoft Visual Basic 6.0。

硬件环境:硬盘要 10 GB 以上,主频至少为 1.6 GHz 或者更高,CPU 要求在 x86 Intel Core Duo, Pentium 4 或者 Xeon Processors 以上,内存最少为 1 GB,最好为 2 GB 或者以上,最好能有独立显卡和 1 个光驱。

软件环境:操作系统为 Windows XP 或 Windows 2000;数据库采用 Microsoft SQL Server 2000,GIS 平台为 ArcGIS 9.3。

3 系统主界面概述

3.1 系统登录

系统登录是用户使用本系统的第一步操作,操作具体分为两个步骤,具体如下。

3.1.1 打开系统登录界面

进入系统登录界面有三种方法:一是点击桌面左下角的【开始】,选择"所有程序",在弹出的程序中选择本系统,单击它即可打开系统登录界面;二是双击放在桌面上的本系统的快捷方式▥,可直接弹出系统登录界面;三是进入系统的安装目录文件夹,找到系统登录的可执行文件,双击。登录页面如附图 3-1 所示。

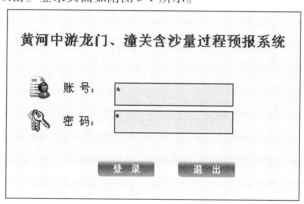

附图 3-1　系统登录页面

当打开本系统时弹出的不是如附图 3-1 所示的登录界面,而是出现提示对话框,如附图 3-2 所示,该情况说明服务器没有附加系统数据库,此时需要在服务器上附加数据库,才能通过系统登录界面登入系统,并进行进一步操作。

此时,点击【确定】系统会弹出数据库连接设置界面,如附图 3-3 所示。

在系统数据库连接设置界面上,列出了包括服务器名、系统数据库名、数据库用户账号及密码等信息。用户若选中复选框『使用默认』,则对话框中的所有的文本框将变为不可编辑状态;若不使用默认,用户可以按照实际情况对文本框中信息进行编辑,并测试连接或保存设置。

在缺省情况下,系统设置『使用默认』选择框处于被选中状态。

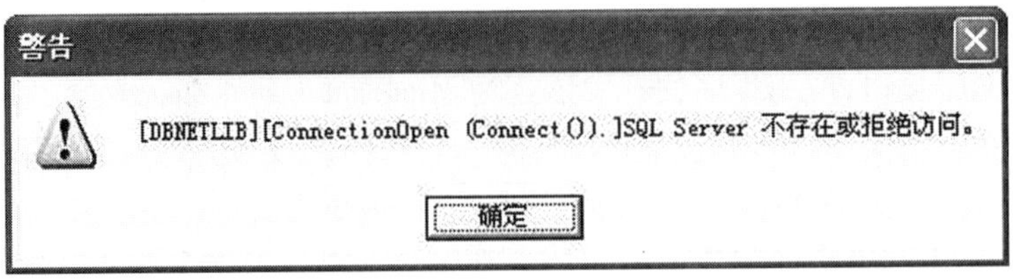

附图 3-2　提示数据库错误

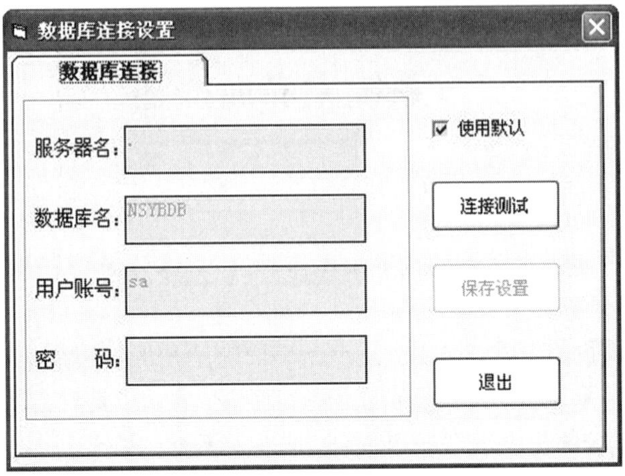

附图 3-3　数据库连接

注1:修改文本框中的内容后,此时单击复选框,复选框被选中,输入的信息将作为默认信息并保存。或者直接测试连接,此复选框也会被选中。

注2:连接服务器时,要确保服务器上已经附加了本系统使用的数据库,否则本系统将不能正常运行。

注:有关附加数据库的相关操作内容在 SQL Server 的安装一节中有详细介绍。

3.1.2　系统登录

如附图 3-1 界面所示,在『用户名』后面的文本框中输入用户名,在『密码』后面的文本框中输入用户密码,然后点击【登录】或按下键盘【Enter】键,即可登录,如果要中止登录,点击【退出】即可。

在点击【登录】后,如果用户名和密码同时正确,则可登录;否则,登录页面上会自动弹出如附图 3-4 中的两种可能形式的对话框,点击【确定】,针对提示的错误信息,重新登录,直到登录完成。

用户登录成功后,可进入系统的主界面,如附图 3-5 所示。

3.2　系统主界面

系统主界面主要由菜单栏、垂直菜单栏、工具栏、主图显示区(附图 3-5 中界面的右侧,此界面的剩余部分就是主图显示区)和状态栏共 5 个部分内容组成。在系统的其他界面也可能会涉及以上部分内容中的几项,故以后章节中介绍系统其他功能时,不再展开作单独介绍。

附图 3-4　错误提示

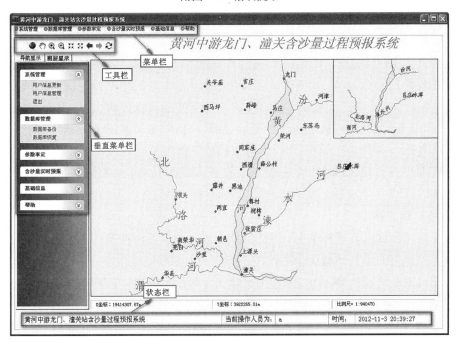

附图 3-5　系统主界面

3.2.1　菜单栏

菜单栏包括『系统管理』、『数据库管理』、『参数率定』、『含沙量实时预报』、『基础信息』及『帮助』共6部分,每个主菜单下都有若干个子菜单,内容丰富,菜单下对应的具体功能将在以后的章节中详细介绍,这里仅列出主要功能:

(1)『系统管理』:包括用户管理、系统退出。

(2)『数据库管理』:包括数据库备份和数据库恢复。

(3)『参数率定』:提供对各计算所需资料的修改与更新,包括雨量资料和含沙量资料;对含沙量过程预报所采用的各模型参数进行率定和验证,并提供率定和验证结果的输出功能。

(4)『含沙量实时预报』:采用率定好的各模型参数,预报未来龙门站和潼关站含沙量过程。

(5)『基础信息』:吴堡—潼关流域的流域概况,包括该河段的地理地貌概况、水文气象特征及河段特性等。

(6)『帮助』:提供系统使用帮助手册和该系统的名称、版本及开发单位等信息。

3.2.2 垂直菜单栏

垂直菜单栏的内容和功能与3.2.1节菜单栏相同。

3.2.3 工具栏

系统自带的工具栏位于主图区的右上方,包括【全图】、【漫游】、【放大】、【缩小】、【按比例放大】、【按比例缩小】、【后退】、【前进】、【刷新】,它们对应的功能分别说明如下:

(1)【全图】:图标为 ●,功能是快速实现全图显示,使用方法是直接点击该按钮,主图区就会变成全图显示,可实现图形在被放大或者缩小之后能够很快返回全图显示状态。

(2)【漫游】:图标为 ,功能是实现在图形上漫游,使用方法是点击此按钮,鼠标形状会变成" "的形状,按住鼠标左键,在主图区移动鼠标,图形会随着鼠标而移动。

(3)【放大】:图标为 ,功能是放大图形,使用方法是先用鼠标左键点击该图标,鼠标的形状就会变成一个放大镜,形状如" "。然后按住鼠标左键,在主页面中的图层显示区中移动鼠标,此时图形就会放大。提示:鼠标移动图中所画的方框越大,则图形放大的倍数就越小;所画的方框越小,则图形放大的倍数就越大。

(4)【缩小】:图标为 ,功能是缩小图形,使用的方法和【放大】按钮一样,点击此按钮时,鼠标的形状会变成" "。然后按住鼠标左键,在主页面中的图层显示区中移动鼠标,此时图形就会缩小。

(5)【按比例放大】:图标为 ,该按钮能实现主图区图形按照一定比例放大的功能。

(6)【按比例缩小】:图标为 ,该按钮能实现主图区图形按照一定比例缩小的功能。

(7)【后退】:图标为 ,功能是在图形移动之后(漫游可以实现图形移动),点击此按钮可以返回前一视图。

(8)【前进】:图标为 ,功能和【后退】按钮功能相反,点击此按钮可以返回后一视图。

(9)【刷新】:图标为 ,可刷新页面主图区。

在以后的页面中,若有工具栏,其功能和使用方法及本工具栏中对应的工具的功能及使用方法是相同的,将不再单独说明。

3.2.4 主图显示区

系统主图显示区主要显示吴堡—潼关流域主要河流的水系图。

3.2.5 状态栏

状态栏包含四项内容,分别为『系统名称』、『当前操作人员标注』、『用户名称』、『系统当前时间』。

4 系统管理

4.1 用户管理

根据要求,系统的用户身份设为两种:管理员和普通用户。在系统管理中,不同的用户身份对应着不同的操作权限。一般来说,普通用户可以对系统内基本功能进行操作,而管理员身份级别较高,在普通用户权限的基础上可对系统的数据进行操作和维护。现分别说明。

4.1.1 用户信息更新

登录用户都可以对白己的信息进行编辑更新。单击"系统管理",在它的下拉菜单中点击"用户信息更新",如附图3-6所示,进入用户信息更新界面,如附图3-7所示。

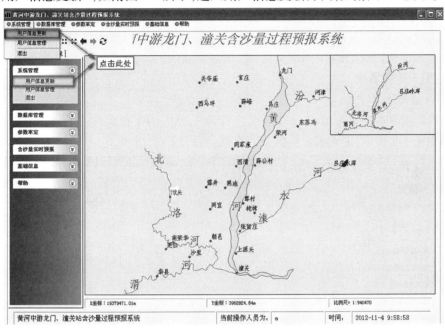

附图3-6 用户信息更新操作图示

附图3-7 用户信息更新

此对话框各项按钮和选项的功能和操作：

(1)『用户名称』：显示登录用户的用户名称。

(2)『用户身份』：显示登录用户的身份。

(3)『现用密码』：显示登录用户的密码。

(4)『新密码』：在『新密码』后的文本框中输入新密码。

(5)『确认密码』：在『确认密码』后的文本框中再一次输入新密码。

(6)【确定】：将现用的密码改成所输入的新密码,单击【确定】就完成修改。若新密码为空或确认密码与新密码不一致,单击【确定】,会分别弹出提示信息"密码不能为空!请重新输入!"或"两次输入的密码不一致,请重新输入!",此时要重新输入密码。

4.1.2 用户信息管理

4.1.2.1 管理员用户

在系统主页面的主菜单中,单击"系统管理",在它的下拉菜单中点击"用户信息管理",如附图3-8所示,进入用户信息管理界面,如附图3-9所示。

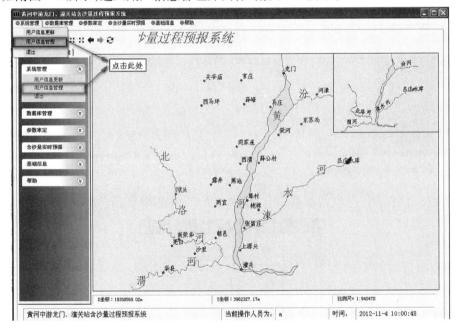

附图3-8 用户信息管理操作图示

附图3-9对话框中按钮的功能和相应操作如下:

(1)【新增用户】:管理员可以对系统增加用户操作。单击【新增用户】,窗口中弹出如附图3-10所示的对话框:

在『用户名称』后输入要增加的用户名称(用户名称不宜过长),在『用户身份』后面的复选框中选择用户的身份,在『用户密码』后输入密码,单击【确定】,系统将提示新增用户成功。若用户名或者密码为空,点击【确定】后会自动弹出提示对话框报错,如附图3-11所示。

点击相应对话框中的【确定】,然后按要求重新输入。若不需要新增用户,点击【取

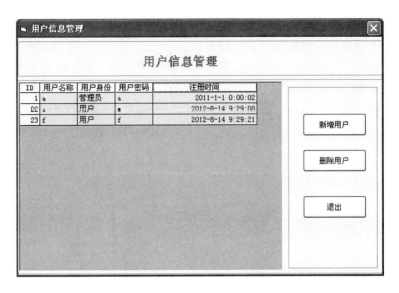

附图 3-9　用户信息管理

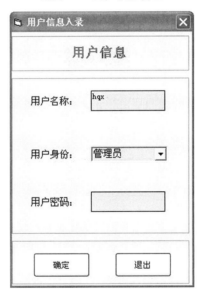

附图 3-10　新增用户

附图 3-11　提示

消】即可,回到用户管理界面。

（2）【删除用户】：管理员可注销系统用户。在用户信息栏中选择用户信息（可以一次选择多个用户信息），点击【删除用户】，窗口中自动弹出提示对话框，单击【是】，则所选用户将被删除，单击【否】，所选用户未被删除，提示对话框消失，用户可以重新选择进行操作，如附图 3-12 所示。整个过程不可恢复，删除用户时请慎重操作。

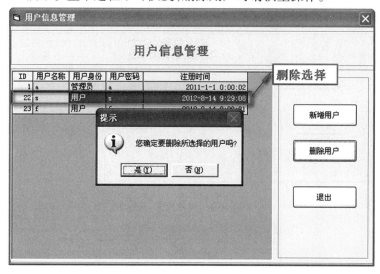

附图 3-12　删除用户

（3）【退出】：退出用户管理，返回本系统主页面，点击【退出】即可。

4.1.2.2　普通用户

系统中普通用户不能修改或删除其他用户的信息。此时，点击"系统管理"，下拉菜单中的"用户信息管理"项处于灰色的不可用状态。

4.1.3　退出

在本系统主页面的主菜单中，单击"系统管理"，在它的下拉菜单中点击"退出"，或者在垂直菜单栏中"系统管理"项下点击"退出"来退出本系统，如附图 3-13 所示。

单击"退出"，将出现如附图 3-14 所示的提示。用户可根据实际情况选择是否退出系统。

4.2　数据库管理

数据库管理包括数据库备份和数据库恢复两部分。系统只为管理员提供了这两部分的功能，普通用户不能进行相关操作。现说明如下。

4.2.1　数据库备份

在本系统主页面的主菜单中，单击"数据库管理"下的"数据库备份"，操作如附图 3-15 所示。

点击"数据库备份"，若本机为 SQL Server 数据库服务器，则主页面自动弹出如附图 3-16 所示的数据库备份恢复对话框，确认信息无误后点击【确定】。

激活数据库备份恢复工具如附图 3-17 所示。按照附图 3-17 对话框中红色标注的提示即可完成对本系统数据库的连接。

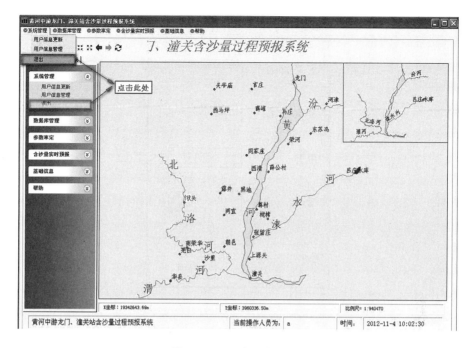

附图 3-13　退出系统作图示

附图 3-14　系统退出提示

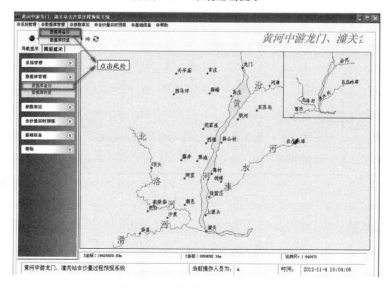

附图 3-15　数据库备份操作图示

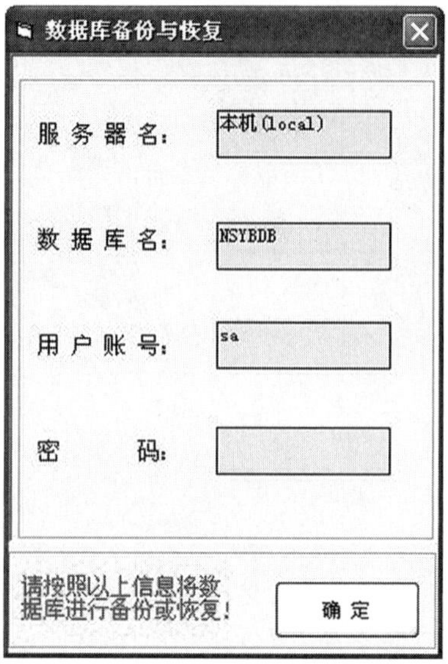

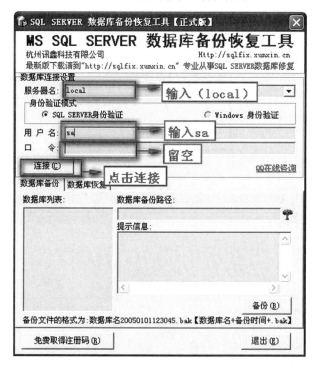

附图 3-16　数据库恢复和备份界面

附图 3-17　数据库备份

　　数据库连接成功后,选择备份数据库项,选中要备份的数据库"NSYBDB",选择备份路径,单击"备份"就可完成对数据库的备份,工具界面中会提示备份成功,如附图 3-18所示。

附图 3-18　数据库备份

4.2.2　数据库恢复

在本系统主页面的主菜单中,单击"数据库恢复"即可,如附图 3-19 所示。出现附

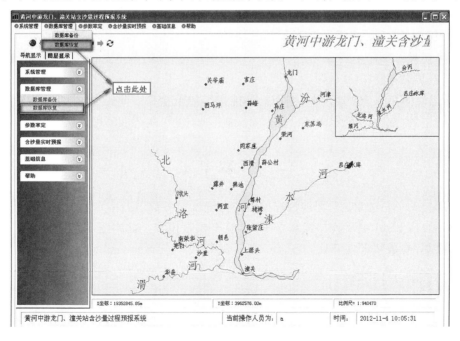

附图 3-19　数据库恢复操作图示

图3-16数据库备份恢复对话框。确认信息无误后,单击【确定】,激活数据库备份恢复工具,如附图3-20所示。工具中数据库连接设置同数据库备份部分,连接上数据库后,选中数据库恢复项,如附图3-20所示。

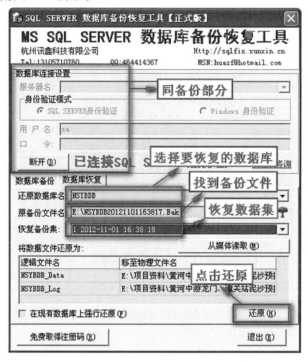

附图3-20　数据库恢复

在附图3-20中按照灰色标注的提示进行操作,在『还原数据库名』后面的复选框中选择数据库名称,单击『还原备份文件名』后面的图片,浏览到备份文件,选中备份文件,最后单击【还原】即可。

注:若登录用户为普通用户,则用户不能进行以上操作。此时,点击"数据库管理",下拉菜单中的"数据库备份"项和"数据库恢复"项均处于灰色的不可用状态。

5　参数率定

该部分的主要功能是对泥沙过程预报的各种模型参数进行率定和验证,其中包括线性动态系统模型、BP神经网络模型及BMA综合预报模型。如附图3-21所示,在主页面上单击菜单"参数率定"。

5.1　资料导入与处理

该部分主要是将实时的水文气象数据、降雨量、流量以及含沙量按照规定的格式导入到数据库中,且可将其转化为建模所规定数据格式。在附图3-21所示的界面中,单击子菜单"资料的导入与处理",便进入"数据的导入与处理"界面,如附图3-22所示。

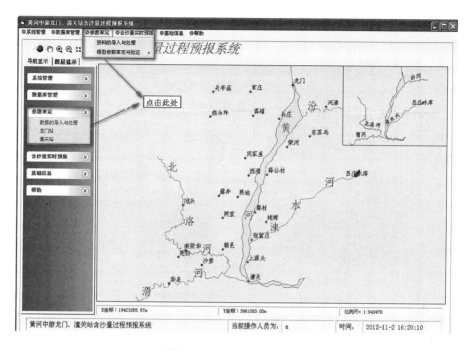

附图 3-21   参数率定初始界面

附图 3-22   数据的导入与处理界面

5.1.1 水文气象基础数据的导入

按照附图 3-23 中的操作过程提示,便可完成水文气象实时数据的导入过程。

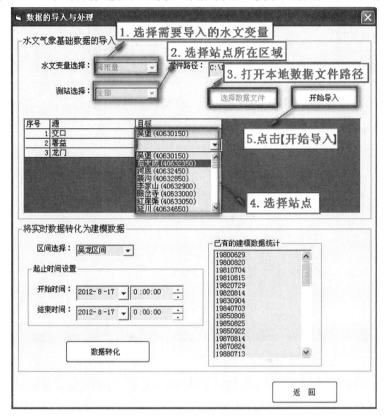

附图 3-23　水文气象基础数据导入过程

(1)单击『水文变量选择』后面的组合框,从下拉框选择需要导入的水文变量、降雨量或含沙量。

(2)单击『测站选择』后面的组合框,从下拉列表中选择要导入的站点资料所在的分区。

(3)单击【选择数据文件】按钮,按附图 3-24 所示确定需要导入 Excel 资料的引用路径。

(4)在『目标』下方的组合框中选择站点,将本地数据文件中的站点与目标站点对应起来。

(5)单击【开始导入】按钮,完成 Excel 资料的导入。

在完成文本资料导入后,会有如附图 3-25 所示的提示。

5.1.2 将实时数据转化为建模数据

该模块的功能是将数据库中最新的实时数据转化为建模所规定的数据格式,其操作过程如附图 3-26 所示。

(1)单击『已有的建模数据统计』下方的列表框,查看已有的建模场次,确定是否有必要对建模数据进行更新。

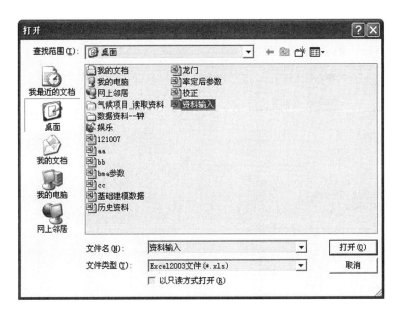

附图 3-24　选择 Excel 资料的引用路径

（2）单击『区间选择』后面的组合框，从下拉列表中选择要导入的站点资料所在的分区。

（3）单击『开始时间』与『结束时间』后面的组合框，从下拉列表中设置要转化为建模数据的起止时间。

附图 3-25　Excel 数据导入成功提示

（4）单击【数据转化】按钮，完成数据转化过程。

在完成数据转化后，会有如附图 3-27 所示的提示。

5.2　模型参数率定和验证

该部分主要实现各泥沙预报模型的参数率定和模型验证，主要包括率定和验证年份的选择、模型参数率定以及模型参数验证。

5.2.1　率定及验证场次的选择

在本系统主页面的主菜单中，单击"参数率定"，在它的下拉菜单"模型参数率定与验证"中点击"龙门站"或"潼关站"进入率定和验证场次选择界面，如附图 3-28、附图 3-29 所示。

按照附图 3-30 中的操作过程提示，便可完成率定和验证场次的选择。

（1）单击『预报站点』后面的组合框，从下拉框选择站点。

（2）从左侧的库中已有资料场次的列表框中选取一定的场次（可以多选），单击第一个【》】按钮，则刚才所选的场次即是率定场次。如果只为了查看上一次的率定与验证结果可以直接跳过步骤（2）～（6），直接到步骤（7）。

（3）如果错选了率定场次，选择率定年份列表框中相应场次（可多选），单击第二个【《】按钮，则可撤销所选取的率定场次。

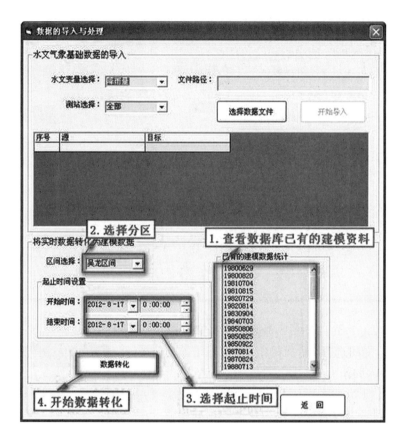

附图 3-26　实时数据转化为建模数据的过程

（4）从左侧的库中已有资料场次的列表框中选取一定的场次（可以多选），单击第三个【》】按钮，则刚才所选的场次即是验证场次。

（5）如果错选了验证场次，选择验证场次列表框中相应场次（可多选），单击第四个【《】按钮，则可撤销所选取的验证场次。

附图 3-27　建模数据转化成功提示

（6）单击【确定】按钮，确定选取的率定场次和验证场次。

（7）单击【查看上次率定结果】按钮，直接进入参数率定界面查看上次模型率定与验证的结果。

5.2.2　模型参数率定

在附图 3-29 中，单击【确定】或【查看上次率定结果】按钮，便进入模型参数率定界面，其界面分别如附图 3-31 和附图 3-32 所示。

当进入的是模型参数率定界面（一）时，按照附图 3-33 中的操作过程提示，便实现模型参数率定功能；当进入的是模型参数率定界面（二）时，不能进行模型参数率定功能，只能查看上次的模型率定与验证结果，其操作过程可参照附图 3-33 所示。

（1）如果需要重新选取率定和验证场次，单击【重新选择率定期及验证期】按钮。

（2）此时，如需修改模型中参数，点击复选框『使用默认参数』，当文本框将变为可编

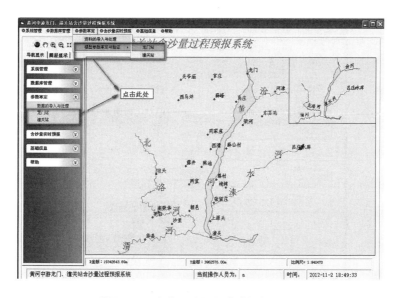

附图 3-28　率定及验证场次选择操作图示

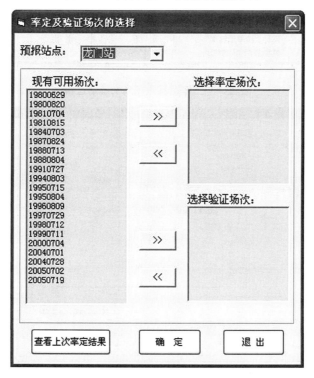

附图 3-29　率定及验证场次选择界面

辑状态时,可在相应位置修改;在缺省情况下,系统设置『使用默认参数』选择框处于被选中状态,此时文本框为不可编辑状态。

(3)单击【进行单一模型参数率定】按钮,进行单一泥沙预报模型参数率定。

(4)单击【进行 BMA 综合预报】按钮,在单一模型预报结果的基础上进行 BMA 综合

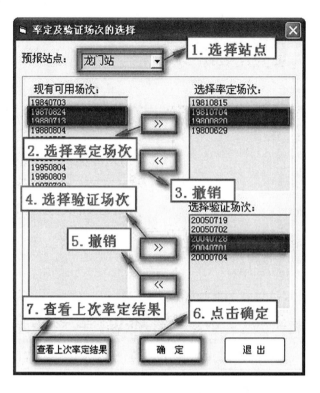

附图 3-30　率定及验证场次选取过程

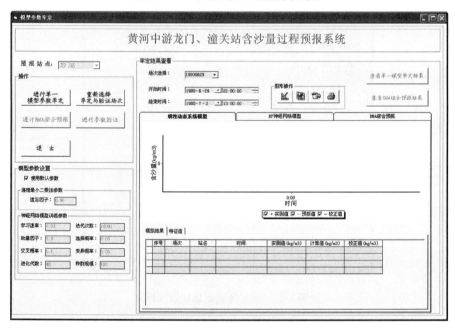

附图 3-31　模型参数率定界面(一)

预报。

　　(5)选择要查看的率定场次及起止时间。

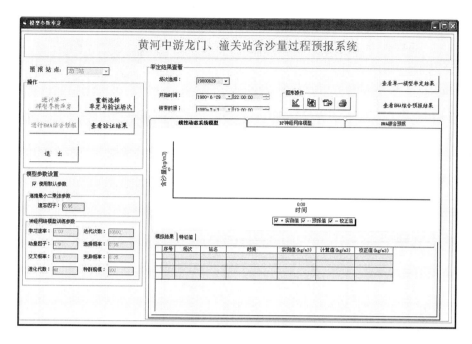

附图 3-32　模型参数率定界面(二)

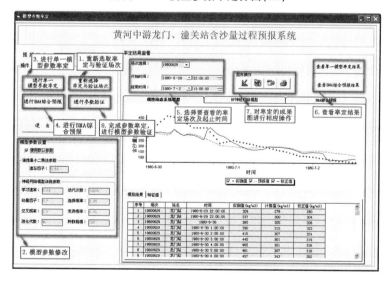

附图 3-33　模型参数率定过程

（6）单击【查看单一模型率定结果】按钮或【查看 BMA 综合预报结果】按钮,查看相应模型的率定结果。

（7）点击『图形操作』中相应按钮,对率定结果图进行操作,可实现编辑、复制到剪切板、导出及打印功能。

（8）完成模型参数率定后,单击【进行参数验证】按钮,进行模型参数验证。

5.2.3　模型参数验证

在附图 3-33 中,单击【进行参数验证】按钮,即刻便进行模型参数验证计算,计算成功后,会有如附图 3-34 所示的提示。

在附图 3-34 中,单击【确定】按钮,便进入模型
参数验证界面,如附图 3-35 所示。

按照附图 3-36 中的操作过程提示,便可查看模
型参数验证结果。

(1)选择要查看的验证场次及起止时间。

(2)单击【查看验证结果】按钮,查看模型参数
验证结果。

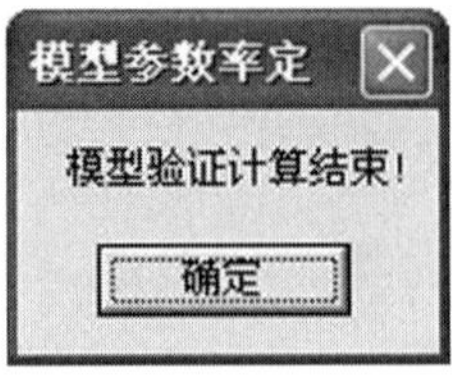

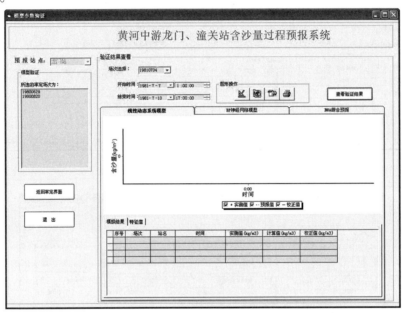

附图 3-34　模型参数验证计算完成提示

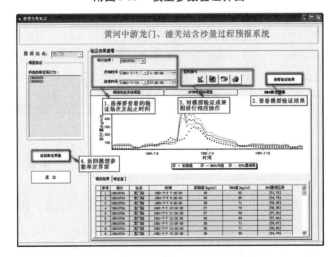

附图 3-35　模型参数验证界面

附图 3-36　模型参数验证结果查看过程

（3）点击『图形操作』中相应按钮,对模型验证结果图进行操作,可实现编辑、复制到剪切板、导出及打印功能。

（4）如果需要返回模型参数率定界面,单击【返回率定界面】按钮即可。

6 含沙量过程实时预报

该部分主要是用线性动态系统模型方法、BP 神经网络模型方法及 BMA 综合预报模型来实现龙门站和潼关站含沙量过程预报功能,并以含沙量过程图表形式给出,为下游防洪、调水调沙及干支流放淤决策提供技术支撑。如附图 3-37 所示,在本系统主页面的主菜单中,点击菜单"含沙量实时预报"进入含沙量实时预报初始界面,如附图 3-38 所示。

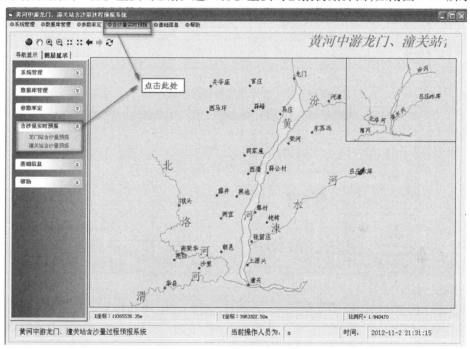

附图 3-37　含沙量实时预报操作图示

按照附图 3-39 中的操作过程提示,便实现含沙量实时预报功能。

（1）单击『站点』后面的组合框,从下拉框中选择预报站点。

（2）点击『起始时间』和『结束时间』后面的组合框,从下拉框中输入预报的起止时间。

（3）单击【输入数据】按钮,进入资料导入与处理界面,导入含沙量过程预报所需的降雨、含沙量资料,其具体操作过程见 5.1.1 部分。

（4）在复选框中选择含沙量实时预报所要采用的模型。当复选框『BMA 综合预报』处于选中状态时,复选框『线性动态系统模型』和复选框『BP 神经网络模型』都将处于选中状态。

（5）单击【实时预报】按钮,实现含沙量过程实时预报功能,预报完成后,会有如附图 3-40 所示的提示。单击【确定】按钮后将自动显示本次预报的结果。

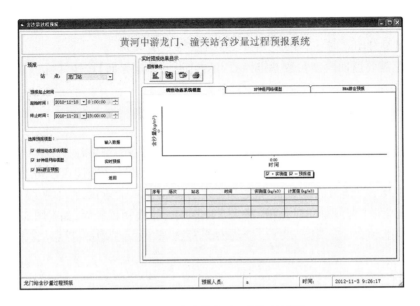

附图 3-38　含沙量实时预报初始界面

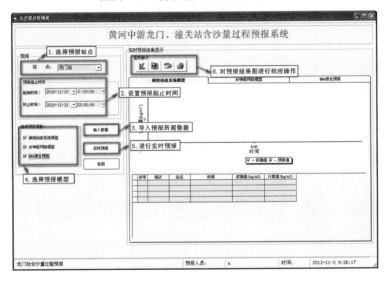

附图 3-39　含沙量实时预报过程

附图 3-40　含沙量实时预报完成提示

（6）点击附图 3-38 图中所示『图形操作』中相应按钮，对实时预报结果图进行操作，可实现编辑、复制到剪切板、导出及打印功能。

7 帮　助

7.1　内容

本系统提供电子帮助系统,详细记载了本系统功能、操作步骤和方法。本帮助共分两部分内容,用户既可以直接选择目录,也可以单击『索引』在文本框中键入主题词,如附图3-41所示。

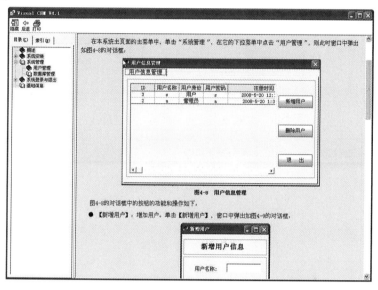

附图3-41　帮助示意图

7.2　关于

"关于"内容包括本系统名称、版本及开发单位,见附图3-42。

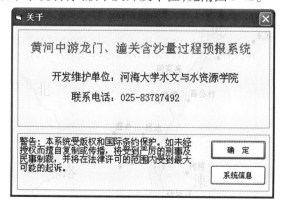

附图3-42　关于本系统

在附图 3-42 中，单击系统信息，可显示当前主机的相关配置信息，如附图 3-43 所示。

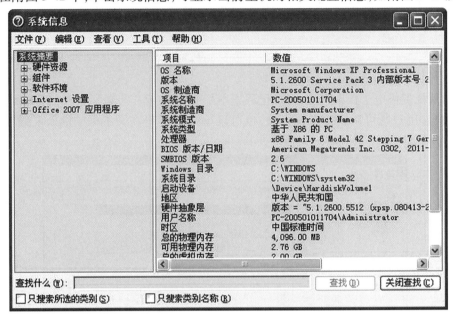

附图 3-43　主机系统信息

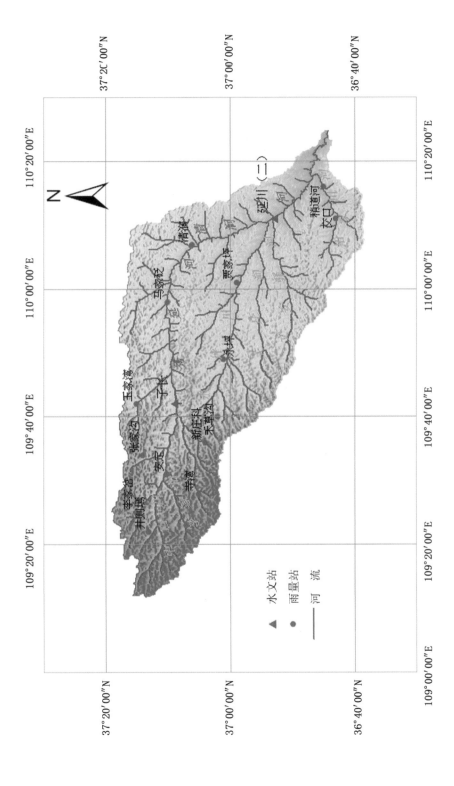

附图 1　清涧河流域水系站网示意图

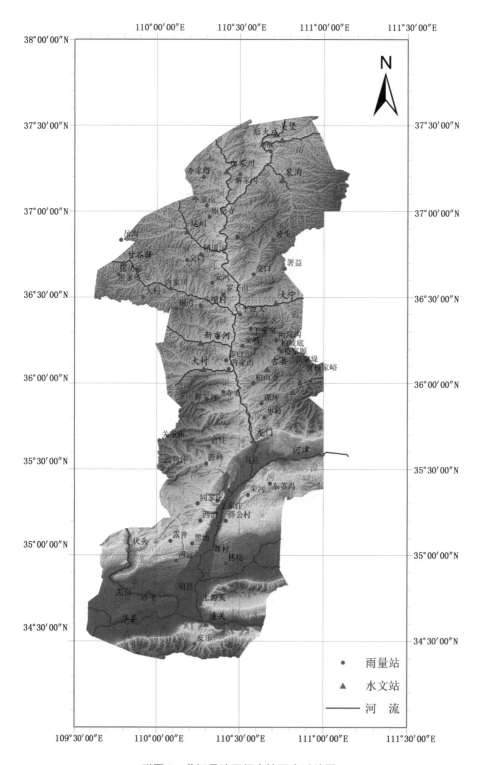

附图 2 黄河吴潼区间未控区水系站网

附表 1 清涧河流域子长水文站 1959~2010 年水文特征值统计

年份	年降雨量 （mm）	年径流量 （亿 m³）	年输沙量 （万 t）	最大流量 （m³/s）	出现时间 （月-日）	最大含沙量 （kg/m³）	出现时间 （月-日）
1959		0.685 9	298	1 660	08-24	（1 020）	08-24
1960		0.218 3	238	142	07-14	969	07-05
1961		0.349 4	469	165	08-09	1 010	07-19
1962		0.266 2	350	124	08-07	1 090	05-28
1963		0.300 1	634	145	07-11	1 120	07-11
1964		0.712 1	2 550	1 020	07-05	1 110	06-17
1965		0.229 8	202	442	07-13	1 010	07-05
1966		0.549 5	2 750	1 460	08-15	984	06-13
1967		0.442 8	1 230	557	08-21	928	05-21
1968		0.514 9	1 690	465	07-15	1 080	07-08
1969		0.694 9	2 950	3 150	08-09	1 000	07-22
1970		0.540 1	2 180	593	08-24	1 020	08-02
1971	416	0.523 9	2 300	1 440	07-24	951	07-24
1972	304	0.279 5	2 390	897	07-01	931	07-01
1973	468	0.377 7	961	655	07-17	978	06-29
1974	275	0.243 7	496	209	06-19	981	06-19
1975		0.251 5	280	364	08-31	894	08-31
1976	495	0.285 6	229	46.5	09-29	953	09-29
1977	518	0.669 0	2 530	1 440	07-06	1 020	06-23
1978	635	0.479 0	998	452	07-27	1 020	07-16
1979	453	0.433 0	1 080	693	07-23	1 060	08-11
1980	309	0.297 0	323	152	07-18	895	07-18
1981	431	0.245 0	95.8	49.5	06-20	834	06-20
1982	415	0.297 0	278	169	09-21	923	08-09
1983	468	0.337 0	188	78.4	09-04	879	08-24
1984	469	0.358 0	325	269	08-27	935	08-26

年份	年降雨量 （mm）	年径流量 （亿 m³）	年输沙量 （万 t）	最大流量 （m³/s）	出现时间 （月-日）	最大含沙量 （kg/m³）	出现时间 （月-日）
1985	562	0.457 0	553	173	06-19	881	05-02
1986	396	0.360 0	483	273	07-06	840	06-26
1987	389	0.411 0	792	510	08-26	881	08-11
1988	490	0.458 0	1 120	630	08-06	893	07-06
1989	392	0.303 3	338	182	07-22	772	07-22
1990	507	0.539 7	1 740	1 320	08-27	935	05-17
1991	366	0.295 1	436	332	06-10	853	06-10
1992	483	0.452 0	1 320	496	08-10	963	08-24
1993	403	0.411 1	924	680	08-21	878	07-26
1994	413	0.364 5	1 540	1 920	08-31	992	05-19
1995	400	0.523 1	1 590	1 250	09-01	796	09-03
1996	463	0.543 9	1 960	1 250	08-01	890	08-01
1997	238	0.212 9	234	639	07-31	786	07-30
1998	429	0.524 0	1 640	922	07-12	900	04-23
1999	190	0.276 9	378	275	07-11	781	07-09
2000	383	0.260 3	463	1 190	08-29	976	08-12
2001	600	0.335 1	785	881	08-16	747	08-16
2002	673	1.333 0	6 760	4 670	07-04	851	08-14
2003	541	0.270 0	112	130	08-08	679	08-08
2004	319	0.223 3	293	264	07-26	900	07-13
2005	434	0.300 9	480	289	07-19	751	05-02
2006	525	0.309 6	664	280	07-08	676	07-08
2007	588	0.281 4	244	477	09-01	774	07-25
2008	441	0.167 0	18.7	25.8	08-16	436	08-16
2009	470	0.160 1	29.8	60.2	07-17	350	07-17
2010	373	0.172 8	87.6	290	09-02	578	09-02

附表 2　清涧河流域延川水文站 1954～2010 年水文特征值统计

年份	年降雨量（mm）	年径流量（亿 m³）	年输沙量（万 t）	最大流量（m³/s）	出现时间（月-日）	最大含沙量（kg/m³）	出现时间（月-日）
1954		1.532 0		750	06-23	(997)	07-12
1955		0.775 0	691	231	07-26	888	08-17
1956		1.941 0	7 750	2 500	08-08	806	07-09
1957		0.747 2	1 580	1 050	07-23	824	07-24
1958		1.891 0	6 160	1 890	08-23	919	08-01
1959		2.705 0	12 300	6 090	08-20	970	08-25
1960		1.051 0	2 810	1 060	08-03	968	07-15
1961		1.326 0	1 950	475	08-13	816	08-10
1962		1.136 0	1 970	515	08-12	1 110	06-13
1963		1.158 0	2 460	269	06-03	1 110	06-04
1964		3.113 0	11 600	4 130	07-05	1 150	06-24
1965		0.792 6	1 040	245	07-13	1 010	07-13
1966		1.687 0	7 130	4 110	07-26	990	06-16
1967		1.504 0	4 050	1 790	07-17	859	06-24
1968		1.742 0		793	07-26	1 080	07-09
1969		1.689 0		3 530	08-10	1 020	05-12
1970		1.682 0	6 270	1 070	07-04	933	08-02
1971	406	1.461 0	5 160	1 600	07-24	799	07-06
1972	360	0.901 2	2 390	1 050	07-01	936	07-01
1973	512	1.605 0	4 410	1 870	08-25	916	08-16
1974	289	0.880 7	1 980	550	07-24	972	06-19
1975		0.830 8	1 060	275	08-12	873	08-11
1976	519	1.041 0	868	138	07-29	776	07-17
1977	490	2.900 0	11 700	4 320	07-06	970	06-25
1978	612	2.010 0	5 010	3 630	07-27	851	07-27
1979	452	1.720 0	3 840	874	07-23	899	07-09
1980	339	0.967 0	1 300	920	06-28	758	07-19
1981	444	0.942 0	867	212	07-07	834	06-20
1982	422	0.933 0	1 070	680	07-03	890	09-22

年份	年降雨量（mm）	年径流量（亿 m³）	年输沙量（万 t）	最大流量（m³/s）	出现时间（月-日）	最大含沙量（kg/m³）	出现时间（月-日）
1983	491	1.060 0	605	402	09-07	850	09-04
1984	472	1.010 0	530	267	08-27	771	08-27
1985	568	1.280 0	1 120	170	06-20	816	08-01
1986	396	0.958 0	809	249	06-26	764	08-04
1987	411	1.180 0	2 170	1 130	08-26	803	08-14
1988	508	1.980 0	3 900	1 220	08-11	758	07-07
1989	409	1.364 0	2 110	1 540	07-16	713	07-16
1990	509	1.955 0	4 450	1 690	08-28	1 030	06-24
1991	392	1.567 0	2 410	1 800	07-27	849	08-15
1992	469	1.996 0	4 520	730	08-02	954	07-28
1993	399	1.511 0	2 810	734	08-04	938	07-26
1994	431	1.880 0	4 460	2 800	08-31	747	07-23
1995	388	1.879 0	6 070	2 790	09-02	740	07-17
1996	490	1.822 0	5 310	2 170	08-01	806	06-16
1997	253	0.682 7	987	324	07-29	903	07-31
1998	433	1.671 0	5 020	2 310	07-12	814	06-08
1999	207	1.017 0	1 530	622	07-11	775	07-10
2000	386	0.924 8	1 350	575	08-29	1 060	06-16
2001	601	1.001 0	1 940	878	08-19	830	08-16
2002	653	2.272 0	10 400	5 540	07-04	906	06-19
2003	581	0.913 7	499.043	379	08-08	680	08-08
2004	348	0.835 0	1 367.479	1 580	07-26	729	07-15
2005	453	0.631 4	739	270	07-20	816	07-19
2006	566	1.048 0	1 640	410	09-21	718	09-21
2007	627	1.203 0	764	253	09-01	751	07-26
2008	426	0.763 2	11.6	44.7	09-27	39.5	09-27
2009	498	0.748 7	68.3	131	07-17	34.9	08-22
2010	386	0.866 6	98.4	127	08-21	358	09-04

附表 3　清涧河流域子长水文站 1980～2010 年次洪洪水特征值统计

序号	年份	洪峰 (m^3/s)	出现时间 (月-日 T 时:分)	沙峰 (kg/m^3)	出现时间 (月-日 T 时:分)	降雨 (mm)	最大雨强 (mm/h)	洪量 ($\times 10^6 m^3$)	沙量 (万t)	输沙模数 (万t/km²)	径流系数
1	1980	152	07-18T17:54	895	07-18T18:18	11.07	4.75	1.41	86.34	0.09	0.14
2	1982	169	09-21T20:32	760	09-21T22:00	10.92	5.92	1.77	111.9	0.12	0.18
3	1984	269	08-27T00:30	935	08-26T14:00	59.6	11.08	4.06	202.7	0.22	0.07
4	1985	173	06-19T20:00	861	06-19T20:12	24.11	16.33	2.05	119.6	0.13	0.09
5	1985	149	07-31T22:30	734	07-31T23:30	6.11	3.61	1.11	57.41	0.06	0.20
6	1985	147	08-05T19:24	693	08-05T20:12	23.97	13.45	2.32	112.1	0.12	0.11
7	1986	260	06-26T13:48	840	06-26T15:18	41.7	13.07	3.36	182.6	0.20	0.09
8	1986	273	07-06T18:36	803	07-06T21:30	18.85	6.76	3.08	169.1	0.19	0.18
9	1987	510	08-26T05:12	726	08-26T08:30	41.83	11.5	9.28	497.9	0.55	0.24
10	1988	502	07-15T07:48	743	07-15T08:12	23.97	10.79	3.76	228.3	0.25	0.17
11	1988	630	08-06T01:30	833	08-06T04:30	24.15	7.02	8.11	559.3	0.61	0.37
12	1989	170	07-16T13:00	630	07-16T13:48	43.45	6.34	1.96	57	0.06	0.05
13	1990	1 320	08-27T22:48	825	08-28T02:00	30.02	8.28	10.3	604.4	0.66	0.37
14	1991	332	06-10T05:00	853	06-10T05:30	35	7.92	3.37	229.2	0.25	0.11
15	1991	120	09-04T19:30	764	09-04T19:30	12.74	3.88	1.49	61.88	0.07	0.13
16	1992	209	07-28T06:00	900	07-28T01:18	22.55	3.4	2.2	117.4	0.13	0.11
17	1992	404	08-03T05:36	801	08-02T18:30	68.84	7.98	6.94	292	0.32	0.11
18	1992	496	08-10T09:24	760	08-10T12:00	95.52	10.08	16.3	772.3	0.85	0.19

续附表 3

序号	年份	洪峰 (m^3/s)	出现时间 (月-日 T 时:分)	沙峰 (kg/m^3)	出现时间 (月-日 T 时:分)	降雨 (mm)	最大雨强 (mm/h)	洪量 ($\times 10^6 m^3$)	沙量 (万 t)	输沙模数 (万 t/km²)	径流系数
19	1993	394	07-26T07:36	878	07-26T07:42	17.04	5.44	4.57	263.8	0.29	0.29
20	1993	680	08-21T00:54	753	08-21T00:36	18.05	7.37	5.86	312	0.34	0.36
21	1994	1 920	08-31T08:46	724	08-31T12:00	52.85	10.79	17.9	1 133	1.24	0.37
22	1995	141	07-14T01:24	784	07-14T01:42	24.9	2.96	1.78	69.61	0.08	0.08
23	1995	861	07-17T17:18	775	07-17T17:00	37.6	4.76	7.32	469	0.51	0.21
24	1995	250	08-31T02:36	663	08-31T03:36	19.29	3.74	2.74	153.3	0.17	0.16
25	1995	1 250	09-01T20:08	796	09-03T17:54	24.3	5.86	9.08	493.9	0.54	0.41
26	1996	643	06-16T05:00	773	06-16T06:00	45.05	7.08	7.72	488.2	0.53	0.19
27	1996	1250	08-01T03:12	890	08-01T04:00	43.95	6.7	11.2	760.8	0.83	0.28
28	1997	639	07-31T08:00	786	07-30T19:24	11.03	3.03	3.32	190.2	0.21	0.33
29	1998	188	06-07T15:00	838	06-07T15:18	8.96	3.8	1.16	73.53	0.08	0.14
30	1998	922	07-12T06:30	863	07-12T06:30	40.61	5.64	12.2	823.1	0.90	0.33
31	1998	805	08-23T22:30	653	08-23T22:30	21.67	10.03	4.93	274.7	0.30	0.25
32	1999	275	07-11T17:54	781	07-09T21:00	23.22	3.61	5.51	266.1	0.29	0.26
33	2000	141	07-04T17:12	742	07-04T13:18	12.32	1.75	1.42	74.42	0.08	0.13
34	2000	117	08-09T20:24	976	08-12T00:00	16	2.61	0.63	25.35	0.03	0.04

续附表 3

序号	年份	洪峰 (m³/s)	出现时间 (月-日T时:分)	沙峰 (kg/m³)	出现时间 (月-日T时:分)	降雨 (mm)	最大雨强 (mm/h)	洪量 (×10⁶m³)	沙量 (万t)	输沙模数 (万t/km²)	径流系数
35	2000	1 190	08-29T16:00	630	08-29T17:00	12.57	2.42	4.63	226.8	0.25	0.40
36	2000	205	09-20T18:06	657	09-20T18:06	9.52	2.57	1.09	47.9	0.05	0.13
37	2001	106	08-13T20:00	672	08-13T19:42	15	4.76	1.02	49.97	0.05	0.07
38	2001	881	08-16T06:18	747	08-16T07:18	38.47	11.29	4.52	298	0.33	0.13
39	2001	512	08-18T22:36	678	08-19T01:00	105.8	9.48	8.47	333.2	0.36	0.09
40	2002	1 840	06-18T20:42	836	06-18T23:00	36.5	17.7	10.3	684.7	0.75	0.31
41	2002	4 670	07-04T07:15	771	07-04T06:48	124.4	19.9	60.6	4 157	4.55	0.53
42	2002	1 480	07-05T01:36	774	07-05T01:42	47.3	9.27	16.2	757	0.83	0.38
43	2003	130	08-08T03:00	679	08-08T04:00	31.35	6.9	1.27	59.23	0.06	0.04
44	2004	264	07-26T01:48	864	07-26T02:30	26.23	5.7	2.23	147.1	0.16	0.09
45	2005	289	07-19T19:42	639	07-19T19:48	33.09	5.3	3.92	167.6	0.18	0.13
46	2006	280	07-08T01:12	676	07-08T01:30	36.87	5.35	3.11	130.8	0.14	0.09
47	2006	230	08-25T08:36	577	08-25T09:30	28.23	7.08	2.38	85.88	0.09	0.09
48	2006	277	09-21T03:12	662	09-21T02:12	52.43	7.86	6.24	264.7	0.29	0.13
49	2007	477	09-01T01:36	693	09-01T02:00	10.8	5.94	1.69	63.72	0.07	0.17
50	2010	290	09-02T19:06	578	09-02T19:24	22.28	6.71	0.99	35.2	0.04	0.19

参 考 文 献

[1] 赵卫民,戴东,牛玉国,等. 水文系统流域模拟[M]. 郑州:黄河水利出版社,2000.

[2] 史辅成,等. 黄河流域暴雨与洪水[M]. 郑州:黄河水利出版社,1997.

[3] 汪岗,范昭. 黄河水沙变化研究[M]. 郑州:黄河水利出版社,2002.

[4] 许炯心. 黄河中游多沙粗沙区1997~2007年的水沙变化趋势及其成因[J]. 水土保持学报,2010, 24(1):1-7.

[5] 史海匀,李铁键,范国庆,等. 黄河中游清涧河流域水沙变化特征分析[C]. 第八届全国泥沙基本理论研究学术会议,2011,南京.

[6] 张军政,惠养瑜. 清涧河水沙变化分析[J]. 中国水土保持,1994(11):21-25.

[7] 陈江南,张胜利,赵业安,等. 清涧河流域水利水保措施控制洪水条件分析[J]. 泥沙研究,2005 (1):14-20.

[8] 赵芹珍,贾正军. 小流域降雨因子与水土流失的相关性分析[J]. 山西水土保持科技,2010(2): 16-18.

[9] 陈浩. 黄土丘陵沟壑区流域系统侵蚀与产沙关系[J]. 地理学报,2000,55(3):354-363.

[10] 蔡强国,刘纪根. 岔巴沟流域次暴雨产沙统计模型[J]. 地理研究,2004(7):434-438.

[11] 姚文艺,汤立群. 水力侵蚀产沙过程及模拟[M]. 郑州:黄河水利出版社,2001.

[12] 许珂艳,王秀兰,赵书华. 小理河流域产汇流特性变化[J]. 水资源与水工程学报,2004,15(3): 24-26.

[13] 刘韬,张士峰,刘苏峡. 十大孔兑暴雨洪水产输沙关系探讨——以西柳沟为例[J]. 水资源与水工程学报,2007(6):18-21.

[14] 汤国安,等. ArcGIS地理信息系统空间分析实验教程[M]. 北京:科学出版社,2010.

[15] 朱红春,陈楠,刘海英,等. 自1:10 000比例尺DEM提取地形起伏度——以陕北黄土高原的实验为例[J]. 测绘科学,2005,30(4):86-88.

[16] 张锦明,等. 地形起伏度最佳分析区域研究[J]. 测绘科学技术学报,2011,28(5):369-373.

[17] 张学儒,等. 基于ASTER GDEM数据的青藏高原东部山区地形起伏度分析[J]. 地理与地理信息科学,2012,28(3):11-14.

[18] 黄志霖,傅伯杰,陈利顶. 黄土丘陵区不同坡度、土地利用类型与降水变化的水土流失分异[J]. 中国水土保持科学,2005,3(4):11-18.

[19] 尹国康. 地貌过程界限规律的应用意义[J]. 泥沙研究,1984(12):26-35.

[20] Horton R E. Erosional Development of Streams and their Drainage Basins, Hydrophsical Approach to Quantitative Morphology[J]. Geol, Soc. Amer. Bull,1945,56(3):275-370.

[21] Renner F G. Conditions Influencing Erosion on the Bolse River Watershed[J]. U. S. Dept. Agric. Tech. Bull,1936,28(5):479-493.

[22] 鲁建功,等. 土壤侵蚀产沙的影响因素研究[J]. 中国科技信息,2008(4).

[23] 陈晓安. 黄土丘陵沟壑区坡面土壤侵蚀的临界坡度[J]. 山地学报,2010(4).

[24] 刘新华,张晓萍,等. 不同尺度下影响水土流失地形因子指标的分析与选取[J]. 西北农林大学学报:自然科学版,2004(6).

[25] 江忠善,等. 黄土高原土壤流失预报方程中降雨侵蚀力和地形因子的研究[J]. 中国科学院西北水土保持研究所集刊,1988(7).

［26］姚文艺,等.黄河多沙粗沙区分布式土壤流失模型总报告［R］.郑州:黄河水利科学研究院,2010.

［27］廖义善,等.基于DEM黄土丘陵沟壑区不同尺度流域地貌现状及侵蚀产沙趋势［J］.山地学报,2008(5).

［28］赵文武,傅伯杰,等.陕北黄土丘陵沟壑区地形因子与水土流失的相关性分析［J］.水土保持学报,2003,3.

［29］Wang Tao. Land Use and Sandy Desertification in the North China［J］. Journal of Desert Research,2000, 20(2):103-107.

［30］董光荣,吴波,慈龙骏,等.我国荒漠化现状、成因与防治对策［J］.中国沙漠,1999,19(4):318-331.

［31］杨勤科,李锐,王占礼.区域水土流失监测与评价指标体系研究［J］.水土保持通报,2000,20(7):74-77.

［32］刘新华,杨勤科,等.中国地形起伏度的提取及在水土流失定量评价中的应用［J］.水土保持通报,2001,21(1):57-59.

［33］汪丽娜,等.黄土丘陵区产流输沙量对地貌因子的响应［J］.水利学报,2005(8).

［34］张婷,汤国安,等.黄土丘陵沟壑区地形定量因子的关联性分析［J］.地理科学,2005(8).

［35］刘东生,等.黄河中游黄土［M］.北京:科学出版社,1964.

［36］罗细芳,姚小华.水土流失机理与模型研究进展［J］.江西农业大学学报,2004,26(5):813-817.

［37］李长兴,沈晋.陕北小流域黄土下渗空间变化实验研究［J］.水土保持学报,1991,5(1):84-89.

［38］蒋定生,黄国俊.黄土高原土壤入渗速率的研究［J］.土壤学报,1986,23(4):299-304.

［39］赵人俊,王佩兰.霍顿与菲利蒲下渗公式对子洲径流站资料的拟合［J］.人民黄河,1982(1):1-4。

［40］高贵成,徐建华,杜军,等.对陕北"84·7"暴雨洪水的讨论［J］.西北水资源与水工程,2001,12(2):46-50.

［41］姚文艺,汤立群.水力侵蚀:产沙过程及模拟［M］.郑州:黄河水利出版社,2001.

［42］郭碧云,王光谦,等.黄河中游清涧河流域土地利用空间结构和分形模型［J］.农业工程学报,2012,28(14):223-227.

［43］姚文艺,等.黄河流域水沙变化情势分析与评价［M］.郑州:黄河水利出版社,2011.

［44］王国庆,等.清涧河流域的水文情势变化阶段及其特征［J］.山西水土保持科技,2000(1).

［45］陈江南,等.清涧河流域水利水保措施控制洪水条件分析［J］.泥沙研究,2005(1).

［46］杨德应,等.陕北清涧河"2002·7"暴雨洪水分析［J］.人民黄河,2002(12):10-11.

［47］包为民.黄土地区小流域产沙概念性模拟研究［J］.水科学进展,1993,4(1):44-50.

［48］包为民,陈耀庭.中大流域水沙耦合模拟物理概念模型［J］.水科学进展,1994,5(4):287-292.

［49］唐莉华,张思聪.小流域产汇流及产输沙分布式模型的初步研究［J］.水力发电学报,2002,(1):119-127.

［50］Oswald Rendon-Herrero. Unit sediment graph［J］. Water Resours,1978,14(5):889-901.

［51］秦毅,石宝,李楠,等.含沙量预报方法研究［J］.泥沙研究,2010(1):67-71.

［52］Williams J R. A sediment graph model based on an instantaneous unit sediment graph［J］. Water Resours,1978,14(4):659-664.

［53］樊尔兰.悬移质瞬时输沙单位线的探讨［J］.泥沙研究,1988(2):56-61.

［54］李怀恩,樊尔兰,沈晋,等.逆高斯分布瞬时输沙单位线模型［J］.水土保持学报,1994,8(2):48-55.

［55］秦毅,曹如轩,樊尔兰.用线性系统模型预报小流域悬沙输沙率过程初探［J］.人民黄河,1990(5):54-58.

[56] 石宝,秦毅,凌燕,等. 响应函数模型在含沙量预报中的应用[J]. 水土保持通报,2008,28(2): 103-105.

[57] 杨永德,郭希望,郭芳,等. 流域输沙响应函数模型的探讨[J]. 水土保持学报,1995,3(3): 54-59.

[58] 邓新民,李祚勇. 流域年均含沙量的 B-P 网络预测模型及其效果检验[J]. 成都气象学院院报, 1997,12(2): 119-123.

[59] 张小峰,许全喜,裴莹. 流域产流产沙 BP 网络预报模型的初步研究[J]. 水科学进展,2001,12 (1): 17-22.

[60] 陈集中. 应用人工神经网络 BP 模型预测乌江流域年平均含沙量[J]. 水文,2005,25(4): 6-9.

[61] 彭清娥,曹书尤,刘兴年,等. 流域年均含沙量 BP 模型问题分析[J]. 泥沙研究,2000(4): 51-54.

[62] 翟宜峰,李鸿雁,刘寒冰. 人工神经网络与遗传算法在多泥沙洪水预报中的应用[J]. 泥沙研究, 2003(2): 7-13.

[63] 于东生,严新以,田淳. 基于 BP 算法的泥沙含量预测研究[J]. 三峡大学学报,2003,25(1): 47-51.

[64] 许协庆,朱鹏程. 河床变形问题的特征线性解[J]. 水利学报,1963(1): 20-24.

[65] 方红卫,王光谦. 一维全沙泥沙输移数学模型及其应用 [J]. 应用基础与工程科学学报,2000,8 (2): 154-164.

[66] 窦国仁,赵士清,黄亦芬. 河道二维全沙数学模型的研究[J]. 水利水运科学研究,1987(2): 1-12.

[67] 窦国仁,董风舞,窦希萍. 河口海岸泥沙数学模型[J]. 中国科学,1995,25(9): 995-1001.

[68] 梁国亭,钱意颖. 黄河泥沙数学模型的研究及应用[J]. 人民黄河,2000,22(9): 7-9.

[69] 窦国仁. 潮汐水流中悬沙运动及冲淤计算[J]. 水利学报,1963(4): 13-24.

[70] 任晓枫. 河流泥沙数学模型的研究与应用[J]. 西北水资源与水工程,1994,4(3): 34-39.

[71] 李义天. 冲积河道平面变形计算初步研究[J]. 泥沙研究,1988(1): 34-44.

[72] 刘子龙,王船海. 长江口三流水流模拟[J]. 河海大学学报,1996(5): 108-110.

[73] 李芳君,陈士荫. 疏浚引起的泥沙三维数值模拟[J]. 泥沙研究,1994(4): 68-75.

[74] 曹文洪,张启舜. 多系统不平衡输沙数学模型[J]. 泥沙研究,1997(2): 60-63.

[75] Hino M. Runoff forecasts by linear predictive filter[J]. Proc. ASCE,J. Hyd. Div. ,1970,96(Hy3): 681-701.

[76] Hino M. On-line prediction of a hydrologic system[M]. Presented at a VX Conger of IAHR,Istanbul, 1973.

[77] Wood E F,Szollosi-Nagy A. An adaptive algorithm for analyzing short term structural and parameter changes in hydrologic prediction models[J]. Water Resours,1978,14(4): 575-581.

[78] Kidanidis P K,Bras R L. Real-time forecasting with a conceptual hydrologic model[J]. Water Resours, 1980,16(6): 1025-1033.

[79] Restrepo Posada P J,Bras R L. Automatic parameter estimation of a large conceptual rainfall-runoff model: A maximum likelihood approach[R]. Department of Civil Engineering Massachusetts Institute of Technology Report 1982: NO. 267.

[80] Moll J R. 莱茵河的短期洪水预报[C]∥河川径流模拟与预报. 水电部南京水文水资源研究所, 1987.

[81] 葛守西. 一般线性汇流模型实时预报方法的初步探讨[J]. 水利学报,1985(4): 1-9.

[82] 张恭肃,杨小柳,安波. 确定性水文预报模型的实时校正[J]. 水文,1987(1): 9-14.

[83] 何少华,叶守泽. 洪水预报联合实时校正方法研究[J]. 水力发电学报,1996(1): 37-42.

[84] 何少华. 递推最小二乘与误差自回归联合实时校正方法[J]. 水电能源科学,1996,14(2): 78-83.

［85］宋星原,雒文生,苏志诚. 枫树坝水库洪水实时预报校正方法研究［J］. 人民珠江,2000（3）: 13-16.

［86］张洪刚,郭生练,刘攀,等. 基于贝叶斯方法的实时洪水校正模型［J］. 武汉大学学报,2005,38（1）: 58-63.

［87］程银才,王军,范世香. 实时洪水预报中的组合预测模型方法［J］. 人民黄河,2009,31（10）: 88-89.

［88］梁忠民,栾承梅,李致家. 线性动态系统模型在实时洪水预报中的应用［J］. 水力发电,2003,29 （6）: 16-20.

［89］Raftery A E, Zheng Y. Discussing: performance of Bayesian model averaging［J］. J Am Statist Associat, 2003,98（464）: 931-8.

［90］Raftery A E, Geneiting T, Balabdaoui F, et al. Using bayesian model averaging to calibrate forecast ensembles［J］. Mon Weather Rev,2005,113: 1155-1174.

［91］Neuman S P, Wierenga P J. A comprehensive strategy of hydrologic modeling and uncertainty analysis for nuclear facilities and sites［R］. NUREG/CR-6805, Prepared for US Nuclear Regulatory Commission, Washington, DC,2003.

［92］Duan Q, Ajami N K, Gao X, et al. Multi-model ensemble hydrologic prediction using Bayesian model averaging［J］. Advances in Water Resources,2007,30: 1371-1386.

［93］Ajami N K, Duan Q, Sorooshian S. An integrated hydrologic Bayesian multimodel combination framework: Confronting input, parameter, and model structural uncertainty in hydrologic prediction［J］. Water Resources Research,2007,43: W01403.

［94］梁忠民,戴荣,等. 基于贝叶斯模型平均理论的水文模型合成预报研究［J］ 水力发电学报,2010,29 （2）: 114-118.

［95］Zhongmin Liang, Dong Wang, Yan Guo, et al. Application of Bayesian model averaging approach to multimodel ensemble hydrologic forecasting［J］. Journal of Hydrology Engineering,2001: 1943-5584.

［96］Hosking J R M. L-Moments: Analysis and estimation of distribution using linear combinations of order statistics［J］. Journal of the Royal Statistical Society, Series B,1990,52: 105-124.

［97］Dempster A P, Laird N M, Rubin D B. Maximum likelihood from incomplete data via the EM algorithm ［J］. Journal of the Royal Statistical Society, Series B,1997,39（1）: 1-38.

［98］Allen R G, Pereira L S, Raes D, et al. Crop evapotranspiration: guidelines for computing crop requirements［R］. Irrigation and Drainage Paper No. 56. FAO, Rome, Italy,1998.

［99］Biftu G, Gan T. Assessment of evapotranspiration models applied to a watershed of Canadian prairies with mixed land-use［J］. Hydrological Processes,2000,14: 1305-1325.

［100］Chiew F H S, Peel M C, Western A W. Application and testing of the simple rainfall- runoff mode 1 SIMHYD. Mathematical Models of Watershed Hydro logy［M］. Colorado: Water Resources Publication, 2002.

［101］Duan Q, Gupta V K, Sorooshian S. Shuffled complex evolution approach for effective and efficient global minimization［J］. Journal of Optimization Theory and Applications,1993,76（3）: 501-521.

［102］Duan Q, Sorooshian S, Gupta V K. Optimal use of the SCE-UA global optimization method for calibrating watershed models［J］. Journal of Hydrology,1994,158（3/4）: 265-284.

［103］Duan Q, Sorooshian S, Gupta V K. Effective and efficient global optimization for conceptual rainfall – runoff models［J］. Water Resource Research,1992,28（4）: 1015-1031.

［104］Eberhart R C, Kennedy J. A new optimizer using particle swarm theory［C］// Proceedings of Sixth Symposium on Micro Machine and Human Science. USA: IEEE Press,1995.

[105] Food and Agriculture Organization of the United Nations. Crop Evapotranspiration: Guidelines for computing crop requirements[Z]. Italy: Food & Agriculture Org, 1998.

[106] Kanemasu T, Rosenthal U D, Raney R J, et al. Evaluation of an evapotranspiration model for Corn[J]. Agronomy Journal, 1977, 69: 461-464.

[107] Kennedy J, Eberhart R. Particle swarm optimization[C] // Proceedings of IEEE Inter national Conference on Neural Net works. USA: IEEE Press, 1995.

[108] Kite G W, Spence C D. Land cover, *NDVI*, *LAI*, and evapotranspiration in hydrological modeling, In Applications of Remote Sensing in Hydrology[C] // Proceedings of Symposium No. 14. National Hydrology Research Institute: Saskatoon, Canada: 1995: 223-240.

[109] Monteith J L. "Evaporation and environment", Symposia of the Society for Experimental Biology 1965, 19: 205-224. PMID 5321565[C] // Proceedings of the Vancouver Symposium. IAHS-AISH Publ. No. 167, 1987: 319-327

[110] Monteith J L. Evaporation and surface temperature[J]. Q. J. R. Meteorol. Soc., 1981; 107, 1-27.

[111] Nash J E, Sutcliffe J V. River flow forecasting through conceptual models, Part I—A discussion of principles[J]. Journal of Hydrology, 1970, 27(3): 282-290.

[112] Nemani R R, Running S W. Testing a theoretical climate-soil-leaf area hydrologic equilibrium of forests using satellite data and ecosystem simulation[J]. Agricultural and Forest Meteorology, 1989, 44: 245-260.

[113] Perrin C, Michel C, Andre'assian V. Improvement of a parsimonious model for stream flow simulation[J]. J. Hydrol, 2003, 279(1-4): 275-289

[114] Perrin C. Vers une ame'lioration d'un mode`le global pluie-de`bit au travers d'une approche comparative[M]. PhD Thesis, INPG (Grenoble)/Cemagref (Antony), France, 2000: 530.

[115] Perrin C, Michel C, AndreÂassian V. Does a large number of parameters enhance model performance? Comparative assessment of common catchment model structures on 429 catchments[J]. Journal of Hydrology, 2001, 242: 275-301.

[116] Rosenbrock H H. An automatic method for finding the greater or least value of a function[J]. Computer Journal, 1960, 3: 175-184.

[117] Schaake J C. From climate to flow[C] // Climate Change and U.S. Water Resources. Ch. 8, 177-206. John Wiley & Sons Inc., New York, USA.

[118] Zheng H, Zhang L, Zhu R et al. Responses of streamflow to climate and land surface change in the headwaters of the Yellow River Basin[J]. Water Resources Research, 2009: 45.

[119] 荆新爱, 王国庆, 路发金, 等. 水土保持对清涧河流域洪水径流的影响[J]. 水利水电技术, 2005, 3(36): 66-68.

[120] 刘昌明, 王中根, 郑红星, 等. HIMS 系统及其定制模型的开发与应用[J]. 中国科学, E 辑, 2008, 38(3): 1-11.

[121] 孙鹏森, 刘世荣, 刘京涛, 等. 利用不同分辨率卫星影像的 *NDVI* 数据估算叶面积指数(*LAI*)——以岷江上游为例[J]. 生态学报, 2006, 26(11): 3826-3834.

[122] 熊立华, 郭生练. 分布式流域水文模型[M]. 北京: 中国水利水电出版社, 2004.

[123] 张军政, 惠养瑜. 清涧河水沙变化分析[J]. 中国水土保持, 1994, 11(152): 21-26.

[124] Wang G Q, Wu B S, Li T J. Digital Yellow River model[J]. Journal of Hydro-Environment Research, 2007, 1: 1-11.

[125] Li T J, Wang G Q, Huang Y F, et al. Modeling the Process of Hillslope Soil Erosion in the Loess Plateau

［J］. Journal of Environmental Informatics,2009,14(1):1-10.

［126］Li T J,Wang G Q,Xue H,et al. Soil erosion and sediment transport in the gullied Loess Plateau:Scale effects and their mechanisms［J］. Science in China Series E-Technological Sciences,2009,52(5): 1283-1292.

［127］王光谦,刘家宏. 数字流域模型［M］. 北京:科学出版社,2006.

［128］王光谦,李铁键. 流域泥沙动力模型［M］. 北京:中国水利水电出版社,2009.

［129］Li T J,Wang G Q,Chen J. A modified binary tree codification of drainage networks to support complex hydrological models［J］. Computers & Geosciences, 2010,36(11):1427-1435.

［130］Li T J,Wang G Q,Chen J,et al. Dynamic parallelization of hydrological model simulations［J］. Environmental Modelling & Software,2011,26:1736-1746.

［131］Wang H,Fu X D,Wang G Q,et al. A common parallel computing framework for modeling hydrological processes of river basins［J］. Parallel Computing,2011,37:302-315.

［132］Wang H,Zhou Y,Fu X D,et al. Maximum speedup ratio curve (MSC) in parallel computing of the binary-tree-based drainage network［J］. Computers & Geosciences,2012,38:127-135.

［133］Mann H B. Non-parametric tests against trend［J］. Econometrica,1945,13:245-259.

［134］Kendall M G. Rank Correlation Measures［M］. London:Charles Griffin,1975.

［135］Pettitt A N. A non-parametric approach to the change-point problem［J］. Applied Statistics,1979,28 (2):126-135.

［136］Thiel H. A rank-invariant method of linear and polynomial regression analysis,III［C］// Proceedings of Koninalijke Nederlandse Akademie van Weinenschatpen,1950,53:1397-1412.

［137］Sen P K. Estimates of the regression coefficient based on Kendall's tau［J］. Journal of the American Statistical Association,1968,63:1379-1389.

［138］王万忠,焦菊英. 黄土高原水土保持减沙效益预测［M］. 郑州:黄河水利出版社,2002.

［139］冉大川. 黄河中游水土保持措施减沙量宏观分析［J］. 人民黄河,2006,28(11):39-41.

［140］许炯心. 黄河中游多沙粗沙区 1997～2007 年的水沙变化趋势及其成因［J］. 水土保持学报, 2010,24(1):1-7.

［141］马丽梅,王万忠,焦菊英,等. 黄河中游输沙与减沙的时空分异特征［J］. 水土保持研究, 2010,17 (4):67-72&77.

［142］张建云,王国庆,贺瑞敏,等. 黄河中游水文变化趋势及其对气候变化的响应［J］. 水科学进展, 2009,20(2):153-158.

［143］王霞,夏自强,李捷,等. 黄河中游降水量特征及变化趋势分析［J］. 人民黄河,2009,31(4): 48-49,52.

［144］陈江南,张胜利,赵业安,等. 清涧河流域水利水保措施控制洪水条件分析［J］. 泥沙研究,2005 (1):14-20.

［145］冉大川,左仲国,上官周平. 黄河中游多沙粗沙区淤地坝拦减粗泥沙分析［J］. 水利学报, 2006, 37(4):443-450.

［146］Garbrecht J,Martz L W. TOPAZ overview［M］. Oklahoma:USDA ARS,Grazinglands Research Laboratory,1999.

［147］杨文治,邵明安. 黄土高原土壤水分研究［M］. 北京:科学出版社,2000.

［148］Park P J,Manjourides J,Bonetti M,et al. A permutation test for determining significance of clusters with applications to spatial and gene expression data［J］. Computational Statistics & Data Analysis,2009,53 (12):4290-4300.

［149］徐安. 参数估计与假设检验的最小二乘估计——相关系数检验方法［J］. 济南交通高等专科学校
学报,2001,9(003)：1-5.

［150］Holland J H. Adaptation in Natural and Artificial Systems［M］. University of Michigan Press,Ann Ar-
bor,Michigan,USA,1975.

［151］Goldberg D E. Genetic Algorithms in Search. Optimization & Machine Learning［M］. Addison-Wesley,
Reading,Massachusetts,USA,1989.

［152］Wang Q J. The genetic algorithm and its application to calibrating conceptual rainfall-runoff models［J］.
Water Resources Research,1991,27(9)：2467-2471.

［153］Deb K,Pratap A,Agarwal S,et al. A fast elitist non-dominated sorting genetic algorithm for multi-objec-
tive optimization：NSGA-II［J］. Lecture Notes in Computer Science,2000,1917,849-858.